石炭の科学と技術
～未来につなぐエネルギー～

日本エネルギー学会 編

コロナ社

編集機構

編集委員長　林　潤一郎（九州大学）
編集幹事　　荒牧　寿弘（九州大学）
編集委員　　則永　行庸（九州大学）
編集委員　　松下　洋介（東北大学）

執筆者（50音順）

荒牧　寿弘（九州大学）：2.3節，4.1節，8.1節，8.2節，付録1，付録2
有馬　孝（新日鐵住金株式会社）：6.1節
安藤　隆（元 出光興産株式会社）：4.2節，付録3
大塚　康夫（東北大学 名誉教授）：7.3節
岡田　清史（元 JCOAL）：2.4節，付録2
小野崎正樹（エネルギー総合工学研究所）：7.4節
梶谷　史朗（電力中央研究所）：7.1節
金子　祥三（東京大学）：7.2節
小島　紀徳（成蹊大学）：8.3節
齋藤　公児（新日鐵住金株式会社）：3.2節
坂口　寛（東京大学）：7.2節
鷹觜　利公（産業技術総合研究所）：3.1節
野田　直希（電力中央研究所）：5.3節
野村　誠治（新日鐵住金株式会社）：6.1節
野村　正勝（大阪大学 名誉教授）：2.1節
則永　行庸（九州大学）：3.4節
林　潤一郎（九州大学）：5.1節，8.1節
平島　剛（九州大学）：4.2節
福田　典良（JFEケミカル株式会社）：6.2節
牧野　尚夫（電力中央研究所）：5.3節
松岡　秀一（出光興産株式会社）：付録3
松下　洋介（東北大学）：5.4節
三浦　孝一（京都大学）：3.3節，4.3節，5.2節
村田　聡（富山大学）：2.1節
持田　勲（九州大学）：1章，7.4節，8.2節
山内　敬明（九州大学）：2.2節
尹　聖昊（九州大学）：6.3節
若村　修（新日鉄住金エンジニアリング株式会社）：7.4節
渡邊　裕章（電力中央研究所）：5.5節

（所属は2013年10月現在）

まえがき

 2011年3月11日の東日本大震災は，東日本太平洋沿岸に甚大な被害をもたらすと同時に，福島第一原子力発電所の機能を停止させ，原子炉冷却が不能に陥り，水素爆発，放射能物質の放出と深刻な汚染をもたらす結果となった。一日も早い復旧と復興を祈っている。この災害は，原子力エネルギーへの不信を引き起こし，日本のエネルギーをいかに考えるかの議論を活発化させ，政策を再構築する必要に迫らせている。現時点では，原子力を代替する化石資源の輸入増大のため，大きな貿易赤字と電気料金の値上げが不可避となっている。こうした状況の中，石炭を中心とするテーマを再考察し，そこに浮かび上がるエネルギー技術を俯瞰し，今後のわが国の"石炭利用技術"の指針となるべく再考する意義は大きいと考える。

 本書は日本エネルギー学会誌に連載した「石炭基礎講座」をベースとし，3.11後のエネルギー情勢変化を踏まえて，わが国の石炭利用技術の再構築を目指すものである。石炭の成因，組織，構造，灰やヘテロ元素とトレース元素の存在，乾燥，脱灰，熱分解，ガス化，液化，コークス製造，などの利用における科学と技術，石炭利用に伴う温暖化問題を解説し，石炭に関する科学と技術の基礎をカバーすることにより，上記の現状に求められている課題解決の基盤を提供することを目指している。これらの基盤に立って現実的な課題の解決に向けた発想が生まれることを期待している。わが国ではこれまで使用されなかったような低品位の石炭にも目を向けなければならない。

 しかし，一ステップ，一プロセス，一技術の個別最大利益の追求は必ずしも一連のプロセス産業，産業コンプレックス全体の最大利益に連結しない。世界と特定地域のエネルギー環境，経済が強く結び付いている中で，立地しなければならない一連のコンプレックス全体の最大利益追求のためには，一ステップに始まる技術の個別最大利益ではなく最適化をつねに発想して全体の最大利益を目指さなければならない。このことは，特にわが国としては，経済産業構造

の異なる産炭国で日本人がその能力を発揮しながら敬意をもって遇せられ，ともに最大の利益を享受するのに必要な発想であろう．さらには，産炭国における国際競争力を有する産業構築が，エネルギー環境政策の実現には不可欠であることを強調したい．

改めて，わが国の高い実績に誇りをもつことは当然ではあるが，まったく新しい境地の開拓を目指す挑戦も合わせもつことが欠かせないことも強調しておきたい．

こうした産業および産業技術の構築に向けて努力と説得を積み上げる過程で，一連のエネルギー環境の中の石炭の基盤に通じ，エネルギー資源全体としてバランスのとれた開発と，その結果としての展開を考えながら，重要なkey technologyへの切り込みについてその時代の最適解を，忍耐をもって，追求しなければならない．わが国のこれからを支える若者達が，基盤科学の知識と経験の強化，知識を組織化・体系化する論理力，問題を抽出し，回答を探し出す解析力，そして夢を抱き，現実とする構想力を我がものとしてほしい．そのために本書が一助となることを期待しつつ，石炭を通してエネルギーと環境の分野で，わが国と世界に貢献を志す人々が，認識・思想・意識を共有する場が準備できることを祈念している．

2013年9月

持田　勲

目　　　次

1章　石炭の今日的認識

1.1　21世紀のエネルギー環境・経済の見通しと化石資源の位置付け ……………1
  1.1.1　産業革命からオイルショックに至るエネルギー変遷の経過　1
  1.1.2　20世紀末からの新興国の成長　3
1.2　わが国のエネルギー将来見通し ……………………………………………………5
1.3　石炭利用の見通し ……………………………………………………………………8
1.4　石炭への期待と特徴の再認識 ……………………………………………………10
1.5　石炭利用の技術，技術開発の方向 ………………………………………………13
引用・参考文献 ………………………………………………………………………………14

2章　基礎知識

2.1　石　炭　と　は ……………………………………………………………………15
  2.1.1　石　炭　の　歴　史　16
  2.1.2　石　炭　の　性　質　23
2.2　石　炭　の　起　源 ………………………………………………………………31
  2.2.1　歴　史　的　背　景　31
  2.2.2　地質時代についての概説　32
  2.2.3　植物進化と気候変動　35
  2.2.4　石炭の形成　── 植物から有機物，石炭への変化　38
2.3　石炭の種類と分類 …………………………………………………………………40
  2.3.1　背　　　　　景　40
  2.3.2　分類・用途に関係する分析　42
  2.3.3　産業用分類（燃焼用，コークス用）　46
  2.3.4　石　炭　の　品　位　54

2.4 石炭組織 ……………………………………………………………………… 56
　2.4.1 マセラル　56
　2.4.2 マセラルの由来　56
　2.4.3 顕微鏡による観察と測定　57
　2.4.4 マセラルの分類と特徴　58

引用・参考文献 …………………………………………………………………… 65

3章　物理化学的構造

3.1 石炭の分子構造モデル ………………………………………………………… 68
　3.1.1 石炭分子構造モデルの変遷　69
　3.1.2 二つの分子構造概念　76
　3.1.3 三次元の分子構造モデル　77

3.2 固体NMRによる構造解析 …………………………………………………… 79
　3.2.1 石炭と固体NMRの関わり　79
　3.2.2 固体NMR法の特徴と基本となる測定法　80
　3.2.3 多核固体NMR法の魅力と石炭への応用　83
　3.2.4 炭素の詳細構造と高コークス強度発現因子の相関解明　87

3.3 石炭の溶剤抽出の基礎 ………………………………………………………… 90
　3.3.1 石炭の溶剤抽出の歴史　90
　3.3.2 石炭の溶剤抽出技術の進歩　101
　3.3.3 3.3節のまとめ　103

3.4 石炭中の水 ……………………………………………………………………… 104
　3.4.1 石炭含有水の形態　104
　3.4.2 乾燥に伴う石炭構造の変化　111

引用・参考文献 …………………………………………………………………… 115

4章　石炭の事前処理

4.1 石炭利用の前に ………………………………………………………………… 122
　4.1.1 物理的処理　122
　4.1.2 化学的処理　123

4.2 石炭前処理 ………………………………………………………………… 124
  4.2.1 コールクリーニングの目的　124
  4.2.2 コールクリーニングの原理　125
  4.2.3 選別技術　126
  4.2.4 低石炭化度炭の脱水　131
  4.2.5 コールクリーニングが微粉炭燃焼システムに及ぼす効果　133
  4.2.6 コールクリーニングによる環境汚染物質の除去の可能性　136
  4.2.7 コールクリーニングの課題　138
4.3 溶剤抽出 …………………………………………………………………… 139
引用・参考文献 ………………………………………………………………… 146

5章 燃焼と熱分解

5.1 熱分解反応の特徴と制御 ………………………………………………… 149
  5.1.1 熱分解の概要　149
  5.1.2 熱分解特性の実験的な把握　151
  5.1.3 熱分解特性　158
5.2 熱分解モデル ……………………………………………………………… 160
  5.2.1 石炭基礎物性と熱分解反応　160
  5.2.2 石炭熱分解の総括的モデル　162
  5.2.3 石炭の構造に立脚したモデル　172
5.3 燃焼特性とその評価技術 ………………………………………………… 178
  5.3.1 石炭の燃焼過程　178
  5.3.2 石炭の各種燃焼技術　180
  5.3.3 試験炉による微粉炭の燃焼特性評価　186
5.4 燃焼モデル ………………………………………………………………… 190
  5.4.1 微粉炭の燃焼モデル　191
  5.4.2 単一微粉炭粒子の燃焼挙動の計算　197
5.5 燃焼の数値シミュレーション …………………………………………… 202
  5.5.1 燃焼場の解析方法　202
  5.5.2 シミュレーションによる燃焼特性評価　209
  5.5.3 微粉炭燃焼の large-eddy simulation　214

引用・参考文献 ……………………………………………………………… 219

6章 乾　　　留

6.1 コークス ……………………………………………………………… 226
　6.1.1 乾留とは 226
　6.1.2 乾留反応 227
　6.1.3 乾留反応に随伴する物理挙動 229
　6.1.4 コークス製造プロセス 235

6.2 コールタール ………………………………………………………… 238
　6.2.1 コールタール利用の歴史 239
　6.2.2 コールタールの生成 239
　6.2.3 化学原料としてのコールタール 242
　6.2.4 コールタール製品の高度利用 247
　6.2.5 結　言 249

6.3 コールタールを用いた先端炭素材 ………………………………… 250
　6.3.1 炭素材のヒエラルキー的構造認識 250
　6.3.2 液相炭化反応機構と炭素構造組織の決定 252
　6.3.3 コールタールの高純化 256
　6.3.4 コールタールを用いた先端炭素材の調製 258
　6.3.5 結　言 261

引用・参考文献 ……………………………………………………………… 262

7章　ガス化・液化

7.1 石炭ガス化反応機構 ………………………………………………… 267
　7.1.1 石炭ガス化技術の歴史 267
　7.1.2 ガス化炉内での反応 268
　7.1.3 ガス化反応機構 273
　7.1.4 ガス化反応モデル 277

7.2 石炭ガス化複合発電（IGCC） ……………………………………… 283
　7.2.1 IGCCの背景と意義 283
　7.2.2 IGCCの構成と機能 285

7.2.3 稼働中のIGCCプラント　290
7.2.4 IGCCの今後の動向　291
7.2.5 IGCCの将来展望　292

7.3 触媒ガス化……………………………………………………293
7.3.1 目的と意義　293
7.3.2 触媒添加方法　294
7.3.3 触媒効果と作用状態　296
7.3.4 石炭からメタンの直接製造　305

7.4 石炭液化………………………………………………………308
7.4.1 液体燃料の重要性　308
7.4.2 石炭液化の歴史と現状　309
7.4.3 石炭液化の原理　313
7.4.4 石炭液化プロセス　318
7.4.5 技術革新と開発の可能性　326

引用・参考文献……………………………………………………327

8章　展　　　望

8.1 石炭利用の展望………………………………………………334
8.1.1 石炭利用の課題とわが国による技術展開の方向　334
8.1.2 一次エネルギー資源としての石炭　336
8.1.3 二次エネルギー供給に資する石炭　337
8.1.4 次世代産業にインパクトを与える石炭　338
8.1.5 産業のツールとしての石炭　339
8.1.6 近未来における技術開発対象としての石炭　339
8.1.7 物質科学, 燃料科学の対象としての石炭　340

8.2 石炭利用の地球環境への影響………………………………340
8.2.1 燃料と森林破壊と食料　340
8.2.2 石炭と公害　342
8.2.3 （広義の）地球環境問題, 越境問題の典型としての酸性雨　344
8.2.4 気候変動の問題　345
8.2.5 京都議定書とそれ以降の動向　348
8.2.6 石炭利用とCCS　352

引用・参考文献 ………………………………………………………………… 356

付録　石炭の分析方法

付録1. 基本的な石炭分析・試験 ………………………………………………… 357
　付1.1　分析の前処理　357
　付1.2　水　分　分　析　357
　付1.3　工業分析（JIS M 8812）　358
　付1.4　元素分析（JIS M 8813）　358
　付1.5　発熱量（JIS M 8814）　358
　付1.6　灰組成（蛍光X線法）　359
　付1.7　灰の融点（JIS M 8801）　359
　付1.8　ハードグローブ粉砕性試験（JIS M 8801）　360
　付1.9　石炭の粘結性試験　360

付録2. 顕微鏡観察 ………………………………………………………………… 363
　付2.1　石炭組織分析　363
　付2.2　コークス組織　366
　付2.3　蛍光顕微鏡による観察　366

付録3. 特殊試験 …………………………………………………………………… 367
　付3.1　燃焼性試験　367
　付3.2　自然発熱性試験　380

引用・参考文献 ………………………………………………………………… 383

索　　引 …………………………………………………………………………… 384

1. 石炭の今日的認識

1.1 21世紀のエネルギー環境・経済の見通しと化石資源の位置付け

1.1.1 産業革命からオイルショックに至るエネルギー変遷の経過

21世紀はエネルギー資源の供給と利用が大きく遷移する世紀になろう。エネルギー利用において，太陽エネルギーの直接利用と薪炭から石炭への移行によって，第一次産業革命が達成された。大幅に増大するエネルギー需要を石炭で賄い，イギリスにおいて森林の伐採に歯止めがかけられた。一方，産業都市に深刻な大気や水の汚染をもたらした。その解決には，結局のところ，200年を要した。20世紀に入って，液体燃料である石油の利便性が認められた。航空機や自動車が発達し，20世紀の2度の大戦は石油争奪の一面を有していた。第二次大戦後のアラビア半島における大油田の発見と，その大量生産，大量供給は世界にエネルギー革命をもたらし，当時の人類が必要とするエネルギー需要を賄い，さらに自動車や航空機での旅行が先進国において普及する，第二次産業革命と巨大な経済成長を可能にした。石油メジャーが支配する，中東産油国からの石油供給のパックスメジャーズの安定は結局のところ，25～30年で崩れた。石油と，その支配価値を認識した産油国は，石油を富の源泉と悟り，コストの圧倒的強さを利用した価格形成カルテルを結成して，石油支配を実行した結果，コストとは無関係の石油価格が大高騰する石油（価格）ショックが世界に衝撃を与えて，世界経済が停滞した。

大幅に上昇した石油価格に対処すべく，先進需要国で組織された OECD も国際機関（IEA）を作って，石油消費の削減と石油代替エネルギーの開発を開始した。削減は産業・民生の省エネルギーの向上による達成を目指し，自動車については燃費向上が至上命題となって，その後の自動車産業の命運が決まった。石炭火力の再稼動と効率向上，液化天然ガスやパイプライン輸送の国際化，原子力発電の稼動，重質油田の開発，さらに石炭，天然ガスからの石油代替燃料油の開発が進められた。こうした積み重ねで，石油消費は少しずつ削減され，石油価格は低落し，いわゆる化石資源ベストミックス形成が追求された。図1.1に示すように[1]†，わが国における一次エネルギー国内供給に占める石油の割合は，2009年度には 42.1％と第一次オイルショック時（1973年度）における 75.5％から大幅に改善され，その代替として，石炭（21.0％），天然ガス（19.0％），原子力（11.5％）の割合が増加するなど，エネルギー源の多様化が図られた。

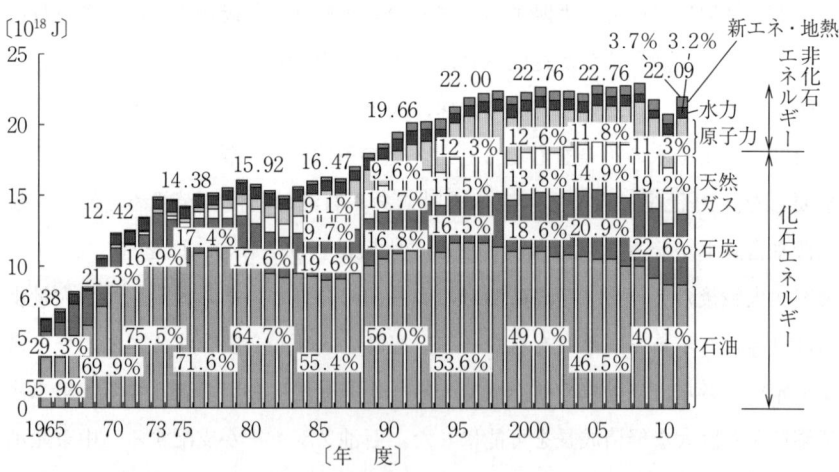

(注)「総合エネルギー統計」では，1990年度以降，数値について算出方法が変更されている。
(出典) 資源エネルギー庁「総合エネルギー統計」をもとに作成

図1.1　一次エネルギー国内供給の推移[1]

---

†　肩付番号は，章末の文献番号を示す。

1.1.2　20世紀末からの新興国の成長

その後石油は低価格となり，20世紀の最後から21世紀に入った頃まで続き，エネルギーベストミックス追求は継続されたものの，コストと価格の競争によって石油代替燃料油開発は中止，あるいは停滞した。豊富なエネルギー供給に支えられた豊かな生活が復活したが，先進国の成長はITやサービス，特に金融が牽引した。この頃から人為的なCO_2排出が大気中のCO_2濃度を上昇させ，地球温暖化をもたらすとの環境科学者の主張が国際政治の中で徐々に認められ，エネルギー安定供給と大気中CO_2濃度を上昇させないためCO_2排出削減が政治経済の課題になって今日に至っている。この主張の是非に対する議論が起こり始めているが，国際政治の場に，今のところCO_2排出大幅削減を目指す潮流に表立った変化は起こっていない。一方，最近の国際的経済不況の中，エネルギー消費が減ってCO_2削減目標が達成されにくいことや，CO_2への配慮が冷め始め，CO_2排出削減の気運がヨーロッパで希薄になった感もある。

20世紀末から今世紀にかけて冷戦がソビエトの崩壊で終了，アメリカの一国覇権が，各所での局地戦での消耗にもかかわらず確立し，世界的には安定した時期を迎えた。この安定により，新興国としてブラジル，インド，加えて共産主義の束縛を解いた中国とロシアが経済成長を開始した。いずれも巨大人口国，巨大資源国であるため，その成長が世界経済に大きな影響を与え，21世紀の今日，世界の実質経済成長は，こうした新興国の消費拡大と大量生産輸出のバランスによって支えられているといっても過言ではない。そこに必要なエネルギー需要と，今後の増大は巨大であり，資源国で増産しているものの，すでに中国，インドは，石油はもちろん，石炭についても図1.2に示すように実質輸入に至っている[2]。結果として，エネルギー需要の増大がエネルギー価格を引き上げ，かつ消費拡大の速度から，化石資源の枯渇が現実味を帯び始めており，多くの化石資源の22世紀内での枯渇は避けられないと想像できる。一方，先進国における実体経済の成長停滞と年金資金をはじめとする余剰資金の膨張は，グローバルな金融工学と投機の結合を生み，エネルギー価格の高騰の一因となっている。

4　　1. 石炭の今日的認識

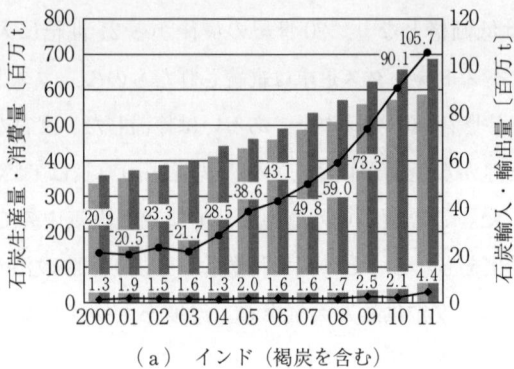

（a）インド（褐炭を含む）

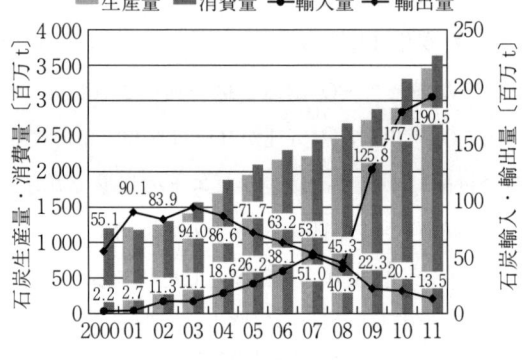

（b）中国（褐炭を含む）

（注）2011年見込み値
（出典）IEA：Coal Information 2012

○インドの輸入量は，2003年から2011年までの7年間で約5倍に増加。
○中国は，2003年以降，国内消費量が急増。輸入量は同期間で約17倍に急増。一方，輸出量は，2003年当時の2割半程度に減少。
○中国は，2011年，約1.9億tの輸入超過（純輸入国）になる（日本を抜いて世界第1位の石炭輸入国に）。
○今後も，両国の経済成長は続くと思われ，石炭火力発電の割合の高い両国の石炭輸入量は増加の見込み。

図1.2　石炭資源開発をめぐる中国とインドの状況[2]

1.2 わが国のエネルギー将来見通し

　欧州の経済危機があった 2012 年は石炭価格の顕著な低下があり，多数の資源会社が赤字を計上した。翌 2013 年になって経済の上向きが認められ，石炭価格は再び上昇し始めている。特にわが国のかなりの円安傾向と原子力を代替する化石資源の輸入増大により，購入価格は大幅に上昇する可能性がある。

　一方，CO_2 排出削減の国際協定は，まず京都議定書としてまとめられ，欧日が参加して 2008 〜 2012 年の実施が約束された。米中の参加はなく，新興国の義務もないため，この協定の地球上での CO_2 削減への実質的貢献は無視できる。しかも，国内の削減努力で目標が達成できる可能性はわが国では低い。そのため CO_2 排出削減の容易な国や地域での CDM や JI[†]の資金を使用する削減も約束達成の手段として認められている。わが国は京都議定書で 1990 年度比 6％の削減を約束した。1990 年比 6％削減は最終的に達成される目論見であった。そのうち 1.6％に相当分を国際的な排出権購入によるとしていた。すでに 2006 〜 2009 年に電力会社を中心に数千億円の巨額を支出し，経営利益捻出に影響し始めている。この期間の経済の低迷もあって，わが国は 6％減を達成できた。

　図 1.3 に示す東日本大震災前のエネルギー戦略によれば，2030 年には電力供給の過半を原子力に依存する計画になっていた[3)]。3.11 以降は東日本大震災，大津波の被害によって，このような原子力発電依存のシナリオが成立せず，CO_2 削減計画の大幅見直し，京都議定書からの脱離を余儀なくされた。つまり，白紙からの戦略提案が必要になった。この結果，CDM／JI による削減も見直さざるを得なくなった。しかし，相手国とわが国の両者が利益を享受できる方法を追求することの意義はいささかも減じていない。

　一方いくつかの受入国において，これまでのわが国への CO_2 排出権販売による利益は，将来の成長，産業強化，軍事力の整備向上に利用されていること

---
† 　CDM：クリーン開発メカニズム
　　JI：共同実施

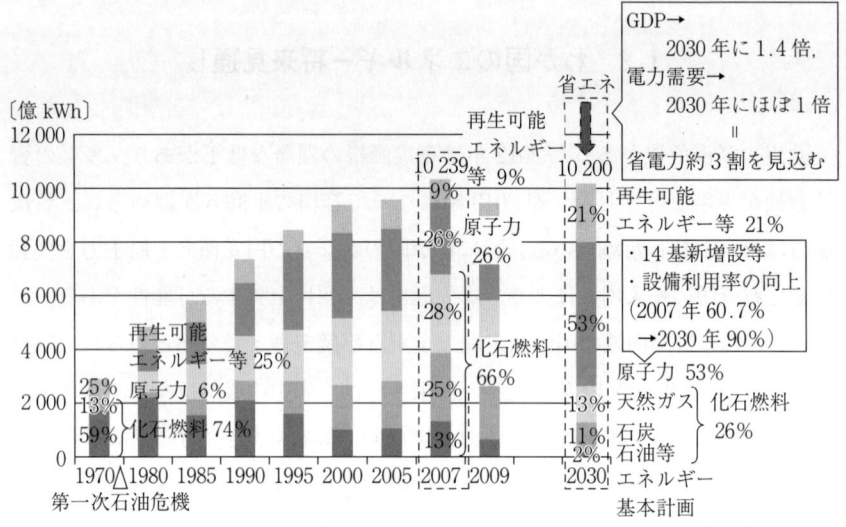

図1.3 東日本大震災前のエネルギー戦略[3]

は明らかで,わが国の成長と結びつかないCO_2排出権購入は政治政策の愚かさの象徴となろう。2012年以降の協定成立は困難な状況にあり,わが国も愚行を繰り返さない方向にあるが,歴史を総括しないまま愚行を繰り返す危惧のあることに留意したい。

現在,2030年を目処とするエネルギー革新技術の選定と同時に足元のエネルギー環境目標と産業育成法が議論されている。2012年の革新的エネルギー環境戦略における化石資源の位置付け[4]を踏まえて一次エネルギーの将来を透視すれば

① 化石資源は最も低コストなエネルギーとして重要であるが,供給は世界の主要エネルギーとして大幅に増大すると予想できるのに対して,生産の大きな拡大とその供給は2030年頃からタイトになり,枯渇も現実問題となる。2100年頃までには,供給はきわめて制限されよう。

② 化石資源の利用が世界に拡大する中,CO_2に加えてSO_x,NO_x,粒子状物質への対策も強化する必要がある。

③ これに対して原子力利用は世界で拡大する。わが国でもそれに対処すべ

きである。

④　自然エネルギーも供給増加が期待されるが，コストの大幅な削減がこれからも続く課題であろう。

　これから22世紀に向けて，一次エネルギーの研究開発の規模，適切な時期における産業の主役としての位置付けは，早くても遅くても損失を招くので，投資と経済実体とにずれが生じないようなタイミングをみることはきわめて大切である。いたずらに空想に近い理念を強調することは愚かである。ウランについては供給限界が明確であり，増殖炉，核融合の先端技術と核廃棄物の最終処分，使用限界を超えた廃炉の処分の実施とコストにも配慮しなければならないことがすでに顕在化している。

　ここで一次エネルギーの使い方が変化することも注視しなければならない。二次エネルギーについては，わが国においては，現在の電気，液体燃料（ガソリン，灯油，軽油），気体燃料（都市ガス，プロパン）から，今後電気が圧倒的になり，輸送用燃料として液体燃料がどこまで残るかは，電池自動車の普及にかかっている。もちろん，電池が自動車の究極の動力系ではなく，液体燃料の直接燃料電池が実用化され，移動動力として利用される日が到来すれば，液体燃料が石油枯渇後も輸送用二次エネルギーとしての位置を保つ。一方，二次エネルギーとしての気体燃料は天然ガス，さらに化石資源の枯渇後の石炭ガス化ガスは，きわめて限定的であろう。最近シェールガス，シェールオイル開発が商業化され，天然ガスの低価格化，アメリカのエネルギー供給の自立を目指して生産を大幅に拡大し，国際的エネルギー供給に大きなインパクトを与えている。アメリカでの天然ガス価格は，急速な供給過剰のため大幅に値下がりしており，かつアメリカへのLNG輸入が見込めないことから，ロシアの天然ガス増産が抑えられる結果になっている。しかし，いずれ国際マーケットに組み込まれ，生産者利益の追求が強化され，市場価格が落ち着くであろう。シェールガスは従来型天然ガスと比較して生産コストも大きいことから，大幅な低価格でわが国に供給されることはあり得ない。一方，わが国を除く世界，特に新興国の動きは，成長を重視しエネルギーの供給と需要の経済性に対してバラン

スをとったものになると予想され，CO_2排出削減をしゃにむに進めることはないであろう。21世紀中の変化に対して，わが国としても対応できる柔軟性をもっておくことも大切である。

2012年末に自由民主党政権が復活した。エネルギー環境政策も変化すると思われるが，現実感を確実としてほしい。一方，最近の中国におけるPM2.5問題の根本的，自衛的解決も課題である。ここでは，石炭に限定して改めて現実を考えてみたい。

1.3 石炭利用の見通し

図1.4に各国別・種類別の石炭の可採埋蔵量を示す[5]。石炭は確かに世界に広く埋蔵されているが，基本的に地産地消が基本で，生産と消費の規模を考えれば輸出できる国は限定的である。また，炭種別可採埋蔵量のうち，約51％

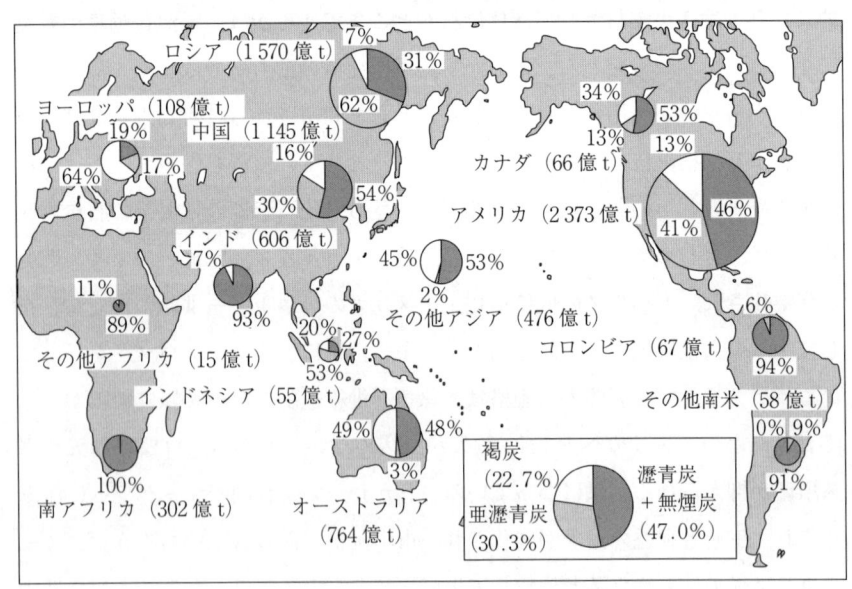

(出典) WEC：Survey of Energy Resources 2010, 2010年BP統計

図1.4 石炭の可採埋蔵量分布（国別・品位別）

は瀝青炭や無煙炭などのいわゆる高石炭化度炭であるが，開発途上国の需要急増によって 2030 年以降は供給が緊縮となる。一方，褐炭や亜瀝青炭と呼ばれる低石炭化度炭の確認可採埋蔵量も約 49％ を占めているが，これらの生産・利用量は高石炭化度炭の約 1/6 に留まっている[6]。世界で使用されている石炭の多くは，産炭地における低品位炭（低カロリー，高水分，高灰分，高硫黄など，輸送に適さない石炭）であること，つまりわが国が享受できた，安価で高品質な石炭は世界の標準ではないことを認識して，今後に準備することが大切になる。つまり，石炭を石油，天然ガスと並べ，最重要な化石資源と位置づけ，その確保と利用による産業化の世界的視野での取り組みが，わが国のエネルギー環境・経済政策の基本の一つとなる。その機会を世界中で見出し，相手国，相手地域と協力して成功する努力をただちに実行すべき時期であろう。この作業は時間の限られた中で，つぎのエネルギー源への円滑な遷移と普及の資金を積み立てる上で大切である。こうした見通しの上に化石資源を考えれば，2050 年頃までは，いかに化石資源を低価格で確保し，高効率，低コストで利用できるかは，国の経済に大きな影響をもたらす。

　石炭は確認埋蔵量が 8 609 億 t（2008 年総計）と豊富で，地域偏在性が少ない（図 1.4）。国別の可採埋蔵量は，アメリカが最も多く約 3 割を占め，ついでロシア，中国が続き，この 3 か国で全体の約 6 割を占める。また，用途別石炭消費実績と見通し[7]によれば，石炭消費量は 2006 年の 61.3 億 t から 2030 年の 93.6 億 t へと 1.5 倍に拡大するとされ，そのうち発電・熱供給用途が拡大する（**図 1.5**）。

　化石資源中，石油，石炭，天然ガスは世界の市場の中で，的確なバランスを柔軟に確保，利用すべきである。いずれの化石資源も，今後供給はタイトになることは疑いない。この中で石炭については，**図 1.6** に示すとおり，2012 年 BP 統計によれば，可採年数（可採埋蔵量/年間消費量）は 112 年とされる[8]。これは，石油の 2.6 倍，天然ガスの 2.0 倍以上と比較的に長いが，今後石油の枯渇により石炭の消費が増大することを考えれば，人類が石炭を使用できる期間が大幅に長いというわけではないことも認識すべきである。また，2011 年

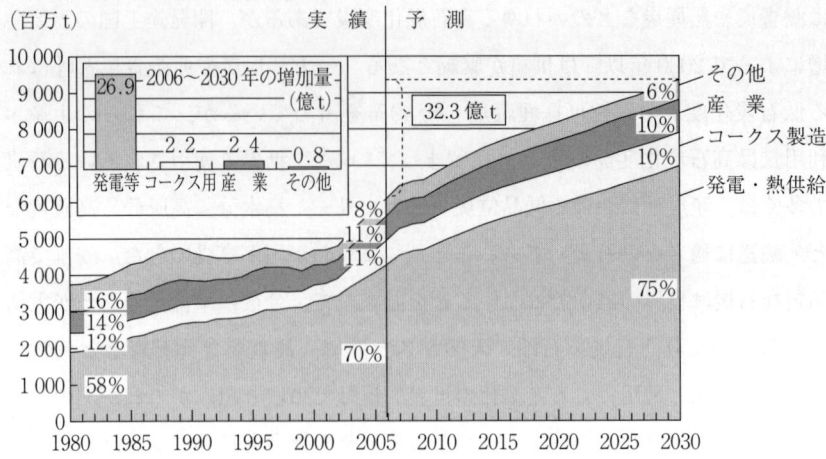

(出典) IEEJ (IEA データに基づき，IEEJ が予測)

図1.5 用途別石炭消費実績と見通し

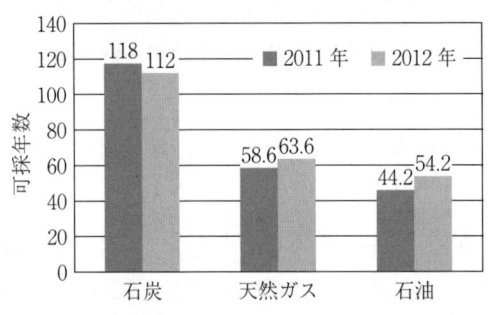

図1.6 化石資源の可採年数
(2012年BP統計)

BP 統計の石油，天然ガスの可採年数が 44.2 年，58.6 年に対して，それぞれ 54.2 年，63.6 年と延長しているのに比べ，石炭は 118 年から 112 年に短縮していることにも留意しなければならない。つまり，いずれの道も容易ではない。換言すれば，バランス感をもってエネルギー戦略と実行を進めなければならない。

1.4 石炭への期待と特徴の再認識

化石資源の一翼としての石炭に注視してその供給確保，高度利用，世界にお

ける産業化を遅滞なく進めることは，わが国のエネルギー環境，経済の基本的最重要政策課題の一つに位置づけられる。

戦後の石炭利用の歴史を振り返れば，以下のようになる。
・国内産炭による迅速な経済復興
・アメリカ産強粘結炭を利用するコークス製造
・中東石油の大量導入による国内炭生産，利用の消滅
・コークス製造コスト削減のための多炭配合
・石油ショック後の石油代替としての安価良質炭の輸入，石油代替燃料製造の努力と国際市場による翻弄
・輸入炭の高度利用

国際的な潮流変化に追随する厳しい選択をほぼ賢明に実行できたといえるが，現在を見るとき，再び大きな変革期にある。例えば，**図1.7** にわが国の石炭輸入先（2010年度）を示すが[9]，オーストラリア，インドネシア2か国で82%を示している。日本が石炭を輸入できる国を増加させることが必要であるにもかかわらず，国全体として危機感の不足は否めない。この背景を認識しな

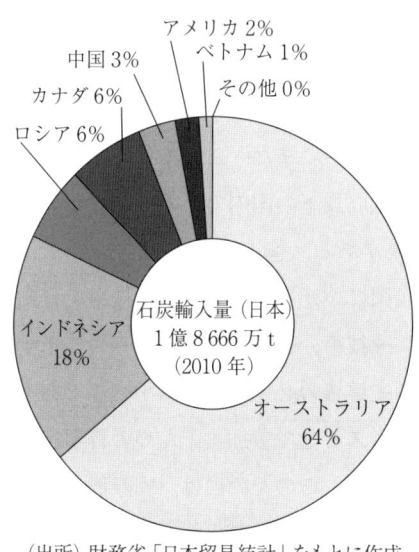

図1.7 わが国の石炭輸入先（2010年度）[9]

（出所）財務省「日本貿易統計」をもとに作成

がら，今後わが国を取り巻くエネルギー環境，経済と石炭の現実がどのように変化するかを見直し，いまから早急に準備し実行しなければならない．それは新興国の成長をいかに取り込むかの競争を中心とする国際的な経済と政治の情勢が，先進国，新興国，途上国の政治的掛け引きを受けて，これまでのわが国の想像をはるかに超越して大きくかつ急速に動くと予想されるからである．

この観点から石炭については

① 従来路線の強化として良質炭の確保，高度利用の徹底，低コスト産業化の国内外実施，埋蔵量の大きなかつ輸出余力のある資源国との連携，インフラストラクチャーコストの負担

② 今後わが国に輸入可能とし得る高水分・低灰分炭の確保と産業化の早期着手と産炭国を巻き込んだ実行

③ わが国に輸入が困難な高灰分炭の利用技術の高度化，産炭地の産業化によるわが国の技術と産業の国際化と世界の石炭利用・需給の緩和に向けた早期着手

を目指すべきであろう．**図1.8**[10]に，わが国の石炭資源について，外交を展開している国を示す．技術についても，この状況を考えておくべきであろう．上記①については，これまでのわが国の政策の延長上にあるが，高効率・高コストの設備や技術は世界競争の中で新興国に受け入れられる可能性が低いことを再認識して今後を考えなければならない．また，これまでの実証，商業化は高コストでも国内実施ができたが，低成長下の国内でその可能性が著しく低下していることも深刻に認識する必要がある．②については，いわば石炭のラストリゾートともいえ，豊富な産炭国にいかにして立地し，技術を育成し，産業を興すかの産業政策実施である．一技術，一産業の取り組みの枠をすでに超えていること，さらに多国間協力の主導権の必要性も認識すべきであろう．③についても，この種の産炭国にビジネスとして参加するための科学技術と産業創出とそのための資金，人材を用意する．このためには，国際競争下に置かれた企業に対して，国内シェアの寡占を禁じた独占禁止法を見直し，産業の規模を拡大して，国際競争力の強化が不可欠である．人材は世界に求めるにして

1.5 石炭利用の技術, 技術開発の方向

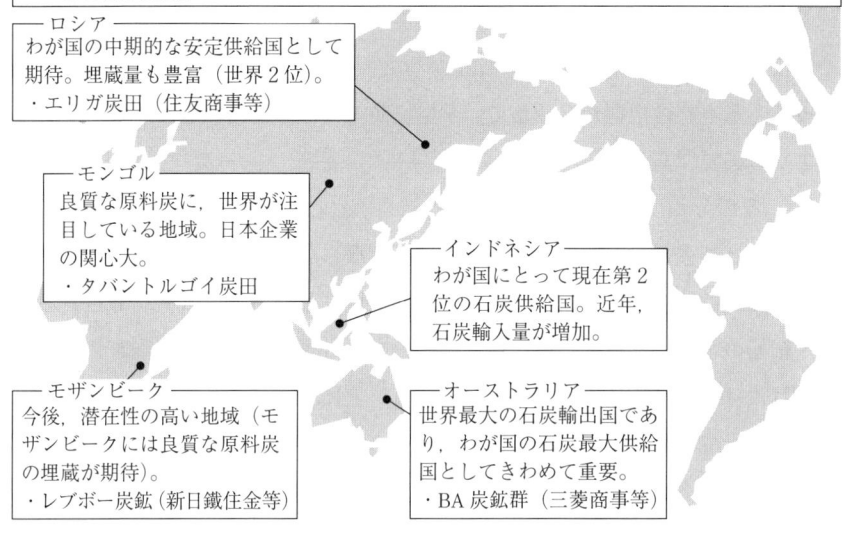

図1.8 石炭関係の資源外交

も,日本人の鍛錬,国際人材としての育成も欠かせない。

1.5 石炭利用の技術, 技術開発の方向

これまでわが国は,石炭利用の産業技術をp.12で①〜③に分類した石炭ごとに進めてきた。

高品質の①分類の石炭について単独,高効率技術を追求し,かなりの成果を収め,20世紀における経済的成長に貢献できた。しかし,わが国の高効率設備や技術は国内の高品質要求に経済構造も加わって高コストであった。21世紀において国際競争力を武器に新興国の巨大需要を充足し,先進国における優位性を確保するためには改めて方向と方針を検証する必要がある。

ビクトリア州褐炭に代表される②分類の石炭については,1980年度の褐炭液化技術開発とその延長で成果を挙げてきたが,本格的商業化は果たせなかっ

た。今後，正に時代に即した技術に仕上げ，国際的な実質のある優位性を早期に樹立し，産業に利用できることが必要である。

インド炭に代表される③分類の石炭については，わが国の経験は広くも深くもない。現有の技術を背景にしながらも，新しい発想とビジネスモデルをもって，基本特性把握から始めて，早期に商業技術へ展開できるスピードがなによりも必要である。

②，③の分類の石炭については，一刻を争う技術開発，産業化を，産炭国の自主性と利害を尊重しながら進めなければならない。このためにわが国として，さらには国境を越えて産炭国との連携を構築し，事業をスタートさせるため，細心の準備などに加えて，産炭国側の立場も考える覚悟と度胸が必要である。時代は急速に変化するので，そのスピードに合わせたわれわれの展開と時代に即応していかなければならない。過去の実績や優位にこだわらずに科学や技術を革新し，さらには歴史を認識し，その束縛を越える，国や民族の生き方に関わる課題であることも認識する必要がある。

引用・参考文献

1) エネルギー白書，第1章 国内エネルギー動向（2012）
2) IEA：Coal Information 2012
3) 平成23年10月3日第3回エネルギー・環境会議資料
4) 平成23年7月29日第2回エネルギー・環境会議資料
5) WEC：Survey of Energy Resources 2010，2010年BP統計
6) IEAによる世界エネルギー国際会議2007報告
7) IEEJ（IEAデータに基づき，IEEJが予測）
8) 2012年BP統計
9) 財務省「日本貿易統計」をもとに作成
10) 鈴木謙次郎：第4回石炭基礎講座 基調講演（我が国が目指す石炭政策の方向性について）資料（2012）

2. 基礎知識

2.1 石炭とは

　石炭のもとになる物質は地球に繁茂した植物（根源植物）であることは明らかで，顕微鏡下に植物組織が認められる。これらの植物は数千万年から数億年の間に地熱や地圧により物理的，化学的変化（石炭化作用という）を受け，泥炭，亜炭，褐炭，瀝青炭，無煙炭などのさまざまな種類の石炭に転化した。欧米炭や中国炭は古生代，中生代の地層に賦存し，わが国の石炭は主として新生代の第三紀の地層に存在する。それゆえ，同じ瀝青炭でも国内炭と海外炭では熱的挙動などおおいに異なる。

　石炭の歴史で述べられるように，13世紀頃，船も橋も家屋も家具も木材が構造材であり同時に燃料でもあった。しかも木材の乾留で得られる木炭は優れた燃料で，銅や青銅などの金属精錬は木炭により可能となった。しかしこうした大量の木材消費は森を裸にし，旱魃や洪水や土砂崩れを引き起こす。この木材由来の燃料に多量の石炭が代替されることになり，少し遅れて材料としての木材に代わり多量の鉄（鋳鉄（ちゅうてつ），錬鉄（れんてつ），鋼（はがね））が登場する。石炭や鉄の量産を支えたのが蒸気機関（ニューコメン，ワット）の出現であり，さらに高度な材料を得て高圧蒸気機関になる。石炭に含まれる硫黄やリンそれに石炭の複雑な熱挙動に技術者たちは苦闘しながら，優れたコークスを作り鉄鉱石から鋳鉄を製造しさらに錬鉄に鍛え，遂には大量の鋼の生産に成功する。コークス製造時に副生するタールからはさまざまな化成品が抽出され，それらに依拠する石炭化

学工業が第二次世界大戦までの工業を支えた。この大戦の後，石油から大量の化成品が生産され，高分子化学は多様な材料を製造するとともに，石油精製工業はガソリン，軽油などの優れた燃料を生産した。その結果，内燃機関が発達するが，石炭はいまもなお構造材の鉄や鋼の製造に欠かせぬ原料であり，タールはナフタレンなどの多環芳香族化合物の欠かせぬ原料である。そして石炭専焼の火力発電は世界の電力供給に重要な地位を占めている。1985年，アメリカのエネルギー省（DOE）は石炭資源の豊富さと不遍性に鑑み，環境と調和した新しい石炭利用技術の開発を目指し clean coal technology という概念を掲げた。その後石炭の常圧や加圧の流動床燃焼や石炭ガス化複合発電など，高効率かつ環境に優れた技術の開発が世界的規模で進められている。石炭は低品位から高品位までさまざまな種類があり，これらの高度利用は clean coal technology の範疇に入る。複雑な石炭の燃焼機構や石炭ガス化機構はコンピュータを用いた流体力学（computerized fluid dynamics：CFD）により詳細に解析されるようになり，排気ガスの除塵，脱硫，脱硝技術，石炭灰の利用，二酸化炭素回収貯留（carbon capture storage：CCS）などを含め，石炭利用技術は現在高度に進化している。

2.1.1 石炭の歴史

人類の祖先にあたる猿人が初めて火を使ったのは約140万年前にさかのぼるといわれている[1]。より進化した人類の祖先である原人，ホモ・エレクトスが約100万年前，石器と火を持ってアフリカを後にしてヨーロッパや中央アジア，インド，インドネシア，中国を渡り歩いた。フランスの作家ジャック・アタリ氏はこれをノマド（渡り歩く人，さすらいの旅人）と呼んでいる[2]。

3万年前，ホモ・サピエンス・サピエンスが唯一の類人猿として地球上に残り，1万年前（エジプト，メソポタミア，インダス，中国の四大文明が形成された）に狩猟人（ノマド）の定住化が各地で進んだ。火は炉やかまど，灯りとして用いられ，焼畑農業から耕耘・施肥を伴う農業へ，時を経て農業以外の技能集団が形成され，土器を焼いたり，金属加工に火を使用して文明が進歩し

た。

　銅は紀元前8000年頃に使われ始め，紀元前3500年頃に銅に10％のスズの入った青銅が固い金属材料として使われた。柔らかい鋳鉄を固い鋼にする浸炭技術はアナトリアのヒッタイト王が独占していて，その滅亡とともに各地に広がった。紀元前1200年頃のことである。

　木材を蒸し焼きにした木炭（紀元前3000年以前）は木材の5倍の火力をもち，金属の精錬や陶器やガラスの製造に膨大な量の木炭が使用された。

　高々200年前まで，燃料であれ，材料であれ，木材が主役であった。船舶建造での木材の大量消費，家屋の建築，家具，樽，その他の器具類，馬車，製鉄，煉瓦やタイルの焼成などに木材が使われ，森林資源が失われていった。

　ヨーロッパでは石炭の利用が始まるのは12世紀頃である。アイザック・アシモフ（Isaac Asimov）の年表によれば[3]，13世紀初めから採炭が本格的に行われるようになり，1228年までにニューキャッスルで採炭された石炭が船でロンドンに運ばれるようになり，ロンドンの人たちは石炭をsea-coalと呼んでいたという。sea-coalは海送炭と訳されている[4]。sea-coalの使用は13世紀後半にはロンドンで一般的となり，それとともに石炭の煙と臭い（大気汚染）に関する苦情が出ていることに，ここで触れておかねばならない。1307年にエドワード1世（Edward Ⅰ）は職人に石炭の窯炊きを禁じている。15世紀以降苦情はあまりみられず（燃料需要の停滞と木材燃料が需要に応えられるようになったため），これが16世紀まで続く。16世紀の前半には大量の液体を加熱する製塩業や染め物業，高温を必要とする鍛冶業では木炭から石炭へ，ガラス製造の燃料にも石炭が使用された。1620年までに醸造業者と麦芽製造人が使えるような石炭をコークスに変える多くの特許が認められた。海送炭は1563年の33 000 tが1658年には530 000 tに増加している。

　こうして17世紀半ばには石炭が広く産業用に使用されたが，鉄の精錬，鍛造では相変わらず大量の木炭を燃料にしていて，森林枯渇の問題は解決できていず，石炭を燃料とする試みは成功しなかった。この状態は18世紀初頭まで続く。

石炭が大量に使用されるようになって炭鉱の開発が進むと問題が起こってきた。水車の動力を揚水に利用できる河の近くの浅い炭鉱が最初に開発されたが，しだいに河沿いから離れた深い炭鉱の開発に移っていった。そうすると地下水が坑内に浸出してきて，大量の水をくみ出す必要が出てきたのである。最初イギリスのセイヴァリ（Thomas Savery）が蒸気機関を作るが（1698年特許），15 m の深さしか揚水できなかった。ついでニューコメン（Thomas Newcomen）が1712年，これを改良して46 m の深さに成功するが，非常に大量の石炭が燃やされ，多くの馬が石炭の運搬に使われた。熱効率がきわめて低く，最初は0.5％，順次0.8％，1.4％へ改良された。その後，鉱山や炭鉱の揚水に60年間使用された。

初期の製鉄法は粘土製の炉の中に鉄鉱石と木炭を入れ人力で送風する。炉の上部で一酸化炭素の還元力により酸化鉄が還元され金属鉄になる。底面に溜まったスラグと鉄の混在する塊（ブルーム）が取り出され，加熱してハンマーで鍛錬すると錬鉄が得られる。錬鉄には青銅の硬さがないので浸炭といって炭素を加える操作を行い，その後焼き入れと焼き戻しという操作を加え鋼が得られる。14〜15世紀にかけて西洋では十字軍，百年戦争などが勃発し，兵器の製造がおおいに発達した。兵器は14世紀前半，おもに青銅製であった。それは銅の精錬が鉄に比べ容易だったからである。その後，溶鉱炉の進歩とふいごの大型化が進んだ（17〜18世紀）が，製造法は鉄鉱石と木炭を積み重ねる方法で基本的に変わっていない。

科学史を見ると，ダッドリ（Dud Dudley）が製鉄燃料に石炭を用いたのが1618年と出ているが[5]，特許は1621年，1638年と記載がある。1709年，アブラハム・ダービー（Abraham Darby I）がイギリスのコールブルグデイルでコークスによる製鉄に成功する。これはコールブルグデイルで採炭された石炭の硫黄分が少なかったからといわれる[6]。コークスは燃えにくいので，1735年，ニューコメンの蒸気機関を使った送風機を用い，ダービー2世（Abraham Darby II）がコークスによる製鉄を完成させた。1750年までコークス銑は質が悪く木炭銑の敵ではなかったという。それまで炭焼きに使われてきた開放型

堆積釜でコークスは作られていたが，煉瓦積みした密閉コークス炉（ビーハイブ炉）が使用され始めた。

　ニューコメンの時代にはシリンダとピストンをぴったりとすり合わせて真空を保つ仕上げの技術がなかったので，ピストンの縁に皮のベルトを取り付ける工夫をしている。1774年，ウイルキンソン（John Wilkinson）は鋳鉄製の大砲を中繰りする方法を考案し，この技術がシリンダの中繰りに利用され，ワット（James Watt）の複動式蒸気機関が完成する。これは蒸気の凝縮をシリンダの中ではなく分離した凝縮器の中で行うもので，熱効率が高くニューコメンの大気圧蒸気機関の1/4の燃料消費であった。1776年，ワットの蒸気機関を用いて強力な円形送風機が製作され，高炉で使用された。ワットの蒸気機関はその後産業用の動力として普及する。

　1760年，イギリスではコークス炉は17基であったが，1790年には106基の高炉のうち81基にコークス炉が付設され，製鉄燃料が木炭から石炭由来のコークスに転換したことがわかる。ちなみに1700年のイギリスの石炭利用は年間300万t，1800年には600万t，そして1850年には6 000万tになっている。

　このように，ワットの複動式蒸気機関とダービーの製鉄法はイギリスの産業革命の発展を導いた基本的技術で，そこに石炭が決定的な役割を担ったといえるのである。

　1792年にイギリスのマードック（William Murdoch）が石炭ガスを照明に使った。これは石炭をレトルト（空気を遮断しながら外部から加熱して昇華や蒸留する容器のこと）で高温乾留してガスを得るものである。1735～1792年の間にブラックによる二酸化炭素の発見（1750），ラボアジェの質量保存の法則（1774），プリーストリーの酸素の発見（1774）などがあり，ラボアジェの燃焼理論の確立（1775）に至っている。

　その後，1819年にイギリスのキッドによる石炭タールからのナフタレンの分離[7]があり，1834年にはドイツのルンゲが石炭タールから石炭酸（フェノール），アニリンを発見している。1845年，ドイツのホフマンが石炭タールの中

にベンゼンを見出し，1848年，弟子のマンスフィールドが分別蒸留でトルエンを分離，同じく弟子のパーキンは1856年にアニリン染料，モーヴを発見し，その後企業的製造を行った。1865年，イギリスのリスターが石炭酸を創傷消毒に使用した[8]。

コークス製造の高温乾留炉は，19世紀初期に至りビーハイブ窯が用いられるようになった。そして燃焼用空気の調節がより正確になり，煙害が少なくなりコークスの性状も向上した。しかし，発生するガスやタールは窯の中で燃焼してしまう副産物非回収型の炉であった。1880年頃にもイギリスでは廉価であることからビーハイブ炉が使用されていたと記録にあるが，タール系有機化学工業の発展により，19世紀の終わりから20世紀の初期の間にベルギー（コッペー式副産物回収式炉），フランス，ドイツ（オットー式副産物回収式炉）において副産物回収型コークス炉が続々と建設された。イギリスの原料炭は揮発分が少なく，ビーハイブ炉のような徐熱でも良質なコークスが生成したが，欧州の原料炭では揮発分がイギリスのそれより多く，徐熱では良質のコークスができないことが明らかとなり，急速加熱を行う炉幅の狭い角型の室式炉が考案されるようになったのである[9]。

ガス製造用のレトルトも工学的に進化し，鉄製レトルト，耐火煉瓦製レトルトなどの種々のレトルトが出現し，その後大規模なガス工業ではコークス工業用の炉と同じ設備が使用されるようになった。

石炭ガス化には水性ガス反応がある。これは灼熱したコークスに水蒸気を反応させ水素と一酸化炭素の混合ガスを得る方法で，1823年，クレーンは鉄のレトルトに石炭，タール，油類を入れこれを外熱し，容器内に水を滴下して，水性ガスを製造し，その翌年水蒸気は別の装置で発生させ，これをレトルトに送るように改良された。1830年，ドノバンが水性ガスに揮発性炭化水素を添加，増熱して照明用ガスを製造しようとした。これが増熱水性ガスである。発生炉ガスは通常高温の石炭またはコークスにガス化剤として多少の水蒸気を含む空気を通して得られる。比較的簡単に大量のガスが得られるが，約半分は窒素を含むので発熱量は低い[10]。1839年，ドイツのビショップが泥炭を原料と

して竪型の発生炉で自然通風を用いてガス化し、そのガスを溶鉱炉の加熱に初めて用いた。1842年、ドイツの製鉄所で竪型炉を用いて木炭粉、泥炭、褐炭を用いて上向きの強制通風でガス化し、その発生炉ガスを燃料に用いた。ドーソンは1878～1881年にかけて、発生炉で製造した一定量の加熱蒸気を用いてドーソンガス（半水性ガス）を作り、ガス機関の燃料に用いた。

1872年、アメリカのロウは水性ガス製造にブローとランの2工程を初めて導入した。その後、テイラーによる回転火格子の考案（1890）、カープリーによる機械火格子付きのガス化炉の考案（1903）などがある。

1904年、ドイツのコッパースによる蓄熱式コッパース炉（コークス炉）が開発された。なお1906年、イギリスのパーカーが灯油を得る目的で石炭の低温乾留を考案した。1926年、ウインクラーの流動床ガス化法が開発され、その後の石油工業やそのほかに応用され、流動床技術の起点となった。

このほかの動きとしては、1807年、アメリカのフルトンは石炭燃料の蒸気機関で動く外輪船を建造し、これが海上輸送の革命の第一歩となった（そのちょうど20年前にアメリカのフィッチは蒸気船を建造しているが、商業的に失敗している）。

また1800年にワットの特許が切れると、コンパクトで効率の良い高圧蒸気機関の開発が進んだ。イギリスのトレヴィシックはさまざまな高圧蒸気機関を製作し、これらは揚水、石炭の巻き上げ、鉄の圧延などに使われた。同じ頃、アメリカのエヴァンスも高圧蒸気機関を製作している。1801年にスチーブンソンは道路を走る石炭炊き蒸気車を製作し失敗するが、しかしレールを走る蒸気機関車ではつぎつぎに成功する。レールの素材は最初鋳鉄で、その後錬鉄になる。1825年、スチーブンソンは高圧蒸気機関で動く最初の公共目的の鉄道列車の建造に成功した。リヴァプール・マンチェスター鉄道は1830年に開通、毎日1000人が利用するようになり、以後世界各地で鉄道建設が始まり蒸気機関車の改良が急速に進んだ。

1833年、イギリスのチャーチはコークスを燃やす蒸気車を作り、ロンドンで乗合蒸気車を走らせた。その後、蒸気タービンの開発、内燃機関と続く。

1856年，ベッセマーが溶けた銑鉄に空気を吹き込んで鋼を大量に生産できる転炉技術を発明したが，アメリカのケリーはその数年前に高温の鋳鉄の炭素を空気吹きで除去できることを知った．同じ年にケリーの特許も認められた．ベッセマーは公開実験をするが，使用石炭がリンを多く含み，もろい鋼ができ失敗する．しかしイギリスのムジェットやスウェーデンのイエランソンが改良に成功する[11]．

実用的な蒸気タービンの製作は，1884年，イギリスのパーソンズで，船舶の推進用タービンを1896年に製作，今日の発電用の100万 kWの蒸気タービンも原理は同じである．内燃機関も当初は石炭乾留からの石炭ガスが燃料であったが，その後石油からのガソリンがその対象となった．

石油産業の歴史は高々150年である．よく知られるように，1859年，アメリカ・ペンシルバニア州のタイタスビル付近でドレーク大佐が石油井の掘削に成功した．原油は炭化水素の混合物であり，硫黄やワックス，粘土などを含み，これらがまず除去される．蒸留によってガソリン，灯油，軽油，ワックス，パラフィン，アスファルトなど数多い化学製品が得られる．残留物が重質油で，熱処理により石油コークスが得られる．当初灯油が重要であったが，自動車の出現で需要がガソリンに移った．1913年，バートンはより多くのガソリンを得るために熱分解法を開発した．フードリーはより効率的な分解法として固定床の接触分解法を開発し，第二次大戦中にマーフリーが流動接触分解法 (fluid catalytic cracking：FCC) を完成する[12]．戦後石油産業が爆発的に発展するのはご存じのとおりである．

アメリカは1855年に最初の天然ガス利用会社ができ，豊富な天然ガスと石油があったが，大規模な天然ガス採掘法は1930年まで確立しなかったため，ガス事業として石炭やコークスからの水性ガスや増熱水性ガスが利用された．しかし1940〜1970年の間に天然ガス利用が爆発的に進展した．19世紀終わりから20世紀初頭にかけて，ダイムラー，メルセデス，オペル，ルノー，プジョーなどの自動車製造ブームが起こったのは，一つには当時容易に鋼が入手できたことと，精密工作技術が高度に進展し新しい内燃機関が開発できたから

である。

　石炭関連のこの間の技術としては，1913年のベルギウスによる石炭液化の発明，そして1927年のIG社（ドイツタール染料利益共同体：1925年BASF，ヘキスト，バイエル，アグファなど8社が合併）による石炭およびタールの高圧水素化工場の建設がある[5]。いわゆる石炭直接液化の工業化である。第二次世界大戦の直後，ドイツの石炭液化技術がアメリカとソビエトにロケット技術とともに技術移転されたのはよく知られている。

　南アフリカは，1935年，ドイツのフィシャー・トロプシュプロセス（Fischer-Tropsch process）の権利を取得し，1950年，SASOL（The South African Coal, Oil and Gas Corporation）公社が発足し，ヨハネスブルグの南80 kmの巨大炭田地に，1955年Sasol Ⅰの石炭間接液化プラントを建設し，1980年にはSasol Ⅱを，1983年にはSasol Ⅲを稼働させた。合成燃料，パイプラインガス，アンモニア，化成品を製造している。

2.1.2　石炭の性質
〔1〕　石炭の物理的および化学的性状

　石炭の基本的な物性および含酸素官能基測定法を**表2.1**および**表2.2**に示す[13]。その他の石炭分析方法は巻末の付録にまとめた。わが国では，石炭の約半量はコークス製造に用いられることから，コークス化と関連した物性（流動性，粘結性，コークス化性，反射率など）が重要な指標として利用されている。特に，流動性と平均反射率はコークス製造の際に原料となる石炭の選定や配合のための重要な因子として多用されている。

　化学的性質では，元素分析値や工業分析値が石炭の反応性に関わる重要な指標で，石炭を扱う際には必ず行われる分析の一つである。石炭は，おもに炭素，水素，酸素，窒素，硫黄からなり，炭素と水素以外の元素としては酸素が最も重要である。石炭中に存在する酸素を含む官能基としては，水酸基，カルボキシル基，カルボニル基，酸素を含むヘテロ環化合物（フランなど），エーテル結合が存在する。石炭の酸素含有量が同じでも，その存在形態が異なれば

表 2.1 石炭の基本的な物性[13]

性 質	測定法と特徴
密度	ヘリウム，メタノール，n-ヘキサン，水，ベンゼンなどさまざまな流体を置換物質として密度が測定されている。 ヘリウムを置換物質として用いた場合の密度が一番大きく，この場合の密度を真密度（真比重）と呼ぶ。
孔隙率	ヘリウム密度（D_{He}）と水銀密度（D_{Hg}）から以下の計算式で求める。 孔隙率 $= (D_{He} - D_{Hg}) / D_{He} \times 100$
粉砕性	ボールミル試験法，ハードグローブ法で測定される。
流動性	ギーセラープラストメータ法で測定する。
粘結性	溶融時の膨張率を測定する。ボタン指数，るつぼ膨張係数ともいう。
コークス化性	塊コークスの回転強度で示す。ドラム強度指数。
反射率	石炭の断面を研磨し，光の反射率を測定する。
湿潤性	石炭粉末を水またはベンゼンで濡らし，N_2圧を加えて液体の石炭との接触角を測定する。
表面積	BET 法，湿潤熱法，Dubinin-Polanyi 法などで測定。
誘電率	石炭を2枚の電極の間に挟み，蓄電量を測定する。その値を電極間が真空のときの値で割ると，誘電率が求められる。
電気伝導度	芳香族の積層構造が寄与すると考えられている。
反磁性磁化率	1gの石炭を1ガウスの磁場中においた場合の磁化率で表す。
硬度	Mohs 硬度，Knoop 硬度，Vickers 硬度，Microvickers 硬度などの押し込み硬度や，Shore 硬度などの反発硬度が用いられている。
弾性	圧力-歪みの相関から求める（静的）。 固体中の音速から求める（動的）。
比熱	1gの石炭の温度を1℃上昇させるために必要な熱量を比熱という。
溶媒膨潤	微粉状にした石炭を試験管に入れ，溶媒を導入する前後の石炭層の高さの変化から求める体積法と，天秤中で石炭粒子と溶媒蒸気を接触させ，その際の重量変化から求める重量法がある。

表 2.2 石炭の含酸素官能基測定法[13]

含酸素官能基	測定法
水酸基	無水酢酸によるアセチル化，得られた酢酸エステルの加水分解により遊離する酢酸の定量から求められる。
カルボキシル基およびフェノール性水酸基	その酸性度に応じて，炭酸水素ナトリウムや水酸化バリウムを用いた中和滴定により求められる。
カルボニル基	ヒドロキシルアミンやヒドラジンとの反応でオキシムやヒドラゾンへと誘導し，元素分析値の窒素分の変化から計算で求める。
エーテル結合	直接求める方法はなく，多くの場合差分として求められる。

石炭全体の熱反応性に影響があることが知られており,各種官能基の分析法が知られている(表2.2)。近年相田ら[14]は金属水素化物を用いる新しい含酸素官能基分析法を提案し,従来法による結果と比較,議論している。

石炭の分類については,2.3節に詳述するように石炭化度による分類が一般的であるが,用途による分類もある。アメリカ,ロシア,中国,オーストラリアなどの石炭産出国は独自の分類法をもっているが,これは石炭利用がそれぞれの国内炭にほとんど依存しているからである。炭素含量を基準としたわが国の石炭の分類例を**表2.3**に示す[13),15)]。

表2.3 炭素含量による分類

炭素含量〔質量%,無水無灰基準〕	種類
〜70	亜炭
70〜78	褐炭
78〜80	非粘結炭
80〜83	弱粘結炭
83〜85	粘着炭
85〜90	強粘結炭
90〜	無煙炭

〔2〕 **石炭の化学構造解析**

石炭はその由来からもわかるようにじつに複雑である。瀝青炭でも顕微鏡下には均一でなくいくつものマセラルからなる。アメリカではこうしたマセラル分析からコークス製造時の石炭配合技術を創り出したのであり,わが国はその後この技術を磨いて優れた配合理論に仕立てあげたのである。

石炭のより高効率な利用法を開発する基盤研究として,石炭の化学構造に関する研究が行われてきた。初期の研究では,石炭の液化生成物や熱分解生成物を対象に,典型的な低分子有機化合物の分析法である核磁気共鳴法(NMR)や赤外分光法(IR),種々の分子量測定法が適用されてきた。それらの情報を**表2.4**にまとめた。得られた情報をまとめると,石炭は多環芳香族化合物,ヘテロ原子を含む複素環芳香族化合物,水素化芳香族化合物がポリメチレン結合やエーテル結合で連結され,アルキル基や水酸基,カルボキシル基を官能基と

表2.4 各種分光法の測定例，原理，問題点等

測定法	スペクトルの例	原理	得られる情報と問題点
粉末X線結晶回折（XRD）	γバンド，(002)バンド，(10)バンド 石炭と熱分解チャーのXRD図	結晶性物質にX線を照射すると干渉が起こることを利用した分析法	・芳香環の積層による(002)バンドの回折パターンから，芳香環の層間距離および層の広がりに関する情報を得ることができる ・石炭の場合，結晶性の部分が少ないためあまりはっきりした回折ピークは現れない ・上記はデータの信頼性を低下させる可能性がある
赤外分光法（IRまたはFT-IR）	O-H伸縮，C-H伸縮，C=O伸縮，C=C伸縮，指紋領域，芳香族C-H面外変角 拡散反射法による石炭のFT-IRスペクトル	試料に赤外線を照射し，吸収された赤外線の波長と強度から，分子中の結合の振動やねじれなどに関する情報を得る	・O-H伸縮振動，芳香族C-H伸縮振動，脂肪族C-H伸縮振動，C=O伸縮振動，芳香族C=C伸縮振動，芳香族C-H面外変角振動などに帰属される吸収が観測され，これら官能基の定性，定量分析が可能となる ・定量性のあるデータを得ることが難しい
固体^{13}C-核磁気共鳴スペクトル	褐炭の固体^{13}C-NMRスペクトル	物質を磁場中に置いて電磁波を照射し，その吸収を観測することで，着目している核付近の電子状態に関するデータを得る方法	・一般に左図のようなブロードなスペクトルが得られるが，このスペクトルを十数種類のカーブでフィッティングすることで，それぞれの環境の炭素に関する定量的なデータを得ることができる ・固体試料の水素，液体試料の炭素および水素のNMRもよく利用される ・固体のNMRを測定できる装置は高価 ・定量性のあるデータを得ることが難しい ・得られるスペクトルは一般にブロードでカーブ分割がデータの定量性を低下させる場合がある

表 2.4 （つづき）

測定法	スペクトルの例	原理	得られる情報と問題点
X線光電子分光法（XPS）	石炭のN1s XPSスペクトル（ピロール型、ピリジン型、四級塩型、396〜402 eV 結合エネルギー〔eV〕）	物質にX線を照射した際放出される光電子を観測する方法	・石炭の場合，窒素や硫黄に対応する光電子が利用される場合が多い ・得られたブロードなピークを2-3のカーブでフィッティングすることで，窒素や硫黄を含む官能基に関するデータを得ることができる ・得られるスペクトルは一般にブロードでカーブ分割がデータの定量性を低下させる場合がある

して有する構造をもつと考えられる。以上のような情報をもとに，1980年頃から石炭の構造モデルの作成が始まり，現在までに多くの研究者によるモデルの提案が行われている。また，1990年代に入ると進歩の著しい計算機技術を石炭構造解析に導入する試みが行われた[16]。

〔3〕 石炭の化学反応

石炭は，前述のように巨大な分子量をもつ有機物であり，多くの低分子有機化合物と同様，さまざまな化学反応を起こす。石炭の化学反応は，熱による結合開裂を主反応とするものと，試薬との反応が主となるものに大別される。おおまかな分類を表2.5に示す。中温域から高温域で起こる熱分解反応は，燃焼，コークス製造，液化，ガス化などの石炭の利用における主反応であることから，長年にわたって研究が行われてきた。

一方，200℃以下では，試薬との反応が主となる。反応を行う目的としては，石炭の化学構造に関する情報を得ることである。石炭は，前述のように巨大分子であるため通常の溶剤にはほとんど溶解しない。したがって，反応試薬を用いて解重合を行うことで，低分子化し，溶媒可溶な成分へと転換し，さまざまな分析機器を用いて構造解析を行う。石炭は芳香族クラスタを基本骨格とする有機化合物であることから，低分子芳香族化合物と類似の反応を受ける。以下に代表的な化学反応を挙げる。

表2.5 石炭のおもな化学反応

	反応温度域	おもな反応剤	用途
熱反応	800℃ <	酸化性気体（CO_2, H_2O, O_2, 空気）	合成ガス製造（H_2+CO）
		空気	燃焼・熱利用
		水素	メタン製造
		不活性雰囲気	コークス製造
	300～500℃	不活性雰囲気 触媒，水素，溶剤	石炭液化
試薬との反応	おおよそ200℃以下	共有結合開裂	酸による C-C 結合開裂 C-O 結合開裂 RuO_4 酸化反応
		非結合性相互作用の解消ないし開裂（π-π相互作用，ファンデルワールス力，水素結合）	還元アルキル化 O-アルキル化，O-アセチル化

① **結合開裂を伴う反応** 低分子芳香族化合物は強酸を作用させると脱アルキル反応やトランスアルキル化反応を起こすことが知られている。超強酸（100%硫酸よりも酸性度の強い酸を指す）である HF/BF_3 や CF_3SO_3H を石炭に作用させると，比較的温和な条件下（室温～150℃）で炭素-炭素結合の開裂が起こり，石炭を100%近くまで溶媒可溶分へと転化させた例が報告されている[17]。また，超強酸ではないが p-トルエンスルホン酸とフェノールを用いた例もある[18]。これらの試薬を用いた場合，系中ではおおよそつぎのような反応が生起していると考えられる（式2.1）。

$$\text{〜〜Ar-CH}_2\text{-Ar〜〜} \xrightarrow{H^+} \text{〜〜Ar(H)}^+\text{-CH}_2\text{-Ar〜〜}$$

$$\longrightarrow \text{〜〜Ar-H} + {}^+H_2C\text{-Ar〜〜} \quad (2.1)$$

瀝青炭あるいはそれ以下の品位の石炭中にはエーテル結合が含まれていることはよく知られている。このエーテル結合を開裂する試薬として，四塩化ケイ

素とヨウ化ナトリウムの組み合わせが知られている[19]。両者は系中でI-Si結合を形成し，これが石炭中のエーテル結合に作用して，結合が開裂する。得られた中間生成物は加水分解してアルコールとフェノールへと誘導される（式2.2）。ただし，この反応が有効であるのはアルキルアリールエーテルやジアルキルエーテルであり，ジアリールエーテルは反応しない。この反応を行うと溶媒抽出率が増加したり，熱分解性が向上することが報告されている[20]。

$$\text{Ar-OR} + \text{I-Si-} \longrightarrow \text{Ar-O-Si-} + \text{RI} \xrightarrow{H_2O} \text{Ar-OH} + \text{ROH} \quad (2.2)$$

$RuCl_3$ または RuO_2 とハロゲン系酸化剤（ClO_x^- や IO_4^- など）と反応させると，反応系中で四酸化ルテニウム（RuO_4）が生成する。RuO_4 は二重結合や三重結合のような不飽和結合炭素を選択的に酸化するため，アルキル側鎖や架橋をもつ芳香族化合物に適用すると，芳香環は CO_2 まで酸化され，側鎖や架橋だけが残る（式2.3）。RuO_4 酸化反応はもともとDjerassiら[21]が低分子化合物の合成反応に適用するために開発したものであるが，燃料化学の分野では，Stockら[22]が初めて石炭の構造解析に利用し，後にStrauszら[23]が石油系重質油の構造解析へと使用した。この反応を利用すると，脂肪族側鎖や架橋部分に関する情報を得ることが可能であり，他の方法では得がたい情報となる。

$$\text{Ar-R, Ar-R'-Ar} \xrightarrow{RuO_4} \text{HOOC-R}, \text{HOOC-R'-COOH} \quad (2.3)$$

② **非結合性相互作用の解消ないし開裂を伴う反応**　　石炭には共有結合のほかに，非結合性相互作用と総称されるいくつかの結合が存在する。π-π相互作用（芳香族クラスタのスタッキング），ファンデルワールス結合，水素結合などがこれにあたり，石炭の不溶性の原因の一つと考えられている。ここでは，これらの結合を解消あるいは開裂させる反応について述べる。なお，ピリ

ジンやN-メチル-2-ピロリジノンのような極性溶媒を石炭に作用させると，非結合性相互作用が一部解消ないし開裂され，抽出・膨潤などが起こることが知られている。

瀝青炭などの比較的発達した芳香族クラスタを有する石炭では，芳香族クラスタ同士が積層して強く相互作用しあうことが知られている。芳香環をアルキル化すると，ちょうど楔を打ち込むような形でアルキル基が導入されるため，積層しにくくなり石炭が溶媒に溶解するようになる。

この方法は，一般に還元アルキル化と呼ばれており，リチウム，ナトリウム，カリウム，亜鉛を還元剤として石炭に作用させ，芳香環を還元した後，ヨウ化アルキルを加えてアルキル化する（式2.4）。還元アルキル化反応では石炭中のC-C結合を切断せずに溶媒可溶化を行えるので，石炭の分子量分布を測定するのに最適の方法である。Sternbergら[24]が最初に開発した手法は，電荷移動剤としてナフタレンを使用していたため，生成物の汚染が問題となっていたが，後に還流THFを用いる改良法[25]が考案されている。また，亜鉛-ジブチル亜鉛-ヨウ化ブチルを用いて行うより温和な条件下でのアルキル化法[26]も報告されている。

$$\text{アントラセン} \xrightarrow{2e^-} [\text{アントラセン}]^{2-} \xrightarrow{2\,RI} \text{9,10-ジヒドロアントラセン(R,H)}$$

(2.4)

低石炭化度炭には水酸基が多く含まれており，そのため水素結合による相互作用が強い。水素結合を切断するには，水酸基をアシル化，アルキル化してやればよい。例えば，天然の高分子であるセルロースはモノマー（グルコース）一つ当り三つの水酸基をもち，水素結合で互いに強く結合しているため溶媒に溶解しないが，水酸基をアセチル化することでクロロホルムや塩化メチレンに溶解するようになる。同様に，石炭をピリジン中で無水酢酸と反応[27]させると，石炭中の水酸基がアセチル化され（式2.5），溶媒抽出率や膨潤率・膨潤

速度に変化が生じることが報告されている。

$$\text{Ar-OH} \xrightarrow{\text{Ac}_2\text{O}/\text{C}_5\text{H}_5\text{N}} \text{Ar-O-C(=O)CH}_3 \qquad (2.5)$$

なお，生成物（o-アセチル化炭）を赤外分光法で分析するとO-H伸縮振動領域の吸収が消失していることから，o-アセチル化はほぼ完全に進行していると考えられる。また，o-アシル化の代わりにLiottaら[28]は石炭のo-アルキル化反応について検討しており，水酸化テトラアルキルアンモニウムとヨウ化アルキルを用いて石炭を処理することで，o-アルキル化が可能であることを報告している（式2.6）。この方法は低分子化合物におけるエーテル合成反応（Williamson synthesis）によく似た反応である。

$$\text{Ar-OH} \xrightarrow{\text{NR}_4^+\text{OH}^-/\text{R}'\text{I}} \text{Ar-O-R}' \qquad (2.6)$$

2.2 石炭の起源

2.2.1 歴史的背景

ここでは，石炭の成因として，石炭の起源に関連する地質時代を植物の進化に特に着目し，また植物から石炭までの物質としての変化を論じる。石炭の成因と石炭の探査の関連は重要で，膨大な情報も蓄積されているが，これは成書にゆずる[29),30)]。

さて，石炭，石油，天然ガスは化石資源と呼ばれ，過去の陸上植物や藻類を構成する有機物が化学的に，微生物によって，さらに地熱や圧力によって変化したものであるとされる。これは生物起源説（有機成因説）と呼ばれる。

石炭の中には，過去の植物組織や花粉，樹脂などのようなものがみられ，生物起源説は早くから異論が少ない。しかし，古くヨーロッパでは，神が地球を作り，そして動植物をそこに放ったとされる天地創造説が信じられており，石炭の成因もこれに依存しているとされていた（天変地異説）。

32   2. 基 礎 知 識

現在の地球において起こっている自然現象は，100年前も，そして遠い過去の地球においても起こったであろう。そこで現在の自然現象を観察することで過去に起こった地球上での現象が解析できると思われる。これは1788年，イギリスのハットンが『地球の理論』の中で示した説で，斉一説と呼ばれる。

後にライエルにより1832年に示された『地質学原理』では，この考え方で地球の歴史を推定できると述べられ，地質時代を振り返り，見てきたかのようなことが語れるのはこのような考え方をもとにしている。なお進化論で有名なダーウィンはこの書に強く影響を受け，『種の起源』を著したといわれる。

2.2.2 地質時代についての概説

地球の誕生は46億年前と示されている。46億年を1年とすると人類が誕生したのはおよそ20万年前なので，これは12月31日の午後8時頃である。一方，化石資源の形成に必要な生物は陸上植物または藻類であるが，陸上に植物が進出するのは約4億年前で，11月末に相当する。

生物の進化の観点からは，化石として残る，骨格のある生物の存在が顕著になった時代以降を顕生代とし，それ以前を原生代とする。顕生代についてはさらに詳しい区分が存在する。地質時代区分を図2.1に示す。

石炭紀は，石炭のもととなる陸上植物（巨大シダ類，リンボクなど）が陸上で繁茂し，世界において石炭を産する地層は，この時代のものが多い[31],[32]。また，デボン紀，石炭紀，ペルム紀の間の区別は，ヨーロッパにおいて（旧）赤色砂岩を主とする地層——石炭の存在する層——（新）赤色砂岩を主とする地層としての区別をすることより，19世紀初めに定義された。

これはプレートテクトニクスによる大陸の移動や，生物の大量絶滅といった地球史と生物史の研究情報が得られるかなり前である。これは地質時代を区分する動機の一つが，石炭を探す手がかりとしたものであることが伺える。それではこの石炭紀前後の地球環境，生物進化などについて概説したい[33],[34]。

〔1〕 デ ボ ン 紀

デボン紀は約4億2000万年前から3億5000万年前までを指す。陸上では

2.2 石炭の起源

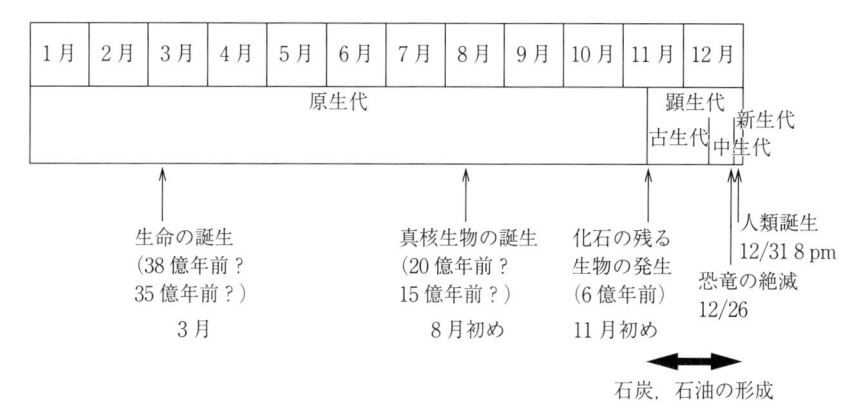

(a) 地球の歴史を1年としたときの地質時代区分

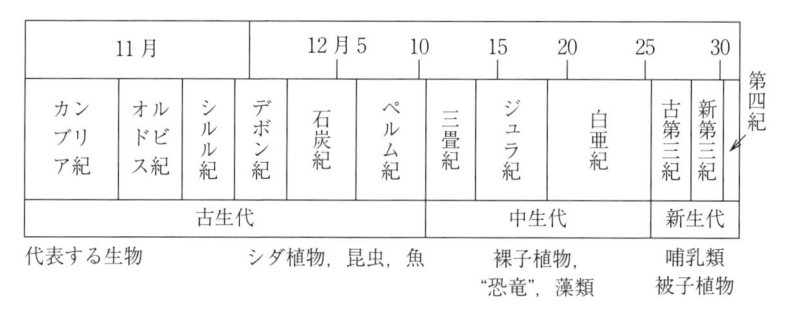

1月	2月	3月	4月	5月	6月	7月	8月	9月	10月	11月	12月

原生代 / 顕生代(古生代・中生代・新生代)

- 生命の誕生(38億年前? 35億年前?) 3月
- 真核生物の誕生(20億年前? 15億年前?) 8月初め
- 化石の残る生物の発生(6億年前) 11月初め
- 恐竜の絶滅 12/26
- 人類誕生 12/31 8 pm
- 石炭, 石油の形成

(b) 顕生代での地質時代区分

11月			12月 5		10	15	20	25	30	
カンブリア紀	オルドビス紀	シルル紀	デボン紀	石炭紀	ペルム紀	三畳紀	ジュラ紀	白亜紀	古第三紀	新第三紀・第四紀
古生代						中生代			新生代	

代表する生物: シダ植物, 昆虫, 魚 / 裸子植物, "恐竜", 藻類 / 哺乳類, 被子植物

図2.1 地球の歴史を1年としたときの地質時代区分と, 顕生代での地質時代区分
(地球誕生から現在までを1年としたときのおおよその日付を上部に示した)

スカンジナビア半島, イギリス, 北米大陸が形成され, 南極にあたる部分にはゴンドワナ大陸が存在していた。

デボン紀は"魚類の時代"と呼ばれ, 内骨格をもつ魚類の基本形が完成された。さらにデボン紀後期には両生類が上陸を始める。デボン紀には植物が上陸し, 海辺に森林を形成し始める。これにより沿岸部には緑がみられ, 大気は二酸化炭素が急激に減少し, 現在の濃度に近い酸素が満たされるようになった。

〔2〕 石 炭 紀

石炭紀はおおよそ3億5000万年前から2億9500万年前までを指す。この時点ではローレンシア(現在のヨーロッパ, 北米)大陸とゴンドワナ大陸(南

米，インド，アフリカ，南極大陸に相当）が存在していた。

　石炭紀前期には植物が多様化し，光合成で酸素が生産される一方，有機炭素の分解は少なかったので，大気の酸素濃度が現在の2倍を超える程度になったとされる。節足動物や昆虫がこの時期繁栄した一方で，脊椎動物では，完全な陸上生活ができる爬虫類が陸上動物の主たるものとなってゆく。

　植物も大型化し，ロボク，リンボクといった特徴的植物が森林を形成した。この植物の繁栄は，温室効果ガスである二酸化炭素の急速な減少をもたらした。パンゲア超大陸の形成と相まって，石炭紀後期に地球は急速に寒冷化した。

〔3〕 ペルム紀

　ペルム紀は，おおよそ2億9500万年前から2億5000万年前までを指す（図2.2）。超大陸パンゲアは乾燥し，内部まで植生が及ばないため徐々に森林が減少していった。海では暖かい地域の沿岸域にウミユリ，サンゴが栄え，石炭紀に引き続いて石灰岩を形成するもととなった。

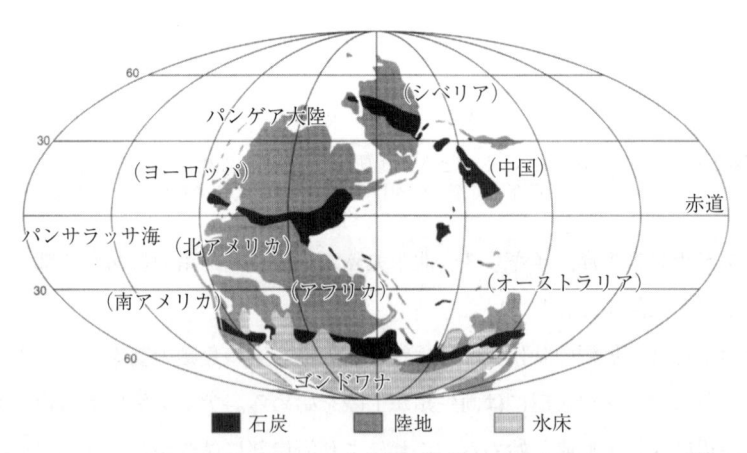

図2.2　ペルム紀初めの地球。（　）内はおおよその現在の地域名を示す[32]

　ペルム紀末に，陸地はパンゲア大陸の分裂を引き起こすような大きな火山活動が起こり，急激な環境変化と直接な影響から生物種が急激に減少した。海洋の生物種の変動はさらに大きく，これが地球史最大の大量絶滅，P/T境界と

して知られる。

2.2.3 植物進化と気候変動

植物が石炭の原料であることから，石炭紀前後の植物種と進化の関係について少し詳しく述べたい[35]。植物は，それ以前に海に多く生息していた緑藻から，シルル紀にコケ，そしてシダとして上陸し，デボン紀に陸地でのその存在が確立したとされる。

デボン紀に入ると，植物は一挙に多様化するとともに陸上で多数繁茂した。さらに石炭紀では，先述したリンボクなどの巨大なシダ植物が湿地熱帯を覆い，シダ種子類などとともにその繁栄を極め，これがペルム紀まで続く。

植物の陸上への進出に対し，組織レベルでの対応は液体（水や養分）を体の上下に運ぶ維管束の形成であり，分子レベルでの対応はリグニンと呼ばれる高分子化合物の形成であった（図 2.3）[36]。シダ植物は維管束の形成が確立しているが，生殖機能としては胞子の段階にある。

そのシダ植物が発展してゆく契機となるのは葉の形成である。葉の形成は維管束に続く植物の大きな進化の転機となった。葉の面積は広いので光合成能力

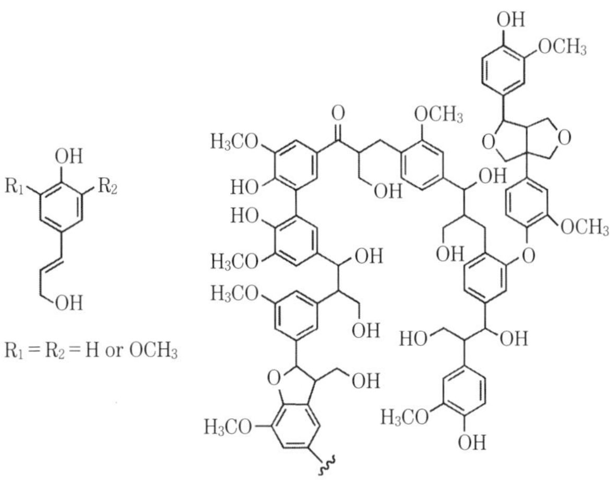

図 2.3 リグニンを構成する単量体（左）とリグニンの分子構造の一例（右）

が飛躍的に拡大した。もちろん葉の存在は光合成-二酸化炭素吸収機構と，蒸散作用による水分調節機構も含み，これは水循環に関わるという点で，植物が地球を支えることになる大きな要因である。

リンボク（**図 2.4**）は最大で約 60 m の高さとなるが，あまり分岐をせず，先端部に近いところのみに葉を作っていたとされる。石炭紀の植物の代表にはロボクも存在するが，ロボク（こちらは高さが約 20 m）はいわば巨大なスギナである。いずれも早く大きくなるということで勢力を拡大していったとされる。維管束形態は未成熟で，リンボクは木部がほとんど存在しないし，ロボクはほぼ中空であった[35]。

図 2.4　リンボク[35]とその化石

石炭紀の森林は現在の熱帯雨林を超える密集度で植物が密集していたとされる。このような環境中で生き残るには，その密集の中でどのように子孫を残してゆくかという戦略が要求される。この戦略の一つの解となる重要な進化が種子の形成であった。ここで裸子植物が登場する。種子は種皮に包まれ，胚と栄養分をその中に含み，受精によって遺伝子を混合する過程を確実に行う。

シダ植物の繁栄とほぼ平行して，種子のより効果的な作り方が"実験"されていたとされ，シダ種子植物（ソテツの祖先），さらに現存種のイチョウやマ

ツやスギの直接の祖先が石炭紀からペルム紀にかけて分化した[37]。裸子植物は，さらに三畳紀からジュラ紀，白亜紀を通じて栄えた。現在は熱帯にみられるソテツ類，イチョウ類，マツやスギなどの球果類などが存在するが，往時の隆盛はない。

　これは，さらに効果的に受精を行う"花"という器官が形成し，胚が子房（めしべ）に納まっている被子植物が，ジュラ紀末あたりで爆発的に出現し多様化して，その間で裸子植物が衰退したことにある。被子植物は，比較的良質の，そして同種の花粉のみが中心の胚にたどり着く。種子の生長も早い。なお，被子植物の出現時期，被子植物の祖先については諸説があり，いまだ決着をみない。植物進化に関わる最大のテーマである[35),37)]。

　石炭は，陸上植物が高度な分解を受ける前に地中に埋もれ，その後地熱や地圧を受けて生成したものとされる。現在の地球環境では，森林が存在しても，石炭のもとが形成するような有機物の蓄積は少なく，木材もすべてではないものの，かなり分解されてしまう。石炭が地球上にこれだけ石炭として蓄積されているというのは，石炭を多く産する地質時代には，植物体の分解はごくゆっくりとしか起こらず，地中に埋もれていったということになる。

　生物学的側面からは，リグニン形成が始まった当初にはリグニンを分解する生物（具体的にはキノコのような菌類）が比較的少なかったとされ，これが石炭紀炭素の蓄積の一つの理由であるとされる[38)]。

　一方，気象学的観点からの研究も示されている。全地球大気循環モデルに酸素濃度，二酸化炭素濃度，陸塊形状などを組み込み，石炭紀を中心とする地質時代の気温，降雨量，植物バイオマス，土壌炭素濃度などを算出するという研究が行われた[39)]。この研究で，モデルで想定される陸上の一次生産量の高い地域と土壌炭素濃度の高い地域が一致し，これは現在の石炭の蓄積が著しい地域の地質学的事実ときわめてよく一致した。

　植物体の分解がゆっくり起こる過程では，相当する地域では植物体が水をかぶってしまうほどに降雨量が多い，すなわち植生表面の蒸発散を上回るということも必要になる。これは，降雨量と蒸発散のシミュレーションによって，石

炭形成に好ましい地域と，実際の石炭形成地域の合致により示された。これらは全球的な地球環境と気象条件などが，石炭のもととなる炭素の蓄積に必要であるという結果である。

2.2.4 石炭の形成 —— 植物から有機物，石炭への変化

石炭の形成に関し，植物遺体の分解はごくゆっくりとしか起こらないという過程に対して，これまで説明されていた説はサイクロセム説である。石炭は，石炭層，頁岩，石灰岩，砂岩という形で繰り返し現れる。そこで石炭は，沿岸域で，海水位が変動し温暖なときには海進（海水位が上昇し，陸地が小さくなる）が起こり，寒冷化すると海退（その逆）を繰り返すことで，植物が分解されずに海に沈み，炭素が保存されたとするものである。

一方炭田には，堆積物のない厚み数メートルに及ぶ炭層が，広範に広がっている地域がある。これは上記の説では説明できない。そこで1980年代後半より主流となったのは，石炭は以下の過程で形成されるという説である。

まず沿岸域などの湿原近傍の植生が堆積する。日本では湿原は高原地域というイメージがある。これは現在人間の生活の場や水田として，沿岸域がほぼ完全に利用されている結果であり，本来湿地は沿岸域に多く存在する（北海道のサロベツ原野などがよい例である）。

そして水と栄養分が供給されにくくなった湿原に，ミズゴケがドーム状の台地を形成し，これらの堆積が進むと上部は周りの地面より盛り上がった形で，水面より上方にミズゴケが群生するようになる（これを高位泥炭地，高層湿原と呼ぶ）。そうなると下部に無機物が運ばれないとともに，内部は無酸素状態となって，泥炭として有機物が地中に保存され，その後に石炭が生成する[40]。

上記の泥炭地が石炭に変換されるには，さらに地熱と圧力が必要である。その間，物質科学的にはどのような変化が起こるか。この場合に解析する物質対象が混合物であることと，溶解性に乏しい高分子であることから，分子科学的な研究は困難を極める。一方，ある程度鉱物に近い形で，ケロジェン（油母）や石炭のように固体として観察できる場合には顕微鏡観察などが可能になり，

2.2 石炭の起源

またさまざまな物性も測定できる。

　石炭が鉱物とみなせると，その組織観察から分類，成因の想定等々が可能になってくる。石炭は鉱物学における記載の手法と同様に，組織観察からマセラルとして分類，記載が行われてきた。この中でも，石炭中に多く存在する組織であるビトリニットの反射率は，石炭評価の一つの重要なパラメータである。

　また Van Krevelen 図と呼ばれる，元素分析から得られるデータとして縦軸に H/C の原子数比（元素分析値を各元素の原子量で割った値），横軸に O/C の原子数比をとったグラフが，石炭やその原料となる有機物の評価として利用される（図 2.6 参照）。この図に地球上のさまざまな有機物をプロットしてみると，どんな原料が，どのような変化を経て石炭が生成するかがよく理解できる[29),32)]。

　Van Krevelen 図上での成分の変化は，図中の枝分かれした三つの矢印の方向で脱水，脱炭酸，脱メタン（脱ガス）の過程を含む。多くの物質は右上方から左下方への変化が起こるが，原料の違いから出発点が異なるし，また熱変化の違いなどから，その方向も異なる。

　石炭は由来物質から海生物質（藻類が主）を主成分とする腐泥炭と，陸上植物をおもな起源物質とする腐植炭に分かれる。腐泥炭は，やや左上方からほぼまっすぐ下方への変化が必要とされる一方，腐植炭は右から左への変化が中心で，また人工的な加熱実験による石炭，褐炭などの変化も右上から左下への変化であることから，石炭の原料は陸上植物が中心であることが理解できる。

　植物遺体，泥炭，リグニンから褐炭，亜瀝青炭，瀝青炭，無煙炭への変化は図上での経路として書くことができる（図 2.6 参照）。これをコールバンドと呼び，木材から泥炭までは脱水反応が主であり，亜瀝青炭ないし瀝青炭まで脱炭酸反応，引き続き無煙炭まではおもに脱ガス反応で生成することがわかる。

　石炭はおもに陸上植物の遺体を由来とし，これらが比較的分解されないまま水中，地中に没し，さらに地熱作用を中心とした化学変化（部分的には生物も関与しているかもしれない）を経て石炭へと変化するという道筋を経て形成された。そしてもととなる植物種，地球環境の変化，堆積環境の変化について，

かなり限られた条件のもとで生成したと想像される。

2.3 石炭の種類と分類

2.3.1 背　　景
〔1〕 石炭化の過程

石炭はおもに古生代の石炭紀（3億6000万年前），中生代の三畳紀，ジュラ紀，白亜紀の地層に賦存するが，古くは古生代のデボン紀の地層にもみられる。また中国やインドなどのアジア大陸，南米やアフリカの一部では，古生代のペルム紀の地層からも石炭が産出する。一方，日本を含む環太平洋地帯では新生代の第三紀（500万年前）に属する地層から産出する。石炭の地層を含む地質時代区分を**表 2.6** に示す。

表 2.6　地質時代区分

期間〔億年〕	代（era）	紀（period）	地質時代の特徴
0.00～0.65	新生代	第四紀	洪積層，人類進化
		第三紀	哺乳類の繁栄，現在の気候帯
0.65～2.45	中生代	白亜紀	被子植物，鳥や哺乳類の出現
		ジュラ紀	アンモナイト，裸子植物，恐竜の繁栄
		三畳紀	乾燥気候，爬虫類の繁栄，恐竜の出現
2.45～6.00	古生代	ペルム紀	裸子植物が繁栄，獣弓類の繁栄
		石炭紀	シダ植物の大森林，昆虫，両生類の繁栄
		デボン紀	「魚の時代」，肺魚，両生類の出現
		シルル紀	サンゴ，三葉虫，魚，シダ植物の出現
		オルドビス紀	三葉虫，筆石（動物の化石）
		カンブリア紀	海藻，巻貝，三葉虫，無脊椎動物
6.00～50.00	先カンブリア代	原生代（proterozoic era）：25億年より新しい代　始生代（archaean era）：25億年より古い代	

顕微鏡下，石炭を観察すると植物の細胞や花粉などが認められ，炭層中に植物の化石も見出される。石炭は植物に由来することは事実であるが，その根源植物は形成時期によって異なる。石炭の根源植物の集積は，植物が生育してい

た場所での枯死・倒壊による堆積（現地性堆積）と，洪水などによって流された湖や海岸などでの堆積（流積性堆積）に大別される。これらの堆積植物は，嫌気性環境下において微生物の作用で，水，二酸化炭素，メタンなどが遊離し，炭素分が濃縮される。さらに上層に土砂が堆積し，地中深く埋没されて地中の温度や圧力の影響を受け，きわめて長期的に熱分解反応が緩やかに進行して炭素分がさらに増大する。これらの化学変化は石炭化反応と呼ばれる。

石炭の熟成度を示す用語として石炭化度（rank）があるが，必ずしも堆積年代にリンクしているわけではない。火山活動などの影響を受けて高温度に維持された地帯では，地質年代によらず相対的に石炭化が進行する場合がある。石炭化度は一般的には後述の分析手法により定義されるが，炭素含有率による定義では無煙炭（anthracite）＞90％，半無煙炭（semi-anthracite）＞80％，瀝青炭（bituminous coal）83〜90％，亜瀝青炭（sub-bituminous coal）78〜83％，褐炭（brown coal）70〜78％，亜炭（lignite）＜70％と区分されている。おもに沼地などで植物が分解されずに堆積した亜炭以前のものは草炭やピート（peat）と呼ばれる。このほか，藻から生成する燭炭，地中マグマによる急速な熱分解でできた煽石（天然コークス）などがある。

〔2〕 **石炭の構成**

石炭は微細な細孔に富む有機質部分と多様な鉱物を含む無機質部分から構成されている。有機質部分は燃料やコークスとして利用する場合に主体となる対象である。主要な構成元素の炭素（C），水素（H），酸素（O）だけで95〜98％を占め，その他，窒素（N），硫黄（S）を含有する。無機質部分は石炭層に頁岩や砂岩，粘土層などが脈状に分布する場合もあるが，多様な鉱物が炭質部分に微細な粒子状として分散したものや，炭種によってはアルカリ金属やアルカリ土類金属類が石炭の有機質部分と化学的に結合して存在する場合もある。前者は炭質部分との機械的分離が比較的容易であるが，後者は無機質部分の機械的な分離除去が困難で，化学的分離によっている。また，微細な細孔には通常水分が含有されている。

石炭根源植物の化石を顕微鏡下で観察した結果に基づき，微細組織成分（マ

セラル）に分類する岩石学的な手法もある（2.4節の表2.9参照）。

2.3.2 分類・用途に関係する分析
〔1〕 工 業 分 析

石炭の取引においては，もちろん有効成分である有機質部分の質や量が重要視される。水分や無機質部分も燃料やコークスとして利用する際，効率低下や操業障害などを引き起こす成分であり注目すべきである。利用によって生じる排ガス-排水の取り扱い，燃焼後の灰の処理費用にも影響する。特に輸入炭の場合，水分や無機質が多いと石炭価格に占める輸送費の割合が高くなり，原料コスト高となる。燃料やコークス用にかかわらず，石炭の商取引ではまず，水分，灰分，揮発分（VM），固定炭素（FC）の情報が必要であり，簡便に把握することができる工業分析はその目安として広く採用されている。石炭を構成する成分と区分を**図2.5**に模式的に示す。

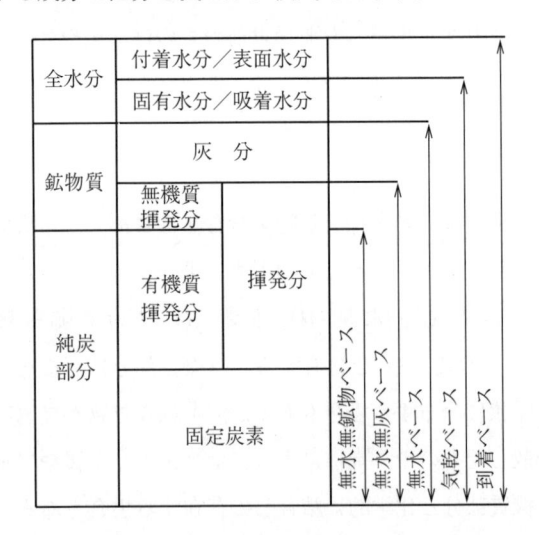

図2.5 石炭を構成する成分と区分（工業分析）

石炭の水分は，石炭粒子表面に付着した表面水分（付着水分）と粒子内部に発達した微細気孔（内部表面）に存在する吸着水分に区分される。到着石炭を恒量になるまで天日乾燥（気乾）したときの減量の試料に対する百分率が付着水分，さらに一定の加熱下（107℃）で1時間乾燥したときの減量の試料に対

する百分率が吸着水分と定義され，それらの合計を全水分と称する。吸着水分は石炭化度によってほぼ決まる（ランクが高くなるほど固有水分は少なくなる傾向がある）ため，固有水分とも呼ばれている。一方，表面水分は天候や貯炭状況によって増減するため，商取引に際して買い手と売り手の立場の相違から問題になることが多い。水分の定義，計測条件を明確にしておくことが重要である。

　工業分析による揮発分 VM，固定炭素 FC（＝100－VM－灰分），燃料比 FR（＝FC/VM）はいずれも石炭化度と相関がある。揮発分 VM は低石炭化度炭ほど高く，高石炭化度炭ほど低くなるが，固定炭素 FC と燃料比 FR は逆の相関を示す（「付録1　石炭の分析方法」を参照）。

　固有水分，灰分，VM，FC などは石炭の産地（産炭地）によって変化するばかりではなく，同一産炭地でも地層の広がり，深度によって差異があるため，商取引では工業分析が各ロットに対して必要になる。

〔2〕　元 素 組 成

　石炭は成熟するに従って，有機質部分の炭素が濃縮され，酸素，水素が減少するが，その変化は必ずしも単調ではない。オランダの化学者 D.W.van Krevelen（以下 Krevelen と略称）は種々の石炭を元素分析し，酸素/炭素（O/C），水素/炭素（H/C）をプロットした結果，図2.6 に示す帯状分布（コールバンド）を得た[41]。このチャート上に位置づけられる草木，泥炭，亜炭，褐炭，亜瀝青炭，瀝青炭，半無煙炭，無煙炭などから明らかなように，H/C 比と O/C 比の段階的変化によって石炭化の進行度を表示できる。これが石炭の熟成度すなわち石炭化度の尺度にほかならない。

　このチャート上で H/C と O/C の変化を追うと，草木から泥炭，亜炭への変化は，O/C 比の減少，つまり，おもに脱水反応が進行する。ついで H/C 比の急激な減少，つまり，脱メタン反応が進行すると推定できるが，石炭化反応と対応している。容易に求められる原子比が石炭化度の有用な指標になることの意義はきわめて大きい。この考えを簡略化した炭素含有量，酸素含有量も石炭化度の指標になるが，コールバンド上に位置づければ相関性は了解できよ

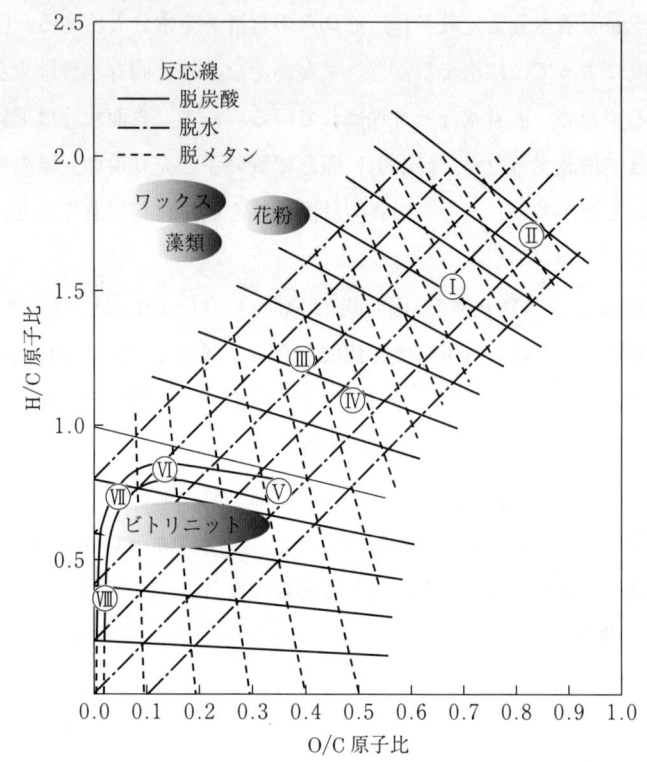

図2.6 Krevelenのコールバンド

Ⅰ：木材，Ⅱ：セルロース，Ⅲ：リグニン，Ⅳ：泥炭，
Ⅴ：褐炭，Ⅵ：低度瀝青炭，Ⅶ：瀝青炭，Ⅷ：無煙炭

う。

〔3〕 その他の分析

　石炭の単位構造は，**図2.7**[42)]に示すように，石炭化度によって環数の異なる縮合多環芳香族や水素化芳香環などにアルキル側鎖や水酸基，カルボキシル基などの官能基などが結合したものであり，さらに，メチレン基などの架橋によって単位構造が互いに結合した高分子構造が石炭の基本構造と考えられている。このような化学構造に立脚した石炭化度の分析化学的指標として，芳香族および脂肪族の炭素量，水素量，芳香環の大きさ，積層，酸素官能基が挙げられる。

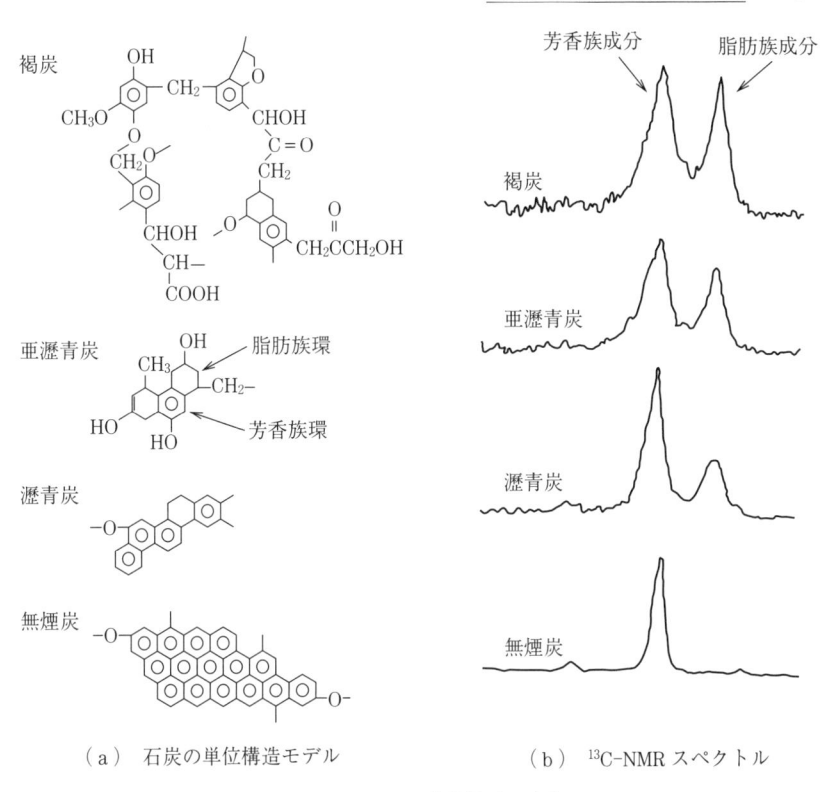

(a) 石炭の単位構造モデル　　　(b) ^{13}C-NMR スペクトル

図2.7　石炭化度による単位構造の変化モデル

　ビトリニットの反射率，蛍光も芳香族性や官能基を反映しており，石炭化度の尺度となる。石炭の比重・密度も石炭化度の尺度となる。石炭の吸着（固有）水分は酸素官能基や親水性構造とも関連するが，石炭が熟成するに従って減少する傾向を示すため，石炭化度の尺度となる。石炭利用上のパラメータである発熱量，燃料比（固定炭素/揮発分）など，また範囲に制限はあるが軟化溶融性，熱膨張性なども石炭化度の尺度とされる。

　かくして，石炭の組成分析，分光分析，反応性，種々の物性が科学，利用，経験に基づいて石炭化度の指標として用いられて，それぞれに有用である。Krevelen の石炭化度モデルに基づいて，石炭の構造-物性-特性を考えれば，相互に少なくとも定性的には相関することは容易に想像でき，事実，指標間の

相関が多数報告されている。これらの指標を科学的厳密性から考えれば，種々の欠陥は指摘できるが，そこが将来の展開を発想する原点ともなり得ることを指摘しておきたい。

2.3.3 産業用分類（燃焼用，コークス用）

産業用石炭は「一般炭」，「原料炭」，「無煙炭」に分類される。一般炭は"steam coal"，または"thermal coal"と呼ばれるとおり，おもにボイラの燃料として使われ，電力用と一般産業用に分けられる。この場合，火炉への吹き込みに際して石炭粒子が固結しないことが重要であり，粘結性のある石炭には注意が必要である。一方，原料炭は"coking coal"とも呼ばれる粘結性のある瀝青炭であり，おもに製鉄用コークスの原料として使われる。粘結性とは石炭特有の性質で，380℃以上に加熱すると軟化溶融，発泡膨張現象を呈し，さらに加熱すると相互に融着・固結する性質をいう。一方，「高炉吹き込み用（PCI）」の石炭は，粘結性があるものは好ましくないが，原料炭に分類されている。また無煙炭は，練炭・豆炭などの製造や鋳物用のコークスへの配合用として使われるが，高炉用など炭素材としても賞用されている。

ビトリニットの反射率（石炭化度）とイナーチニットによる石炭の分類イメージを図2.8に示す。石炭の粘結性に対しては，石炭化度ばかりではなく，イナーチニット（不活性成分）の影響も大きく，またそれぞれの原料炭種に特有の範囲があることがわかる。

石炭は，エネルギー源や化学原料，製鉄原料として不可欠であるが，より高効率，クリーン利用のために高度転換が行われている。石炭の化学組成，構造的特徴は，合成品のような単一物質ではなく，種々の物質から成り立つ混合物であることである。利用に先立ち，なんらかの手段による分離・精製が必要である。

利用分野によって注目される石炭の特性が異なるため，分野ごとに特有の指標や分類が適用される。一例として炭素含有率や元素組成による分類，発熱量による分類，粘結性による分類，石炭組織学的分類などが挙げられる。石炭の

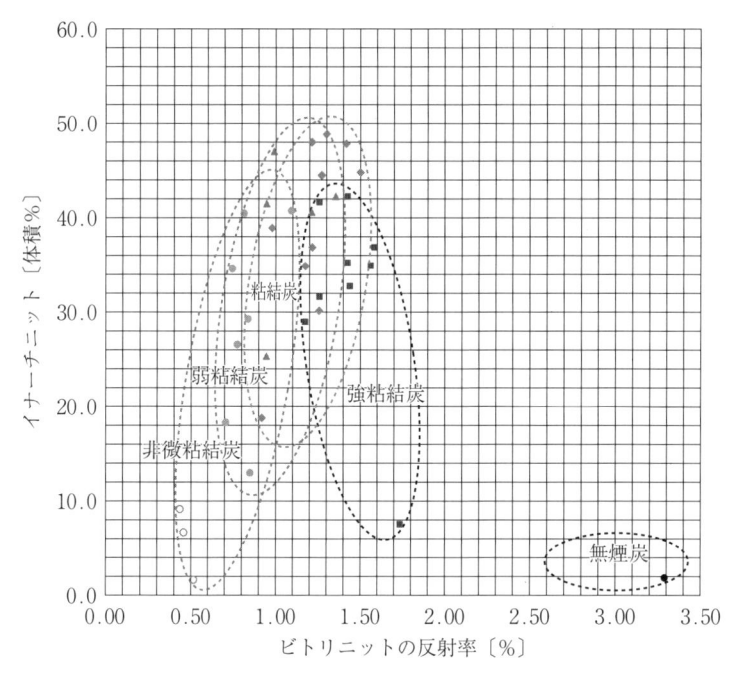

図 2.8　石炭化度とイナーチニットによる石炭の分類

用途と注目特性の関係を**表 2.7** に示す。これらは経験に基づく分類のため，新たに購入した石炭が経験的な分類の枠をはみ出てトラブルを引き起こした例は少なくない。

〔1〕 **燃　焼　用**

石炭の燃焼利用に際しては，工業分析，発熱量，灰融点，流動点などが重要視される。工業分析による固有水分，灰分，揮発分および工業分析値から算出される燃料比，固定炭素，発熱量などを指標として定量的に分類される。**表 2.8** に石炭の特性と石炭化度との相関関係の一例を示す[44]。

燃料の商取引においては，単位発熱量当りで値段が決定される場合が多く，発熱量は燃料の性能を表す最も重要な指標である。日本工業規格（JIS M 1002-1978）によれば，褐炭，亜瀝青炭，瀝青炭の区分は発熱量によっている。発熱量が 1 kg 当り 30 560 kJ 未満を褐炭，同 32 650 kJ 未満を亜瀝青炭，それ

表2.7 石炭の用途と注目特性の関係

特性	評価手段	一般炭		原料炭		備考
		発電用	その他	コークス用	PCI用	
燃焼性	発熱量	◎	◎		◎	JIS M 8814
	燃料比	○	○		○	JIS M 8812
	揮発分			◎		JIS M 8812
粘結性	流動性			◎		JIS M 8801
	膨張性			◎		JIS M 8801
	石炭組織			◎		JIS M 8816
環境特性	S含有量	○	○	○	○	JIS M 8813
	N含有量	○	○			JIS M 8813
	燃焼性				○	未燃分
ハンドリング性	安息角	○	○	○	○	閉塞性
粉砕性	HGI	○			○	JIS M 8801
その他	灰組成	◎	○	○	○	JIS M 8815
	微量元素	○	○	○	○	F, B, Se

(出典) 出光興産作成資料 (2008-10-02) に基づき一部加筆

以上を瀝青炭としている。発熱量の単位は学術的にはジュール〔J〕で表記されるが，業界ではカロリー〔cal〕表記も多い（1 cal = 4.1868 J）。

　燃焼形態によらず発熱量は高いものほど好ましく，また粉砕性（HGI）が良好なものが好ましい。特に微粉炭燃焼では灰の性状が重要であり，灰の融点が高いものが使いやすい。今後，微粉炭燃焼での亜瀝青炭の利用が日本でも拡大すると予測されているが，灰の融点が低いことが多いため，灰の付着や閉塞に対する配慮が必要になってくる。灰の一部でも問題が生じているので，石炭中の鉱物についても粒子ごとの特徴を把握することが望まれる。流動床燃焼でもより高い灰の融点を有する石炭が適しているとされる。コークス製造には不可欠な粘結性が発現すれば，火炉への吹き込みあるいは燃焼時に石炭粒子の融着が起こり，操作が難しくなることもある。

　製鉄所においても高炉燃料として羽口からの微粉炭吹き込み（PCI）が普及している。通常，発熱量の高い低揮発性微粉炭が使用され，銑鉄1 t当り100〜150 kg程度吹き込まれ，高炉燃料としてコークス消費を削減してコスト低

2.3 石炭の種類と分類

表 2.8 石炭の特性と石炭化度との相関関係

炭素含有率による分類[*1]	石炭性状	固有水分〔質量%〕	灰分〔質量%, db〕	揮発分〔質量%, db〕	燃料比〔—〕	発熱量[*2]〔kJ/kg〕〔kcal/kg〕	粘結性
泥炭	Peat						非粘結
亜炭	Lignite (〜70)	50〜80				24 280〜29 470 [5 800〜6 800]	非粘結
褐炭	Brown coal (70〜78)	20〜60	1〜5	45〜55		29 470〜30 560 [6 800〜7 300]	非粘結
亜瀝青炭	sub-Bituminous coal (78〜80)	3〜10	3〜10	33〜45	<1.0	30 560〜32 650 [7 300〜7 800]	微粘結
瀝青炭	Bituminous coal (80〜90)	1〜3	3〜10	18〜33	1.0〜4.0	32 650〜33 910 [7 800〜8 100]	弱粘結
						33 910〜35 160 [8 100〜8 400]	粘結
						35 160〜 8 400〜	強粘結
半無煙炭	semi-Anthracite	0〜1	3〜10	10〜18	4.0<		弱粘結
無煙炭	Anthracite (90〜)	0〜1	3〜10	〜10			非粘結

[*1]：石炭化度による分類〔炭素含有率（質量%, daf）〕
[*2]：発熱量（補正無水無灰基, daf）による区分

減に寄与している。低石炭化度，非溶融炭の利用も模索されている。

石炭の燃焼に伴って SO_x や NO_x が発生し，大気汚染の原因になることがある。SO_x は原料石炭中の S に起因するが，NO_x は原料中の N に起因するもの（フュエル NO_x）と空気に含まれる N に起因するもの（サーマル NO_x）とがある。燃焼後の対応としては脱硫，脱硝設備による低減，除去が可能である。最

近では低 NO_x バーナの採用や酸素燃焼などの燃焼技術による低減も行われるようになった。

石炭に含まれる無機元素は，生成過程において植物，岩石，土壌から移行してきたもの，さらに生成過程やその後に石炭が周囲の地下水の溶存成分を吸着したものなどがあり，元素周期律表に記載されているほとんどの元素が存在する。石炭の燃焼に際して排気ガスに同伴して大気中に拡散したり，一部は灰中にとどまるため，再利用や埋め立てに際して問題になることがある。石炭燃焼に伴う微量元素の挙動は，揮発性に従って図 2.9 に示す 3 群に分類される[43]。最近は除塵装置や有害物質の回収装置が発達してきてはいるが，原料中に含まれないことが望ましい。

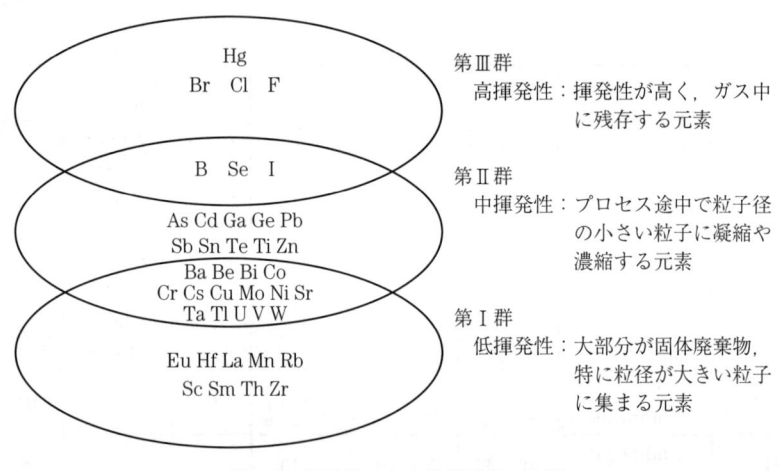

第Ⅲ群
高揮発性：揮発性が高く，ガス中に残存する元素
Hg
Br Cl F

第Ⅱ群
中揮発性：プロセス途中で粒子径の小さい粒子に凝縮や濃縮する元素
B Se I
As Cd Ga Ge Pb
Sb Sn Te Ti Zn

第Ⅰ群
低揮発性：大部分が固体廃棄物，特に粒径が大きい粒子に集まる元素
Ba Be Bi Co
Cr Cs Cu Mo Ni Sr
Ta Tl U V W
Eu Hf La Mn Rb
Sc Sm Th Zr

図 2.9　揮発性による微量元素の分類

〔2〕　コークス用

石炭をコークス製造の原料として使用する場合，特に室炉式コークス炉においては固定炭素と粘結性が重要な要素である。粘結性の高い石炭は，加熱すると軟化溶融して粒子が融着・接着し，製鉄高炉用コークスに必要とされる強度が発現する。石炭は粘結性によって粘結炭と非粘結炭とに大別され，粘結炭はさらに強粘結炭，弱粘結炭，微粘結炭に分類される。この粘結性を日本の四つ

の炭質分類法に対応させると,瀝青炭には強粘結性,弱粘結性,微粘結性が対応し,亜瀝青炭には微粘結性,非粘結性の石炭が対応する(表2.8)。瀝青炭に比べ石炭化度が高い無煙炭と低い褐炭はともに非粘結性である。

今後主流となる非微粘結炭を主体とするコークス製造においては,従来の溶融性,炭化収率の見直し,マセラル(特にイナート)の役割と評価が重要であり,加えて,① 高速昇温挙動,② 加圧炭化挙動,③ 粘結材への溶解反応,④ 抽出,液化等液体化反応性など,開発されるプロセスにおける石炭挙動を反映する指標の開発が期待される。

原料炭産地ではコークス用として適性な少数種の石炭のみからコークス製造が可能であるが,石炭をすべて輸入に頼る日本では,原料コスト削減および原料炭確保のセキュリティのため,多銘柄配合によって目的を達成してきた。石炭の多銘柄配合の考え方は Schapiro によって発想された。石炭化度(固定炭素分)と粘結性(溶融性)により,コークス強度の予測をするのが原則であるため,鉄鋼業界では石炭化度と粘結性による分類が多用される。一例として,図 2.10 に石炭化度(Ro)と最高流動度(MF)による原料炭の位置付けを示す[45]。石炭の産地によって特有の領域があることが明らかであり,数多くの石炭をブレンドすることによって,高炉用コークスの原料として適正な物性を示

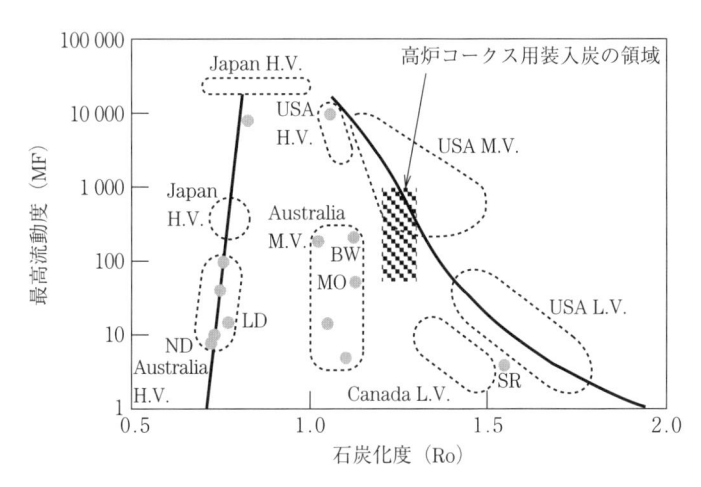

図 2.10 石炭化度と最高流動度による原料炭の位置付け

すように装入炭の配合設計が行われている。さらに，配合する石炭の溶融温度域が重なり合うことも要求される。

石炭配合において粘結炭の量的不足，価格高騰があって，非微粘結炭の配合量が増加すると石炭だけでは粘結性が不足し適正な配合設計が困難な場合がある。このような装入炭（配合石炭）の粘結性を所定レベルに保持するために粘結材が使用される場合がある。粘結材の種類は図2.11に示すように，タールピッチ，石油ピッチ，アスファルト熱分解ピッチ（ASP；ユリカピッチ），溶剤精製炭（SRC）などがある。粘結材の石炭への添加方法は，粉体として混合される場合と溶融体として石炭粒子表面に塗布される場合とがある。タールピッチを含め，石炭系粘結材は一般に高価であり，石油系は概して硫黄含有量が高いのが問題である。現在，実用的に使用されているものは石油系粘結材（ASP）のみである。

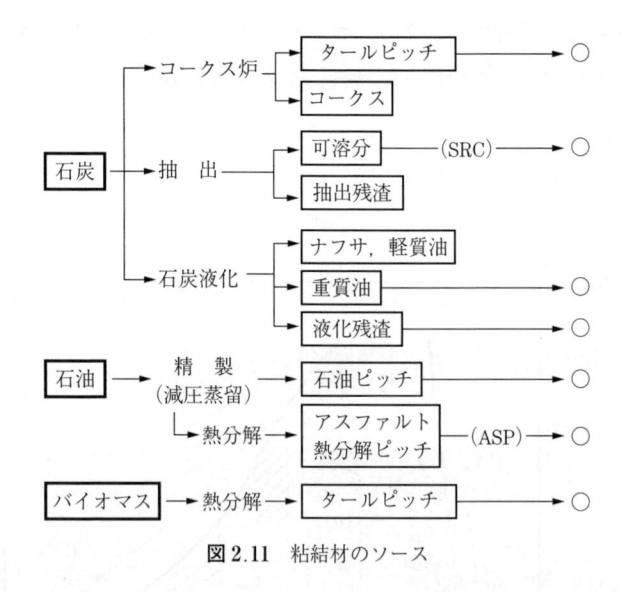

図2.11 粘結材のソース

粘結材の役割は，石炭化度と粘結性に加え，共炭化修飾能で説明される。すなわち，石炭粒子と粒子の間に介在して，接着作用と共炭化作用による溶解と物理的・化学構造的修飾作用が特徴である。一般に石炭の流動性，相互溶融性

を高めることにより，コークスの接着さらに光学的異方性組織を発達させ，コークス品質を改善できる。特に水素供与性構造を有する粘結材は，より高温での石炭の液相を維持し，液相炭化を促進し，共炭化作用により，石炭粒子表面から一定の領域を修飾すると同時に，粒子間の相互作用を助長し，強固な接着層を形成するため，原料の石炭だけでは得られない強度を発現することができる[46]。粘結材の添加率が過剰になると，石炭の性状によっては軟化溶融温度域での過剰な膨張による発泡が原因でコークスの多孔化を来たし，強度面で逆効果になることがある。また，装入炭中に高膨張圧炭が存在すると粘結材との併用により乾留中の膨張圧が助長され，室炉壁面への圧力が過大となって炉壁損傷に至る場合があるので注意を要する。

粘結材添加法は古くから知られている方法であるが，ASPやタールピッチなどが実操業で使用された以外は，主として経済性の面から実用化されるには至っていない。しかしながら，資源問題やコークス品質制御の観点から粘結材の開発研究は継続的に行われてきた。例えば，褐炭や亜瀝青炭を水素化処理とともに脱灰処理した溶剤精製炭（SRC）は，コークス化性を阻害する元素であるO，S，Nが減少し，かつ無灰の瀝青質であることからコークス用粘結材として注目され，1975〜1982年に三井石炭液化（株）がSRCの開発を，新日鐵（現 新日鐵住金（株））がコークス原料としての利用研究を担当し，実炉テストで効果が確認されている[47]。

石炭の粘結性を利用する室炉コークスとは原理的に異なり，成型コークスでは非微粘結炭主体の原料が使用され，シャフト炉での乾留に先立ち粘結材と混練した後に加圧成型される。したがって，非微粘結炭のわずかな粘結性を検出する工夫が必要である。また，粘結材の役割も大きいため，石炭との濡れ性や共炭化性などを評価する試験方法も重要となる。次世代コークス炉として開発されたSCOPE21は，室炉タイプではあるが，石炭のコークス化性を引き出す工夫によって，非微粘結炭の使用割合が大幅に増大したため，成型コークスの原料と同様，わずかな粘結性，さらに急速加熱によって誘導される粘結性，粘結材との相互作用を評価する必要性が大きい。また，石炭乾燥・予熱工程で発

生する微粉を分離して塊成化する必要があるため,微粉の発生しやすい石炭は好ましくない。また,高温で成型するため,それに適した粘結材が必要である。

2.3.4 石炭の品位

石炭の産業利用において,従来は分野ごとの利用上の便宜から石炭の品位が決められてきた。現在は産業界で低利用率ないし国際商品になっていない石炭は低品位炭と呼ばれているが,今後資源確保に向けて利用拡大が期待されている。

〔1〕 低品位炭の特徴

石炭資源は世界的に埋蔵量が豊富で,石油に比べ安価かつ安定的であるとされてきたが,高品質で比較的採掘が容易な瀝青炭から優先的に利用されてきたため,今後は低品質でも採掘が容易な石炭へシフトするとの予測がある。

低品位炭の代表の一つとして,オーストラリア・ビクトリア州やインドネシア・カリマンタンに賦存する褐炭は,比較的埋蔵量が大きく表土が薄いため,採掘コストも安く,灰分,硫黄分の含有量も少ないことは有利であるが,水分や酸素含有量が多く,発熱量も低い。産炭地では安価なので,そのまま使用されている。石炭質が緻密でないなどにより輸送・貯蔵時に粉化しやすく,自然発火しやすいため,国際商品になりにくい。

このようなことから低品位炭利用に際しては,まず水分を除き,利用や輸送効率を向上し,同時に粉化,発熱・発火が起きないような改質ができれば,優位な燃料特性と経済性を有する国際商品にできる可能性を秘めており,その観点からこの種の低品位炭の改質研究が進められている。

〔2〕 定義と分類

石炭は便宜的に高品位炭や低品位炭と呼称されているが,現行利用上の分類であるため,曖昧な場合が少なくない。石炭の灰分や灰組成,その他の鉱物の含有量によって品位(grade)が決められる場合もあるが,発熱量や粘結性によって分類される場合もある。

高水分炭，高灰分炭は石炭利用分野を問わず使い勝手が悪いため，一般に低品位炭と呼ばれている。少なくとも国際商品にはなっていない。亜炭，褐炭は灰分は少なくても高水分であり，発熱量も小さく粘結性も示さないため，燃焼用やコークス用としては低品位とされる。

　亜瀝青炭も粘結性に乏しく，コークス用としては低品位炭に分類されるが，揮発分が高く反応性に富むため，ガス化や液化用としては高品位炭といえる。

　瀝青炭は粘結性に富み，コークス用としては不可欠な高品位炭であるが，燃焼用としては微粉炭燃焼用ノズル先端部や流動床・固定床燃焼時における融着傾向があり，付着，閉塞トラブルが多発するため低品位になる。

　石炭化度によらず，露頭近くに分布する石炭はつねに空気に曝される。採掘時に風化していなくても貯炭方法，期間によっては空気に曝され，同様に風化する場合が多い。いわゆる風化炭は発熱量や粘結性が低下するため低品位である。また，石炭化度が高くてもイナーチニットが過剰に存在する石炭は，一般に粘結性が乏しく低品位である。

　石炭化度が高い無煙炭は，発熱量も高く，燃料や高炉吹き込み用PCI炭としては高品位炭に分類されるが，粘結性に乏しく高炉コークス用としては低品位といえる。一方，高密度な炭素源であるため，鋳物コークスや炭素材の原料として重用されている。

　そのほか，石炭の品質面から高発熱量，低硫黄分，低灰分の石炭を「高品質炭」という場合もある。特に，発電用ボイラなどにおいて要求される「高品質炭」は，さらにその上に高揮発分，高灰融点，低アルカリ金属などが挙げられる。

　低品位炭のもう一つの代表は高灰分炭である。この種の石炭も国際商品になりにくく，地産地消が主であるが，埋蔵量の大きい現地での高効率利用を今後考えていく必要がある。そこで日本の技術が活用できるか否かも技術力の試金石となり得る。また，インドなど巨大消費国の石炭輸入を抑制する手段になり得る可能性もある。

2.4 石炭の組織

2.4.1 マセラル

石炭の研磨表面を顕微鏡で観察すると，石炭を構成する微細な組織成分，すなわちマセラルが識別される。石炭組織の研究は，おもに光学顕微鏡を用いた観察や計測によって行われる[48],[49]。その基本的な作業は，研磨片の調製，顕微鏡の取り扱い，マセラルに関わる分析や測定である。ここではマセラルの由来，顕微鏡による観察と測定，マセラルの分類と特徴について解説し，具体的な研磨片の調製，マセラル分析と反射率測定，ならびにコークスの観察と蛍光顕微鏡による観察方法については，装置や手順も含め巻末の付録に概説する。

2.4.2 マセラルの由来

石炭の原料となった植物は，主として，古生代のシダやヒカゲノカズラなど隠花植物，中生代以降のソテツや針葉樹など裸子植物，さらに新生代の被子植物などで，それぞれの地質時代に伴って進化してきた陸生の高等植物である。

植物が石炭層を形成する場合，植物の各部分はバラバラに分散しやすく，木部，枝，葉，種子，胞子・花粉などがそれぞれ離散して地層中に埋積する。生育地から埋積地までの広がりは，木部よりも枝・葉，枝・葉よりも胞子・花粉のほうが大きいことが想像される。このことは，おもに，植物の二次木部が密に集積・埋積して，厚い石炭層を形成することを示唆している。逆に，石炭を顕微鏡下で観察する場合や，石炭のマセラル組成を調べたりする場合，植物の木部に由来する組織が卓越することから，植物の各部位の集積・離散が異なり，おもに木部の集積が石炭層を形成するという，同様の推測にたどりつく。

研磨した石炭を顕微鏡下で観察すると，岩石の花崗岩では石英，長石，雲母などの構成分が識別されるように，石炭はそれを構成する微細組織成分であるマセラルからなる。一般に，岩石を構成する鉱物が定まった化学組成をもつ無機化合物の結晶であるのに対して，石炭のマセラルは同一のマセラルでも，石

炭のランクによって，その物理的・化学的性質が変化する非結晶質の有機化合物である。このようなマセラルが識別されるのは，形態や輝度（反射率），色調・光沢など顕微鏡下で観察される性質による。石炭の組織は，反射光を用い，油浸液を通して観察する。

2.4.3 顕微鏡による観察と測定

　石炭の顕微鏡による観察は，無機岩石の顕微鏡観察から派生し，手法も類似している。しかし，石炭組織の研究は岩石学と比較して，当初，出遅れていた。これは，透過顕微鏡に用いる石炭の薄片の調製が，岩石薄片の作成と比較してきわめて困難な作業を伴うことによる。石炭は吸光度が高いので，薄片の厚みを岩石よりもきわめて薄く研削する必要があったからである。

　石炭の研磨表面を反射光・油浸法によって観察する技術が導入されてから，この手法は石炭組織研究の常用手段となった。この手法の開発によって，従来の薄片ではその厚さの影響を受けるために定量的に扱うことができなかった石炭の光学的性質が，研磨表面の反射率によって定量化された。また，この手法の画期的なところは，粒状試料を扱うことができるようになったことである。サンプリング理論に基づいて調製された粒状試料の成形研磨片を取り扱うことによって，石炭層や採掘ロッドなど大量の石炭を代表する石炭組織の特性値が得られるようになった。その代表的なものが，マセラル分析と反射率の測定によって得られる特性値である。

　石炭化度，すなわち石炭のランクは，原植物の腐朽から最終的に変成度の高い無煙炭に至るまでの過程におけるその石炭が到達した段階を表す。石炭マセラルのうちビトリニットの反射率は，ランクの上昇とともに高くなる。通常，石炭組織の分野で単に「反射率」といえば，ビトリニットのうち無組織で均質なコリニットの研磨表面において測定する反射率である。反射率は，マセラル組成に関わりなくその石炭のランクが決定できるという利点を有する。反射率は，石炭組織の分野において最も重要なパラメータの一つとなっている。

　石炭組織の研究は，顕微鏡を用いた観察や計測によって行われる。すなわ

ち，観察者や計測者が見る対象物を判断することによって実施される。マセラル分析や反射率測定においては，計測者の予断を避ける措置が必要である。例えば，研究内容には関与しない技術者が，これらの分析や計測をルーチンワークとして行うことが望ましい。また，研究内容に関わる者が分析や計測を行わざるを得ない場合には，石炭試料の炭種名を伏せておいて，分析や計測を行うことが望ましい。さらに，分析や計測の誤差を小さくして再現性を保証するために，同一の試料から2個の研磨片を作製し，それら2個の研磨片を用いて分析や計測を行う必要がある。

石炭の組織を観察し，分析や計測を行うことによって，化学的な分析だけでは説明することができないような石炭の特徴を補うことができるのである。石炭では，マセラル組成とランクの高低の両方が化学的な特性値に影響を与える。したがって，ランクの異なる石炭でも，類似した化学特性を示すことがある。逆に，ランクの等しい石炭が，マセラル組成が異なることによって，一見ランクが異なるような化学特性を示すこともある。

また，コークスの特性を評価する場合，強度の根拠としてコークスの顕微鏡観察がおおいに役立つ。コークス組織の発達やイナーチニット粒子の状況などは，顕微鏡で見ることが有効である。

さらに，石炭燃焼灰中に未燃チャーが含まれる場合にも，原料石炭のマセラル組成やランクが未燃チャーの生成量と関係することを，チャーの顕微鏡観察によって確認できる。

コークス化や燃焼や水素化など，石炭の化学反応の過程では，石炭のマセラルがさまざまに変化することを顕微鏡下で見ることができる。石炭組織の基本は可視的な事象に基づくのであるが，逆に，石炭の化学反応の過程におけるマセラルの変化について，さまざまな推測を展開しつつ，顕微鏡で観察することも，また，石炭組織の興味深いところであろう。

2.4.4　マセラルの分類と特徴

マセラルは，三つのマセラルグループ，すなわちビトリニット，エクジニッ

2.4 石炭の組織

表2.9 おもなマセラルの由来と特徴

マセラルグループ	マセラル
ビトリニット（vitrinite） 石炭の主要な部分を占める。主として植物の木部に由来し，他のマセラルと比べてより均質である。反射光下では灰白色に見え，ランクの進行とともに反射率が高くなり，淡色になる。	コリニット（collinite） 　植物の木部に由来し，無組織・均質で細胞組織は認められない。 テリニット（telinite） 　植物の木部に由来し，細胞組織が残存する。 デグラディニット（degradinite） 　植物の木部が微細に崩壊したものに由来し，色調は共存するテリニットやコリニットに比べて暗く，反射率は低い。しばしば，エクジニットマセラルと微細に共存している。テリニットやコリニットと比べると，より強い蛍光を発する。 ビトロデトリニット（vitrodetrinite） 　ビトリニットグループのマセラルの微細な破砕粒子。
エクジニット（exinite） 植物の葉，小枝，種子などの角皮，胞子・花粉，水藻や樹脂に由来し，反射光下では暗灰色から暗黒色に見える。このマセラルグループのマセラルは，強い蛍光を発する。	スポリニット（sporinite） 　胞子や花粉に由来する。一般に，扁平につぶされており，胞子はやや粗粒，花粉は微粒である。 レジニット（resinite） 　植物の樹脂に由来する。一般に，丸味を帯びているが，微小なクラックや木部細胞を充填していることもある。 クチニット（cutinite） 　植物の葉や小枝や種子などの角皮に由来する。線状または帯状を呈し，しばしば鋸刃状である。 アルギニット（alginite） 　水藻に由来する。形状は不定である。 スベリニット（suberinite） 　樹皮のコルク質の細胞壁に由来する。細胞壁が積み重なったり，ときには細胞内部をビトリニットが充填していることもある。他のエクジニットグループのマセラルと比べて，ややランクの低い段階でビトリニットに同化する。 リプトデトリニット（liptodetrinite） 　エクジニットグループのマセラルの微細な破砕粒子。
イナーチニット（inertinite） 主として，植物の木部や菌類に由来する。反射光下では灰色から白色に見え，共存するビトリニットより明るい。	フジニット（fusinite） 　木炭化あるいは強い酸化作用を受けた植物の木部に由来する。木部の細胞組織が明瞭に残存し，きわめて高い反射率を示す。 セミフジニット（semifuginite） 　フジニットと同様に，木炭化あるいは強い酸化作用を受けた植物の木部に由来するが，フジニットと比べて，木炭化や酸化の程度がより緩和されている。ビトリニットグループのテリニットとフジニットの中間的存在である。 スクレロチニット（sclerotinite） 　菌類に由来する。単細胞から多細胞が集合しており，一般に丸みを帯びた形状を示す。 ミクリニット（micrinite） 　由来物質は明確ではない。サブミクロンの球体微粒子が散在あるいは濃集する。 マクリニット（macrinite） 　由来物質は明確ではない。一般に，丸味を帯びた粗粒子状の形状を有する。 イナートデトリニット（inertodetrinite） 　フジニット，セミフジニット，スクレロチニット，マクリニットの微細な破砕片粒子。

ト，およびイナーチニットに大別される．それぞれ変成の状態が異なる原植物器官に由来し，物理・化学的性質を異にする（**表 2.9**）．同じランクの石炭では，ビトリニットは酸素を，エクジニットは水素を，またイナーチニットは炭素を，それぞれ相対的に多く含んでいる．揮発分はエクジニットで最も多く，イナーチニットで最も少ない．輝度，すなわち反射率は，イナーチニットで最も高く，エクジニットではきわめて低い．したがって，イナーチニットグループは輝度が高く白色から灰白色に見え，エクジニットグループは輝度がきわめて低く暗色に見え，ビトリニットはイナーチニットとエクジニットの中間の輝度を示して，灰色に見える（**図 2.12**）．

図 2.12 三つのマセラルグループ，ビトリニットとエクジニットとイナーチニット
Liddell 炭（オーストラリア，高揮発分瀝青炭），油浸．イナーチニットグループは，輝度が高く白色から灰白色に，エクジニットグループは，輝度が低く暗く見え，ビトリニットグループは，両者の中間の輝度を示し灰色に見える

　石炭の最も卓越する組織成分であるビトリニットはおもに木部に由来し，反射率や炭素含量・水素含量がエクジニットとイナーチニットの中間にある．原植物の木部がビトリニットとイナーチニットに分岐してゆくのは，地表近傍における埋積過程における堆積速度，地下水位の上下，ならびに山火事などによる酸化の程度に起因する．

　ビトリニットグループのおもなマセラルはコリニットとテリニットである．コリニットは木部細胞が分解して無組織で均質となったビトリニットである（**図 2.13**）．また，テリニットは木部の細胞壁の組織が残存している．テリニットは残存した細胞壁の部分を指し，細胞内部にはコリニットなど他のマセラルが充塡していることもある．**図 2.14** では，テリニットの細胞孔を，イナーチニットグループに属するミクリニットの微粒子の集合体が充塡している．

　エクジニットグループのマセラルは，概して輝度が低く暗色で，水素に富む

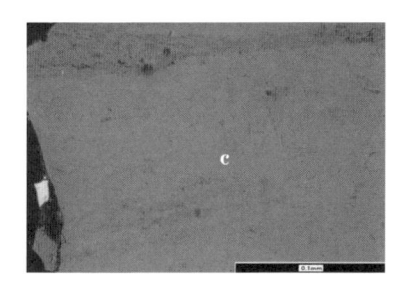

図2.13 ビトリニットグループの
マセラル,コリニット
Liddell 炭(オーストラリア,高揮発分瀝青炭),油浸,無組織で均質なコリニット (c)

図2.14 ビトリニットグループの
マセラル,テリニット
Pinnacle 炭(アメリカ,高揮発分瀝青炭),油浸,木部の細胞組織を残存するビトリニットグループのテリニット (te)。その細胞孔を,イナーチニットグループに属する明るい微粒子ミクリニットの集合体 (mi) が充填している

という共通な特徴をもつ。原植物の部分によって,胞子・花粉に由来するスポリニット,樹脂に由来するレジニット,葉や小枝などの角皮に由来するクチニット,および藻類に由来するアルギニットの各マセラルに区分される。図2.15 に,扁平に押しつぶされた形態を有するスポリニット粒子と,丸みを帯びた単独粒子として存在するレジニット粒子や空隙を充填するレジニットを示す。また,図2.16 に帯状を呈するクチニットを示す。

イナーチニットグループのマセラルは,輝度が高く炭素に富む。木炭化した木部に由来するフジニット,同じく木部に由来するがテリニットとフジニットとの中間に位置するセミフジニット,菌核に由来するスクレロチニット,由来

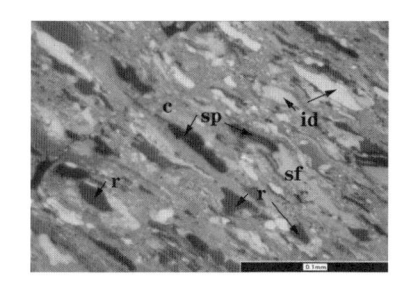

図2.15 エクジニットグループのマセラル,スポリニットとレジニット
協庄炭(中国,高揮発分瀝青炭),油浸,コリニット基質 (c) 中に散在するスポリニット (sp) やレジニット (r) 粒子,輝度の高いセミフジニット (sf) やイナートデトリニット (id) のイナーチニットグループの粒子も伴う

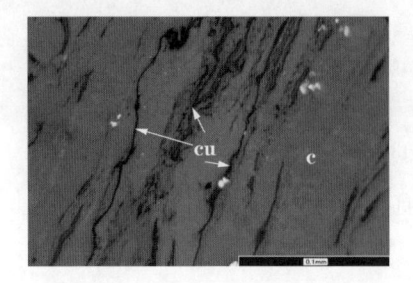

図2.16 エクジニットグループの
　　　マセラル，クチニット
　Murdock炭（アメリカ，高揮発分瀝青炭），油浸，コリニット（c）中の帯状を呈するクチニット（cu）

物質は不明であるが粗粒状のマクリニットと微粒状のミクリニットに区分される。図2.17に共存するフジニットとマクリニットを，図2.18にセミフジニットを，図2.19に大きなレジニット粒とともにみられるスクレロチニットを示す。また，ミクリニットについては，テリニットの細胞孔を充填するものを図2.14に示した。

　亜瀝青炭など，ややランクの低い石炭では，デグラディニットの存在を無視することができないので，これをビトリニットグループのマセラルとして分類している。デグラディニットは微小粒子が集合する不均質な組織を呈しており，全体的に輝度が低く，スポリニットやレジニットなどのエクジニットを多

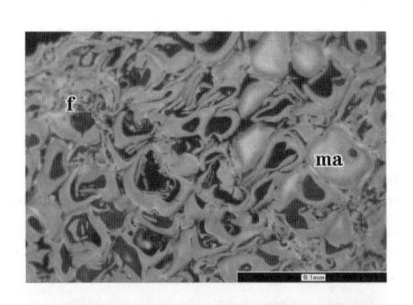

図2.17 イナーチニットグループのマセラル，
　　　フジニットとマクリニット
　Liddell炭（オーストラリア，高揮発分瀝青炭），油浸，木炭化したフジニット（f）と共存する丸味を帯びたマクリニット（ma）

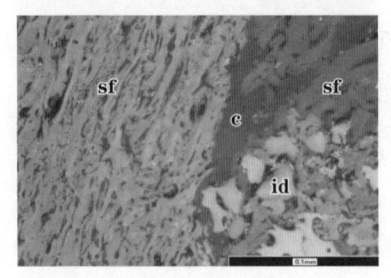

図2.18 イナーチニットグループのマセラル，
　　　セミフジニットとイナートデトリニット
　神木炭（中国，高揮発分瀝青炭），油浸，セミフジニット（sf）とイナートデトリニット（id）の集合，コリニット（c）の微小バンドを伴う

2.4 石炭の組織

図 2.19 イナーチニットグループのマセラル，スクレロチニット
Bontang 炭（インドネシア，亜瀝青炭），油浸，不均質なコリニット（c），基質中に散在するスクレロチニット（sc）とレジニット（r）

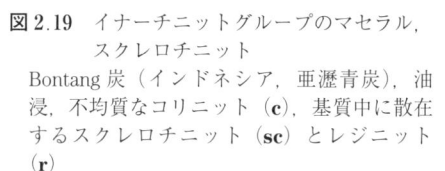

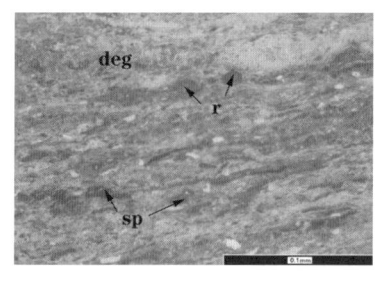

図 2.20 デグラディニット
Kopako 炭（ニュージーランド，亜瀝青炭），油浸，レジニット（r）やスポリニット（sp）など，エクジニット粒子を多量に含むデグラディニットの基質（deg）

量に含む（図 2.20）。

比較的低いランクの石炭では，エクジニットグループのマセラルの一つとして，スベリニットが観察される。スベリニットは樹皮のコルク質細胞の細胞壁に由来し，その細胞内部をコリニットが充填することもある。また，細胞壁だけが帯状をなして含まれることもある（図 2.21）。この図にみられるように，スベリニットは共存するクチニットよりも明るいことがわかる。スベリニットは他のエクジニットマセラルと比べてやや明るく，石炭化の進行とともに，より早い段階でビトリニットに同化すると考えられる。このため，瀝青炭のマセラルとしては分類されていないが，亜瀝青炭ではよくみられる。スベリニット

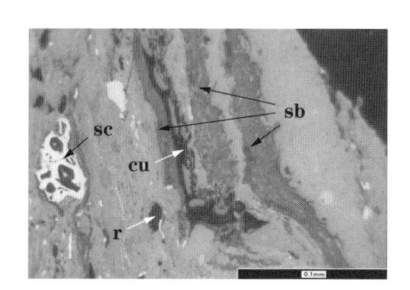

図 2.21 スベリニット
Greymouth 炭（ニュージーランド，高揮発分瀝青炭），油浸，スベリニット（sb）とクチニット（cu），レジニット（r），スクレロチニット（sc）もみられる。スベリニットはクチニットよりやや明るい

は，レジニットやスポリニットとともに，しばしばデグラディニットの基質に
共存するので，デグラディニットとともに，無視することのできないマセラル
である。

　一般に，エクジニットグループのマセラルは強い蛍光を発する。ランクが上
がるとともに蛍光強度は低下する。蛍光強度と反射率とは，逆比例の関係にあ
る。ややランクの低い石炭では，ビトリニットグループに属するマセラルで
あっても蛍光を発することがある。例えば，日本炭にもよく含まれるデグラ
ディニットは蛍光を発する。強い蛍光を発するスポリニットを多く含んでいる
デグラディニットの蛍光発光を図 2.22 に示す。デグラディニットの基質は蛍
光を発しているが，帯状に共存するコリニットはほとんど蛍光を発していな
い。一方，イナーチニットグループのマセラルは，ほとんど蛍光を発すること
はない。

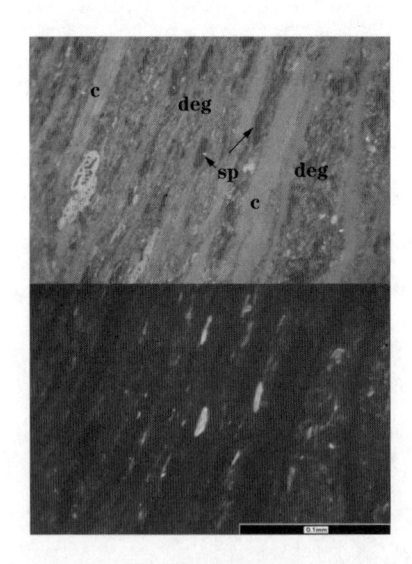

図 2.22　エクジニットとデグラディニットの
　　　　　蛍光発光
　太平洋炭（日本，亜瀝青炭），油浸，通常光
（上）と蛍光（下），エクジニットグループ
のスポリニット（**sp**）は強い蛍光を発する。
デグラディニットの基質（**deg**）も蛍光を発
するが，コリニット（**c**）は蛍光を発しない

　これらのほかに，各グループに属するマセラルの微細な破砕粒子からなるマ
セラル，すなわちビトリニットグループにおけるビトロデトリニット，エクジ
ニットグループにおけるリプトデトリニット，およびイナーチニットグループ
におけるイナートデトリニットが分類されている。イナートデトリニットを多

く含む石炭では,大きさと輝度が異なるイナーチニットの微細な破砕片が群集して,主要なマセラルの一つとなることもある。図2.19には,セミフジニットと共存するイナートデトリニットの集合体がみられる。

　石炭のランクの進行とともに,エクジニットグループのマセラルはビトリニットと同化し始め,ランクが高い瀝青炭になると,エクジニットとビトリニットの識別ができなくなる。さらに,無煙炭の段階ではビトリニットの反射率は急激に上昇し,無煙炭の段階を越すと,ビトリニットの反射率はフジニットのそれよりも高くなる。一方,イナーチニットグループのマセラルは,石炭化作用の初期段階に木炭化され,石炭化作用の進行に伴う変化は概して小さい。しかし,フジニット化(酸化)の程度が低く,ビトリニットとフジニットの中間に位置するセミフジニットは,フジニットよりも石炭化作用に伴う変化が大きい。

引用・参考文献

1) 磯田　浩:火と人間, p.3, 法政大学出版局 (2004)
2) ジャック・アタリ (林昌宏訳):21世紀の歴史, p.31, 作品社 (2009)
3) 小山慶太, 輪湖　博訳:アイザック・アシモフの科学と発見の年表, 丸善 (1996)
4) アーミテイジ (鎌谷親善, 小林茂樹訳):技術の社会史, p.43, みすず書房 (1970)
5) 本田一二:ものがたり化学技術史, 科学情報社 (1970)
6) チャールズ・ジンガー, S. J. ホーム・ヤード, A. R. ホール, トレヴァー・エ・ウイリアムズ (田辺振太郎訳):増補 技術の歴史 産業革命上 巻7, p.77, 筑摩書房 (1982)
7) Alexander Hellemans, Bryan Bunch:科学年表の知の5000年史, 丸善 (1973)
8) John Dainitith, Sarah Mitchell, Elizabeth Tootill, Derek Gjertsen (大槻義彦監訳):科学者人名事典, 丸善 (1997)
9) 馬場有政ほか:石炭化学工業, p.7, 13, 産業図書 (1960)
10) 船坂　渡, 横川親雄:石炭化学, p.239, 共立出版 (1964)
11) 中山秀太郎:技術史入門, オーム社 (1979)

12) R. T. ウェントランド（浅原照三訳）：新しい世界を切り開いた石油化学工業, 東京化学同人（1972）
13) 木村英雄：石炭化学と工業 第三版, 三共出版（1983）
14) T. Aida, Y. Tsutsumi and T. Yoshinaga：Am. Chem. Soc., Div. Fuel Chem., **41**, p.744（1996）
15) 日本エネルギー学会編：コークスノート（2010）
16) G. A. Carlson：Computer Simulation of the Molecular Structure of Bituminous Coal, Energy Fuels, **6**, p.771 ～ 778（1992）
17) K. Shimizu, H. Karamatsu, A. Inaba, A. Suganuma and I. Saito：Solubilization of Taiheiyo Coal under Mild Conditions without Gaseous Hydrogen, Catalysis by Trifluoromenthanesulfonic Acid, Fuel, **74**, p.853～859（1995）
18) K. Ouchi：Fuel, **47**, p.319（1968）
19) M. V. Bhatt and S. S. El-Morey: Silicon Tetrachloride/Sodium Iodide as a Convenient and Highly Regioselective Ether Cleaving Reagent, Synthesis, p.1048 ～ 1049（1982）
20) J. V. Prasad, K. G. Das and J. M. Dereppe：Structural Studies on Coal Using Solid State n. m. r. and Mass Spectrometry: 1. Selective Cleavage of Ether Linkages, Fuel, **70**, p.627 ～ 633（1991）
21) C. Djerassi and R. R. Engle：Oxidations with Ruthenium Tetroxide, J. Am. Chem. Soc., **75**, p.3838 ～ 3840（1953）
22) L. M. Stock and K.-T. Tse：Ruthenium Tetroxide Catalysed Oxidation of Illinois No.6 Coal and Some Representative Hydrocarbons, Fuel, **62**, p.974～976（1983）
23) T. W. Mojelsky, T. M. Ignasiak, Z. Frakman, D. D. McIntyre, E. M. Lown, D. S. Montgomery and O. P. Strausz：Structural Features of Alberta Oil Sand Bitumen and Heavy Oil Asphaltenes, Energy Fuels, **6**, p.83 ～ 96（1992）
24) H. W. Sternberg, C. L. Delle Donne, P. Pantages, E. C. Moroni and R. E. Markby：Solubilization of an lvb Coal by Reductive Alkylation, Fuel, **50**, p.432 ～ 442（1971）
25) M. Miyake, M. Sukigara, M. Nomura and S. Kikkawa：Improved Method to Alkylate Yūbari Coal of Japan Using Molten Potassium under Refluxing THF, Fuel, **59**, p.637 ～ 640（1980）
26) Y. Yoneyama, Y. Yamamura, K. Hasegawa and T. Kato：Increase of Solvent-Soluble Products of Coal by Repeated Butylation with Zinc and Butyl Iodide under Mild Conditions, Bull. Chem. Soc. Jpn., **64**, p.1669（1991）
27) D. W. van Krevelen：Coal, 3rd Ed., Elsevier（1993）

28) R. Liotta：Selective Alkylation of Acidic Hydroxyl Groups in Coal, Fuel, **58**, p.724〜728（1979）
29) 相原安津夫：地球の歴史をさぐる 3 石炭ものがたり，青木書店（1987）
30) 西岡邦彦：太陽の化石：石炭，アグネ技術センター（1990）
31) 鈴木ほか：有機資源化学 石炭・石油・天然ガス，三共出版（2002）
32) S. Killops and V. Killops：Introduction to Organic Geochemistry, Second Edition, p.393, Blackwell（2005）
33) 小畠郁生監訳：生命と地球の進化 アトラスⅠ地球の起源からシルル紀，朝倉書店（2003）；小畠郁生監訳：生命と地球の進化 アトラスⅡデボン紀から白亜紀，朝倉書店（2003）
34) 池谷，北里：地球生物学，東京大学出版会（2004）
35) 西田：植物のたどってきた道，p.219，NHKブックス（1998）
36) 福島，船田，杉山，高部，梅澤，山本編：木質の形成 バイオマス科学への招待 第4章リグニン，p.189〜263，海青社（2003）
37) 沢田，綿貫，西，栃内，馬渡：地球と生命の進化学 新・自然史科学Ⅰ第5章古生代における陸上植物の進化，p.93〜113（2008）
38) J. M. Robinson：Geology, **15**, p.607〜610（1990）
39) D. J. ベアリング，F. I. ウッドワード（及川監訳）：植生と大気の4億年，第5章石炭紀後期，p.109〜145，京都大学学術出版会（2003）
40) P. J. McCabe：in Sedimentlogy of Coal and Coal-bearing sequences, Int,. Assoc. Sedimentol Spec. Publ., **7**, p.13〜42（1984）
41) D. W. van Krevelen：Coal 3rd Revised Ed., Elseiver（1993）
42) 斎藤郁夫：日本エネルギー学会誌，**87**，p.215（2008）
43) C. A. Palmer and P. C. Lyons：Int. J. Coal Geology, **16**, p.189（1990）
44) 『コール・ノート』，石炭化度による分類，p.596（1997）
45) 奥山泰男，宮津 隆，杉村秀彦，熊谷光照：燃料協会誌，**49**，p.736（1970）
46) 持田 勲，前田恵子，竹下健次郎，Harry Marsh：石油学会誌，**23**，p.127（1980）
47) 白石勝彦，西 徹，美浦義明，植松宏志，中川洋治，米 靖弘：日本鉄鋼協会第100回（秋季）講演大会，鐵と鋼，**66**（11），p.717（1980）
48) JIS M 8816，石炭の微細組織成分及び反射率測定方法（1992）
49) E. Stach, M-Th. Mackowsky, M. Teichmuller, G. H. Taylor, D. Chandra and R. Teichmuller：Stach's Textbook of Coal Petrology 3rd ed., Gebruder Borntraeger（1982）

3. 物理化学的構造

3.1 石炭の分子構造モデル

　石炭が有するいろいろな物性，反応性は，石炭を構成する分子群の性質，およびそれら個々の分子の化学反応が支配するものである。そのことは種々の利用プロセスに適した石炭種が存在するという事実からも間違いない。したがって，褐炭から無煙炭までの幅広い石炭種に対して，より高効率で，クリーンに利用するプロセスを開発していくためには，個々の分子構造の理解を深めることにより，その分子群が有する特徴や性質を明らかにすることで，それぞれの分子構造や性質を活かした選択的反応の導入や制御技術の確立が必要である。

　通常，純粋物質を扱う有機化学において，ある未知の化合物の分子構造を決定する際には，目的の物質を単離した後，その詳細な構造解析に取り掛かるのが常套手段である。しかしながら，石炭の場合，上述のとおり，複雑な化学構造を有する分子の集まりであるので，そうした手段は利用できない。そこで，石炭を数種の類似の成分に分別し，それらの平均的な組成，構造を調べる手段がこれまでとられてきた。一般にその分別方法に用いられてきたのは，ある溶剤に可溶か不溶かで分類し，それぞれの成分に対して平均分子構造を調べ，その結果からもとの石炭全体の分子構造モデルを構築するという手段である。

　これまで石炭分子構造解析には，X線回折やNMRによる分析法が用いられてきており，特に近年の機器分析法とコンピュータの目覚ましい進歩により，石炭の個々の分子構造，およびその分子群が構成する三次元構造の詳細に至る

3.1 石炭の分子構造モデル   69

まで明らかになりつつある。そこで本節では，これまで提案されてきた石炭分子構造モデルの変遷を紹介するとともに，最近の新しい構造概念について述べる。

3.1.1 石炭分子構造モデルの変遷

1960年にGivenはX線回折データをもとに，ある瀝青炭に対して**図3.1**のような構造モデルを提案した[1]。その分子構造の特徴として，一つの多環芳香族化合物からなる単位構造中の芳香環数は1〜2環と比較的小さいが，それをつなぐブリッジが長さ1のメチレン鎖2本（形としてはナフテン環）から構成されており，全体として非常に"堅い構造"をしていることが挙げられる。これは，当時のX線回折データを用いていることから，結晶化された部位の情報が顕著に表れたためであると考えられる。

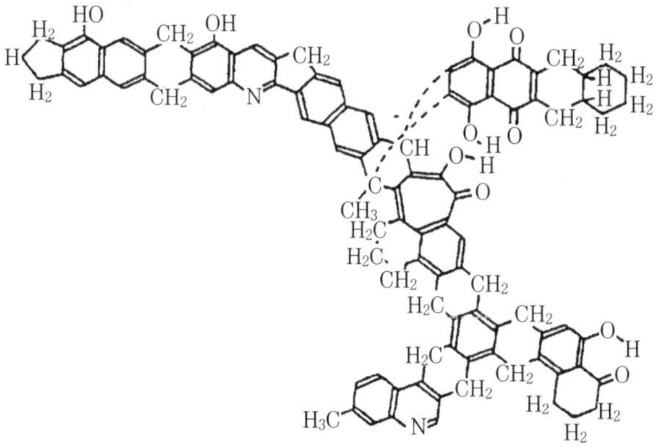

図3.1 1960年にGivenが提案した瀝青炭の構造モデル[1]

1978年にはWiserが瀝青炭の構造モデルとして，図3.1のGivenの構造モデルとはかなり異なる提案した[2]。その分子構造を**図3.2**に示す。Wiserの構造モデルの特徴は，多環芳香族からなる単位構造をつなぐブリッジ構造にエーテル結合鎖（-O-）やメチレン鎖（-C-）を導入したことである。また単位構造中の芳香環の環数は1〜4環で，その他1〜2環のナフテン環を共有し，全

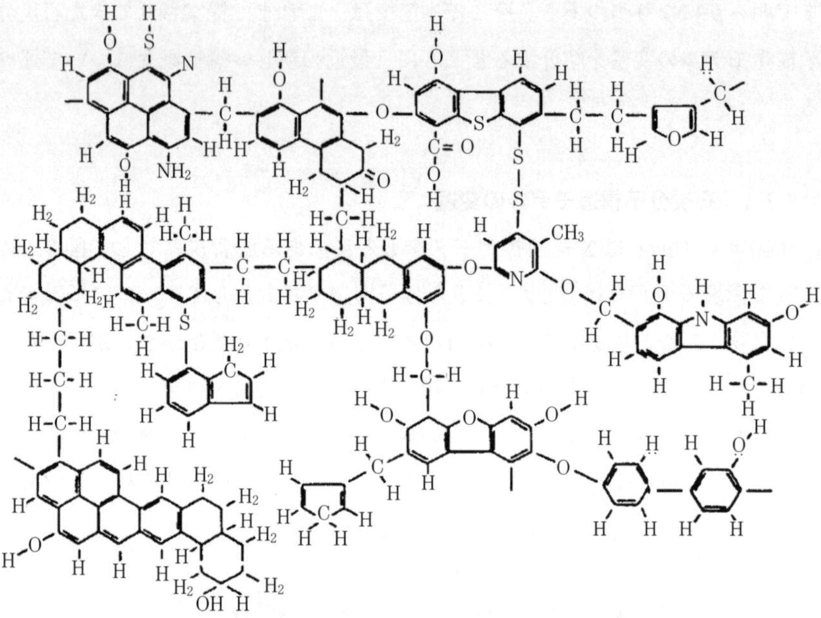

図 3.2 1978 年に Wiser が提案した瀝青炭の構造モデル[2]

環数としては 1〜7 環とかなり広く分布していることが特徴である。

1980 年代に入りクロマトグラフィの分析精度が向上し,液化や熱分解で得られる可溶化物の構造に関するデータが精度良く得られるようになってきた。1984 年に Shinn は,アメリカの Illinois No.6 炭（C；79.4%（daf））に対して分子量約 1 万の構造モデルを構築した[3]。**図 3.3** にその構造モデルを示す。当時 Illinois No.6 炭は世界の多くの石炭研究者により使用されており,論文を通して多くの構造解析データが存在していた。Shinn はそれら既報のデータと,二つの液化反応（温和条件下と過酷条件下）による生成物の詳細分析データ,および Deno らの選択的酸化反応による生成物の解析データを用いて[4],芳香族成分,官能基成分,脂肪族成分の 3 タイプの構成成分に分布を与え,それをもとに詳細に分子構造を組み立てた。

図 3.3 に示す Shinn の構造モデルは,その当時の詳細な分析データをもとに,構成成分に分布を与えるという新しい方法で構築された分子構造モデルで

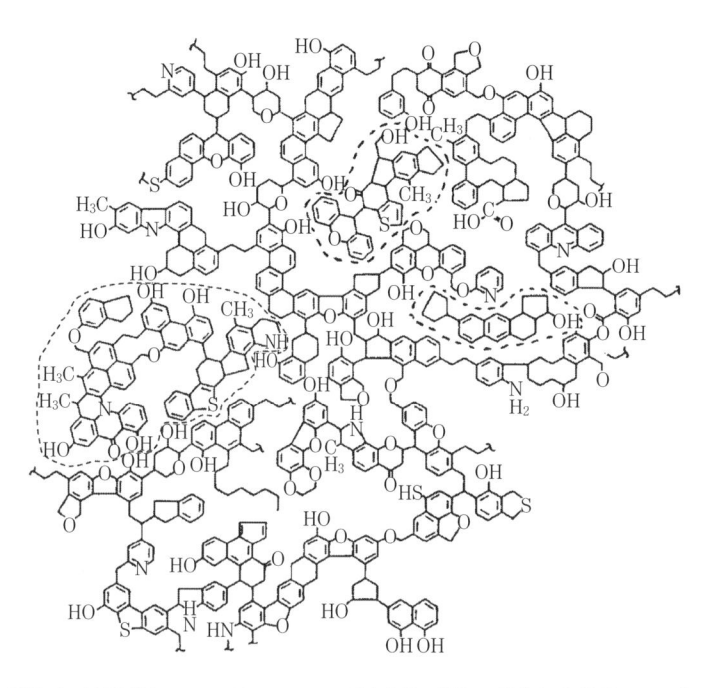

図 3.3 1984 年に Shinn が Illinois No.6 瀝青炭に対して提案した構造モデル[3]

あり，現在でも瀝青炭の構造モデルとして広く受け入れられているモデルの一つである．図 3.2 の Wiser の構造モデルでは，モデル全体が多くの結合鎖でつながれた一つの巨大分子からなるのに対して，Shinn の構造モデルでは，図中に点線で囲んだ部分の 3 分子が遊離しており，その他全体が結合鎖でつながれた巨大分子から構成されている．そうした限られた量の遊離分子の存在の根拠として，石炭の良溶剤として知られるピリジンでソックスレー抽出（115℃）を行うと，抽出率として約 20～35％ が得られることから[5]，共有結合鎖を解裂することがなく抽出できる低分子量成分が，約 20～35％ 程度存在するという情報がこのモデルで表現されている．なお，その後この溶剤可溶成分量の考え方について異論が唱えられ，石炭の分子構造モデルの概念そのものを変える結果となっている．その詳細については後述する．

一方，石炭化作用がそれほど進んでいない過程で生成した褐炭は水分が多

く，また植物起源の酸素官能基が多く残った構造を有している。褐炭は一般に有機溶剤に溶けにくく，また熱をかけると300℃程度から酸素官能基の熱分解が起こるため，もとの褐炭の分子構造の情報を得ることは難しく，これまで提案されてきた構造モデルは瀝青炭のそれに比べて少ない。通常，熱分解や酸化分解を行い，それを溶剤に溶かしてその可溶分の構造解析を行い，その情報からもとの分子構造を推定する方法がとられてきた。

1987年にHüttingerらは，元素分析，熱分解データ，化学滴定法，および他の文献データを用いて，表3.1のように褐炭の化学構造の基礎データをまとめた[6]。酸素官能基の形態を詳細に調べてデータとしていることが特徴である。図3.4にその構造モデルを示す[6]。瀝青炭の構造モデルと異なり，芳香環，ナフテン環，および全環数ともに小さく，一方で単位構造の周囲がすべて水酸基やカルボキシル基などの酸素官能基で囲まれていることがわかる。また，瀝青炭にはみられない長鎖の脂肪族側鎖が存在している。

表3.1 褐炭の化学構造の基礎データ[6]

元素組成	$C_{270}H_{240}N_3S_1O_{90}$ *1
炭素	
芳香族炭素 55%	(単環，2環，3環縮合芳香族の割合 = 6:5:2) *2
脂肪族炭素 45%	(1 n-パラフィン (C_{26})，1テルペン (C_{20})，4環状脂肪族 (C_6)，5 C_3，4 C_2，2 C_1 ブリッジ，6メチル基，2エチル基，1プロピル基，残りは含酸素官能基中の炭素) *1
酸素	(9 COO，4 C(O)OC，16 C=O，34 C-OH，2 O-CH_3基，12 O ブリッジ) *1
窒素	(2ヘテロ環，1アミン) *2
硫黄	(1ヘテロ環) *2

*1：実験値より
*2：仮定

1990年代に入り，石炭の分子構造モデルに二つの大きな変化がみられるようになってきた。一つはそれまでの構造モデルがすべて二次元の分子構造で書かれたものであったのに対して，当時「コンピュータ支援分子設計法 CAMD (computer-aided molecular design)」を利用した構造解析法がいろいろな分野

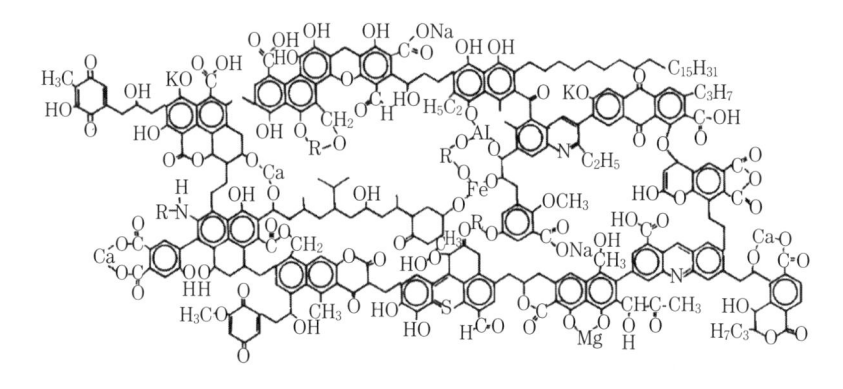

図 3.4 1987 年に Hüttinger らが提案した褐炭の構造モデル[6]

に応用され,石炭分子構造のモデリングでもこの頃から使われ始め,分子構造を三次元で捉える試みがなされてきた。

石炭の転換技術を考える上で,この三次元の構造概念はきわめて重要となってくる。すなわち,石炭を図 3.3,図 3.4 の分子構造で考えた場合,熱的に結合が切断されやすい,例えば酸素官能基,エーテル結合鎖,メチレン鎖を分解,解裂し,生成したラジカル部位へ水素を導入すれば,石炭から低分子量成分を容易に得ることが可能と予想される。こうして考案されたのが,まさに石炭の液化プロセスであり,また熱分解プロセスである。

しかし,こうした予想に反して実際の石炭の液化・熱分解反応を行うと,この低分子量成分の生成に加えて多量の液化残渣,チャーが副生成する。この理由は従来の構造モデルでは表現しきれない石炭の特性,すなわち,石炭が三次元高分子構造からなることが大きく影響しているのである。

1992 年に Carlson は,図 3.1,図 3.3 のモデルを含めた当時の四つの構造モデルに対して CAMD 法を応用し[1)~3),7)],エネルギー極小化計算と分子動力学計算を組み合わせて,おのおのの最小エネルギー状態での立体構造を表した[8]。その結果,当時のすべての構造モデルにおいて,ファンデルワールス相互作用と水素結合による安定化の寄与が大きいことを報告している。

Carlson の CAMD の解析によると,図 3.3 に示した Shinn の構造モデルは,

立体構造で表現すると構造内の一部で大きな歪みを生じるため，そのままでは三次元構造を形成し得ないと報告されている。そこでShinnの構造モデル中の結合鎖の一部を修正して得られた三次元構造を**図3.5**に示す[8]。図（a）が初期の構造配置を示し，図（b）がエネルギー極小化計算後のコンフォメーションである。この図にみられるように，図3.3の二次元の分子構造とはまったく異なり，ファンデルワールス相互作用などの分子間相互作用により，全体として凝集した構造からなっている。

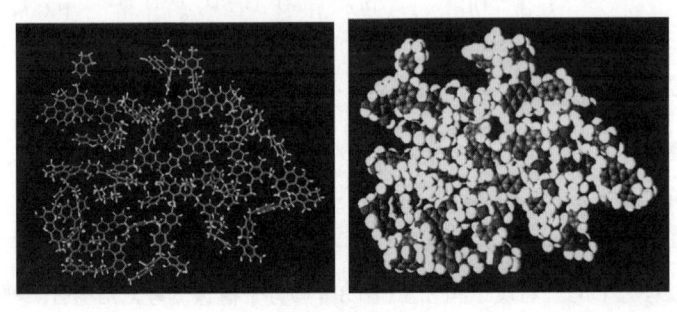

（a）初期配置

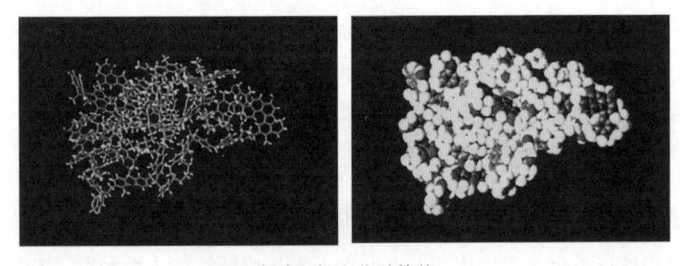

（b）極小化計算後

図3.5 図3.3のShinnの構造モデルのエネルギー極小化計算前後のコンフォメーション[8]

したがって，図3.5（b）の構造モデルに対して過酷な条件で液化，熱分解を行ったとしても，内部の構造部位まで水素を付加することができずにカップリング反応などを起こして重質化し，結果として液化残渣やチャーを生成することになるのである。その他の分子構造モデルとして，詳細な熱分解-ガスマスデータ[9]～[11]や溶媒分別物の構造解析[12]に基づいた三次元構造モデルが提案

されている。

1990年前後のもう一つの大きな変化として，石炭中にもともと含まれる溶剤可溶成分量について，従来の考えとはまったく異なる報告がなされた。それまで石炭は通常の有機溶剤にはほとんど溶解せず，室温では高々10%程度，またピリジンソックスレー抽出でも35%程度が最大であるというのが定説であった。これに対してIinoらは，室温でも石炭の60%(daf)を溶解するいわゆるマジックソルベントを発見した[13]。それは，二硫化炭素とN-メチル-2-ピロリジノン（CS_2/NMP）の容積比1：1の混合溶剤であり，それを用いたある瀝青炭の抽出率の結果を図3.6に示す。その後の生成物の分析[14]，および他のいくつかの研究グループでの再現性の確認の結果，この抽出では化学反応などの分解は起こらず，石炭中にもともと含まれる溶剤可溶成分が抽出されたものであることが確かめられた。

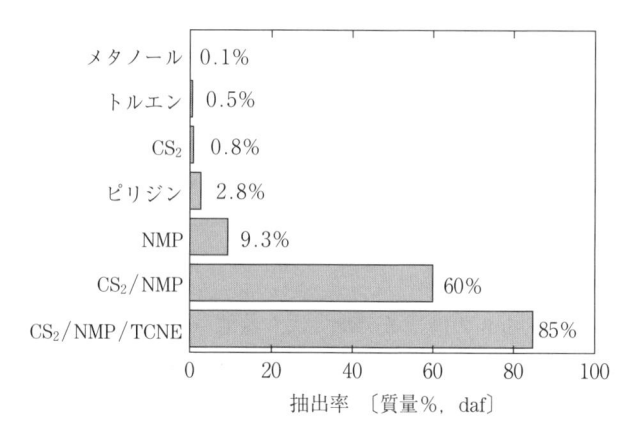

溶剤	抽出率
メタノール	0.1%
トルエン	0.5%
CS_2	0.8%
ピリジン	2.8%
NMP	9.3%
CS_2/NMP	60%
CS_2/NMP/TCNE	85%

図3.6 ある瀝青炭の各種溶剤による室温での抽出率

その後上記の混合溶剤に少量の添加物（テトラシアノエチエン（TCNE），塩など）を加えて抽出を行うと，抽出率がさらに85%(daf)にまで到達することが見出された[15)〜19)]。このことは，石炭中の有機質成分の少なくとも85%が溶剤可溶成分であることを意味している。CS_2/NMP混合溶剤で得られた抽出物をアセトンとピリジンで溶剤分別し，それぞれの成分に対する構造解析の

結果，その石炭に含まれる分子構造は**図3.7**のように表された[20),21)]。図にみられるように，最も軽質なアセトン可溶成分から重質な混合溶剤不溶成分まで，すべて 800 ～ 3 000 の分子量を有する分子から構成されている。

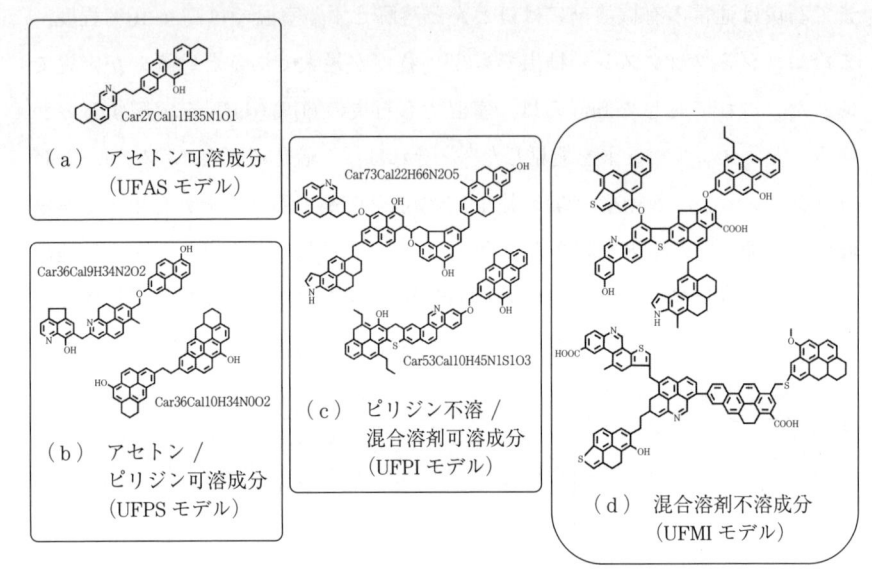

図3.7 混合溶剤抽出成分の構造解析から得られた瀝青炭の分子構造モデル

(a) アセトン可溶成分（UFAS モデル）Car27Cal１1H35N1O1
(b) アセトン／ピリジン可溶成分（UFPS モデル）Car36Cal9H34N2O2, Car36Cal10H34N0O2
(c) ピリジン不溶／混合溶剤可溶成分（UFPI モデル）Car73Cal22H66N2O5, Car53Cal10H45N1S1O3
(d) 混合溶剤不溶成分（UFMI モデル）

3.1.2　二つの分子構造概念

図3.3に示したShinnの構造モデルでは，遊離された分子が破線で示されており，その他は三次元的につながれた巨大分子から構成されている。それに対して図3.7の分子構造は，すべてが遊離された分子の集合体から構成されている。前者は2相構造モデル[22)～26)]，後者は1相構造モデル[27)～31)]とそれぞれ呼ばれている。

両者の構造概念を模式的に書くと**図3.8**のように表される[29)]。図（a）では，三次元的に広がる主成分の高分子網目構造成分（network）と，その網目の間に存在する低分子量成分である。この概念は MM 相（macromolecular phase and mobile phase），ゲスト-ホストモデルとも呼ばれている。一方，図（b）

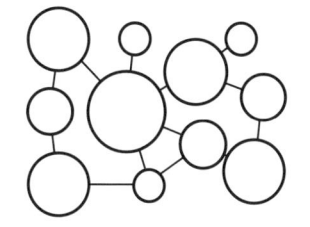

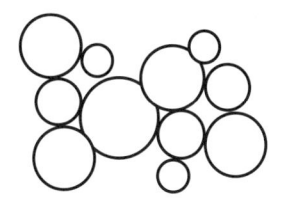

（a） 2 相構造モデルの概念　　（b） 1 相構造モデルの概念

図 3.8　二つの分子構造概念[29]

では，分子同士が共有結合鎖でつながれておらず，すべて分子間相互作用で物理的に会合（凝集）した構造から構成されている。すべての石炭がどちらかの概念で説明できるということはないにしても，上述の CS_2/NMP 混合溶剤系の抽出結果から考えると，これまで考えられてきた量に比べて，かなり多量の溶剤可溶成分がもともと石炭中には存在すると考えたほうが妥当であろう。

3.1.3　三次元の分子構造モデル

前項で解説した二つの分子構造概念からのモデルに対して，具体的な三次元での分子構造モデルを考えてみる。まず 2 相構造モデルの概念の代表である Shinn のモデルについては，図 3.5 に示したとおりである。一方，1 相構造モデルの概念については，図 3.7 の構造モデルに対して三次元的な構築が行われた。構築方法は，前述の Carlson が行ったものと類似で，図 3.7 に示す分子群全体に対してエネルギー極小化計算と分子動力学計算を組み合わせて，系内が最も安定なエネルギーとなるコンフォメーションを探索する方法である。

図 3.9 に 1 相構造モデルに基づく石炭の分子集合体構造を示す[21]。図（a）は図 3.7 に表した 7 分子をランダムに配置したときの初期構造である。これを周期境界条件下で密度の実測値に合うように単位セルを縮めながらエネルギー安定化計算を行い，最終的に得られたコンフォメーションが図 3.9（b）である（図では二つの単位セルで示している）。

石炭はもともと地中に堆積された状態で，ある方向に異方性を有することが

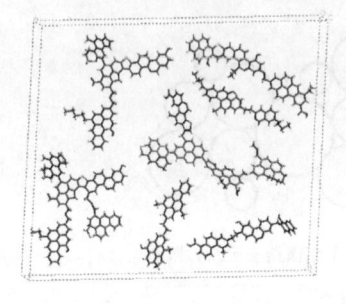

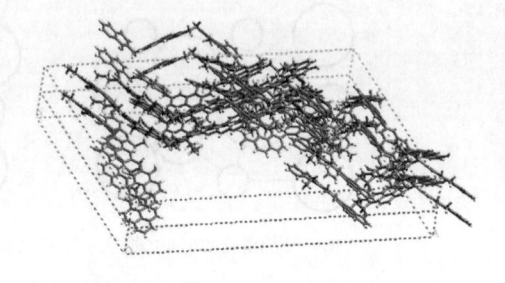

(a) 石炭の分子集合体構造　　　　　　　　(b) 三次元構造

図3.9 1相構造モデルに基づく石炭の分子集合体構造とその三次元構造[21]

知られており，図3.9(b)の構造モデルでは偏平な単位セルが使用されている。この図をみると，一見してこれまで考えられてきたような共有結合による巨大分子から構成されているようにみえる。しかしながら，それらは図(a)の分子集合体から構成された，いわゆる1相構造モデルの概念によるものである。

石炭を図3.9で示したような1相構造概念のモデルで考えることにより，前述のマジックソルベントによる60～85％の室温での高い抽出率が説明される[32]。また，その概念に従うと，石炭の転換技術においてもこれまでと異なるプロセスが考えられる。すなわち，液化や熱分解などのように過酷な条件での共有結合の解裂を前提とした従来の方法から，石炭凝集体に働く分子間相互作用を解放する方法を用いることで，遊離した個々の分子に穏和な条件で軽質化することが可能となる。平成14～19年度にNEDOプロジェクトで実施された「ハイパーコール利用高効率燃焼技術の開発」では，こうした1相構造モデルの概念に基づいた溶剤抽出法が応用されている[33),34]。

また，瀝青炭の一部がもともと有する粘結性発現のメカニズムにおいても，こうした石炭中にもともと含まれる多量の溶剤可溶成分のmobility（動きやすさ）とその成分間の相互作用が支配していると報告されている[35]。

最近では，さらなるコンピュータの処理能力の向上と分析機器技術の進展により，石炭中の分子構造の分布を表現した大きな分子構造モデルが提案されて

いる。Narkiewiczらは，低揮発性瀝青炭であるPocahontas No.3の分子量分布をレーザー脱離イオン化質量分析により求め，分子量範囲が780〜3286の分布を有する22151原子からなる構造モデルを構築し，**図3.10**のように表した[36]。この構造モデルは，分子量分布データのほか，元素分析，密度，クラスタ当りの平均芳香環数などのデータとも一致している。彼らは，こうしたモデルを用いることで，この石炭が有する軟化溶融性や分子構造内への二酸化炭素，メタンの吸着能の評価などを行っている[37]。

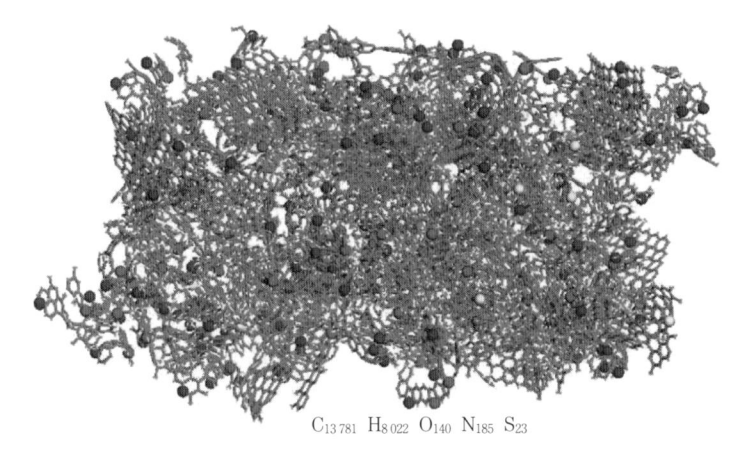

$C_{13\,781}$ $H_{8\,022}$ O_{140} N_{185} S_{23}

図3.10 2008年にNarkiewiczらが提案した22151原子からなる瀝青炭の構造モデル[36]

3.2 固体NMRによる構造解析

3.2.1 石炭と固体NMRの関わり

　石炭は非常に複雑な混合物である。石炭はその複雑な構造を保有しているので，同時に複雑な機能をも保有している。その結果，多方面への利用が進んでいるが，石炭の構造と機能の相関解明は完全に終わっているとは言い難い。そこで最近では，化学構造を多方面から解析できる固体NMR法に注目が集まっている。それは最近のこの手法の進歩によって，さまざまな核種の測定が可能となり，複雑な石炭の構造解析が可能となりつつあるからである。石炭は有機

物として考えられがちであるが，実際には有機物と無機物との混合物であり，いろいろな活用の場では，両者の構造が非常に重要になる場合が多々ある。そういった意味で，有機物と無機物の両方を評価できる固体NMRには期待が高まっており，同時にこの方法自身も発展しており，従来の単純な構造解析以外にも，機能相関解明が可能となりつつある。有機物部分および無機物部分に関する詳細は解説記事[38),39)]を参考にされたい。ここでは，まず石炭の多核固体NMR測定のための基礎原理[40)]から得られる情報を整理し，その応用を解説する。

3.2.2 固体NMR法の特徴と基本となる測定法

NMR（nuclear magnetic resonance，核磁気共鳴）法は簡単に説明すると，N（核）をM（磁場）中に置くとエネルギー分裂が生じ，その分裂の大きさに合わせてR（共鳴：そのエネルギーに合わせてラジオ波で共鳴）を起こす方法である。ここで説明をするまでもなく，理・工・薬学の分野では合成品の確認や天然物での同定，蛋白質での立体構造解析などに幅広く利用されている。ここで強調して説明したいのは「固体NMR法」である。固体NMR法でも，得られる情報は，溶液NMR法と同様に，化学構造に依存した化学シフトであるが，固体NMRスペクトルは一般に線幅が広く，スピニングサイドバンドが出現したり，原理が難しいため，それに基づく構造解析は敬遠される場合が多かった。しかし最近の磁石の高磁場化，分光計やプローブなどのハードとパルスシーケンスの発展で，固体NMR法は大きな変貌を遂げている。実際に固体NMR法の発展に伴い，実用材料への固体NMR法の応用が盛んになってきた[41)～44)]。最近の手法と装置の開発の結果，図3.11のように大幅に石炭のスペクトルの質が向上している。

　固体NMR法の大きな利点は，①試料を溶媒などに溶かす必要がない（溶媒に溶けにくい試料や溶かすことで変化があるような試料には最適である），②X線回折（XRD）で測定しにくい結晶性の低い化合物でも測定可能（固体であれば，結晶性やゲル状などにかかわらずなんでも測定できる），③多核種測定

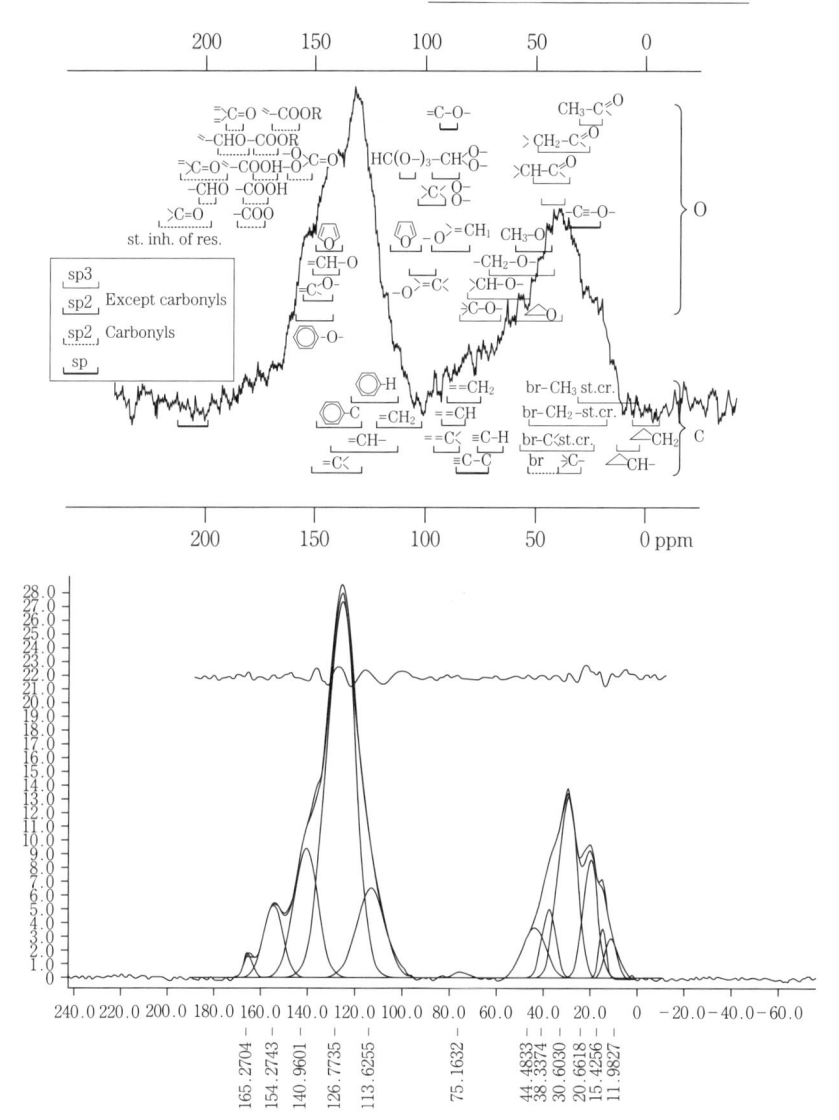

図 3.11 典型的な石炭の ^{13}C NMR スペクトル（上段が 1970 年代の装置，下段が最近の装置）[48]

を活用しやすい（多核種は一般に感度が悪い場合が多いが，溶媒に溶かす必要がないため，固体 NMR 用試料管に結構多く詰められるので，結局感度が上がり，思っている以上に多核種の利用が可能）ことである．さらに特筆すべき特

徴は，NMR法が原理的に原子周辺のミクロ領域のナノレベルの局所構造に関する情報を与える点である。つまり，石炭などの化石資源の分野でも測定対象材料が固体であるならば，他の分野で適用されている固体NMR法を用いるアプローチが利用可能である。特に従来の ^{1}H や ^{13}C だけでなく，最近の石炭などの化石資源に含まれる他の原子で，従来の溶液NMR法ではなじみのない核種 Al, O や Cl, Mg など，図3.12の周期律表のほとんどの核種が NMR の測定対象となってきている。

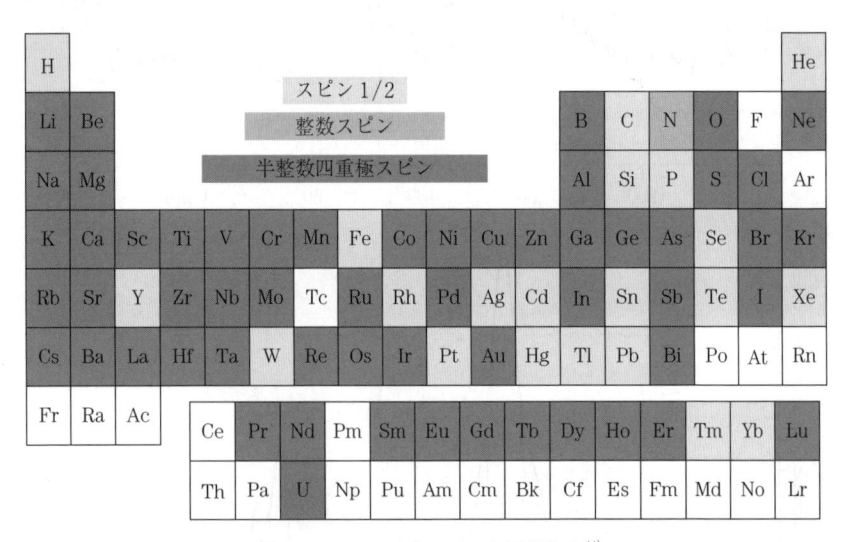

H																	He
Li	Be			スピン1/2							B	C	N	O	F		Ne
Na	Mg			整数スピン							Al	Si	P	S	Cl		Ar
				半整数四重極スピン													
K	Ca	Sc	Ti	V	Cr	Mn	Fe	Co	Ni	Cu	Zn	Ga	Ge	As	Se	Br	Kr
Rb	Sr	Y	Zr	Nb	Mo	Tc	Ru	Rh	Pd	Ag	Cd	In	Sn	Sb	Te	I	Xe
Cs	Ba	La	Hf	Ta	W	Re	Os	Ir	Pt	Au	Hg	Tl	Pb	Bi	Po	At	Rn
Fr	Ra	Ac															

Ce	Pr	Nd	Pm	Sm	Eu	Gd	Tb	Dy	Ho	Er	Tm	Yb	Lu
Th	Pa	U	Np	Pu	Am	Cm	Bk	Cf	Es	Fm	Md	No	Lr

図3.12 NMR測定からみた周期律表[44]

固体高分解能NMR法の基本的な原理の理解には，固体試料にある下記のさまざまな相互作用を考える必要がある。

$H = H_Z + H_s + H_{CSA} + H_J + H_D + H_Q$

（H_Z：ゼーマン相互作用，H_s：化学シフトの等方項，H_{CSA}：化学シフトの異方項，H_J：スピン-スピン相互作用，H_D：双極子相互作用，H_Q：四極子相互作用）

ここで，ゼーマン相互作用と化学シフトの等方項とスピン-スピン相互作用については，溶液NMRと同様である。以下，固体NMRに特徴的な事柄を簡単

に説明する。

① 化学シフトの異方項は，固体状態では分子運動が束縛されているため，平均化されずに静磁場との向きによる化学シフトの違いが現れる。溶液 NMR では平均化されて観測されない。
② 双極子相互作用とは，核スピンの磁気モーメントによる直接相互作用で，核間距離に依存している。
③ 四極子相互作用とは，核四極モーメントによって生じる相互作用である。基本の固体 NMR スペクトルの測定法は MAS（magic angle spinning）法である。

3.2.3 多核固体 NMR 法の魅力と石炭への応用[48]〜[57]

ここでは，今後の利用が期待される褐炭に着目し，その化学構造が瀝青炭や亜瀝青炭とどのように異なっているかの視点で，石炭の多核固体 NMR 測定から総合的になにが得られるかに重点を絞って議論したい。褐炭は構造に多様性があり，固体 NMR を測定することで，さまざまな化学構造情報が得られるので，総合的な議論をするのに適した試料である。

石炭の基本は炭素構造であるので，3種類の石炭の炭素の構造を比較すべく，^{13}C 固体 NMR の測定結果を図 3.13 に示す。結果から明確にわかるように，褐炭である Loy Yang 炭には，水を保有できる COOH 基の存在が確認でき，またその形態が非常に富んでいることがわかる。対して，亜瀝青炭（PNNG 炭）ではその存在が大幅に低下し，かつ COOH 基の種類も大幅に少なくなっている。同時に H の構造分布からみても非常にクリアに層別できる。その他の骨格構造に関しても，褐炭では環化前のセルロース由来の構造が一部確認できるので，褐炭と亜瀝青炭での化学構造の差異は非常に大きい。このような構造データと石炭の種々の性質は非常に相関がとれている場合が多い。

有機物質の別の代表に水素核がある。この核は NMR にとっては，感度としては非常に測定しやすいが，固体の場合非常に大きな双極子相互作用のため，なかなか効果的な結果が得られなかった。CRAMPS 法という良い方法が開発

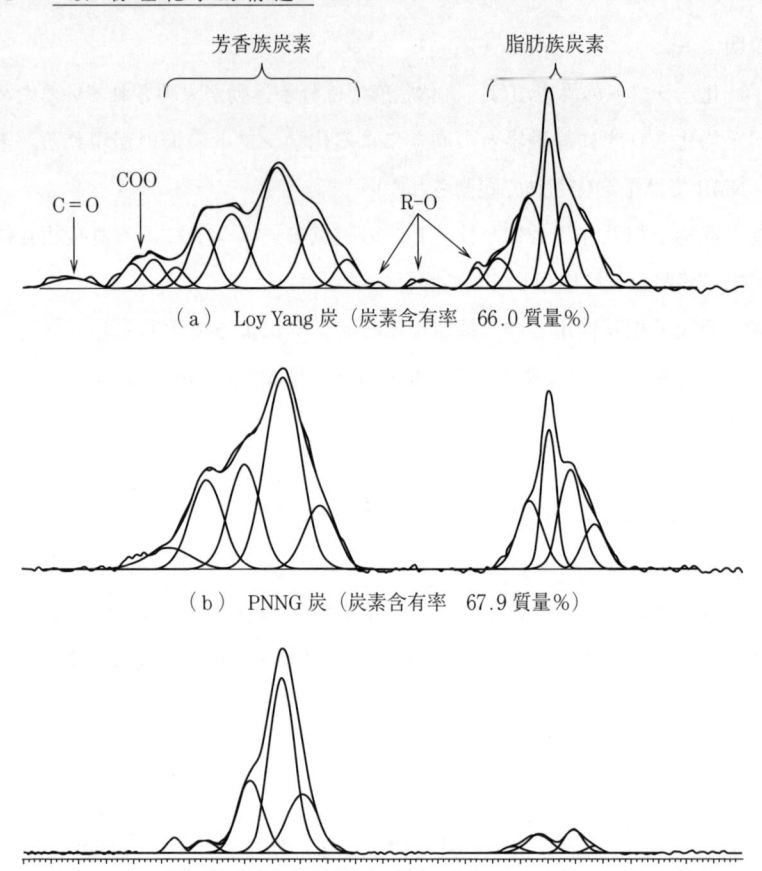

図 3.13 3種類の石炭の ^{13}C 固体 NMR の測定結果[48]

されてはいるが,石炭が対象の場合,その測定の条件の最適化もあわせて,有効な情報が多々得られているとは考えにくい場合もあった.最近,非常に高速回転が可能なプローブの開発が進み,**図 3.14** のように簡単に定量性の良い結果が得られるようになってきている.

窒素に関しては,NMR としては感度が低く,非常に測定しにくい核種ではあるが,最近の装置の発展でいくつかの窒素構造のスペクトルの取得が可能となりつつある.**図 3.15** に褐炭を含む石炭の測定結果を示す.多環芳香族の中

PNNG 炭
水素含有率　5.29 質量%

CRAMPS

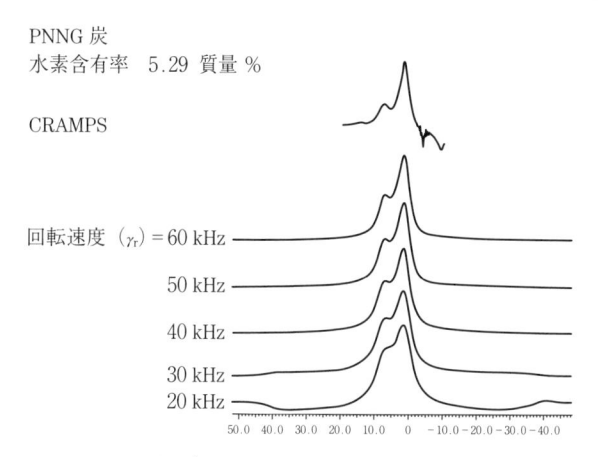

回転速度（γ_r）= 60 kHz
50 kHz
40 kHz
30 kHz
20 kHz

図 3.14　石炭の ^{1}H CRAMPS および高速 MAS スペクトル

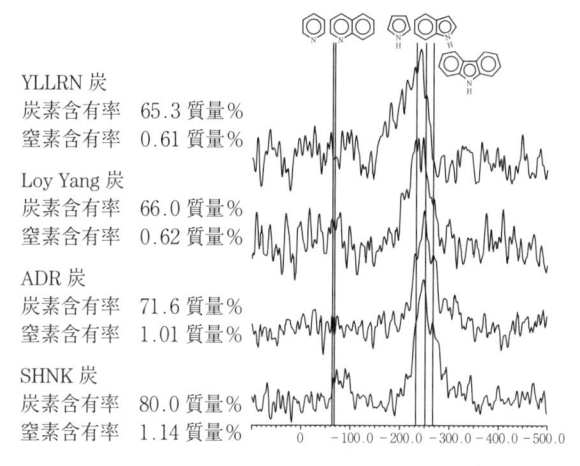

YLLRN 炭
炭素含有率　65.3 質量%
窒素含有率　0.61 質量%

Loy Yang 炭
炭素含有率　66.0 質量%
窒素含有率　0.62 質量%

ADR 炭
炭素含有率　71.6 質量%
窒素含有率　1.01 質量%

SHNK 炭
炭素含有率　80.0 質量%
窒素含有率　1.14 質量%

図 3.15　石炭の ^{15}N CP/MAS スペクトル[48]

に含まれる窒素構造の存在が確認でき，褐炭の構造に非常に多様な窒素構造の存在が明らかとなってきている。

図 3.16 に褐炭やその他の石炭の ^{27}Al MQMAS の測定結果を示す。多くの石炭に含まれるカオリン由来の Al が観察されるとともに，非常に特徴的なものとして 5 配位の Al の存在が確認できることである。石炭の形成の過程を考えると，熱的に不安定な 5 配位は，やはり若い石炭に多く観測され，瀝青炭など

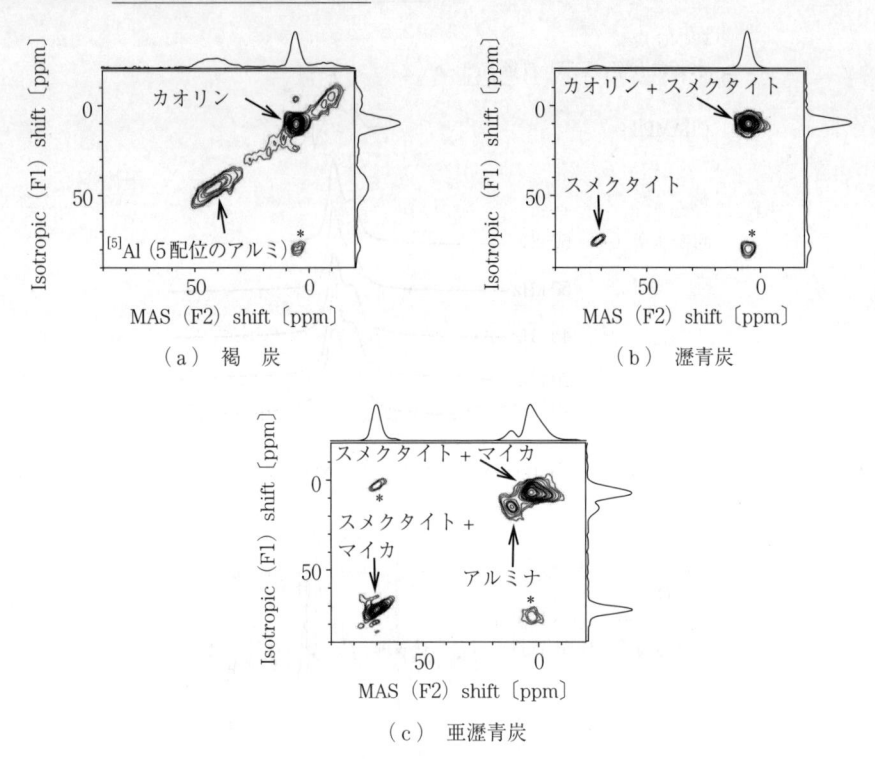

図3.16 褐炭やその他の石炭の ^{27}Al MQMAS スペクトル

には存在しないことが多い。

図3.17に ^{11}B の測定結果を示す。ホウ素は石炭中への含有量も少ないが，最近の高磁場化と新たな測定技術の開発で，その化学構造議論が可能となりつつある。固体のNMRでは，アモルファスと結晶の両方の存在を知ることができるとともに，3配位と4配位の存在を明らかにすることができる。またCP法との組み合わせで，近傍に水素核の存在を推定することでき，無機系由来のホウ素と有機系由来のホウ素を区別することができる。

このように多核測定から得られる情報は褐炭などの多種多様な化学構造の全貌を解析するのに非常に重要になると思われる。

3.2 固体NMRによる構造解析

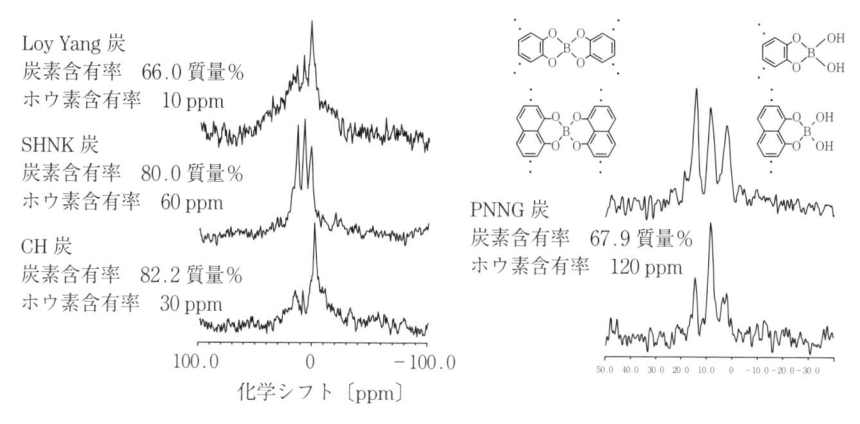

図3.17 3種類の^{11}B MASの測定結果（左図），MAS（右の上段）およびCP/MAS（右の下段）の測定結果[56]

3.2.4 炭素の詳細構造と高コークス強度発現因子の相関解明[58]

一般的に，コークスの強度発現には高い軟化溶融性が重要であるといわれているが[38]，高強度コークス（DI＞85）は，必ずしも高い軟化溶融性だけではその高強度の生成メカニズムを正確には予測できない。実際に軟化溶融性を評価する指標として有名なギーセラープラストメータから得られるMF値とコークスの強度を表す代表値であるDI（150-15ドラムインデックス値）は必ずしも良い相関関係を与えていない。軟化溶融性は非常に重要な強度発現の因子ではあるが，石炭の化学構造そのものも重要な因子と想像できる。そこでここでは，石炭の固体NMR測定から得られる情報を利用して，高強度コークスの発現に必要な化学構造を検討した。

石炭は非常に複雑であり，NMR測定後の石炭の構造解析には波形分離が必須であるが，その化学シフト位置や割り当てる波形にはかなり任意性が入る場合が多かった。そこで，帰属の精度を向上させるために，新たなパルスシーケンスを適用し，CH_3，CH_2，CH，Cのそれぞれの明確なピークを拾い出し，適正な半値幅を算出して，波形分離を実施した。測定試料は，おもに炭素％の異なる100種類の石炭を利用した。

図 3.18 に本手法で測定した測定結果を示す．上段がすべての炭素官能基を抽出した結果，中段が C, CH_3 のみを，下段が CH_2 のみを抽出している．その結果，4 級炭素の存在が明確に浮き上がり，従来では明確な半値幅を引き出せなかったが，本手法から芳香族周辺の 4 級炭素の存在を，含酸素官能基とそれ以外などを明確に分離できたことがわかる．

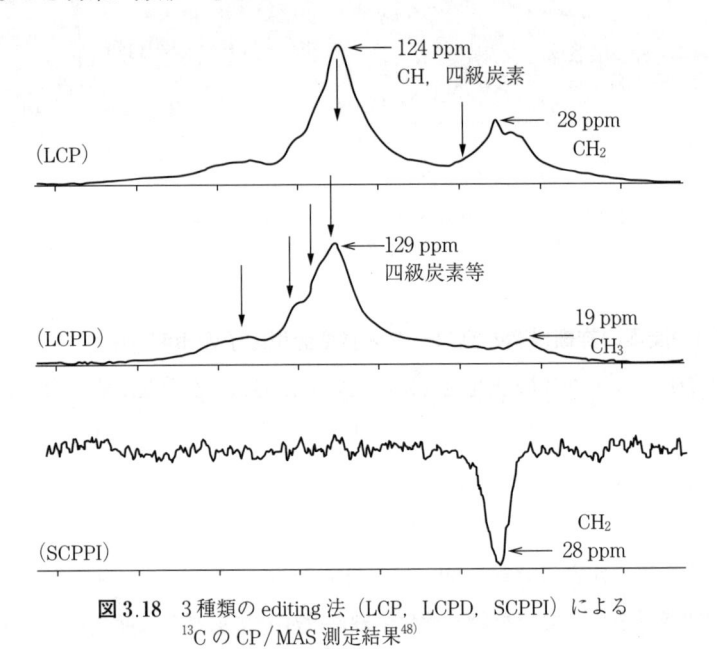

(LCP) 124 ppm CH, 四級炭素 / 28 ppm CH_2

(LCPD) 129 ppm 四級炭素等 / 19 ppm CH_3

(SCPPI) CH_2 28 ppm

図 3.18 3 種類の editing 法（LCP, LCPD, SCPPI）による ^{13}C の CP/MAS 測定結果[48]

このように石炭の骨格構造に関しても，固体 NMR 法自体の手法の発展で，細かな帰属もかなり明らかになりつつある．特に従来では帰属が曖昧な脂肪族部分で，正確に評価できることは機能を考える上で有益である．

従来の軟化溶融性の指標であるギーセラープラストメータ法から得られる MF 値からみた高温での軟化溶融性では，DI (150/15) の低いレベルではまったく相関がない．DI (150/15) を 80 以上とした場合，直線的な相関はなく，大まかな分布のような状況となる．基本的には，溶融性が良いほうが DI (150/15) が高い傾向は観察されるが，この指標だけでは DI (150/15) は決まらないことを表している．

図3.19に示すように，DI（150/15）強度が81以上での高い場合，石炭での重要な指標でもある炭素％では明確な傾向はない。そこで，先に述べた手法を利用して，芳香族の含酸素官能基の存在量を含めて，各官能基の存在量を定量性良く求めた。そして石炭の化学構造で，芳香族中にある酸素官能基の量で整理すると，図3.19に示すように，非常に明確な傾向が出ている。単純な炭素％ではあまり明確な差がないことからも，やはり化学構造の寄与が推定でき，高DI強度（150/15）の発現には，芳香族の含酸素官能基の存在量が少ないことが重要な因子の可能性が高い。そのメカニズムとしては，芳香族に含まれる含酸素官能基の構造の熱分解が遅く，高温で起こるためと考えられる。この構造が多い石炭では，軟化溶融性が高くても，高温でこの含酸素芳香族構造の熱分解が起こり，その結果炭素基質の発達に悪影響を与えるのではないかと推定している[53]。

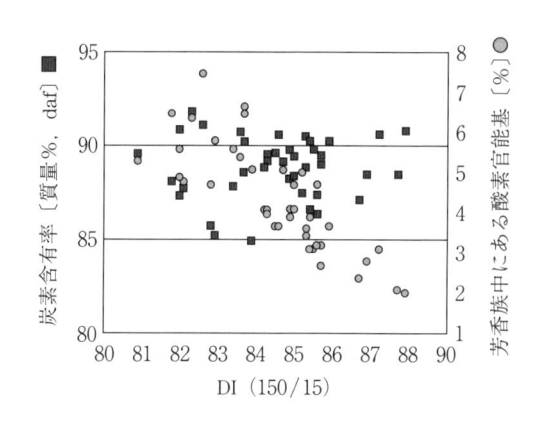

図3.19 ^{13}C の CP/MAS 測定結果から得られた化学構造情報とコークス強度の関係

石炭は鉄鋼業の中でも，PCI（powder coal injection，高炉への微粉炭吹き込み）や自家発電，さらにコークスと非常に幅広い用途に用いられており，それぞれ要求すべき機能も異なっている。固体NMR法は石炭の核種ごとの化学構造解析を可能にし，さまざまな機能（燃焼性や灰分挙動）を明らかにする上で非常に有効である。特になぜ軟化溶融するか，高強度コークスの発現因子はなにかなどを精査することは鉄鋼業において非常に重要な課題であり，そのためにも化学構造解析は重要な情報を与える。今回新手法を利用して，芳香族の含

酸素官能基の存在量を含めて，各官能基の存在量を定量性良く求め，高DI強度（150/15）の発現には，芳香族の含酸素官能基の存在量が少ないことが重要な因子の可能性が高いことを示した。本固体NMR法はさまざまな手法があり，同時に今後も発展を継続しているので，石炭の構造と機能の相関解明に有効な方法である。

3.3 石炭の溶剤抽出の基礎

　石炭の有機溶剤による抽出に関しては，石炭を構成する成分を溶剤の溶解力によって取り出し，それを分析することによって石炭の物理・化学的構造を明らかにしようとする目的と，石炭から有用な化学物質を選択的に回収するための技術の一つとして，じつに150年も前から種々の検討がなされている。それらの1960年頃までの動向は，例えば舟阪，横川によって成書として的確にまとめられている[59]。また，1990年頃までの研究の成果はKrevelenにより整理されている[60]。さらに，飯野の総合論文[61]，鷹觜，飯野の総説[62]には，石炭の溶剤抽出とそれに密接に関連する石炭の膨潤現象と石炭の構造の関連性が解説されている。

　本節では，上の優れた成書，総説を参考にしつつ，石炭の溶剤抽出に関する研究が歴史的にどのような目的をもって実施され，なにが明らかにされたかを概観する。また，最近わが国を中心に進められている溶剤抽出を利用した石炭転換技術については4.3節で紹介する。

3.3.1 石炭の溶剤抽出の歴史

　Krevelen[60]によると，石炭の溶剤抽出に関する系統的な研究は，1860年代のDe Marsillyによるベンゼン，アルコール，エーテル，クロロフォルム，二硫化炭素の沸点における抽出に始まるとされている。Krevelenは，1913年以降活発に行われるようになった溶剤抽出に関する研究を三つの時期に分けて整理した。それに従って，石炭の溶剤抽出に対する理解と溶剤抽出技術の進歩を

3.3 石炭の溶剤抽出の基礎

概観してみよう。

〔1〕 第Ⅰ期（1913～1933年）の溶剤抽出研究

この間の多くの研究は，鉄鋼用コークスの製造に関連して，主として石炭の粘結性を示す成分の同定を目的に実施された。特に注目すべき研究は，WheelerらとFischerとBoneによる研究である。例として前者の研究をやや詳しく紹介する。Wheelerら[63]は，石炭（炭素含有率80～85%）をピリジンの沸点（115℃）でソックスレー抽出して得た抽出物をクロロフォルム，石油エーテル，エチルエーテル，アセトンの順で抽出して分別し，得られた成分をα成分，β成分，γ成分と命名した。ある瀝青炭（C：82.92，H：5.58，O：8.45 質量%）を抽出したときのそれぞれの成分の収率は80，12，8質量%で，それらの成分の元素組成はα成分（C：80.81，H：5.23，O：10.40%），β成分（C：77.32，H：5.14，O：14.26 %），γ成分（C：85.33，H：7.08，O：4.56%）であった。γ成分は水素含有率が原炭よりも多く炭化水素に近い組成であり，100℃程度で軟化溶融し粘結した。これに対し，原炭よりも酸素含有率が大きく水素含有率が小さいα，β成分は粘結しなかった。CockramとWheeler[64]は，図3.20に示すように，γ成分をさらに四つの成分に分別してそれらを詳細に検討し，最も軽質な$\gamma1$成分は暗黒色で高粘度の油状物質(maltenes)，つぎに軽質な$\gamma2$成分は明褐色粉末の樹脂質（明褐色resin）で，$\gamma3$成分（暗褐色resin），$\gamma4$成分（carbens）は樹脂状であることを示した。

当時，木材化学の手法にならって石炭をビチューメン（瀝青質），セルロース，リグニン，フミン酸，フミン，ならびにフムス炭に分けることが試みられていた[65]。ビチューメンは石炭原料植物中の樹脂，油脂，ワックスに由来するものとセルロースから転化したものからなる炭化水素と考えられており，アルコール・ベンゼン混合溶剤で抽出される成分に相当する。フミン酸（腐植酸，humic acid）は希薄アルカリ溶液で石炭から抽出される成分で，その中にリグニン由来のベンゼン核，フェノール性OH，メトキシ基，ならびにセルロース由来のフラン核が存在する。泥炭や褐炭からは大量のフミン酸が抽出されることから，石炭原料植物はフミン酸の段階を経て石炭に転化したものと考えられ

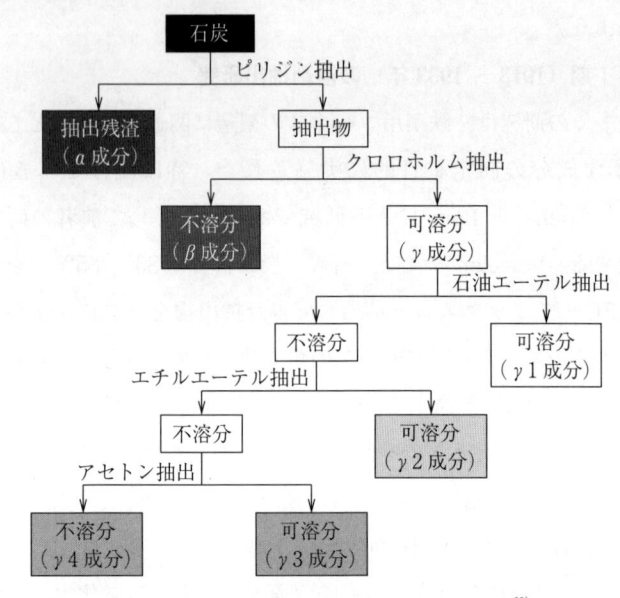

図3.20 Wheelerらの提案した石炭の分別法[63]

た。さらに石炭化が進むと，フミン酸は炭酸ガスと水を放出して重縮合して，高濃度のアルカリ溶液（10％程度）でようやく抽出されるフミン（humin）と呼ばれる物質に転化する。重縮合がさらに進むと安定なフムス炭に変化する。フムス炭は非常に安定で，濃アルカリの熱溶液にも溶けない。褐炭からは十数％以下のビチューメン，大量のフミン酸，フミンが抽出されるが，瀝青炭からは10％以下のビチューメンと数％のフミンが抽出されるだけで，大部分はフムス炭である。この分析から推定される石炭化のイメージと上のWheelerらの石炭の分別の結果を合わせると，1930年代においてすでに石炭の化学的な構造と溶剤抽出の関連性の本質は理解されていたといっても過言ではないであろう。

〔2〕 第Ⅱ期溶剤抽出研究（1940～1965年）

この間の研究は，石炭の液化技術への関心の高まりに関連して，石炭と溶剤の相互作用機構の解明，抽出溶剤に要求される特性，ならびに溶剤抽出物の物理・化学特性の検討を目的として多くの研究がなされた。

Oeleらは，石炭抽出においてはつぎの操作を明確に区別すべきであるとした[66]。

I. Non-specific extraction：アルコール，エーテルなどによる常圧沸点（おおむね100℃以下）での抽出。抽出物は根源植物に含まれたレジン，ワックスに由来する成分である。抽出率は高々数％なので，石炭の全容を知るには至らない。

II. Specific extraction：親核性をもった溶剤，すなわちピリジンやエチレンジアミンなどの電子供与性の大きい溶剤による200℃以下の温度での抽出。抽出率は20〜40％で，抽出物は石炭に含まれていたものと考えられるので，石炭の構造解明には有益である。

III. Extractive disintegration：ベンゼン，ナフタレン，アントラセンなどの特別な官能基をもたない溶剤を使用し，比較的高温（200〜350℃）で石炭の構造を熱的に緩和させて抽出率の増加を図る方法である。褐炭などの石炭化度の低い石炭では軽度の熱分解も起こるが，瀝青炭ではほとんど熱分解は起こらず抽出物は石炭の構成成分とみなされる。また，溶剤は処理によって変化しないと考えられている。

IV. Extractive chemical disintegration：300℃以上で，おもに水素供与性の溶剤を用いて，石炭の水素化分解を促進して抽出率の増大を目指す抽出法。例えば，フェノールとクレゾールを溶剤，テトラリンを水素供与剤として用いるPott-Broche法（後述）などがこの方法に該当する。

このような抽出操作の分類（区別）は，溶剤抽出をどのような目的で行うかを考える上で役立つ。例えば，石炭の構造の解明を目指す研究ではSpecific extractionやExtractive disintegrationが，石炭の大部分を溶剤に溶解することが要求される石炭の直接液化プロセスではExtractive disintegrationやExtractive chemical disintegrationが主要な役割を果たす。

Drydenは溶剤と石炭の相互作用について，100種類にも及ぶ溶剤を用いて精力的に研究を行い[67],[68]，抽出力の強い溶剤は一対の不対電子対をもつ酸素あるいは窒素を必ず含むことを明らかにした。それらは，エチレンジアミン，

モノエタノールアミン，ジエチルトリアミン，ベンジルアミンなどであるが，最も好ましい溶剤はメチレン基に結合した第一アミン基を少なくとも一つ含む異節環化合物で，例えばピリジンであることを明らかにした。これらの溶剤は"specific solvents"（特殊溶剤）と呼ばれる。さらに，Dryden は内部圧，表面張力，双極子モーメント，比誘電率などの溶剤の種々の特性値と抽出率との関係を検討したが，良好な関係を見出すことはできなかった。図 3.21 に 5 種類の特殊溶剤で多くの石炭を抽出した結果を示す。特殊溶剤は大量の石炭を抽出できるが，溶剤により抽出できる石炭の種類が異なり，石炭と溶剤の相互作用は石炭種に大きく依存する。

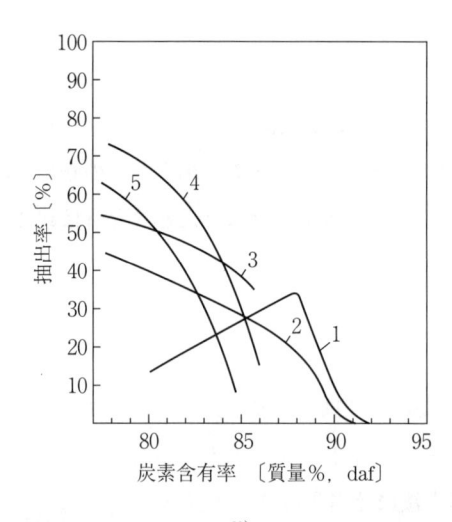

図 3.21　5 種類の特殊溶剤による各種石炭の抽出結果[67]
溶剤 1：ピリジン
溶剤 2：エチレンジアミン
溶剤 3：ベンジルアミン
溶剤 4：ジエチレントリアミン
溶剤 5：モノエタノールアミン

Halleux と Tschamler[69] は，多くの実験結果に基づいて，Lewis 塩基として働く特殊溶剤と石炭の酸点の間の水素結合が抽出率と関係することを強調した。さらに，Lewis 酸塩基平衡が立体障害を受けることも明らかにした。例えば 2,6-ルチジンと 3,5-ルチジンを比較すると，pK_a 値は 2,6-ルチジンのほうが大きいが，抽出率は 3,5-ルチジンを用いたほうが大きかった。

1930 年代には石炭抽出物はコロイド溶液であると考えられていた。それは，膨潤，凝集，チンダル現象などの実験結果によって定性的には支持された。例えば，エチレンジアミンによる抽出物はコロイド状の球形粒子であり，その大

きさは 200～700 Å と見積もられた。これに対して，1950 年代になると Storch ら[70]をはじめとする多くの研究者は，抽出物はコロイド溶液ではなく分子量 1 000 以下の物質であると結論するようになった。Wynne-Jones ら[71]は，Hill-Baldes 浸透圧計を用いて，ピリジン抽出物の平均分子量が 400～1 200 であることを見出した。さらに，後になって彼らはピリジン抽出物中には全抽出物の平均分子量よりもずっと大きな分子量（～8 000）をもつフラクションも存在することを明らかにした。

Given[72]は希薄な抽出溶液を用いて浸透圧，光散乱，限外ろ過，並進拡散などを測定し，抽出物には分子量が 1 000 程度の分子から大きさが 100 Å 以上の粒子が含まれることを示した。大きな粒子はコロイド状でそれらは低分子量の分子が凝集したものと考えられた。これらの結果と，石炭と抽出物の密度，湿潤熱，X 線散乱の測定結果には大差がないという事実は，石炭と抽出物はともに同様の分子が凝集したものであることを示唆するものであった。

このほかにも，Dormans と Krevelen[73]，Rubicka[74]，Brown[75] らの研究によって，抽出物は広い分子量分布をもつこと，すべての石炭から分子量 300 程度の成分が抽出されること，ならびに分子量 600 以上の成分の元素組成は原炭とほぼ同じであることや，すべての抽出物と抽出残渣は本質的に同様の化学構造をもつこと，弱い溶剤で最初に抽出される成分は脂肪族炭化水素と芳香族炭化水素をあわせもつ水素含有率が多く芳香環の大きさが小さい成分であること（これが γ 成分に対応）などが明らかにされた。

以上のように，1965 年頃までに石炭の抽出に適した溶剤，それに基づく抽出プロセスの分類，ならびに抽出物の物理・化学特性の解明に関して大きな進歩が得られた。

〔3〕 **石炭-溶剤相互作用の理論的取り扱い**

1960 年代になると，上述の多くの実験成果を踏まえて，石炭-溶剤相互作用のより理論的な取り扱いがなされるようになった。それらを年代順に紹介する。

① **Hildebrand の溶解度パラメータを用いる検討**　　Krevelen[76] は Hildebrand の溶解度パラメータ[77] (δ) に注目した。正則溶液理論によると，溶剤の溶解度パラメータは次式で定義される。

$$\delta_{sol} = e_{coh}^{1/2} = \left(\frac{\Delta H_{vap}}{V_M}\right)^{1/2} \tag{3.1}$$

ここで，e_{coh}：凝集エネルギー，ΔH_{vap}：蒸発エンタルピー，V_M：モル容積．

これは液体状態にある溶剤の凝集性の強さを表すパラメータである．注目物質が溶剤に良好に溶解するためには両者の溶解度パラメータの差 $\Delta\delta = \delta_{subst} - \delta_{sol}$ ができるだけ小さいほうがよく，完全に両者が溶解するには $\Delta\delta = 0$ でなければならない．これが，いわゆる"似たものが似たものを溶かす（like dissolves like）"ということの溶液論による表現である．

これを石炭の溶剤抽出に当てはめれば，石炭と溶剤の溶解度パラメータが近い値であるほど石炭が溶剤に溶解することになる．両者の溶解度パラメータがわかればこの妥当性が検討できる．溶剤の溶解度パラメータは式 (3.1) により計算できるが，液体ではない石炭の溶解度パラメータをいかに評価するかが課題である．Krevelen[78] は Small（1953）が液体に対して見出した原子団寄与法[79] が石炭にも適用できるとして，元素組成，密度，芳香族指数（f_a）から石炭の溶解度パラメータを算出した．図 3.22 にその結果を石炭化度に対して示す．図の結果は，ピリジンやエチレンジアミンが瀝青炭の良い抽出溶剤であることや，ベンゼンやクロロホルムが抽出力が弱いなどの従来の実験的事実とよく対応している．しかし，例えば，特殊溶剤と同程度の溶解度パラメータをもつアルコール類，酸，ケトン類の抽出力が弱いなどの実験事実は説明できない．これらの結果は，石炭の抽出では溶解度パラメータは非常に重要な指標であるが，それだけでは十分ではないことを示している．

Krevelen の報告は 1965 年であるが，わが国においてもすでに 1961 年に真田と本田が夕張炭，芦別炭の 14 種類の溶剤による抽出結果が溶解度パラメータと密接に関係することを報告している[80] ことを記しておく．

② **Gutmann の Donar-acceptor 数を用いる検討**　独創的な溶剤の定量的評価法が Gutmann により提案された[81]．それは溶剤のドナー数（DN）とそ

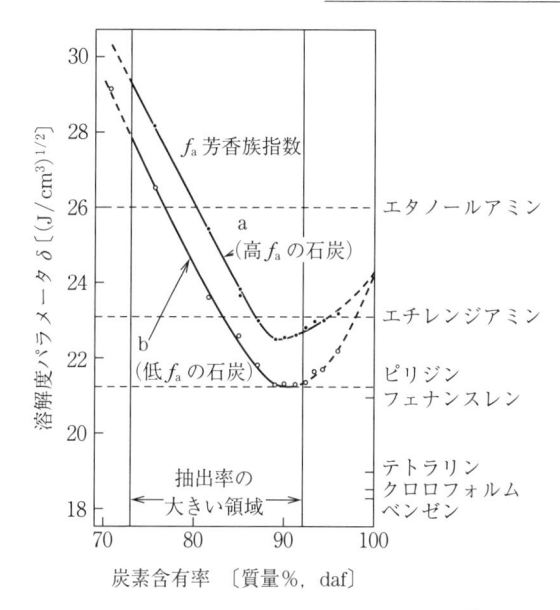

図 3.22 石炭の溶解度パラメータの炭種依存性[78]（芳香族指数の変化が考慮されている。右縦軸はおもな溶媒の溶解度パラメータを示す）

れに共役なアクセプタ数（AN）を用いる方法で，溶媒の親核性と親電子性の特徴を明確に区別する点に特徴がある。DN，AN はつぎのようにして評価される。

- DN：参照アクセプタとして選定した $SbCl_5$ の 10^{-3} モル濃度溶液（溶媒ジクロロエタン）と対象溶媒の反応（発熱反応）のモル反応エンタルピーの絶対値で，単位は $kcal\ mol^{-1}$ である。
- AN：対象溶媒中での $Et_3P=O$ 中の ^{31}P の NMR 化学シフトで，ヘキサン中と上記の $SbCl_5$ の 10^{-3} モル濃度溶液中での $Et_3P=O$ 中の ^{31}P の化学シフトをそれぞれ 0，100 として相対値で表す無次元の数。

DN 数が大きい溶媒は強塩基性で，電子対供与体，プロトン受容体として働く。AN 数が大きい溶媒は強酸性の特徴を有し，親電子性で電子対受容体，プロトン供与体，陰イオン受容体として働く。

この考え方を石炭の抽出に初めて適用したのは Marzec ら[82]であるといわれ

ている。溶剤の抽出力は電子供与能と受容能の差で表されると考えられるので，彼女らは最初，抽出率と（DN-AN）値の関係を検討した。まずまずの相関が得られたが，より重要なパラメータはドナー数DNと考えられた。

　Marzecらは抽出率に加えて，石炭の溶剤中での膨潤率にも注目した。膨潤率（Q_V）は溶剤で膨潤した石炭の体積と膨潤前の石炭の体積の比で表される。測定には一般に試験管法が採用される。具体的には，平らな底を有する試験管に石炭を入れて石炭層の高さh_0を測定する。ついで溶剤を加えて平衡に達するまで放置（1週間程度）した後の石炭層の高さhを測定し，h/h_0をQ_Vとする。Marzecらは抽出率と膨潤率に相関性があることから，測定が容易でより信頼性のある膨潤率とDN，溶解度パラメータδの関係を検討した。**表3.2**に，Marzecらが用いた21種類の溶剤のAN，DN，δと，それらの溶剤中でのある瀝青炭の膨潤率Q_Vを示す[83]。**図3.23**（a）にはQ_VとDN，図（b）にはQ_Vとδの関係を示す。両図より，δよりDNのほうが良い相関性を与えることがわかる。

　③ **Paulingの水素結合強度理論**　　Larsenら[84]も，溶剤と石炭の相互作用を石炭の溶剤中での膨潤率に注目して検討した。彼らは，原炭，ピリジン抽出残渣炭，さらにO-alkylation法により石炭中の水酸基の水素をアルキル基で置換した石炭を用いて，11種類の水素結合能をもたない溶剤（非極性溶剤）と7種類の水素結合能を有する溶剤（極性溶剤）を用いて膨潤率$Q_{V,dry}$を測定した。**図3.24**はIllinois No.6炭（C含有量79.8％）についての結果で，膨潤率が非極性溶剤の溶解度パラメータδに対して示されている。原炭の膨潤率は小さいが，ピリジン抽出残渣炭は大きく膨潤し，$\delta=9.6$（cal/cm^3）$^{1/2}$程度で最大の膨潤率を示した。この挙動はHildebrandの正則溶液理論で説明できた。O-methylation化した石炭もピリジン抽出残渣炭と同様の傾向を示した。これは，これらの試料中では水素結合が消失あるいは部分的に解放されているために，溶剤がより試料内に浸入しやすくなったためと考えられた。このことを検証するために，つぎにピリジン抽出残渣炭を非極性溶剤と極性溶剤で膨潤した結果を比較した。**図3.25**に示すように，極性溶剤では大きく膨潤率が増大し

表 3.2　種々の溶剤の特性値とそれら溶剤中での瀝青炭（C%：80.7）の膨潤率[83]

溶　剤	番号	膨潤率 Q_V 〔—〕	ドナー数とアクセプタ数		溶解度パラメータ 〔$(J/cm^3)^{1/2}$〕			
			DN 〔kcal/mol〕	AN 〔—〕	δ^{*2}	δ_d^{*1}	δ_p^{*1}	δ_h^{*1}
ベンゼン	1	1.0	0.1	8.2	18.8	18.4	0.0	2.0
ニトロベンゼン	2	1.1	4.4	14.8	22.7	20.0	8.6	4.1
イソプロピルアルコール	3	1.14	20.0	33.5	23.4	15.8	6.1	16.4
アセトニトリル	4	1.15	14.1	18.9	24.1	15.3	18.0	6.1
ジエチルエーテル	5	1.15	19.2	3.9	15.1	14.5	2.9	5.1
ジオキサン	6	1.16	14.8	10.8	20.0	19.0	1.8	7.4
ニトロメタン	7	1.18	2.7	20.5	22.5	15.8	18.8	5.1
メタノール	8	1.19	19.0	41.3	26.4	15.1	12.3	22.3
1-プロパノール	9	1.23	—	—	20.9	16.0	6.8	17.4
エタノール	10	1.25	20.5	37.1	22.9	15.8	8.8	19.4
酢酸エチル	11	1.26	17.1	—	17.6	15.8	5.3	7.2
アセトン	12	1.30	17.0	12.5	19.2	15.5	10.4	7.0
酢酸メチル	13	1.32	16.5	10.7	18.8	15.5	7.2	7.6
メチルエチルケトン	14	1.49	—	—	19.3	16.0	9.0	5.1
テトラヒドロフラン	15	1.59	20.0	8.0	18.6	16.8	5.7	8.0
1,2-ジメトキシエタン	16	1.60	24.0	—	—	—	—	—
ジメチルホルムアミド	17	1.69	26.6	16.0	23.5	17.4	13.7	11.3
ジメチルスルホキシド	18	2.04	29.8	19.3	26.2	18.4	16.4	10.2
ピリジン	19	2.08	33.1	14.2	21.3	19.0	8.8	5.9
エチレンジアミン	20	2.08	55.0	20.9	25.3*	16.6	8.8	17.0
1-メチル-2-ピロリジノン	21	2.38	27.3	13.3	23.0*	18.0	12.3	7.2

*1：C. M. Hansen, Hansen Solubility Parameters, CRC Press, 2000 から引用
*2：1 $(cal/cm^3)^{1/2} = 2.045\ (J/cm^3)^{1/2}$

た．Larsen らは，この増加分が，極性溶剤が試料内の水素結合を解放した効果によるものと考えた．さらに，この膨潤率の増加分 $\Delta Q_{V,dry}$ を，溶剤が p-fluorophenol と水素結合を形成する際の発熱量 $\Delta H_f°$（Arnett ら[85] の溶剤の水素結合能評価法）に対してプロットすると良好な関係が得られることから，この考え方の妥当性を示した．

上の実験結果を踏まえた Larsen らの主張は，石炭の凝集構造は正則溶液理論で説明できるような比較的弱い相互作用（分散力）と水素結合などの強い相

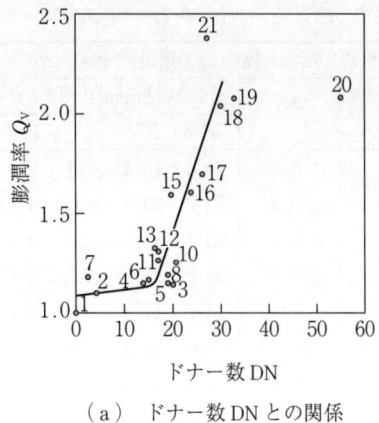

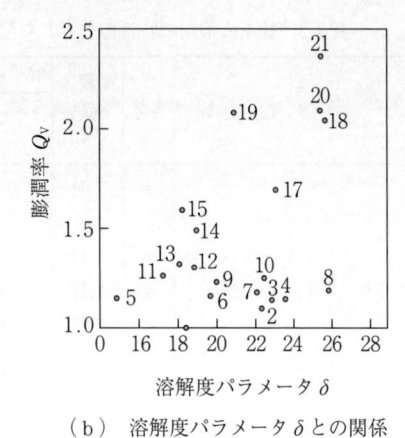

(a) ドナー数 DN との関係

(b) 溶解度パラメータ δ との関係

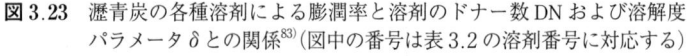

図 3.23 瀝青炭の各種溶剤による膨潤率と溶剤のドナー数 DN および溶解度パラメータ δ との関係[83]（図中の番号は表 3.2 の溶剤番号に対応する）

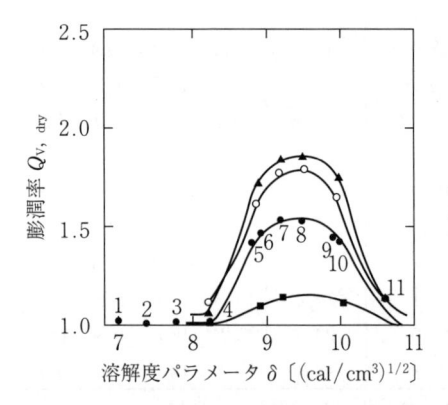

溶剤 1：n-ペンタン，2：n-ヘプタン，3：メチルシクロヘキサン，4：シクロヘキサン，5：o-キシレン，6：トルエン，7：ベンゼン，8：テトラリン，9：ナフタレン，10：CS_2，11：ビフェニール

図 3.24 Illinolis No.6 炭の原炭（■），ピリジン抽出残渣（●），O-methylation 化した石炭（○），ピリジン抽出残渣を O-methylation 化した試料（▲）の各種溶剤中での膨潤率と溶剤の溶解度パラメータの関係[84]

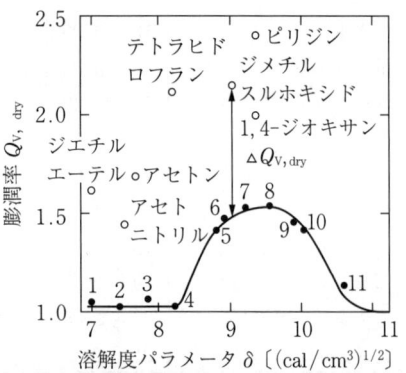

図 3.25 Illinolis No.6 炭のピリジン抽出残渣の非極性溶剤（1～11）と極性溶剤中での膨潤率と溶剤の溶解度パラメータの関係[84]

互作用によって維持されており，それらによる凝集を緩和して石炭を膨潤するには，それぞれの相互作用を緩和する能力をもつ溶剤を用いる必要があることを示唆している。

高分子の膨潤に対してはすでにそのような考え方が認められており，それを定量的に表現するために Hildebrand の溶解度パラメータ δ を分散力（δ_d），極性基間の相互作用（δ_p），ならびに水素結合（δ_h）の寄与に分けた取り扱いがなされている。δ とそれぞれの溶解度パラメータは次式で関係づけられる。

$$\delta^2 = \delta_d^2 + \delta_p^2 + \delta_h^2 \tag{3.2}$$

Hansen[86] は 800 種類に及ぶ溶剤について δ_d, δ_p, δ_h を示している。参考のために，それから引用したこれらの値を表 3.2 中に示した。これらの値と AN, DN, さらには δ を比較すると興味深い。なお，従来溶解度パラメータは $(\mathrm{cal/cm}^3)^{1/2}$ の単位で表した数値を用いていたが（Larsen らの図 3.24, 図 3.25 はこの値），最近では $(\mathrm{J/cm}^3)^{1/2}$ の単位で表すほうが多い。前者を 2.0455 倍すると後者の値になる。

3.3.2 石炭の溶剤抽出技術の進歩

以上のように石炭の構造と関連して抽出の機構が明らかになりつつあるが，Dryden らの分類に従う Nonspecific extraction や Specific extraction では抽出率は大きくない。抽出物から石炭の構造を検討する上でも，また抽出を石炭転換技術とする上でも抽出率を向上できる技術が望まれる。

Krevelen は抽出率を向上させる方法を物理的方法と化学的方法に分け，前者の方法として，① 混合溶剤による相乗効果，② 石炭構造の熱的緩和，③ 超臨界流体による抽出を，後者の方法として，④ 石炭の解重合，⑤ アルカリ還元，⑥ 石炭のアルキル化を挙げている。著者が興味をもったものをいくつか紹介する。

混合溶剤が抽出率の増大に有効であることは古くから知られており，例えば褐炭から脂肪族成分を抽出するのにアルコールとベンゼンの混合溶媒が有効であることが報告されている。また，上述の Larsen らの結果も混合溶媒が有効

であることを示唆している。Iino ら[87],[88]は CS_2 と N-methyl-pyrrolidinone（NMP）の体積比で1：1の混合溶媒を用いると飛躍的に抽出率が増加することを見出した。図3.26に56種類にも及ぶ石炭の抽出結果を示す。抽出率は炭素86〜87％付近で最大値を示した。例えば，中国のZao Zhuang炭で65.6％，新夕張炭で60.6％，アメリカArgonne標準炭の一つであるUpper Freeport炭で54.0％にも達した。飯野らはこの混合溶媒で相乗効果が発現する機構について検討を加え，CS_2は脂肪族炭化水素を，NMPは芳香族炭化水素を溶解する能力が高いことと，混合溶媒では粘度が低下するので，溶媒の浸入と石炭分子の拡散が容易になることを報告している。飯野らの研究の成果は，石炭中にはこれまで考えられていた以上の溶媒可溶成分が存在することを明らかにしたことであった。

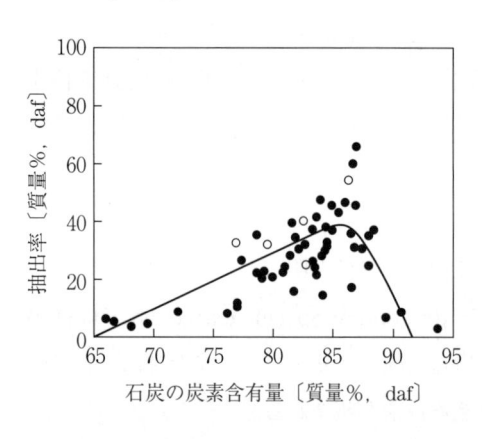

図3.26 56種類の石炭の CS_2 と N-メチル-ピロリジノン混合溶剤による抽出結果[87]

②の方法は，Dryden らのいう Extractive disintegration に近い方法である。

PottとBroche[89]は，ナフタレン，テトラリン，低温タール由来のフェノール類（沸点180〜230℃）を40，40，20％で混合した溶剤と石炭を1：1で混合して，290〜450℃の温度で2時間半処理した。その後室温まで冷却し，必要に応じてさらに溶剤を加えてろ過して抽出物を回収した。得られた無水無灰基準の抽出率と抽出温度の関係を図3.27に示す。褐炭を除くと，350℃程度までは石炭の分解を伴わない抽出とみなされる。褐炭の全温度域での抽出率，他の瀝青炭についての370℃以上での抽出率には熱分解やテトラリンによる水素

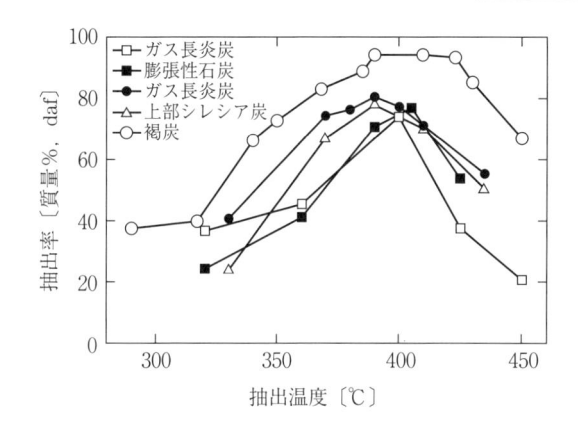

図 3.27 Pott と Broche による混合溶剤を用いた5種類の石炭の抽出率と抽出温度[89]

（凡例：ガス長炎炭、膨張性石炭、ガス長炎炭、上部シレシア炭、褐炭）

化の寄与が含まれる。この方法は，大量の石炭を抽出できる興味深い方法である。

③の方法では，Bartle ら[90),91)]の超臨界トルエンによる抽出が注目される。最も穏和な抽出条件は 350℃，15 MPa であり，抽出率は 20% 程度と大きくないが，操作的には抽出物の回収が容易であるという利点がある。また，抽出物は石炭を構成している成分とみなせる。彼らは生成物の非常に詳細な分析を行っており，石炭の構造を検討する上でも有益な情報を得ている。

3.3.3　3.3 節のまとめ

石炭の分析や構造の検討，ならびにその利用に関する研究は 100 年以上も前から行われてきており，すでに多くの事柄が明らかにされてきている。長年にわたって石炭に関わっていると，"新しい事実を発見した"，"新しい方法を開発した"といわれるもののほとんどが二番煎じ，三番煎じにすぎないことを認識せざるを得ないことを経験する。過去の優れた研究成果の全容を把握することは不可能に近いが，多くの先達の努力の結晶の一端を学ぶことは，同じことを繰り返さないという意味でも教訓となるであろう。石炭の溶剤抽出に関する研究についても当然それは当てはまる。石炭の溶剤抽出の基礎を概観した本節が，現在石炭に関わっている研究者，技術者のみならず，これから石炭に関わろうとする方々の一助となれば幸いである。

3.4 石炭中の水

　石炭のほとんどは多かれ少なかれ水を含有し，一般に石炭化度の低い石炭ほど含水率は高い。**表3.3**にさまざまな石炭の元素分析値および採炭時における含水率をまとめた[92]～[96]。石炭化度の低い石炭ほど炭素含有量が低く，酸素含有量が高い。石炭中の酸素は，おもに水酸基やカルボキシル基などの親水性の官能基として存在し，石炭中の水の一部は，これらの親水性の官能基との相互作用を介して保持されている。

　水を多く含む石炭を利用する上で，乾燥はなくてはならない操作である。本節では，石炭中の水に関する研究の中でも，石炭構造との関わりに焦点を当てた研究を紹介し，① 含有水の形態や，② 石炭の巨視的あるいはマクロ分子構造（ゲル構造）の脱水に伴う変化に関する基礎知見について記す。

3.4.1　石炭含有水の形態

　一般に固体に吸着している水は，バルク水とは異なる物性をもつ。単純な例でいうと，バルク水（純水）は0℃で凝固するが，例えば，多孔質シリカガラスに吸着した水の場合，細孔径が小さくなるにつれて融点が低下すること，また細孔壁に束縛された水分子は不凍水として振舞うことなどが知られている[97]。固体と相互作用する水の物性は，化学的には固体基質表面との相互作用，物理的には水が凝縮する固体内部における空間（細孔）のサイズや形状の影響の度合いに依存する。石炭含有水も例外ではない。本項では，水脱離-吸着等温線や，示差走査熱量測定（differential scanning calorimetry：DSC）から評価した石炭含有水の凝固特性に基づいて，石炭含有水の形態を評価した研究について解説する。

〔1〕　水蒸気吸着等温線と履歴現象

　Allardiceら[98]はビクトリア褐炭-水蒸気の系における等温吸着線を重量法により測定した（**図3.28**（a））。出発原料として生褐炭（as-mined）を使用し，

3.4 石炭中の水　105

表 3.3 種々の石炭の元素分析値と湿炭基準（as-received）での含水率

産　地	石炭名（石炭層）	石炭ランク	炭素	水素	窒素	硫黄	酸素	灰分 [質量%]*2	含水率 [質量%]*3	文献
オーストラリア・ビクトリア州	Loy Yang	褐炭	62.8	4.6	0.6	0.3	31.7	2.5	56.7	94
オーストラリア・ビクトリア州	Yallourn	褐炭	65.0	4.6	0.6	0.2	29.6	1.6	57.5	94
アメリカ・ノースダコタ州	Glenn Harold	褐炭	66.0	4.8	0.9	0.4	28.0	7.4	28.9	92
オーストラリア・ビクトリア州	Morwell	褐炭	66.3	4.7	0.6	0.3	28.2	2.3	55.5	94
アメリカ・ノースダコタ州	Gascoyne	褐炭	66.3	4.4	0.7	1.5	26.9	8.2	30.7	92
ドイツ・ノルトライン＝ヴェストファーレン州	Rheinischer Braunkohle	褐炭	67.3	5.0	0.5	0.5	26.7	2.7	60.0	95
アメリカ・ノースダコタ州	Freedom	褐炭	67.6	4.0	1.0	1.5	25.9	6.1	27.9	92
インドネシア・スマトラ島南部	South Banko	褐炭	72.8	5.9	1.1	0.4	19.9	2.9	31.5	94
アメリカ・ノースダコタ州	Beulah Zap	褐炭	72.9	4.8	1.2	0.7	20.3	9.7	32.2	93
アメリカ・ワイオミング州	Wyodak-Anderson	亜瀝青炭	75.0	5.4	1.1	0.5	18.0	8.8	28.1	93
オーストラリア・西オーストラリア州	Collie	亜瀝青炭	76.1	4.6	1.4	1.3	16.6	3.7	20.0	96
アメリカ・イリノイ州	Illinois #6	瀝青炭（高揮発）	77.7	5.0	1.4	2.4	13.5	15.5	8.0	93
アメリカ・ユタ州	Blind Canyon	瀝青炭（高揮発）	80.7	5.8	1.6	0.4	11.6	4.7	4.6	93
アメリカ・ワイオミング州	Lewiston-Stockton	瀝青炭（高揮発）	82.6	5.3	1.6	0.7	9.8	19.8	2.4	93
アメリカ・ペンシルバニア州	Pittsburgh (#8)	瀝青炭（高揮発）	83.2	5.3	1.6	0.9	8.8	9.1	1.7	93
アメリカ・ペンシルバニア州	Upper Freeport	瀝青炭（中揮発）	85.5	4.7	1.6	0.7	7.5	13.2	1.1	93
アメリカ・バージニア州	Pocahontas #3	瀝青炭（低揮発）	91.1	4.4	1.3	0.5	2.5	4.8	0.7	93

*1：無水，無灰基準，*2：無水基準，*3：湿炭基準（as-received）

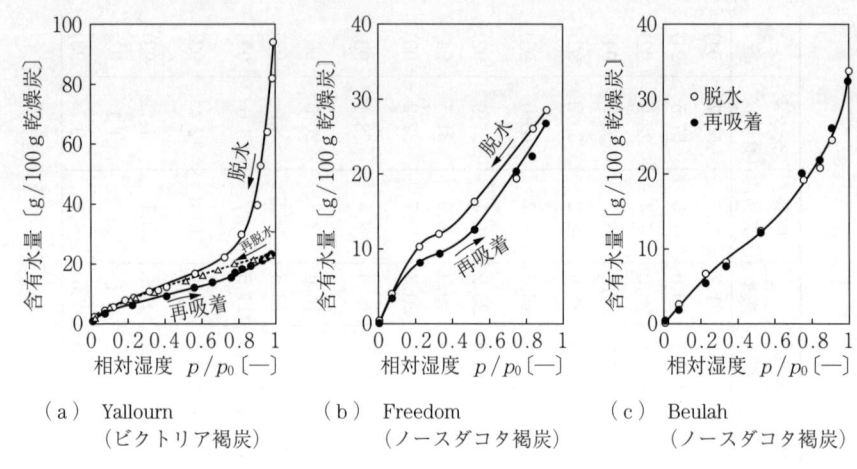

図3.28 ビクトリア褐炭（a）とノースダコタ褐炭（b），（c）の等温水脱離-水再吸着曲線

水の脱離過程における平衡含水率を測定したところ（図中の脱水）に特色がある。この脱水時の等温線はシグモイド状でIUPACの等温線分類ではⅡ型に相当する。Ⅱ型は細孔が存在しない，またはマクロポア（50 nm 以上の細孔）の存在の可能性を示すものである。この結果は，① 高相対圧 $(p/p_0)>0.8$ の凹型曲線の領域＝粒子間および粒子内マクロ空隙における水の毛細管凝縮，② 中相対圧の直線領域＝多層吸着，③ 低相対圧の凸型曲線の領域＝単層吸着の影響が複合したものと解釈された。さらに，Allardice[99] は後述する吸着熱の含水率依存性の結果なども加味して，表3.4に示すように，含有水をバルク水，毛細管凝縮水，多層水，単層水に分類し，それぞれの量を見積もるとともにそれぞれの水の特徴をまとめた。

褐炭の水蒸気吸着等温線は顕著な履歴現象を示し，再吸着曲線（図3.28（a）中の再吸着）は，脱水曲線とは大きく異なる。水蒸気等温線における履歴現象は，多くの多孔質固体（活性炭，アルミナ，シリカゲル）でも認められるが，比較的高い相対圧範囲において閉じたループを形成し，多くの場合，吸着と脱着の際の毛細管凝縮水液面のメニスカス半径の差によって説明される。しかし，図3.28（a）のビクトリア褐炭の水蒸気等温線の場合，$p/p_0=0.1$ までの広範囲の相対圧にわたって履歴現象が観測されており，吸・脱着過程にお

表3.4 ビクトリア褐炭（Yallourn）含有水の特徴[97]

含有水の分類	含水量の範囲〔g/g-dry coal〕	含水量〔g/g-dry coal〕	吸着等温線における相対湿度の範囲 (p/p_0)〔—〕	等量脱離熱〔MJ/kg-water〕	特　徴
バルク水（bulk）	2.0～0.725	1.275	1.0～0.96	2.43	純水と同じ熱物性を示す水。粒子間などのマクロな隙間に存在
毛細管凝縮水（capillary）	0.725～0.175	0.55	0.96～0.5	2.43～2.7	毛細管に凝縮した水で，石炭の純水とは異なる熱物性を示す水
多層水（multilayer）	0.175～0.080	0.095	0.5～0.1	2.7～2.9	石炭表面で単層吸着している水の層との弱い水素結合により保持されている水
単層水（monolayer）	0.080～0	0.08	0.1～0	2.9～3.4	石炭の表面における含酸素官能基と単層吸着している水の層

ける毛細管凝縮特性の違い以外の因子が関与していると考えられている。水の脱離による褐炭ゲル構造の不可逆的な収縮・崩壊の関与が推定される。脱着過程では，水は褐炭との結合力が小さいものから順に脱離し，褐炭の表面における親水性官能基と強く相互作用した水が最後に脱離する。この褐炭表面で強く吸着した水は，低い相対圧領域まで残存し，細孔の収縮や崩壊を防ぐ，いわば楔のような役割を演じる。その結果，細孔の収縮や崩壊の程度が，同相対圧における吸着過程の場合と比較して小さいので，同じ相対圧においても，脱着過程の平衡含水率が再吸着過程のそれよりも大きくなると考えられている。

さらに，水蒸気吸着等温線を30～60℃の種々の温度で測定し，クラジウス・クラペイロンの式を適用して図3.29に示すような褐炭からの水の脱離熱の含水率依存性が見積もられた。脱着過程のデータから求めた脱離熱は，含水率が0.6 g/g-dry coalまでは純水の蒸発熱とほぼ等しく，この領域で脱離する水は，褐炭と特に相互作用のない，おもに粒子間の大きな空隙に存在するもの

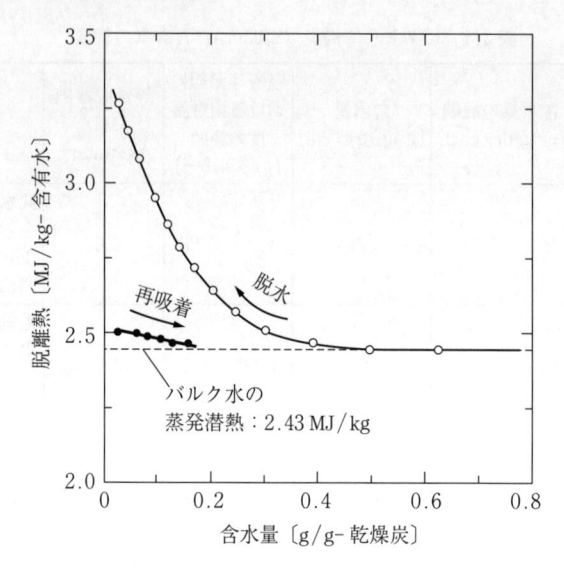

図 3.29 ビクトリア褐炭（Yallourn）含有水脱離熱の含水率依存性[98]

であるとしている。含水率 $0.15 \sim 0.6\,\mathrm{g/g\text{-}dry\ coal}$ にかけては，毛管に凝縮した水の脱離する領域で，脱離熱が含水率の低下とともに徐々に増加するのは水凝縮毛管のサイズが徐々に小さくなっていくことに起因する。含水率 $0.15\,\mathrm{g/g\text{-}dry\ coal}$ 以下では，脱離熱は急激に増加する。これは，褐炭表面に強く結合した多層および単層水の脱離による。一方，再吸着過程のデータから求めた脱離熱は，純水のそれよりもわずかに大きく含水率にもほとんど依存しない。これは再吸着過程が褐炭表面での水蒸気の物理的凝縮に近いもので，再吸着水は褐炭と特別な相互作用がないことを示唆する。これらの結果は，水蒸気等温線で観測された履歴現象における議論と矛盾しない。

図 3.28（b）と（c）に示すように，水蒸気等温線の測定結果は，アメリカ・ノースダコタ褐炭についても報告されている[92]。同じ産炭地でも炭層が異なると，履歴現象が認められるもの（Freedom）と認められないもの（Beulah）がある。この現象は炭種に依存し，石炭–水の系において普遍的に観測されるものではないようである。

〔2〕 凝固特性に基づく含有水の分類

一般に，狭い細孔内に閉じこめられた水は，純水（バルク水）とは異なる熱力学物性を示す。例えば，凝固点は 273 K 以下となり，凝固熱は純水のそれ（334 J/g）よりも小さい[100]。図 3.30 は，未乾燥状態の褐炭から瀝青炭までの 8 種類の石炭を室温から 123 K まで冷却したときの DSC 測定結果である[94]。いずれの石炭でも，258 K と 226 K 付近で発熱ピークが観測された。South Banko 炭の場合，248 K 付近にもピークが認められる。これらのピークは石炭含有水の凝固に由来するものである。

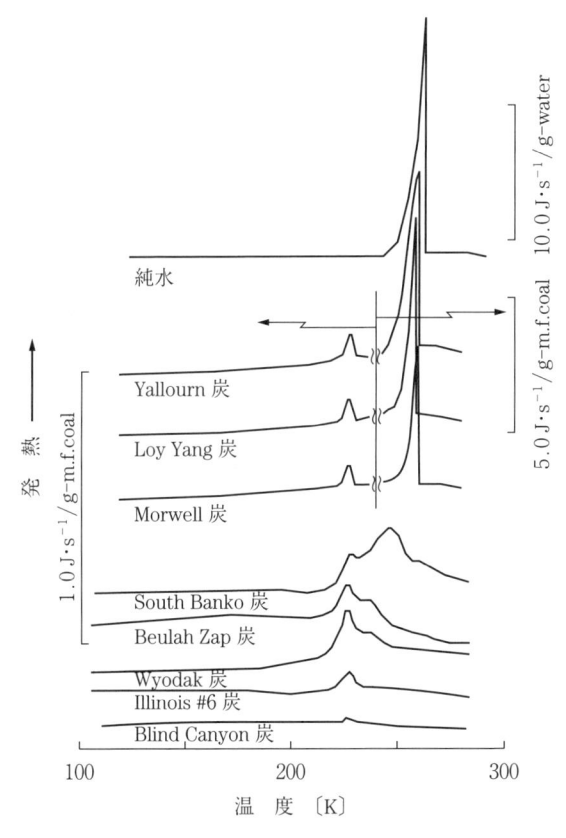

図 3.30　種々の未乾燥石炭（as-received）を室温から −150℃ まで冷却（8℃/min）したときの DSC 曲線[94]

図3.31は，発熱ピーク面積から求めた凝固熱（ΔH）を測定試料の含水率に対してプロットしたものである。Yallourn炭の場合，含水率が$0.6 \sim 1.3$ g/g-dry coalにかけてΔHは直線的に減少する。このとき，DSC曲線においては258 K付近の発熱ピークが小さくなる。この傾きから求めた凝固熱は333 J/g-waterであり，純水の凝固熱とほぼ等しい。したがって，258 K付近のピークは純水の凝固ピークと形状，出現位置，凝固熱ともに酷似していることから純水とほぼ同じ物性をもつ水の凝固によるものであり，ここでは自由水と定義する。一方，含水率が$0.3 \sim 0.6$ g/g-dry coalにかけては258 K付近の発熱ピークが小さくなり，傾きから求めた凝固熱は188 J/g-waterである。226 Kで凝固する水は凝固点降下を示し，かつ純水よりも低い凝固熱を示すもので，ここでは結合水と呼ぶ。含水率が0.3 g/g-dry coal以下では$\Delta H=0$であり，発熱ピークは観測されない。これは，凍結という一次相変化を示さない不凍水が存在することを意味する。不凍水は石炭表面の官能基と強く相互作用して束縛され，もはや氷の結晶構造を形成することができない水と考えられている。

以上のように，DSCによる石炭含有水の凝固特性を解析することで，石炭含有水をバルク水と同様の自由水，226 K付近で凍結し，純水よりも低い凝

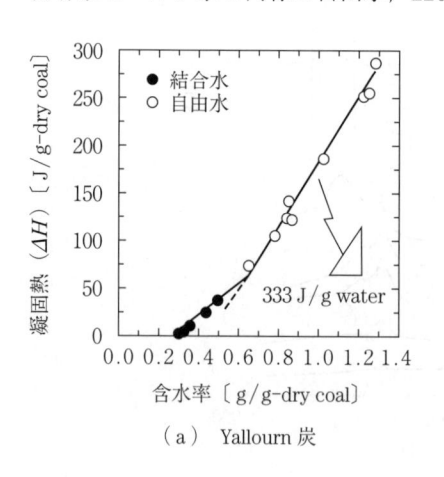

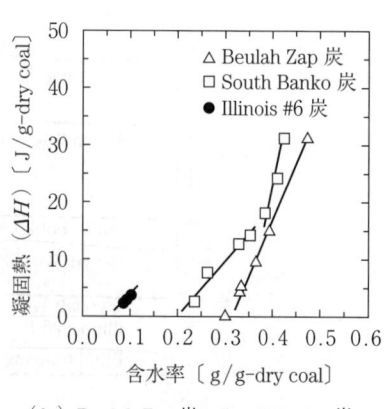

（a）Yallourn炭

（b）Beulah Zap炭，South Banko炭，Illinois #6炭

図3.31　水（自由水と結合水）の凝固により観測された発熱ピーク面積（ΔH）の含水率依存性[94]

熱をもつ結合水,そして123Kでも凝固しない不凍水に分類でき,それぞれを定量できる。**表3.5**にこれらの結果をまとめる。自由水が存在するのはビクトリア褐炭のみであり,いずれの石炭でも結合水,不凍水が存在する。

表3.5 石炭含有水の凝固特性（DSC 測定により評価）に基づく分類・定量[94]

石　炭	自由水	含有水のタイプ 結合水 〔g/g-dry coal〕	不凍水
Yallourn	0.70 (52)	0.35 (26)	0.30 (22)
South Banko	0	0.26 (56)	0.20 (44)
Beulah Zap	0	0.17 (35)	0.31 (65)
Wyodak-Anderson	0	0.15 (38)	0.24 (62)
Illinois #6	0	0.05 (50)	0.05 (50)

（　）の数字は全水分に占める割合〔%〕

3.4.2 乾燥に伴う石炭構造の変化

前項において,石炭中の水にはバルク水とは異なる物性を示す水以外に,石炭基質との相互作用の強さや水が存在している空間（細孔）のサイズによって凝固点降下を示す結合水や不凍水が存在することを述べた。また,褐炭がゲル構造をもち,褐炭表面と強く相互作用した水がこのゲル構造を支える上で重要な役割を演じていることを褐炭の水蒸気等温線における履歴現象に基づいて議論した。本項では,乾燥に伴う褐炭ゲル構造変化を巨視的あるいは微視的な視点で観察し,構造の変化と含有水物性との関連について論じた研究について解説する。

〔1〕脱水過程での褐炭の収縮現象

図3.32は,円柱状 Yallourn 褐炭塊の嵩体積の減少量を脱水による含有水の減少量に対して描いたものである[101]。乾燥の初期では,表3.4に示した Allardice の分類[99]でいうところのバルク水の脱離が進行するが,体積の減少量は脱離した水の体積よりも小さく,体積収縮率（脱離水 1 cm³ 当りの体積収縮量）は $0.2 \sim 0.5$ cm³/cm³ まで変化し,含水量の低下とともに徐々に増加する。バルク水は褐炭有機質と特に相互作用しない水と考えられ,バルク水の

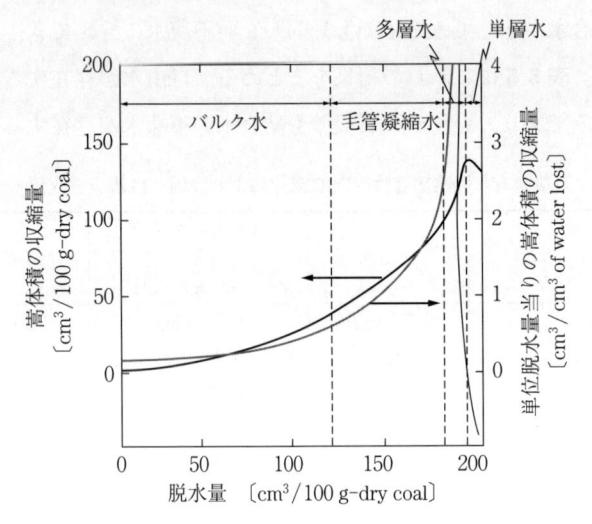

図3.32 ビクトリア褐炭（Yallourn）塊の乾燥に伴う体積収縮量の変化[101]

脱離による孔の崩壊はほとんど起きず，空孔の形成が支配的である。

しかし，さらに脱水が進む（毛細管凝縮水の脱離）と収縮量は徐々に大きくなり，体積収縮率は$0.7 \sim 1.9 \, cm^3/cm^3$まで増加する。含水量が$40 \, cm^3/100 \, g\text{-dry coal}$付近では体積収縮率が1を超え，これ以下の含水率では凝縮水の脱離による毛細管の収縮・崩壊ばかりではなく，バルク水脱離により形成した空孔の収縮・崩壊が進む。多層水の脱離領域において収縮はさらに顕著になり，体積収縮率は含水量$16 \, cm^3/100 \, g\text{-dry coal}$付近で最大値を示す。さらに脱水が進むと体積収縮が止まり，単層水が脱離すると，今度は膨張に転じる。これは，褐炭を構成するマクロ分子同士をつなぐ役割をしていた単層水が脱離することで，分子間相互作用が解放されることによるものと考えられている。

〔2〕 **褐炭と含有水との分子相互作用**

水の脱離に伴う褐炭のゲル構造の変化を微視的な視点（分子レベル）から評価した研究を解説する。パルスNMRにおける緩和時間を測定することで測定対象試料の分子運動性を評価可能である。石炭の分子運動性を解析するときの核種としては，含有量が多く検出感度も良いことなどから^1Hがよく使われる。

3.4 石炭中の水

水を含有する石炭が試料の場合,当然,石炭有機質ばかりでなく含有水由来の ^{1}H も観測シグナルに含まれることになる。パルス ^{1}H-NMR におけるスピン-スピン緩和時間測定時に観測される自由誘導減衰(free induction decay:FID)を解析することで,測定対象に含まれる水素を緩和時間の違いに基づいて分類,定量できる。石炭の FID は,緩和時間(T_2)の長い成分すなわち運動性の高い成分,短い成分すなわち運動性の低い成分,そして中間の成分に分類されることが多い。

水含有石炭で観測される FID 中の緩和時間の長い成分は,そのほとんどは固体石炭を構成する分子に比べてはるかに分子量が小さく,運動性が高い石炭含有水に由来するものである。したがって,緩和時間の長い成分の信号強度から含有水を定量する手法も提案されている[102]。しかし,Lynch ら[103]は,水を含む石炭の場合,含有水ばかりでなく,石炭有機質の水素の一部も運動性の高い成分に含まれることを見出した。彼らは,石炭マクロ分子構造の中で,水によって可塑化された部分が運動性の高い水素(易動性水素,mobile hydrogen)として観測されると解釈した。

Noringa ら[104]は,この水の存在により易動化した石炭マトリックス由来の水素の量を,種々の含水率をもつ褐炭および亜瀝青炭試料のパルス ^{1}H-NMR スピン-スピン緩和時間測定を行って調べた。図 3.33 に示すように,Yallourn

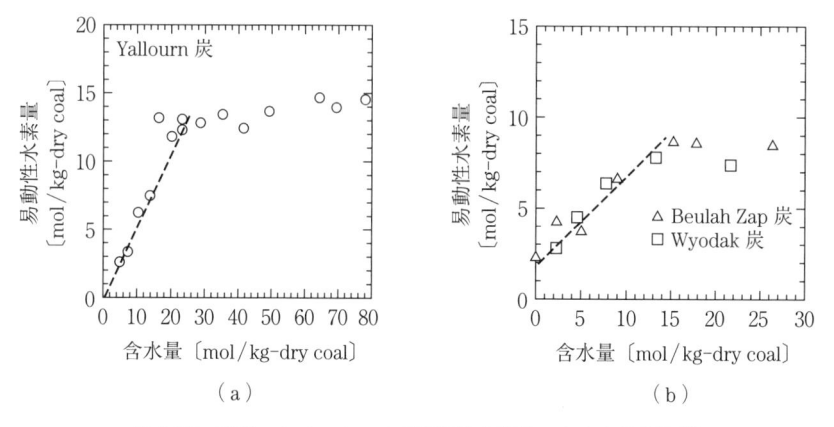

(a)

(b)

図 3.33 石炭マトリックス由来易動性水素量の含水率依存性[104]

炭の場合，DSCで求めた自由水や結合水の脱離する領域では易動性水素量はわずかに減少するだけであるが，不凍水が脱離すると易動性水素量はほぼ直線的に減少し，その傾きは約2であると報告している。これは，1モルの不凍水の脱離により，約2モルの易動性水素が難動性水素に転換したことを意味する。

では，水の存在により易動化する水素の化学形態は何かというと，① 未乾燥のときの易動性水素の量が石炭中の水素の中でも重水（D_2O）の水素と交換可能な水素の量とほぼ一致すること，② 重水水素と交換可能な石炭マトリックス水素の化学形態が水酸基（OH基）の水素であることなどから，おもに石炭マクロ分子構造中の水酸基であると考えられている。

三浦ら[105]は，脱水過程におけるビクトリア褐炭（Morwell）の水素結合分布の変化を図3.34（a）に示すようなFT-IRスペクトル測定結果に基づいて定量的に評価した。OH伸縮振動に由来する3 000～3 600 cm^{-1}にかけての吸収を五つの水素結合タイプに分割するとともに，フリーの（水素結合していない）

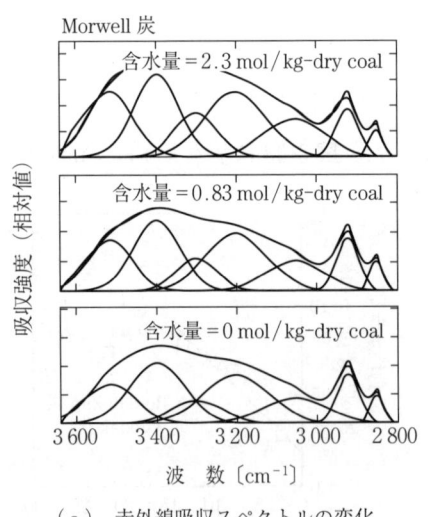

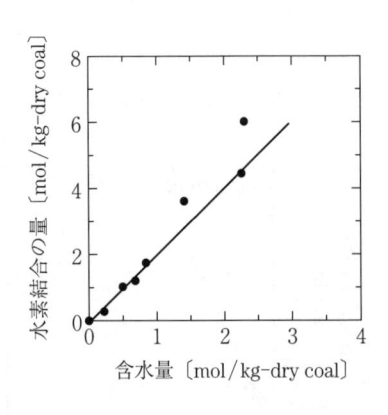

（a） 赤外線吸収スペクトルの変化　　　　　（b） 水素結合数の変化

図3.34 ビクトリア褐炭（モーウェル炭）の水分脱離に伴う赤外吸収スペクトル（a）と水素結合数（b）の変化[105]

水酸基の吸収の波数（$3620\,cm^{-1}$）からのシフト量から水素結合強度分布も評価した。これらの結果から，各含水率の試料について水素結合に参加しているOHの総和を定量し，それらの値から含水率0における水素結合しているOHの総和を差し引いた値を求めたものが図（b）である。すなわち，この図の縦軸は，各含水率において水分子が関与している水素結合数を示し，それらは含水率の減少とともに直線的に減少する。このときの傾きは約2であり，一つの水分子が二つの水素結合に参加していることを示すものである。ここで検討された含水率の範囲（$0 \sim 2.5\,mol/kg\text{-dry coal}$）は，不凍水，あるいはAllardiceの分類[99]でいうところの単層水の領域であり，この形態の水は褐炭基質表面において分子レベルで分散しているものと考えられる。したがって，複数の水分子の集合によるクラスタ形成は困難であり，水分子間の水素結合の存在は考えにくく，図（b）に示す結果は，水分子の二つのOHが褐炭マクロ分子における水酸基などの水素結合サイトと水素結合している状況を反映したものであると考えられる。この結果は，1モルの水の脱離（不凍水の領域）が，2モルの石炭易動性水素の難動性水素への転換をもたらすとする^{1}H-NMRの結果（図3.33）と矛盾しない。

　石炭の中でも，石炭化度が低く，酸素含有量が大きい褐炭や亜瀝青炭は，マクロ分子構造中に親水性の官能基を多くもつ。そこには親水性官能基と水素結合を介して保持される水が存在し，この水が乾燥により除去されると，水が凝縮している細孔が不可逆的に収縮したり，崩壊したりする。このような乾燥に伴う細孔構造の変化を定量的に評価する手法として，含有水の物性（凝固特性[106]や磁気緩和特性[107]）に基づく方法も提案されており，興味のある読者は参照されたい。

引用・参考文献

1) P. H. Given : The Distribution of Hydrogen in Coals and Its Relation to Coal Structure, Fuel, **39** (2), p.147 $\sim$ 153 (1960)

2) W. H. Wiser：Prepr Pap. -Am. Chem. Soc., Div. Fuel Chem., **20**, p.122 ～ 126（1975）
3) J. H. Shinn：Fuel, From Coal to Single-Stage and 2-Stage Products—A Reactive Model of Coal Structure, **63**（9）, p.1187 ～ 1196（1984）
4) N. C. Deno, B. A. Greigger and S. G. Stroud：Fuel, **57**（8）, p.455 ～ 459（1978）
5) T. Green, J. Kovac, D. Brenner and J. W. Larsen：Coal Structure, p.199 ～ 282, Academic Press（1982）
6) K. J. Hüttinger and A. W. Michenfelder：Molecular Structure of a Brown Coal, Fuel, **66**（8）, p.1164 ～ 1165（1987）
7) P. R. Solomon：New Approaches in Coal Chemistry, p.61 ～ 71, ACS Symp. Series, American Chemical Society（1981）
8) G. A. Carlson：Computer-Simulation of the Molecular-Structure of Bituminous Coal, Energy & Fuels, **6**（6）, p.771 ～ 778（1992）
9) P. G. Hatcher, J. L. Faulon and K. A. Wenzel：A Structural Model for Lignin-Derived Vitrinite from High-Volatile Bituminous Coal（Coalified Wood）, Energy & Fuels, **6**（6）, p.813 ～ 820（1992）
10) J. L. Faulon and G. A. Carlson：Statistical-Models for Bituminous Coal—A 3-Dimensional Evaluation of Structural and Physical-Properties Based on Computrer-Generated Structures, Energy & Fuels, **7**（6）, p.1062 ～ 1072（1993）
11) M. Nomura, K. Matsubayashi and T. Ida：A Study on Unit Structure of Bituminous Coal, Fuel Proc. Tech., **31**（3）, p.169 ～ 179（1992）
12) K. Nakamura, T. Takanohashi, M. Iino, H. Kumagai, M. Sato, S. Yokoyama and Y. Sanada：A Model Structure of Zao-Zhunag Bituminous Coal, Energy & Fuels, **9**（6）, p.1003 ～ 1010（1995）
13) M. Iino, T. Takanohashi, H. Ohsuga and K. Toda：Extraction of Coals with CS_2-N-Methyl-2-Pyrrolidinone Mixed Solvent at Room Temperature — Effect of Coal Rank and Synergism of the Mixed-Solvent, Fuel, **67**（12）, p.1639 ～ 1647（1988）
14) M. Iino, T. Takanohashi, S. Obara, H. Tsueta and Y. Sanokawa：Characterization of the Extracts and Residues from CS_2-N-Methyl-2-Pyrrolidinone Mixed Solvent Extraction, Fuel, **68**（12）, p.1588 ～ 1593（1989）
15) Y. Sanokawa, T. Takanohashi and M. Iino：Effect of Additives on the Solubility of Pyridine Insoluble, Mixed Solvent Soluble Fractions of Bitumimous Coals, Fuel, **69**（12）, p.1577 ～ 1578（1990）
16) M. Nishioka, L. A. Gebhard and B. G. Silbernagel：Evidence for Charge-Transfer Complexes in High-Volatile Bituminous Coal, Fuel, **70**（3）, p.341 ～ 348（1991）

17) T. Ishizuka, T. Takanohashi and M. Iino : Effects of Additives and Oxygen on Extraction Yield with CS_2-NMP Mixed-Solvent for Argonne Premium Coal Samples, Fuel, **72** (4), p.579 ~ 580 (1993)

18) G. R. Dyrkacz and C. A. A. Bloomquist : Changes in Coal Extractability with Timed Addition of Tetracyanoethylene in Carbon Disulfide / *N*-Methylpyrrolidone Extractions, Energy & Fuels, **14** (2), p.513 ~ 514 (2000)

19) K. Takahashi, K. Norinaga, Y. Masui and M. Iino : Energy & Fuels, **15** (1), p.141 ~ 146 (2001)

20) T. Takanohashi, M. Iino and K. Nakamura : Evaluation of Association of Soluble Molecules of Bituminous Coal by Computer-Simulation, Energy & Fuels, **8** (2), p.395 ~ 398 (1994)

21) T. Takanohashi and H. Kawashima : Construction of a Model Structure for Upper Freeport Coal Using ^{13}C NMR Chemical Shift Calculations, Energy Fuels, **16** (2), p.379 ~ 387 (2002)

22) F. Derbyshire, A. Marzec, H. R. Schulten, M. A. Wilson, A. Davis, P. Tekely, J. J. Delpuech, A. Jurkiewicz, C. E. Bronnimann, R. A. Wind, G. E. Maciel, R. Narayan, K. Bartle and C. Snape : Molecular Structure of Coals: A Debate, Fuel, **68** (9), p.1091 ~ 1106 (1989)

23) A. Marzec and H. R. Schulten : Chemical Nature of Species Associated with Mobile Protons—Study by Field-Ionization Mass-Spectrometry, Prepr Pap. -Am. Chem. Soc., Div. Fuel Chem., **198**, p.7 ~ 9 (1989)

24) H. L. C. Meuzelaar, Y. Yun, N. Simmleit and H. R. Schulten : Prepr Pap. -Am. Chem. Soc., Div. Fuel Chem., **198**, p.10 ~ 13 (1989)

25) P. H. Given, A. Marzec, W. A. Barton, L. J. Lynch and B. C. Gerstein : The Concept of a Mobile or Molecular-Phase within the Macromolecular Network of Coals—A Debate, Fuel, **65** (2), p.155 ~ 163 (1986)

26) P. Redlich, W. R. Jackson and F. P. Larkins : Hydrogenation of Brown Coal. 9. Physical Characterization and Liquefaction of Australian Coals, Fuel, **64** (10), p.1383 ~ 1390 (1985)

27) M. Nishioka : Multistep Extraction of Coal, Fuel, **70** (12), p.1413 ~ 1419 (1991)

28) M. Nishioka : The Associated Molecular Mature of Bituminous Coal, Fuel, **71** (8), p.941 ~ 948 (1992)

29) M. Nishioka : The Associtive Nature of Lower Rank Coal, Fuel, **72** (12), p.1725 ~ 1731 (1993)

30) M. Nishioka : Evidence for the Associated Structure of Bituminous Coal, Fuel, **72** (12), p.1719 ～ 1724 (1993)
31) T. Takanohashi, M. Iino and M. Nishioka : Investigation of Associated Structure of Upper Freeport Coal by Solvent Swelling, Energy & Fuels, **9** (5), p.788 ～ 793 (1995)
32) T. Takanohashi, H. Kawashima and T. Yoshida : The Nature of the Aggregated Structure of Upper Freeport Coal, Energy & Fuels, **16** (1), p.6 ～ 11 (2002)
33) I. Saito and S. Shinozaki : Recent Status and Prospect of Preparatory Study of Combined Cycle Power Generation Sysytem Using HyperCoal, Shigen-to Sozai, **118** (2), p.115 ～ 119 (2002)
34) T. Yoshida, T. Takanohashi, K. Sakanishi, I. Saito, M. Fujita and K. Mashimo : Fundamental Study on Organic Solvent Extraction Codition for HyperCoal (Ashfree Coal) Production, Shigen-to Sozai, **118** (2), p.136 ～ 140 (2002)
35) T. Takanohashi, T. Yoshida, M. Iino, K. Kato, K. Fukada and H. Kumagai : Structure and Thermoplasticity of Coal, NOVA, Chapter 3, p.55 ～ 75 (2005)
36) M. R. Narkiewicz, R. Marielle and J. P. Jonathan : Improved Low-Volatile Bituminous Coal Representation: Incorporating the Molecular-Weight Distribution, Energy & Fuels, **22** (5), p.3104 ～ 3111 (2008)
37) M. R. Narkiewicz, R. Marielle and J. P. Jonathan : Visual Representation of Carbon Dioxide Adsorption in a Low-Volatile Bituminous Coal Molecular Model, Energy & Fuels, **23** (10), p.5236 ～ 5246 (2009)
38) 三輪ほか：日本エネルギー学会誌, **88**, p.102 (2009)
39) 金橋ほか：日本エネルギー学会誌, **88**, p.109 (2009)
40) 日本化学会編：実験化学講座第8巻 (2005)
41) 中田真一, 中村宗和：触媒, **37**, p.234 (1995)
42) 齋藤公児：日本電子ニュース (2003)
43) 齋藤公児：白石記念講座 鉄鋼の飛躍をリードする評価・分析技術の最前線, 日本鉄鋼協会, **55**, p.89 (2004)
44) 金橋康二, 齋藤公児：触媒, **46** (2004)
45) A. Samson, E. Lipmmaa and A. Pines : Mol. Phys., **65**, p.1013 (1988)
46) T. Terao, H. Miura and A. Saika : J. Chem. Phys., **85**, p.3816 (1986)
47) L. Frydman and J. S. Harwood : J. Am. Chem. Soc., **117**, p.5367 (1995)
48) K. Saito, K. Kanehashi and I. Komaki : Annu. Report. on NMR Spectroscopy, **44**, p.23 (2001)

49) K. Kanehashi and K. Saito：J. Mol. Struct., **602**〜**603**, p.105（2002）
50) T. Ohkubo, K. Kanehashi, K. Saito and Y. Ikeda：Sci. and Tech. Ad. Mater., **5**, p.693〜696（2004）
51) K. Saito, I. Komaki and K. Katoh：Tetsu-to-Hagane, **86**, p.111（2000）
52) K. Saito, M. Hatakeyama, I. Komaki and K. Katoh：J. Mol. Struct., **602**〜**603**, p.89（2002）
53) K. Saito, I. Komaki and K. Katoh：Energy & Fuels, **16**, p.575（2002）
54) K. Saito, K. Kanehashi, Y. Saito and G. Godward：App. Magn. Reson., **22**, p.257（2002）
55) K. Kanehashi and K. Saito：Chem. Lett., **7**, p.688（2002）
56) T. Takahashi, S. Kashiwakura, K. Kanehashi and T. Nagasaka：Energy & Fuels, **23**, p.1778（2009）
57) T. Takahashi, S. Kashiwakura, K. Kanehashi, S. Hayashi and T. Nagasaka：Environ. Sci. Technol., in press
58) 齋藤公児，特開 2002-275477（P2002-275477A）
59) 舟阪　渡，横河親雄：石炭化学，共立出版，p.80〜105（1960）
60) Van Krevelen：COAL，3rd Ed., p.549〜604, Elsevier（1993）
61) 飯野　雅：石油学会誌，**35**, p.26（1992）
62) 鷹觜利公，飯野　雅：燃料協会誌，**70**, p.802（1991）
63) R. V. Wheeler and M. J. Burgess：J. Chem. Soc., **129**, p.649（1916）
64) C. Cockram and R. V. Wheeler：J. Chem. Soc., **130**, p.700（1916）
65) 舟阪　渡，横河親雄：石炭化学，p.38〜43，共立出版（1960）
66) A. P. Oele, H. I. Waterman, M. L. Goedkoop and D. W. van Krevelen：Fuel, **30**, p.169（1951）
67) I. G. C. Dryden：Nature, **162**, p.959（1948），**163**, p.141（1949）
68) I. G. C. Dryden：Fuel, **29**, p.197（1950），**30**, p.39, 145, 217（1951）
69) A. Halleux and H. Tschamler：Fuel, **38**, 221（1959）
70) Storch：Ind. Eng. Chem. Process Des. Dev., **9**, p.106（1970）
71) W. F. K. Wynne-Jones, H. E. Blayden and F. Shaw：Brennstoff-Chem., **33**, p.201（1952）
72) P. H. Given and M. E. Peover：Nature, **184**, p.1064（1959）
73) H. N. M. Dormans and D. W. van Krevelen：Fuel, **39**, p.273（1960）
74) S. M. Rubicka：Fuel, **38**, p.45（1959）
75) J. K. Brown：Fuel, **38**, p.55（1959）

76) D. W. van Krevelen：Fuel, **44**, p.236（1965）
77) J. Hildebrand and R. L. Scott：The solubility of Nonelectrolytes, 3rd Ed., Reinhold（1950）
78) D. W. van Krevelen：Fuel, **44**, p.229（1965）
79) P. A. Small：J. Appl. Chem., **3**, p.71（1953）
80) Y. Sanada and H. Honda：Bull. Chem. Soc., Japan, **35**, p.1358（1961）
81) V. Gutman：Electrochimica Acta, **21**, p.661（1976）
82) A. Marzec, M. Juzwa, K. Betlej and M. Sobkowiak：Fuel Proc. Techn., **2**, p.35（1979）
83) J. Szeliga and A. Marzec：Fuel, **62**, p.1229（1983）
84) J. W. Larsen, T. K. Green and J. Kovac：J. Org. Chem., **50**, p.4729（1985）
85) E. M. Arnett, L. Joris, E. Mitchell, T. S. S. R. Murty, T. M. Gorric and P. v. R. Schleyer：J. Am. Chem. Soc., **92**, p.2365（1970）
86) C. M. Hansen：Hansen Solubility Parameters, CRC Press（2000）
87) M. Iino, T. Takanohashi, H. Ohsuga and K. Toda：Fuel, **67**, p.1639～1647（1988）
88) M. Iino, T. Takanohashi, S. Obaraa, H. Tsueta and Y. Sanokawa：Fuel, **68**, p.1588～1593（1989）
89) A. Pott and H. Broche：Fuel, **13**, p.91（1934）
90) K. D. Bartle, T. G. Martin and D. F. Williams：Fuel, **54**, p.226（1975）
91) K. D. Bartle, W. R. Ladner, T. G. Martin, C. E. Snape and D. F. Williams：Fuel, **58**, p.413（1979）
92) S. C. Deevi and E. M. Suuberg：Physical Changes Accompanying Drying of Western US Lignites, Fuel, **66**, p.454～460（1987）
93) K. S. Vorres：The Argonne Premium Coal Sample Program, Energy & Fuels, **4** p.420～426（1990）
94) K. Norinaga, H. Kumagai, J. I. Hayashi and T. Chiba：Classification of Water Sorbed in Coal on the Basis of Congelation Characteristics, Energy and Fuels, **12**（3）, p.574～579（1998）
95) K. Strauß：Kraftwerkstechnik, p.36, Springer（2006）
96) K. Yip, H. Wu and D. K. Zhang：Mathematical Modeling of Collie Coal Pyrolysis Considering the Effect of Steam Produced in situ from Coal Inherent Moisture and Pyrolytic Water, Proceedings of the Combustion Institute, **32**, p.2675～2683（2009）
97) K. Morishige and K. Kawano：Freezing and Melting of Water in a Single Cylindrical Pore: The Pore-size Dependence of Freezing and Melting Behavior,

Journal of Chemical Physics, **110**, p.4867 ～ 4872（1999）
98）D. J. Allardice and D. G. Evans：The-Brown Coal/Water System: Part 2. Water Sorption Isotherms on Bed-Moist Yallourn Brown Coal, Fuel, **50**, p.236 ～ 253（1971）
99）D. J. Allardice：The Water in Brown Coal. Chapter 3 in Durie R. A.（ed.）The Science of Victorian Brown Coal, Butterworth-Heinemann, p.102 ～ 150, Oxford（1991）
100）P. Sheng, R. W. Cohen and J. R. Schrieffer：Melting Transition of Small Molecular Clusters, Journal of Physics C: Solid State Physics, **14**, p.L565 ～ L569（1981）
101）D. G. Evans：The Brown-Coal/Water System: Part 4. Shrinkage on Drying, Fuel, **52**, p.186 ～ 190（1973）
102）X. Yang, A. R. Garcia, J. W. Larsen and B. G. Silbernage：Moisture determination and structure investigation of native and dried Argonne premium coals, A hydrogen-1 solid-state NMR relaxation study, Energy & Fuels, **6**（5）, p.651 ～ 655（1992）
103）L. J. Lynch, W. A. Barton and D. S. Webster：Determination and Nature of Water in Low Rank Coals, Proceedings of the 16th Biennial Low-Rank Fuels Symposium, p.187 ～ 198（1991）
104）K. Norinaga, H. Kumagai, J. I. Hayashi and T. Chiba：Evaluation of Drying Induced Changes in the Molecular Mobility of Coal by Means of Pulsed Proton NMR, Energy and Fuels, **12**, p.1013 ～ 1019（1998）
105）三浦孝一，前　一広，両角文明，草川拓己：FT-IR と DSC を用いた石炭-水間相互作用の量的評価，第34回石炭科学会議論文集，p.25 ～ 28（1997）
106）K. Norinaga, J. I. Hayashi, N. Kudo and T. Chiba：Evaluation of Effect of Predrying on the Porous Structure of Water-Swollen Coal Based on the Freezing Property of Pore Condensed Water, Energy and Fuels, **13**（5）, p. 1058 ～ 1066（1999）
107）J. I. Hayashi, K. Norinaga, N. Kudo and T. Chiba：Estimation of Size and Shape of Pores in Moist Coal Utilizing Sorbed Water as a Molecular Probe, Energy and Fuels, **15**, p. 903 ～ 909（2001）

4. 石炭の事前処理

4.1 石炭利用の前に

　エネルギー自給率が低いわが国において，石炭資源の確保と安定供給は不可欠であり，その上で一層の付加価値向上や高効率利用，環境対応が求められている。石炭の事前処理は，これらの諸課題に対処し解決する手段として位置づけられる。

　石炭の事前処理によるメリットとそのために要する設備投資やランニングコストが比較され，どこまで前処理を施すかが議論されることが多いが，石炭の付加価値向上が製品性能や環境負荷へ及ぼす効果まで含めて総合的に判断すべきであろう。

4.1.1 物理的処理

　石炭は有機堆積岩として地下深く賦存しており，なんらかの機械的な操作を加えて採炭されることが多い。そのため，露天掘りや坑内掘りにかかわらず，出荷炭は拳大の塊炭から小麦粉並みの微粉炭まで幅広い粒度分布から構成されている。また，その水分も石炭化度による差異のみならず，二次的要因などによって一定しない。したがって，石炭をエネルギー源あるいは化学原料として用いるためには，産業利用，研究利用を問わず分野ごとに適した粒度や水分レベルに調製しなければならない。

　褐炭や高灰分炭は低品位炭と呼称され，膨大な埋蔵量が確認されてはいる

が，高水分や高灰分のため利用が限られている。最近は瀝青炭の価格高騰や品薄感を受け，将来の資源対応を目指した褐炭など低品位炭の利用開発が活発化してきている。これら低品位炭の付加価値向上，利用促進のためには乾燥あるいは脱灰操作が不可欠となる。

近代的な発電所では，使用する石炭種は数銘柄であるが，最近バイオマスや汚泥など石炭以外の燃料を一部使用するようになってきた。いずれも管理された屋内の貯炭施設が整備されているため原料の水分は比較的安定しているが，通常の微粉炭燃焼発電から高効率発電の IGCC に至るまで火炉内にノズルを介して微粉炭が吹き込まれるため，事前の乾燥・微粉砕が必須となる。製鉄所の高炉への微粉炭吹き込み（PCI）においても同様な操作が必要である。

高炉用コークスの製造には原料炭が使用されるが，貯炭方法は発電所とはかなり異なっている。わが国においては，数多くの石炭種を配合する必要から銘柄数と貯炭量が大規模となるためである。石炭ヤードは通常露天であるため，貯炭期間が長期化すれば石炭性状に及ぼす天候の影響も大きくなる。また，粉炭の飛散防止のための散水も行われている。石炭の粒度は粘結性に影響するばかりではなく，マセラルの均一化という観点からふるい分けや粒度調製が必要である。また，コークス炉の省エネルギー志向から，装入炭の調湿や乾燥が一般に行われるようになった。

石炭の熱分解，ガス化技術を利用した液体燃料化や化学原料化の分野，さらには石炭の直接液化でも乾燥・粉砕が必須である。その他，固体の石炭を流体化して石油製品並みの取り扱いができるようにする石炭スラリー化においても微粉砕や溶媒との親和性を改善する前処理が行われている。

4.1.2 化学的処理

石炭を単に乾燥，粉砕するばかりではなく，より高付加価値化する石炭転換プロセスへの展開として，石炭の有効成分を溶剤により抽出して利用する技術も事前処理と考えることができよう。石炭は有機成分としてのリアクティブ，イナート，無機成分としての鉱物，水分などが混在しており，利用によっては

妨げになるものがある。また，抽出することによって天然の原料にない特性が現れる場合もあり，今後の進展が期待される分野でもある。

ハイパーコール（HPC：Hyper coal）は石炭から溶剤抽出した有機成分（無灰炭）をガスタービン燃料にする目的で開発されたが，特異な軟化溶融特性を示すことがわかり，コークス用粘結材としての利用が検討されている。

褐炭は高水分のため利用に制約があることから，加熱溶剤中で褐炭を処理して水分を蒸発させた後，ブリケット化して燃料化する技術が UBC である。低発熱量の褐炭を一般炭並みの発熱量にアップグレードするものである。また，熱水改質法により褐炭をスラリー燃料化する技術（JCF）も実用化を目指して検討されている。

4.2 石炭前処理

4.2.1 コールクリーニングの目的

採掘された石炭は前処理工程を経た後に，積込み，輸送（内陸輸送，外航輸送）を経て利用される。石炭の用途はコークス用の原料（原料炭）とボイラやキルンなどの燃料（一般炭）に大別されるが，採掘された原炭（run of mine coal）がそのまま出荷されることはほとんどなく，その後の輸送や利用システムに適合すべく，品質調整を行うことが一般的であり，これが前処理工程の目的である。

前処理には，利用側設備の受け入れ可能な粒度調整やコールクリーニング（選炭）による鉱物の選別除去などが含まれる。鉱物の除去は，単位発熱量の増加，粘結性の向上，フライアッシュやスラグ排出量の低減（処理費用の低減）といった利用者にとって大きなメリットとなる。また，近年では，これまで山元での利用に限られていた褐炭など低石炭化度炭を従来のコールチェーンへ適用すべく改質する技術の開発が進められており，一部はすでに実用化されている。このような技術も広義には前処理技術に含まれよう。

石炭の性状はボイラなど利用システムの運転性能や効率，汚染物質の排出や

コストに大きく影響する。近年厳しくなりつつある環境規制に対処するためには，石炭品質を適切に管理する必要がある。設備の安定運転，コスト低減，環境対応に適した石炭の品質調整に係るオプションとしては，混炭やコールクリーニングが考えられる。

コールクリーニングが採用可能かどうかは経済性に支配され，仕上り製品価格が石炭市場価格以下に抑えられる必要がある。これまで一般炭に比べて原料炭の市場価格はつねに高く，さらに石炭性状に厳しい品質管理が要求されることから，コールクリーニングは原料炭鉱山を中心に普及してきた[1]。

4.2.2 コールクリーニングの原理

コールクリーニングは石炭から不純物である鉱物を分離除去することであり，そのためにはつぎの三つの工程が必要である。
① 粉砕（石炭中の有機物と無機鉱物の単体分離を促進するための粉砕）
② 粒度別分級
③ 有機物と鉱物の選別分離

選別分離には後述するように種々の機器があるが，**図 4.1** に示すようにすべての粒径を一つの機器で処理することは困難なため，機器に適した粒径に分級する必要がある。

石炭中の鉱物質には一般に，根源植物自身に由来するものと石炭化の過程で二次的に混入したものがある。

また，採掘時に石炭層の上下盤の岩石や炭層に薄く存在する岩層（夾み）が混入するものがあるが，これは一般に有機物と単体分離した鉱物であり，比較的容易に除去可能である。一方，根源植物に由来するもの，腐食化，石

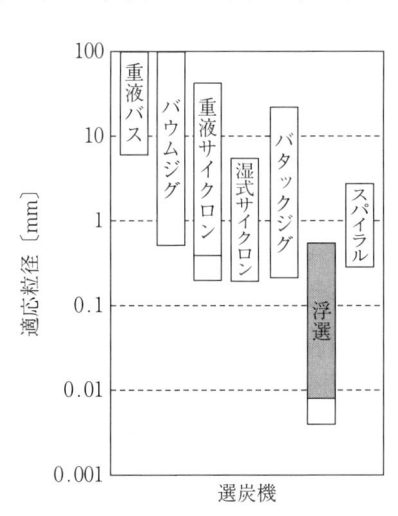

図 4.1 選炭別適応可能粒度

炭化の過程で二次的に混入した鉱物は有機物中に細かく分散している場合が多い。成因からみた石炭中鉱物の分類を**表 4.1** に示す。石炭層に微細に含有される鉱物質としては，アルミノケイ酸塩である粘土鉱物が主であるが，このほかに硫化物，炭酸塩，石英など種々のものがある[2]。石炭から鉱物を積極的に除去するためには粉砕粒度を小さくし，石炭と鉱物の単体分離を促進すればよいが，粉炭になるほど分離が困難となるため通常は 100 mm 以下程度で処理される。

表 4.1 成因からみた石炭中鉱物の分類

	成因	外来鉱物	除去性能
固有鉱物	石炭根源植物の組織を形成していた無機物	ほとんどが石炭と化学的あるいはコロイド状に結合	×
外来鉱物	石炭根源植物の腐朽分解による泥炭化過程およびその後の石炭化過程で，二次的に混入した無機物	①石炭と化学的あるいはコロイド状に結合	×
		②石炭中に微細に分布	×
		③層状，レンズ状で石炭層に存在する泥岩，頁岩，シルト岩，砂岩等	△
		④石炭化過程で石炭の孔隙や割れ目に入り込んだもの	△
	石炭採掘時に石炭層の上下岩盤や夾みが混入したもの	泥岩，頁岩，シルト岩，砂岩等	○

除去性能：既存商業化技術による除去性能
○：比較的容易，△：賦存状況による，×：困難

4.2.3 選別技術

コールクリーニング技術は，主として石炭の有機物と無機物（鉱物）の比重差で選別する物理的分離法と，水中で粒子–気体または粒子–油界面の濡れ性の差を利用し選別する界面化学的分離法に大別される。物理的分離法には，薄流選別，ジグ選別，重液選別などの方法[3]～[10]，界面化学的分離法には，浮選 (flotation)[11]～[13] およびオイルアグロメレーション (oil agglomeration)[14],[15] がある。以下では，代表的な選別法について概説する。

〔1〕 物理的分離技術

① **重液選別**　適当な密度をもつ液体（重液）の中で，それより小さな密度の粒子（浮上粒子）と大きな密度の粒子（沈降粒子）に浮沈分離する方法である。実操業では，高比重の粉末を水に懸濁させ，必要な見掛比重に調製した擬重液が用いられる。擬重液の調製に使われる粉体は重液材と呼ばれ，フェロシリコン（鉄とケイ素の合金）や天然または人工の磁鉄鉱（Fe_3O_4）などが一般的である。フェロシリコンや磁鉄鉱は強い磁性をもつ物質であるため，粒子に付着した重液材は洗浄後，磁力選別により回収し循環使用する。大別して重力式と遠心力式があり，重力式は形式により3～100 mm程度の比較的大きな粒子の選別が可能なコーン型，ドラム型などがあり，遠心力式は0.5～50 mm程度の比較的小さな粒子の選別が可能なサイクロン型の選別機などが使用される。**図4.2**にドラム型重液選別機，**図4.3**に重液サイクロンを示す。重液

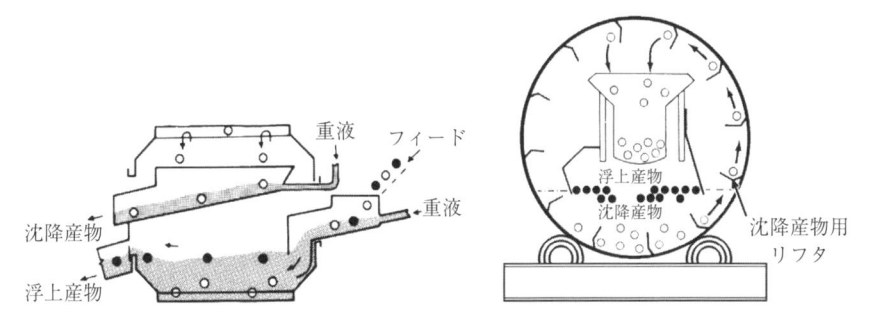

図4.2　ドラム型重液選別機

図4.3　重液サイクロン

② **ジグ選別** ジグ（jig）は，固定網上の粒子層に上下に脈動する水を通過させることにより粒子を比重の大小に従って成層させ，分離する装置であり，これによる選別法をジグ選別（jigging）という。脈動水流を生成するためにはピストン，ダイアフラム，特殊なバルブなど種々の仕掛けが用いられている。図4.4に，わが国で開発され世界中で広く使用されている空気動ジグの一種であるタカブジグ，別名BATACジグを示す。水槽の中程に床網と呼ばれる網があり，床網の下には空気室が分散配置されている。ここへ空気を周期的に送入，排出することにより，上下に脈動する水流を発生させる。床網の上に供給された粒子層（ベット）は，脈動水流によって膨張・収縮を繰り返し，その間に高比重の粒子はベットの下層へ，低比重の粒子（精炭）は上層へそれぞれ移動し成層していく。1槽目の排出口から高比重粒子（ボタ）を，2槽目の排出口から中比重粒子（片刃粒子）を抜き出し選別する。わが国では，脈動の波形を自由に制御できるVARI-WAVE Jigが開発され，松島炭鉱（株）池島鉱業所や太平洋炭鑛（株）で従来型ジグの可変波形型空気動ジグVARI-WAVE Jigへの改造が実施された[16]。改造したジグで任意に波形を作り出せること，選別

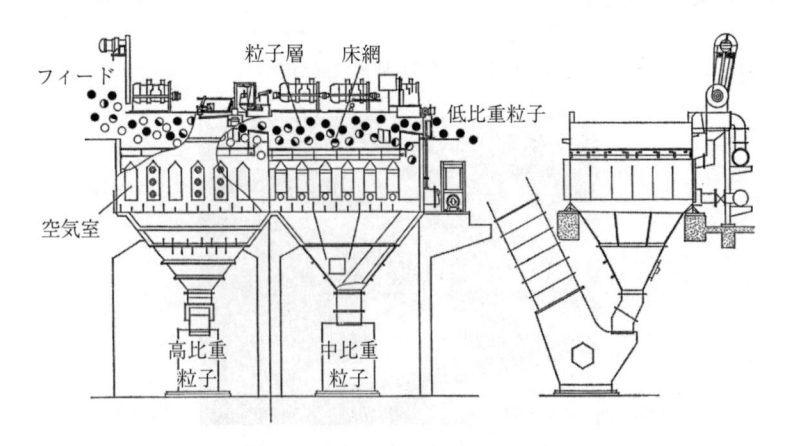

図4.4 タカブジグ（BATACジグ）

精度および処理量は従来型ジグより優れていることが確認されている。ここで開発されたジグは脈動の波形を制御できる世界初の実操業ジグである。2002年には中国 Jinjia 選炭工場にも VARI-WAVE Jig が導入され，良好な歩留り，脱硫，脱灰成績を得ている。

③ **薄流選別** 水平あるいは傾斜した板上を流れる流体の薄流中に供給された粒子の移動速度は密度により異なることを利用した分離方法である。代表的な薄流選別装置として，スパイラル選別機，揺動テーブルなどがある。スパイラル選別機（**図 4.5**）は，らせん状のといの形をした湿式選別機である。らせん状のといの上部から供給された石炭は，といを流下する過程で重力，摩擦力，遠心力，水の作用力により，石炭などの低比重で粗い粒子はらせんの外側に，高比重の細かな鉱物粒子はらせんの内側に集まり，排出口でスプリッタにより分離される。

図 4.5 スパイラル選別機

Multi-Gravity Separator（MGS）は，最近選鉱や選炭分野で開発されたいくつかの比重選別機の中で注目を集めている選別機である。イギリスのリチャード・モズレイ（Richard Mozley Limited）により開発された本機は，比重に基づいて浮選サイズ（1～300 μm）の粒子を選別するものである。MGS は，汎用の揺動テーブルの水平面を丸めてドラムに押し込んだとでも表現できるもので，テーブル表面をドラムに置き換えることによって通常の数倍の重力を粒子に作用させることができる。このことにより，MGS では汎用のテーブルよりも細かい粒子までの選別が可能である[17]。

〔2〕 **界面化学的コールクリーニング**

浮選（flotation）[11]～[13]は浮遊選鉱（鉱石を処理対象とする場合），浮遊選炭（石炭を処理対象とする場合），浮遊選別などとも呼ばれ，選鉱，選炭などに用

いられる固体粒子選別法の一つである。微細な固体粒子（石炭の場合には0.5 mm以下の粒子）を液中に懸濁させ，そこに気泡を導入すると，疎水性（hydrophobic）の表面をもった固体粒子（おもに石炭）だけが選択的に気泡の表面に付着し，その浮力によって浮上する（**図4.6**）。石炭表面の疎水性を高め気泡との付着を促進する目的で，軽油，重油などの油性物質を捕収剤として，安定な泡沫層（froth layer）を懸濁液（suspension pulp）の液面に形成する目的でパイン油，メチル・イソブチル・カルビノール（MIBC）をはじめとする脂肪族アルコールなどを起泡剤として懸濁液に添加する。このように泡沫層の形成を伴う浮選法は泡沫浮選法（froth flotation）と呼ばれ，単に浮選法という場合にはこの泡沫浮選法を指すのが普通である。フロス層の中では気泡がしだいに合体し，表面積を減じていく過程で脱水と迷い込んだ（entrapped）親水性（hydrophilic）粒子の振り落としによる選別がさらに進行する。浮上したこの気泡を分離回収することによって，精炭（低灰分の石炭）が回収できる。なお，疎水性が著しく低い場合には，捕収剤および起泡剤の添加量が多くなり高コストとなるため，一般に浮選は瀝青炭処理に限られている。

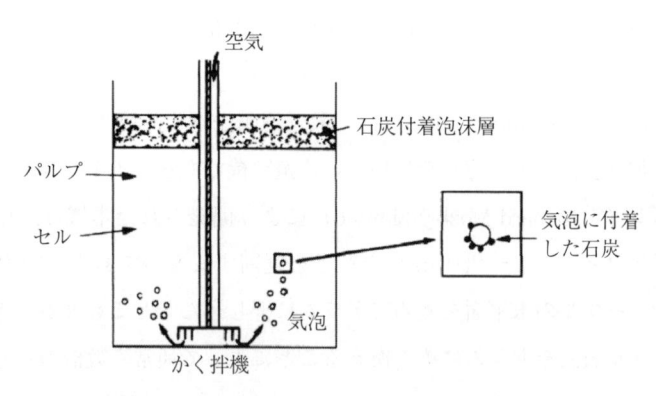

図4.6　浮選の原理

〔3〕 **コールクリーニングプロセス**

一般的なコールクリーニングフローシートの例を**図4.7**に示す[12]。微粉炭の処理は塊・粉炭より高いために，原炭中の過大石炭をブラッドフォードブレーカで選択破砕し，粗大ボタを除去している。破砕された石炭はダブルデッキス

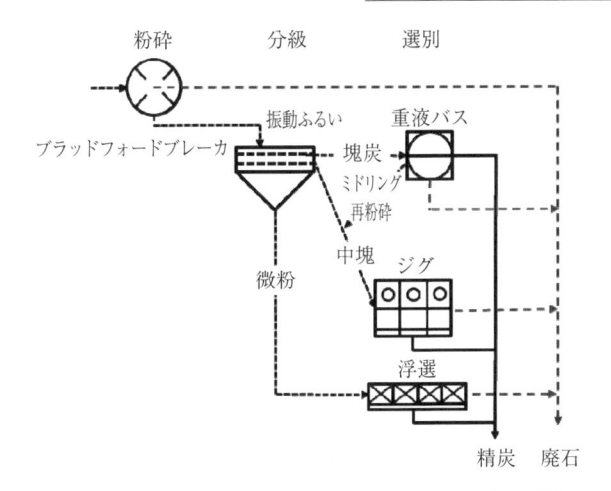

図 4.7 一般的なコールクリーニングフローシートの例[12]

クリーンで塊炭，中塊，粉炭にふるい分けされ，それぞれ重液選炭，ジグ選炭，浮選で選別され，精炭（cleaned coal, クリーンコール）と尾炭（tailings, テーリング，廃石）を得る。重液選炭からのミドリング（middlings, 片刃産物とも呼ばれ，石炭と鉱物質が単体分離していない産物）は，破砕され石炭と鉱物質の単体分離を促進した後中塊とともにジグで選別される。原炭を選炭すれば選炭費がかかり，若干の可燃分が廃石中に損失となるが，灰分の低い，すなわち発熱量の高い精炭が回収され商品価値が高められる。

4.2.4 低石炭化度炭の脱水[18)~22)]

亜瀝青炭，褐炭などの低石炭化度炭（low rank coal）は水分が多く，発熱量が低く，自然発火しやすいため山元近辺で使用されるに止まっている。しかしながら，灰分，硫黄分が少ないという長所をもった石炭が多く存在する。したがって，低石炭化度炭の改質に関しては，水分を除くと同時に発火を抑制することが要求される。改質方法には大別して蒸発法と非蒸発法がある。非蒸発法にはFleissner法，K-Fuel法，熱水改質法（HWD：hot water drying，またはHTD：hydrothermal drying法），機械的圧縮法（MTE：mechanical thermal expression),蒸発法には Syncoal 法,UBC(upgrading brown coal)法,Encoal 法などが知られている。非蒸発法は蒸発法に比べ改質に必要なエネルギーが少ないという利点がある。蒸発法は,操作温度,圧力が低いプロセスが多いが,水の相変化を伴うためエネルギー消費が大きい。

　ここでは,わが国で開発が進められている(株)神戸製鋼所の UBC プロセスと日揮(株)の HWD 法について簡単に紹介する。UBC プロセスは,褐炭液化の前処理技術であるスラリー脱水技術に由来する技術で,石炭を油中で脱水し,少量の重質油の吸着により改質炭を安定化し,撥水性や自然発火性抑制効果を発現させることができる。UBC プロセスは低温での改質のため,褐炭中の酸素を除去するような改質は行えないが,処理条件が穏和であるとともに,脱水後に回収した蒸気の蒸発潜熱を熱源に利用することによりエネルギー消費量の削減を図っている。インドネシアにおいて 2010 年までに 600 t/d の大型実証プラントの事業を終了し,原炭水分 60% であっても製品品質 6 000 kcal/kg 以上,全水分 10% 以下を達成し,商業化を目指している(**図 4.8**)。

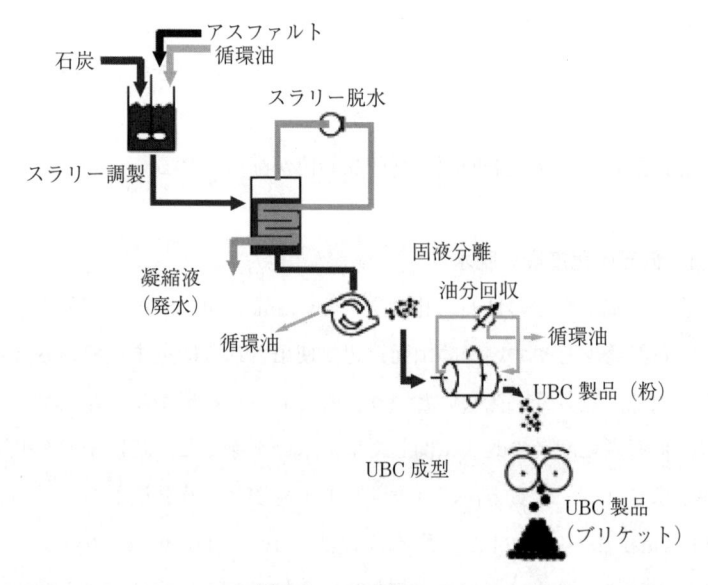

図 4.8 UBC プロセス

非蒸発法の熱水改質法（HWD）では，改質過程で石炭表面の親水性官能基が分解して表面が疎水化するとともに，改質過程で生成したタール状物質が石炭空隙へ吸着し閉塞するために脱水を容易にし，また改質後の水の再吸着を困難にするため，高水分褐炭やバイオマスの改質に適していると考えられる[21]。日揮（株）は，インドネシアにおいて温度300〜330℃の高圧熱水により低石炭化度炭を改質し発熱量を増加させた後，輸送性・貯蔵性に優れている液体状のスラリー燃料（JCF®：JGC COAL FUEL）に加工する実証プラント（年産約1万t）の建設および試運転を完了し，2012年5月からデモンストレーション運転を開始している。スラリー燃料とすることで，非蒸発法で回収されるTOC（total organic carbon）濃度の高い液体も利用されるため，廃水費用を低減できる。現在，重油と同等の燃焼性をもち，重油の市場価格よりも約3〜5割安の価格を目指して開発が行われている（図4.9）。

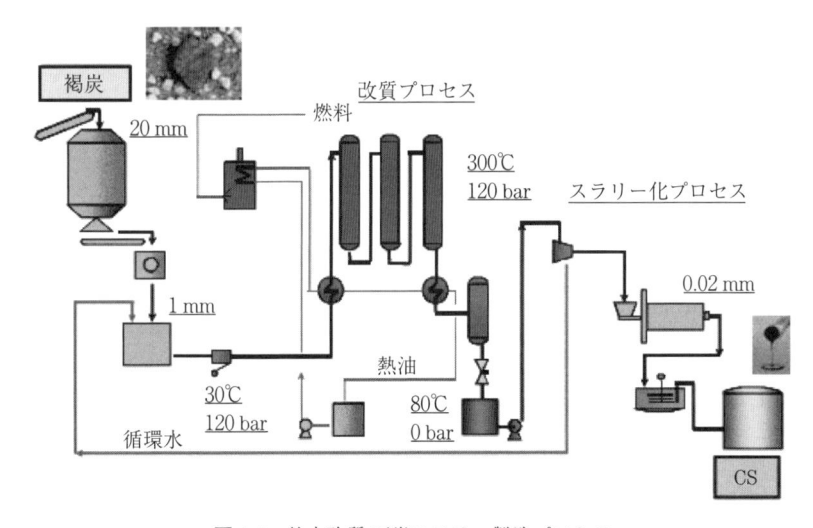

図4.9 熱水改質 石炭スラリー製造プロセス

4.2.5 コールクリーニングが微粉炭燃焼システムに及ぼす効果

コールクリーニングによる鉱物の除去は，灰の発生量の低減や黄鉄鉱除去によるSO_xの低減など，環境面でさまざまなメリットを提供する反面，特定の

鉱物が選択的に除去されることで，利用システムに悪影響を及ぼす可能性もある。

〔1〕 石炭のハンドリングおよび貯蔵

石炭のハンドリングにおけるホッパーやシュートでの石炭の詰りは出力低下やシャットダウンにつながる大きな問題である。詰りは表面水分，粒度分布，粘土鉱物などにより引き起こされると考えられている。微粒子中の粘土鉱物が多い場合，粘着性が高く，ハンドリング性が極端に悪化する。表面水分が高く，粘土含有量が高く，微粒子含有量が高い石炭はハンドリング上のトラブルが頻発することが知られており，逆にいずれかの因子を改善することで，トラブルは回避できる可能性がある。コールクリーニングにより粘土含有量は低下するが，単体分離を促進するための微粉化はハンドリングを悪化させる可能性とともに，粉塵の発生が懸念される。

〔2〕 燃焼と灰付着

石炭中の鉱物は燃焼過程において灰を生成し，一部は火炉内に付着するとともに，ほとんどがフライアッシュとして電気集塵器などで捕集される。ボイラを高効率かつ安定に運転するという観点から，灰の付着は重要な問題である。灰の付着が激しい場合にはさまざまな問題が起こる。

石炭灰の付着・成長はスラッギングとファウリングに大別される。一般にスラッギングは火炉内で直接火炎からの輻射熱に曝される部分での付着，ファウリングは後流の対流伝熱管への付着と定義されている。

図 4.10 に示すように，炉内に吹き込まれた微粉炭粒子は可燃物の燃焼に伴い，無機鉱物は凝集・分裂・軟化溶融し，灰を生成する。生成した灰は火炉内水管に衝突し，一部は慣性力によりはじかれる一方，一部の粒子は水管に付着する。水管や炉壁に付着した灰層表面は炉内輻射熱を受けて焼結を開始する。灰層が焼結すると収縮により保持力が増加し，剥離しにくいクリンカを形成し，伝熱低下や巨大クリンカの形成に至る。実機ボイラで生成したクリンカを分析すると，原炭の灰組成と比べて Fe が濃縮する傾向にある（**表 4.2**）。これは，Fe がフライアッシュの主成分である石英やムライト（$3Al_2O_3 \cdot 2SiO_2$）と

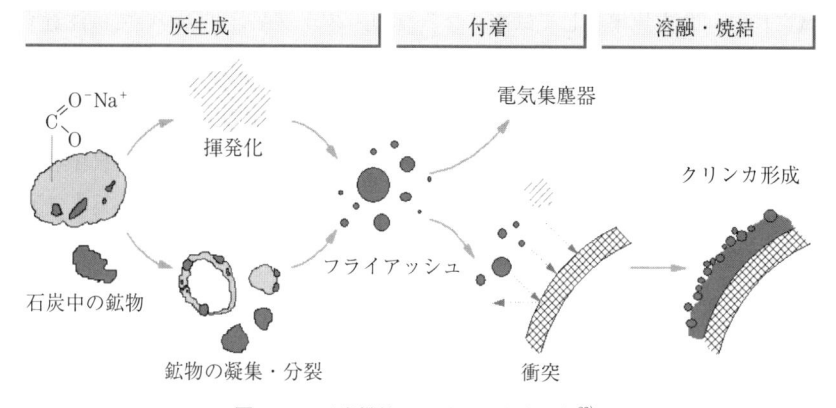

図4.10 石炭燃焼における灰生成過程[23]

表4.2 燃焼灰と付着したクリンカ灰の性状〔%〕

	発電所1		発電所2		発電所3	
	燃焼灰	付着灰	燃焼灰	付着灰	燃焼灰	付着灰
SiO_2	47.0	33.3	50.2	55.1	49.7	41.8
Al_2O_3	26.7	18.0	16.9	14.6	16.5	15.8
Fe_2O	14.6	43.5	5.9	18.3	12.0	28.5
CaO	2.2	1.2	12.8	7.2	6.5	9.0
MgO	0.7	0.5	3.5	2.0	0.9	0.9
Na_2O	0.4	0.2	0.6	0.5	1.1	0.6
K_2O	2.3	1.6	0.8	0.6	1.5	0.9
TiO_2	1.3	0.8	0.9	0.8	1.1	0.7
SO_3	1.1	0.5	12.0	0.1	2.0	0.2

結合して低融点化合物を生成し，これがバインダとなって灰付着を促進するためと考えられている。典型的な鉄化合物である黄鉄鉱（FeS_2）の分解で生成した FeO が 900～1 000℃で石英（SiO_2）やムライト（$3Al_2O_3 \cdot 2SiO_2$）と反応して低融点のフェヤレライト（$2FeO \cdot SiO_2$）やアイロン・コージェライト（$2FeO \cdot 2Al_2O_3 \cdot 5SiO_2$）を生成する。また，アルカリ金属と結合すると，$Na_2S \cdot FeS$ のようにさらに低融点化合物を生成する[23]。

コールクリーニングにおいて，黄鉄鉱は鉱物質とともに除去される可能性がある一方，有機物と結合したアルカリ金属は除去されず，かえって他の鉱物量

低減に伴い,含有比率としては高くなるため,スラッギングについては注意する必要がある。

対流伝熱部におけるファウリングは低石炭化度炭では有機物と結合したNa,瀝青炭では有機塩化ナトリウムに起因するといわれている。石炭中のアルカリ金属は通常の火炉温度で容易に蒸発し,水酸化物や酸化物となり,水管表面でガス相の SO_3 と反応して硫酸ナトリウムになる。これが水管表面に析出したり,灰と反応して低融点の共融体を形成し,水管表面に付着性の堆積物が形成される。堆積物の初期層には硫酸ナトリウムや硫酸カルシウムが大量に存在し,堆積物の厚みが増すにつれ,溶融した強度の高い物質へシンタリングしていく。スラッギングと同様に,アルカリ金属の含有比率の上昇に注意が必要である。

4.2.6 コールクリーニングによる環境汚染物質の除去の可能性

石炭燃焼システムにおいて,石炭中の不純物はさまざまな形で環境に影響を及ぼす。NO_x, SO_x, 煤塵(ばいじん)に加えて,近年有害重金属元素の排出が課題となっている。わが国において,NO_x, SO_x, 煤塵については,環境規制が厳しくなる中,排煙脱硝・脱硫設備,集塵設備などの排煙浄化装置の高度化や運転技術の進展とともに,使用石炭の選択の二つの面から解決が図られてきた。一方,アジアを中心とする石炭消費国については,まだ必ずしも排煙浄化装置が普及しておらず,国を超えた越境公害の懸念も顕在化しつつある。また,将来的には排出規制の強化や水銀など新たな規制の導入も計画されており,資源制約条件となる可能性がある。

物理的コールクリーニングは石炭中の不純物である無機鉱物の分離除去を主目的とした改質技術であるが,この中には,黄鉄鉱などの無機硫黄や一部有害重金属元素などが含まれ,特に現在有効な後処理方法がない後者については有効であることが報告されている[24]。

石炭中には水銀 (Hg),鉛 (Pb),砒素 (As) などさまざまな重金属元素が微量ではあるが存在し,一部は燃焼時に揮発したり,微粒子 (PM) の表面に

濃縮したりして，排ガスや排水とともに放出される。また，フライアッシュやボトムアッシュ中に残留した有害微量元素は埋め立てや有効利用に際して問題となる可能性もある。

石炭中における重金属元素の賦存形態はコールクリーニングの除去特性を大きく左右する。石炭有機質と結合した元素は物理的手法で除去することは困難であるが，鉱物質中に存在する元素は脱灰によって同時に低減することが可能である。

重金属の賦存形態は炭種，元素種に依存する。表4.3に石炭中の鉱物質と含有される重金属元素をまとめた。環境影響が特に大きいAs, Hg, Se, Cd, Pbは黄鉄鉱などの硫化物に含有され，Cr, Niは粘土鉱物中に存在している[25]。

アメリカのCQ Inc.は25 t/hのプラントを用いて，重液サイクロン，ウォター・オンリー・サイクロン，浮選の選別装置ごと，重金属除去率を測定して

表4.3 石炭中の鉱物質と含有される重金属元素

鉱物群	鉱物	Hg	Se	As	Cd	Pb	Sb	Be	Co	Cr	Ni	Mn
硫化物	黄鉄鉱，白鉄鉱	○	○	○	○	○			○		○	○
	方鉛鉱		○			○						
	閃亜鉛鉱	○			○							
	その他	○	○	○	○		○		○		○	
酸化物水酸化物	鉄酸化物/水酸化物				○				○	○		○
	クロム鉄鉱・尖晶石									○		
	その他			○						○		
ケイ酸塩アルミノケイ酸塩	粘土鉱物		○		○			○	○	○	○	
	長石					○						
	その他									○	○	
炭酸塩	方解石					○			○			
	苦灰石										○	
	アンケライト/菱鉄鉱											○
	その他			○		○					○	
その他	リン酸塩					○						
	火山性ガラス相									○	○	

（矢印：鉱物群 大→小）

（出典）Trace elements in coal, IEA Coal Research IEAPER/21 (1996)

いる。表4.4のように，装置ごとに除去率は変化するが，多くの重金属が灰分除去に伴い低減しており，コールクリーニングの有用性が示されている[26]。

表4.4 選炭プロセスによる重金属の除去率比較[26]

元素	ピッツバーグA				キッタニング				フリーポート				ピッツバーグB			
	A	B	C	計	A	B	C	計	A	B	C	計	A	B	C	計
灰分	45	21	39	46	79	33	52	78	76	25	53	77	58	19	51	57
全硫黄	30	25	7	33	20	26	5	18	31	53	8	42	32	26	16	34
As	58	11	48	58	57	60	22	56	43	29	12	76	61	34	56	33
Cr	34	23	22	18	69	29	30	61	76	9	36	56	47	14	34	54
Co	35	26	19	31	71	31	39	75	68	29	55	69	50	17	39	36
F	46	7	26	49	63	28	43	74	57	23	39	70	48	16	28	53
Pb	44	56	36	77	82	46	27	82	68	30	38	78	57	30	44	48
Mn	54	19	61	67	91	23	66	92	79	15	70	80	68	23	62	72
Hg	11	21	14	35	38	60	39	31	32	47	15	42	43	19	15	48
Ni	40	23	28	37	66	43	36	63	54	29	40	58	48	14	29	50
Se	13	30	43	33	54	23	12	45	39	35	12	28	39	38	28	36

A：重液サイクロン，B：ウォーター・オンリー・サイクロン，C：浮選
(出典) C. E. Raleigh：Proceedings, 15th Annual International Pittsburgh Coal Conference, 1998

4.2.7 コールクリーニングの課題

　エネルギー資源のほとんどを海外に頼るわが国にあって，経済性に優れた石炭の利用はきわめて重要である。一方，微量元素排出規制の導入・強化などますます厳しさを増す環境問題への対応，褐炭など低石炭化度炭の活用による供給安定性の向上，主要電源としての安定運転の確保というさまざまな課題にとって，石炭の前処理は今後とも大きな意味をもつ分野である。一方，前処理による石炭品質の変化は利用設備にも大きな影響を与える懸念もある。前処理に係る費用を誰が負担するかの仕組み作りを含め，利用側と供給側が一体となった技術の開発と進展が望まれる。

4.3 溶 剤 抽 出

　3.3節「石炭の溶剤抽出の基礎」で述べたように，飯野らが見出したCS$_2$-N-methyl-pyrrolidinone混合溶剤のように，室温でも大きな抽出率を示す溶剤が見出され，石炭の物理・化学構造の解明が大きく進展した。これに対して，石炭の溶剤抽出のもう一つの役割は，石炭をより効率的に利用するための前処理技術としての検討である。この目的のためには，抽出操作後の溶剤と抽出物の分離の困難さから，一般に石炭と大きな相互作用をもつ溶剤を使うことができず，3.2節で紹介したOeleらの分類に従えば，I. Non-specific extraction, III. Extractive disintegration, IV. Extractive chemical disintegrationのいずれかが採用される。以下に，これまでに提案された方法で，著者が興味をもったものをいくつか紹介する。

　ドイツの褐炭にはベンゼン-アルコール共沸溶媒で90〜110℃において20〜30％も抽出されるものがある。この抽出物は粗モンタンロウと呼ばれ，それから60〜90％の収率でベンゼン可溶分（ワックス）が製造される[27]。これはビチューメン含有量の多いある種のドイツの褐炭に適用できる技術である。1930年代には，褐炭の90％以上も抽出可能なPott-Broche法（3.2節参照）が膠質燃料の回収に応用された。

　イギリスのThe British Coal Corp.では，1960年代後半から1995年までに2種類の石炭液化プロセスの開発がなされた。その一つはLiquid Solvent Extraction Processと呼ばれる[28]。この方法は，〜440℃，〜20気圧の高温高圧で操作されるDigesterと呼ばれる装置を用いて，石炭を液化循環溶剤で分解抽出する点に特徴がある。Digester内で石炭の95％が溶剤に溶解すると報告されている。溶解液は減圧して300℃に冷却された後に，ろ過法によりほとんど灰分を含まない溶解石炭と残渣に分離される。溶解石炭が水素化分解装置に送られる。この方法では石炭を溶剤に溶解するだけでなく大部分の灰分を除去できるので，後段の水素化分解装置の腐食・閉塞などの問題を緩和できると

考えられた。本プロセス実現の上での技術開発課題となる溶剤抽出操作後の石炭溶解液と残渣を分離するろ過操作についても意欲的な研究が実施された[29]。

Miuraらは，石油を蒸留で分離精製するように，溶剤抽出によって石炭をいくつかの化学構造の近い成分に分離する可能性を1990年代から検討している[30)~32)]。その基本的なアイデアは，図4.11に示すように，石炭を加熱しながら流通溶剤と接触させる点にある。一つの具体的な方法として，フィルタ（目開き0.5μm）を備えた抽出器に石炭を充填し，それに溶剤を連続的に供給する。石炭は150℃以上に加熱されると水素結合などの強い非共有結合も開放されて構造が弛緩し，石炭にもともと含まれていた低分子量成分が抽出されるようになる。抽出された成分はフィルタを通して抽出器から取り出される。徐々に温度を上げていくと，より高分子量の成分が抽出されるようになる。この抽出操作の特徴は，抽出物と残渣の分離を抽出温度で実施する点と，抽出温度を

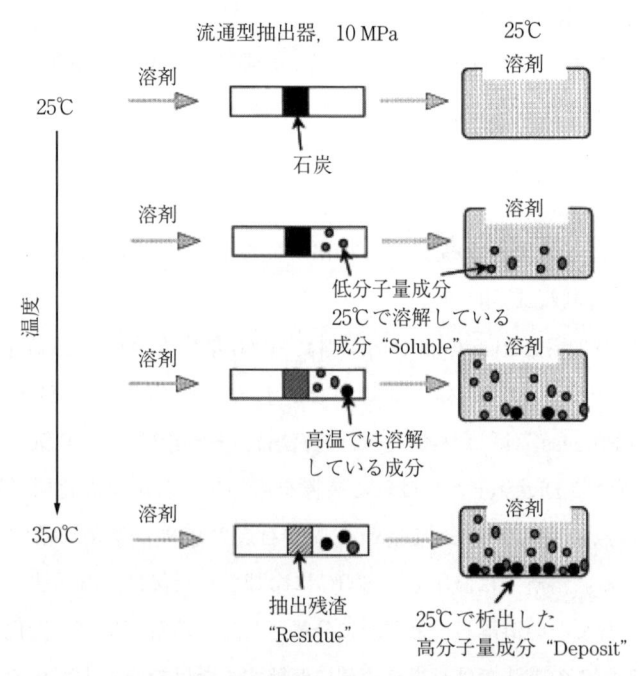

図4.11 流通溶剤と抽出温度の制御による石炭の分別の考え方

逐次上げていくことにより原油を蒸留するように石炭を分離できる点にある。また，石炭の構造の緩和は熱的に起こるので，石炭との親和性が弱い溶剤でも大量に石炭を抽出でき，抽出後の溶剤と抽出物の分離が容易であるなどの利点を有している。さらに，抽出物がほとんど灰分を含まないのもこの方法の特徴である。例えば，抽出温度を150℃から50℃ごとに350℃まで階段状に変化させると石炭を六つのフラクションに分離できる。各フラクションはほぼ分子量の差で分離されており，実際に石油の蒸留と同様な操作が可能であることを示している。この操作では，褐炭を含めて大部分の石炭をほとんど分解しないで分別できる。

さらに，この方法の変形として抽出温度を350℃程度に固定した方法も試みている。この方法では，得られた抽出物を室温に冷却して，溶剤に溶解したままの低分子量成分（Solubleと略称）と，固体として析出する高分子量成分（Deposit）に分離する。図4.12は，炭素含有率が67～91％の20種類の石炭をテトラリンを溶剤として350℃で抽出したときの結果を示す。抽出率は，半

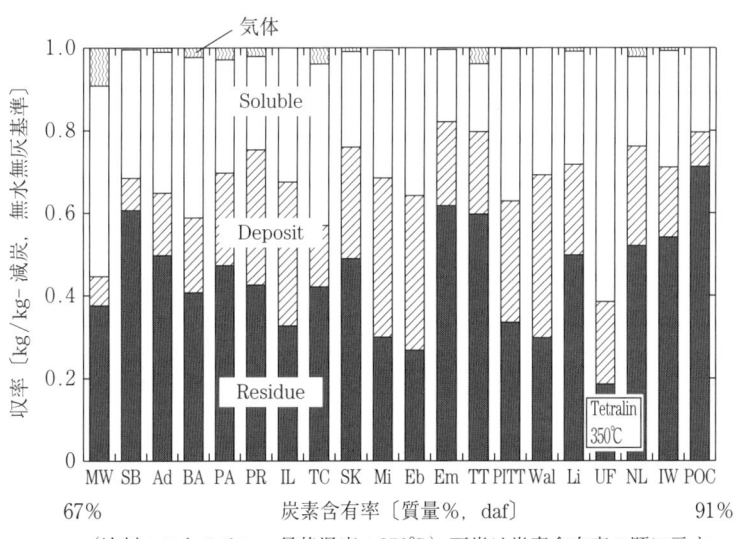

図4.12 炭素含有率が67～91％の20種類の石炭の抽出結果

無煙炭のPOC炭と2,3の石炭を除いて40%以上に達し,特に瀝青炭のUF炭は80%以上も抽出された。褐炭であるMW炭を除いて,抽出時のガスの生成量は非常に少なく,抽出時の石炭の分解の寄与は非常に小さいと予想された。Solubleは分子量300程度にピークをもつすべてが分子量600以下の成分であり,Depositは分子量300と2000付近にピークをもつ二峰性の分子量分布をもつ成分であった。さらに,SolubleとDepositは軟化溶融性を示したが,残渣(Residue)はまったく軟化・溶融性を示さなかった。

(株)神戸製鋼所は産業技術総合研究所と協力して,NEDO,JCOALの援助のもとに,上述のOeleらの分類に従うと,ⅢのExtractive disintegrationを基本技術として,1999年より無灰石炭製造プロセス(Hyper-coal process)の開発を進めている[33]。図4.13にそのプロセスフローを示す。技術開発は0.1t/dのベンチスケールの連続装置と抽出温度と同じ温度でのろ過が可能な回分高温抽出装置(0.2L)を用いて実施されている。回分装置を用いて,1-メチルナフタレンを抽出溶剤にして炭素含有率76.1〜90.6%の20種類の石炭の抽出挙動が検討された。まず,抽出率を最大化する温度が360℃程度であることが

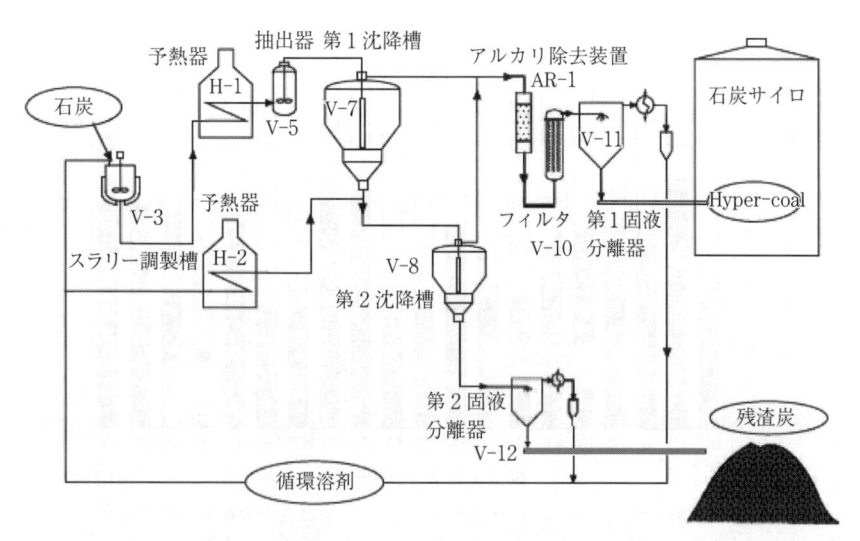

図4.13 無灰石炭製造プロセス(Hyper-coalプロセス)のFlow diagram[33]

明らかにされた。**図 4.14** は 360℃における 20 種類の石炭の抽出率を示す。大部分の瀝青炭が 50 ～ 70%抽出可能であることが示された。抽出物の軟化溶融挙動の検討を含めた種々のキャラクタリゼーション，ベンチスケールの連続試験とあわせて商業プロセスの建設コスト試算も実施されており，世界的にも注目されている。

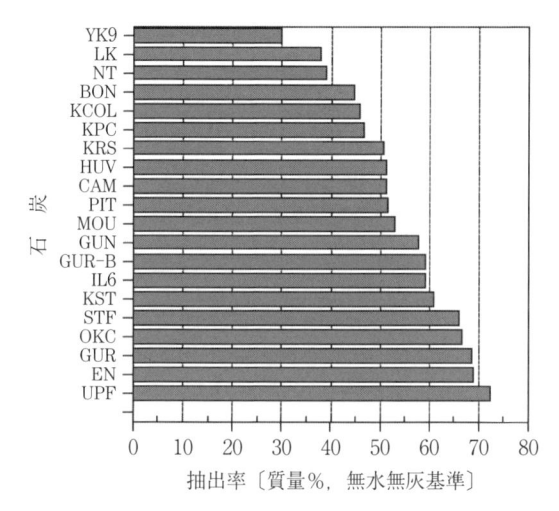

図 4.14 炭素含有率 76.1 ～ 90.6%の 20 種類の石炭の抽出挙動（溶媒：1-メチルナフタレン，抽出温度：360℃）[33]

産業総合技術研究所では，Hyper-coal プロセスの側面からの支援を一つの目的に，種々の検討が実施されており，抽出率を支配する因子の検討，抽出物のコークス用粘結材としての評価などの種々の基礎的な検討が実施されている[34)～38)]。

Miura らは，最近上述の変形法の褐炭の前処理技術への適用を試みている。まず，褐炭を非極性の溶剤中で 150℃程度まで加熱すると褐炭の構造が緩和されて褐炭中の水が液体のまま溶剤側に移行することを見出し，それが効率的な非蒸発の褐炭脱水法となり得ることを示した[39)]。ついで，この操作と上述の 350℃程度での非極性溶剤中での褐炭の Extractive disintegration を組み合わせた新規な褐炭の脱水・改質法を提案している[40)]。褐炭の場合は 350℃程度にお

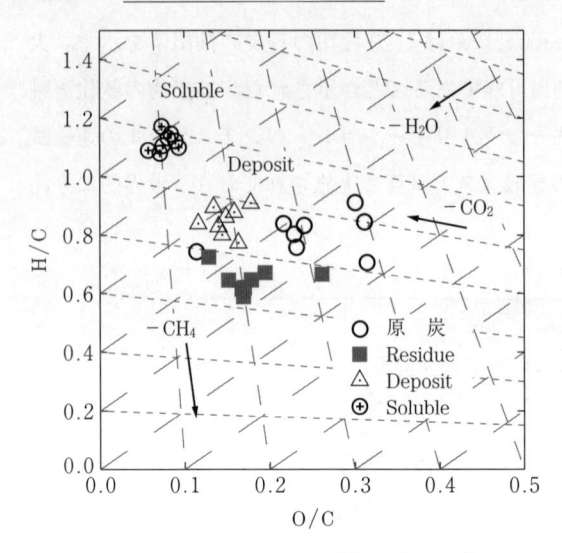

図4.15 8種類の褐炭を350℃で分解抽出して得られる生成物の元素組成[40]

いて相当の分解反応が進むが，それは主として含酸素官能基の分解である。適当な処理時間の後に処理温度の350℃程度でろ過すれば，生成物をSoluble，Deposit，Residue の固体生成物とガス成分として回収できる。8種類の褐炭についてこの方法を適用したところ，生成ガスはほぼH_2O と CO_2 のみであり，Soluble，Deposit 収率はともに20〜30%に達し，それらはまったく水を含まない上に灰分の含有量もきわめて少ないことが示された。さらに，すべての固体生成物の酸素含有率は大きく低下し，相対的に炭素と水素の含有率が増加した。特に注目すべき結果は，Soluble の元素組成は，図4.15のH/C対O/Cダイアグラムに示すように，炭素：81〜83%，水素：7〜8%，酸素：8〜10%で，すべての褐炭についてほぼ同じであった。さらに，H-NMRで測定した水素分布，分子量分布，熱的特性もほぼ同じであり，提案法は種々の褐炭から均質な生成物を多量に得る方法となり得る可能性が示唆された。さらに，図4.15の元素組成から予想されるように，Soluble，Deposit，Residue それぞれの発熱量は大きく増加したが，興味深いことにそれらの発熱量にそれぞれの収率を乗じて足し合わせた発熱量は乾燥基準の原炭の発熱量よりも若干大きかった。このことは，提案法は褐炭のもつ発熱量を失うことなく褐炭を脱水・改質できる効率的な方法であることを示している。

Wannapeera らは，最近この方法の種々のバイオマス廃棄物の前処理技術としての可能性を検討した[41]。バイオマスは酸素を大量に含み，炭素の含有量は

50％程度（無水無灰基準）であるが，この処理によって炭素の最大70％もがSolubleとして回収された。さらに，Solubleの物理・化学的特性値はバイオマスの種類に依存せずほぼ同じで，種々の褐炭から得られたSolubleの特性とほぼ同じ物理・化学的特性をもつことがわかった。提案法はバイオマスに対してより有効であることが示唆された。

図4.16に，褐炭やバイオマス廃棄物を上の変形法で処理したときに得られるSoluble，Deposit，Residueの収率と物理・化学的特性値をまとめて示す。特にSolubleは，炭素含有率が82％程度（無水無灰基準）で，平均分子量が300程度で70％は揮発性成分からなり，100℃以下で完全に軟化溶融するなどの，出発原料に依存しない物理・化学特性をもっている。さらに，水分，灰分をほとんど含まない。このような特性を生かして，Solubleは機能性炭素材の原料，高品位燃料，さらには化学製品の原料としての利用が期待される。

以上紹介したように，溶剤抽出は特に褐炭などの低品位な石炭の事前処理技術として大きな可能性を秘めている。近い将来の実用化を期待したい。

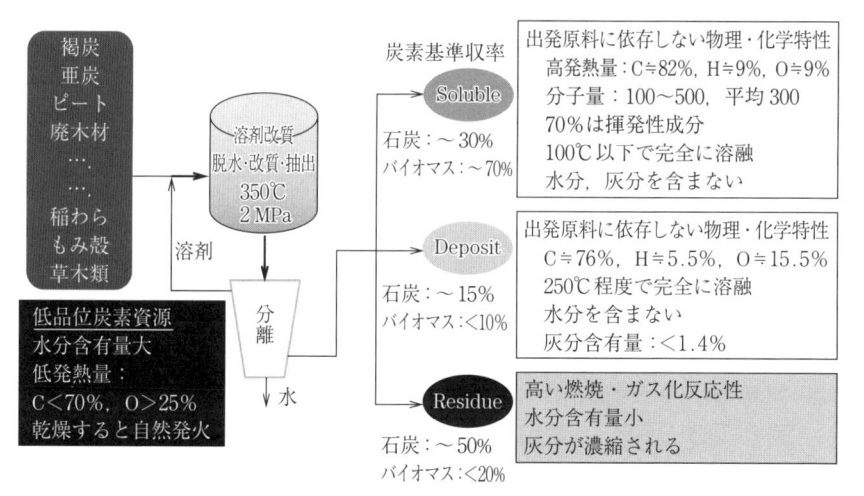

図4.16 褐炭，バイオマスなどを350℃で分解抽出して得られる生成物の収率と特性[41]

引用・参考文献

1) D. G. Osborne:Coal Preparation Technology, Vol.2, p.869 ～ 899, Graham & Trotman
2) Stach's Textbook of Coal Petrology, p.121 ～ 131
3) 大井英節,荒井 怜,菊池英治,伊藤信一:資源処理技術,**42**,p.70 ～ 75(1995)
4) 高桑 健:選鉱工学,p.94 ～ 119,NRE リサーチ社(1979)
5) 中廣吉孝:粉体工学会誌,**28**,p.575 ～ 578,644 ～ 651(1991)
6) 中廣吉孝:比重選別・重選,資源と素材,**113**,p.912 ～ 915(1997)
7) 廃棄物学会:廃棄物ハンドブック,p.505,オーム社(1996)
8) 粉体工学会:粉体工学便覧—第2版—,p.445 ～ 447,日刊工業新聞社(1998)
9) 山口梅太郎:現代資源論,p.209 ～ 215,放送大学教育振興会(1986)
10) B. A. Wills:Wills' Mineral Processing Technology,(Seventh Edition), Ed. Tim Napier-Munn, p.225 ～ 266, Elsevier(2006)
11) B. A. Wills:Wills' Mineral Processing Technology(Seventh Edition), Ed. Tim Napier-Munn, p.267 ～ 352, Elsevier(2006)
12) L. S. Laskowski:Coal Flotation and Fine Coal Utilization, Ed. D. W. Fuerstenau, p.111 ～ 120, Elsevier(2001)
13) 井上外志雄:コールクリーニング講座(Ⅲ)物理的クリーニング(その2),燃料協会誌,**67**(4),p.257 ～ 262(1988)
14) 平島 剛,鶴井雅夫,高森隆勝:乱流場における液中造粒の速度論的考察,日本鉱業会誌,**98**,p.1243 ～ 1249(1982)
15) 平島 剛,王 楠,恒川昌美:石炭の鉱物組成と比重選別における限界灰分 物理的選別法による石炭の脱灰性に関する研究(第1報),資源と素材,**110**,p.473 ～ 478(1994)
16) 飯島幸夫ほか:資源処理技術,**47**(1),p.22 ～ 26(2000)
17) 平島 剛,久保泰雄,鈴木勝彦:Multi-Gravity Separator による選炭微粒ズリからの可燃分回収,資源と素材,**121**,p.456 ～ 460(2005)
18) 杉田 哲,出口哲也,重久卓夫:改質褐炭(UBC)製造プロセス開発,神戸製鋼技報,**53**(2),p.41 ～ 45(Sep. 2003)
19) Alan Chaffee:オーストラリアにおける褐炭の有効利用技術—次世代燃料製造に向けて—,季報エネルギー総合工学,**27**(4),p.55 ～ 65(2005.1)
20) 野中壯泰,平島 剛,柿添亮平,笹木圭子,土屋富士雄,鶴井雅夫:ベンチス

ケール連続式水熱処理装置によるバイオマス・低品位炭混合燃料の製造,資源と素材,**122**, p.522〜527(2006)

21) Anggoro Tri Mursito and Tsuyoshi Hirajima: Hydrothermal Treatment of Hokkaido Peat — An Application of FTIR and ^{13}C NMR Spectroscopy on Examining of Artificial Coalification Process and Development, Infrared Spectroscopy — Materials Science, Engineering and Technology — Edited by Theophile Theophanides, Chapter 8, p.179〜192(2012)

22) World Coal Report Vol.1,第三章 石炭の新たな展開,2. 未利用石炭石炭資源について,2.1 低品位炭の改質技術についての世界の動向,JCOAL ホームページ,http://www.brain-c-jcoal.info/worldcoalreport/S01-01-03.html (2012年1月4日現在)

23) 山下 亨:石炭・炭素資源利用技術第148委員会9,p.21〜24(1992)

25) Robert M. Davidson and Lee B. Clarke: Trace 第109回研究会資料, p.1〜10(2007)

24) Lee B. Clarke and Lesley L. Sloss: Trace elements-emission from coal combustion and gasification, IEA Coal Research, IEACR/4 elements from coal, IEA Coal Research, IEPER/21, p.32(1996)

26) C. E. Raleigh: Proceedings, 15th Annual International Pittsburgh Coal Conference (1998)

27) L. Matthies: Eur. J. Lipid Sci. Technol., **103**, p.239(2001)

28) G. M. Kinber: ACS, Div. Fuel Chem., **40**(2), p.208(1995)

29) J. W. Clarke, T. D. Rantell and D. A. Parsons: Fuel, **61**, p.364(1982)

30) K. Miura, M. Shimada and K. Mae: 15th Pittsburgh Coal Conf., Paper 30-1, Pittsburgh(1998)

31) K. Miura, M. Shimada, K. Mae and Y. S. Huan: Fuel, **80**, p.1573(2001)

32) K. Miura, K. Mae, H. Shindo, R. Ashida and T. Ihara: J. Chem. Eng. Japan, **36**, p.742(2003)

33) N. Okuyama, N. Komatsu, T. Shigehisa, T. Kaneko and S. Tsuruya: Fuel Process. Techn., **85**, p.947(2004)

34) T. Yoshida, T. Takanohashi, K. Sakanishi, I. Saito, M. Fujita and K. Mashimo: Energy Fuels, **16**, p.1006(2002)

35) T. Yoshida, T. Takanohashi, A. Matsumura and I. Saito: Fuel Process. Techn., **86**, p.61(2004)

36) K. Masaki, T. Yoshida, C. Li, T. Takanohashi and I. Saito: Energy Fuels, **19**, p.2021

(2005)

37) N. Kashimura, T. Takanohashi, K. Masaki, T. Shishido, S. Sato, A. Matsumura and I. Saito : Energy Fuels, **20**, p.2008 (2006)
38) T. Takanohashi, T. Shishido, H. Kawashima and I. Saito : Fuel, **87**, p.592 (2008)
39) K. Miura, K. Mae, R. Ashida, T. Tamura and T. Ihara : Fuel, **81**, p.1417 (2002)
40) X. Li, R. Ashida and K. Miura : Energy Fuels, **26**, p.6897 ~ 6904 (2012)
41) J. Wannapeera, X. Li, N. Worasuwannarak, R. Ashida and K. Miura : Energy Fuels, **26**, p.4521 ~ 4531 (2012)

5. 燃焼と熱分解

5.1 熱分解反応の特徴と制御

5.1.1 熱分解の概要

　石炭を200℃以上に加熱すると,「熱分解」と総称される熱化学反応が起こる。熱分解では,固体である石炭を構成する有機高分子の低分子化と高分子化が逐次的・並列的に進行する。その結果,低分子量成分は気相に放出されて揮発成分となり,一方,高分子量成分は固体内に残留し,より炭素化した固体残渣（チャー）となる。

　揮発成分はきわめて広い分子量分布をもつ。最も低分子量の安定種は無機ガス（H_2, CO, CO_2, H_2O など）や低級炭化水素（炭素数1～4）であり,凝縮性のある水を除いて「ガス」と総称される。凝縮性の有機物のうち,炭素数が6（ベンゼンなど）以上のものをタールに含めるのが一般的である。タールの分子量は,通常は78（ベンゼン）～800程度である。

　図5.1は,ある瀝青炭を異なる加熱速度（粒子の昇温速度）で加熱しながら熱分解したときに発生したタールの分子量分布[1]である。メタノール（CH_4O）,フラン（C_4H_4O）などの酸素を含む凝縮性低分子化合物も揮発成分に含まれるが,それらの収率はわずかである。芳香族環を含むタールは高分子のフラグメントであり,一つあるいは複数の単環あるいは多環芳香族からなる化合物群である。ガス成分の多くは芳香族環に結合したアルキル基,水酸基などの官能基に由来する。

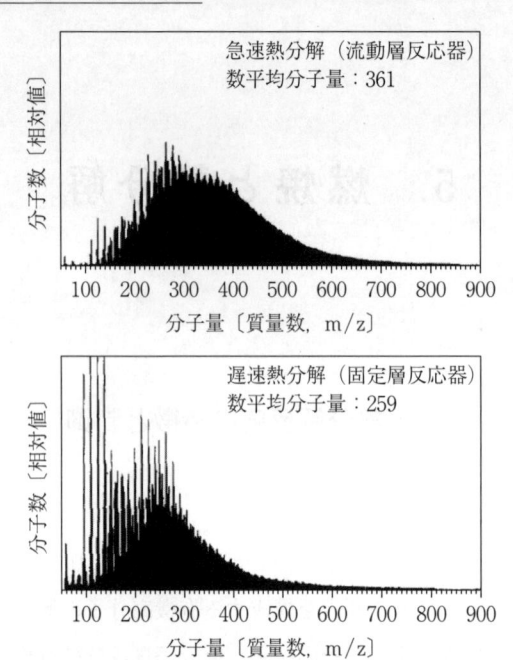

図 5.1 Illinois No.6 炭の熱分解において生成したタールの質量スペクトル（フィールドイオン化法によって観測される分子イオンのスペクトル）[1]。加熱速度が高い場合のほうが高分子量の成分をより多く含むタールが生成する

　石炭を構成する高分子は，合成高分子や天然高分子のように特定の繰り返し単位をもつ「ポリマー」ではない。しかしながら，多様な芳香族単位からなるマクロ分子として石炭有機質を定義すれば，熱分解は，芳香族単位間の結合（架橋）の切断による解重合，架橋形成による重合，芳香族単位（芳香族クラスタ）に結合した官能基の脱離からなる熱化学反応ということができる。これらの反応については，5.2節で詳しく述べる。

　簡略化した熱分解の転換系路を**図5.2**に示す。石炭の熱分解は固体の内部で起こる熱化学反応であり，初期熱分解（primary pyrolysis）と称す。気相に放出された揮発成分は，気相温度が十分に高く滞留時間が十分に長ければさらに熱分解し，ガス，安定な芳香族化合物，スス（炭素化した微粒子）に転化する。これを二次的気相熱分解（secondary gas-phase pyrolysis）と呼んで初期

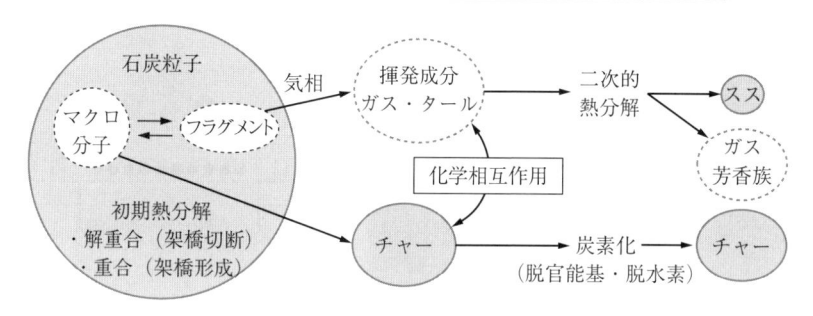

図5.2 熱分解における石炭の転換経路

熱分解と区別する。初期熱分解と二次的熱分解を区別せずに実験結果を考察すると，反応特性の理解や解釈を誤ることになる。

初期熱分解は，多くの場合，気相の反応性化学種（酸化剤：O_2，H_2O，CO_2など）の影響を受けずに進行するので，ガス化や燃焼の初期反応としても位置づけられる。初期熱分解が，揮発成分とチャーの量（割合）と組成を決める反応として重要であるのはいうまでもない。本節では，石炭熱分解の実験的手法，反応条件が熱分解特性に及ぼす影響と反応機構について述べる。

5.1.2 熱分解特性の実験的な把握

熱分解の研究では，目的に対して適切な反応系や生成物の回収・分析法を選択するか，あるいは必要に応じて新たに開発する必要がある。本節では，比較的小径の石炭粒子（＜1 mm程度）の熱分解実験手法を解説する。

〔1〕 初期熱分解

揮発成分とチャーの収率やこれらの組成を調べるには，揮発成分の二次的気相熱分解と，揮発成分とチャーの接触によって生じる化学的相互作用（後述）を回避できる反応系が必要になる。例えば，ワイヤメッシュ反応器（wire-mesh reactor：WMR）[2]〜[4] は，2枚のステンレスあるいは白金メッシュで挟んだ数 mg の石炭粒子（単層）をメッシュへの通電によって加熱する反応器である（図5.3）。この反応器ではメッシュのみが加熱されるため，不活性ガスをメッシュに十分な流速で流通することによって揮発成分の二次的熱分解と

5. 燃焼と熱分解

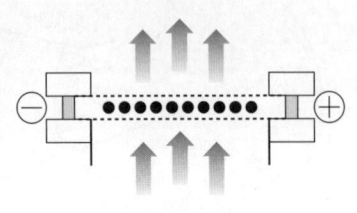

(a) ワイヤメッシュ反応器の写真　　　(b) 加熱部の模式図

図5.3　ワイヤメッシュ反応器の写真と加熱部の模式図

チャー粒子との接触を最小限にできる。メッシュへの供給電力を調節し，粒子の加熱速度（昇温速度）を $0.5 \sim 10^4$℃/s の広い範囲内で任意に制御することができる。試料量に対して不活性ガス量が多いので，生成ガスの濃度が低く，水やタールを全量回収するのが難しいが，金属メッシュやガス吸着性ポリマー粒子を充填したトラップを液体窒素で冷却すれば，ほとんどの成分を定量的に回収できる。

キュリーポイント反応器（Curie-point reactor：CPR）[5),6)] も初期熱分解特性を調べるのに有効である。$1 \sim 3$ mg の粒子を強磁性体である金属ホイル（鉄，鉄と他の合金）に包んで石英製反応器に入れ，不活性ガス気流中で誘導加熱する。ホイルは 0.2 s ほどの短時間に自身のキュリー温度まで加熱されて常磁性体に転移し，さらに強磁性-常磁性転移が繰り返され，ホイルの温度がキュリー温度に保たれる。このように，CPR では高速昇温のもとで熱分解が起こる。例えば，純鉄（キュリー温度＝764℃）を使ったときのホイルの昇温速度は 3 000℃/s 程度と考えられる[6)]。CPR ではホイルが選択的に加熱されるので，揮発成分の二次的気相熱分解を抑制できるが，ホイル内の滞留時間内の熱分解を阻止することはできない。

著者の経験によれば，熱分解温度（＝ホイルのキュリー温度）が 900℃程度になると，ホイル内のタールの二次的熱分解を無視できなくなるが，タール収率の変化はごく小さい[7),8)]。CPR は，ガスクロマトグラフ（GC）との直結に

よって発生ガスやタール（ただし，分析可能な軽質成分）をGCに導入，定量することができる。定量が面倒な水（熱分解によって生成する水）は，熱分解が化学量論的に水を与える炭酸水素ナトリウムや硫酸銅水和物などの熱分解を利用した水の検定によって精度よく求められる[6]～[9]。WMR，CPRのいずれも高圧下の熱分解に適用できる[10],[11]。

初期熱分解は，汎用の熱天秤や操作が簡便な固定層反応器を使っても調べることができるが，昇温速度の範囲はせいぜい5℃/s以内に限られる。この範囲内であっても，昇温速度が比較的大きいと，揮発成分が反応器内の気相で二次的に熱分解するので，初期熱分解によるタールやガスの組成や収率を求めるのには適していない。チャー収率に関していえば，いったん粒子から放出された揮発成分とチャーの再接触が顕著でなければ，これを初期熱分解によるものと定義できる（**図5.4**[12]）。実際，タールが発生する温度域（250～600℃）では，タールとチャーの接触による前者からの炭素析出は重要でない。ただし，石炭とは異なり，バイオマス粒子の熱分解では，500℃以下の低温でもタール（蒸気）と熱分解中の固体との相互作用によって前者の一部が不可逆的に後者に取り込まれるチャー化が顕著なので注意が必要である[12]。熱天秤に限らず，キャリアガスを粒子層に強制的に流通しない限りは，チャー収率に対する粒子充填層の層高と昇温速度の影響を調べておく必要がある。

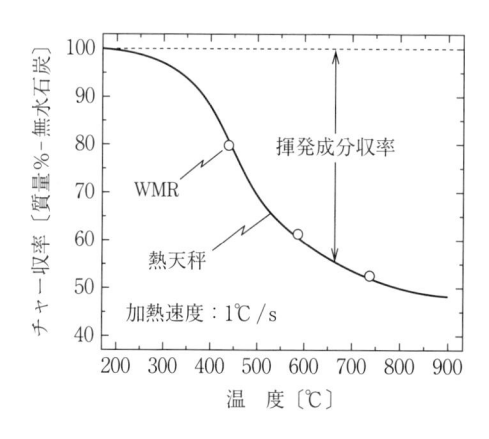

図5.4 Loy Yang褐炭の熱重量曲線とワイヤメッシュ反応器を用いて得た固体残渣収率の比較[12]（常圧，He気流中）。揮発成分とチャーの再接触が顕著でなければ，両者から得られるチャー収率はよく一致する

〔2〕 揮発成分の二次的気相熱分解

　石炭粒子を連続的に反応器に供給する熱分解には，鉛直に設置した管型反応器の上方あるいは反応器挿入管から粒子をキャリアガスの下降流に同伴して供給する反応器（drop-tube reactor：DTR, entrained-flow reactor：EFR）や，不活性粒子の流動層に石炭粒子を供給する流動層反応器（fluidized bed reactor：FBR）が使用されることが多く，いずれも昇温速度が $10^2 \sim 10^4$℃ s^{-1} と高い。昇温速度が 0.1℃ s^{-1} 程度，$1 \sim 10$℃ s^{-1} 程度の熱分解には，それぞれスクリューコンベア型，粒子移動層（充塡層）型の反応器が使われる。いずれの反応器においても揮発成分の二次的熱分解が進行する。600℃よりも高い温度で操作するDTRやEFRでは，二次的熱分解によるタールのガス，ススへの転換が顕著である[7), 8), 13)]。ただし，落下する粒子の熱分解がどこでどのように進行するかを正確に把握することが難しい。例えば，ある時間幅をもって生成する揮発成分の気相滞留時間の把握には高度な計測技術やモデリングが必要になる。

　FBRは，工夫を施すことによって揮発成分の気相反応を追跡できるツールになる[14)]。タールは，気相温度が600℃以下であれば，二次的熱分解が顕著でない（図5.5[8)]）。600℃という温度はタールの発生を完了できる最低温度でもある[15)]。600℃に保った流動層に石炭粒子を連続供給し，熱分解する。流動層で発生した揮発成分は，上部のフリーボードを通過する間に二次的熱分解を被る。流動層とは独立に制御したフリーボードの温度とガス滞留時間が出口の揮発成分，タール組成に及ぼす影響を調べることができる（図5.6）[14)]。図5.7は，タール中の多環芳香族の収率とアルキル置換基の分布に及ぼすフリーボード温度の影響を調べた結果の一例である。二次的熱分解の温度が高くなるとタール収率が低下するが，図のように，芳香族炭化水素の収率は増加する。ただし，置換アルキル炭素数と鎖長が減少し，芳香族化が進む。

　揮発成分の気相反応は，ごく微量の石炭粒子を試料として調べることも可能である[16), 17)]。図5.8に示すように，ステンレスメッシュに包んだ $1 \sim 3$ mg程度の粒子を石英管に落下させて急速に熱分解する。メッシュの落下は反応管内

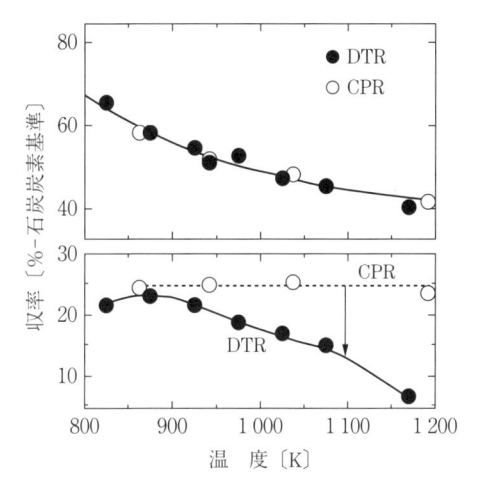

図 5.5 チャーおよびタール収率に関する DTR と CPR の比較[8]。1 100 K 以上の温度におけるタール収率の顕著な低下（DTR の場合：↓）は，揮発成分の二次的気相熱分解に加えて熱分解由来の水蒸気を酸化剤とするタールの水蒸気改質によるものである

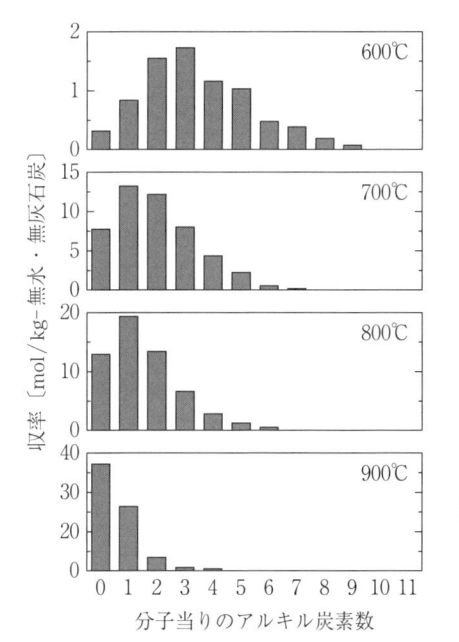

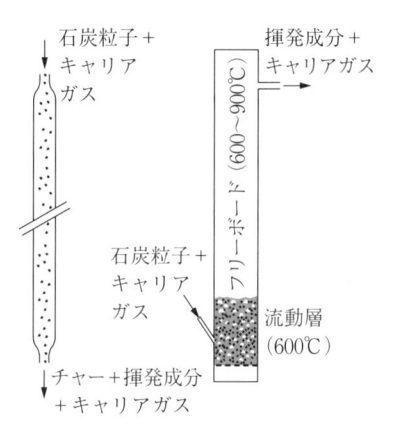

（a）ドロップチューブ反応器　（b）二次的熱分解特性を調査するための流動層反応器

図 5.6 ドロップチューブ反応器（a）と二次的熱分解特性を調査するための流動層反応器（b）[14]

図 5.7 タール中のピレンおよびフルオランテン同族体の収率とアルキル置換基数分布に及ぼす二次的気相熱分解の温度の影響

のストッパで停止し，ここで発生した揮発成分は，キャリアガスとともに管型反応器に導入する。生成物は，この反応系と直結したGCで定量分析する。管型反応器の容量，キャリアガス流量によって気相反応時間を定義，制御することができる。このような反応系を使うことによって，気相反応による揮発成分組成の変化を主要成分から微量成分にわたって明らかにできる。詳細は省くが，同様の二段反応器は，石炭粒子を連続的に供給する反応系でも実現できる[18],[19]。一方，石炭粒子層（固定層）を低速で加熱して熱分解し，生成する揮発成分を管型反応器へと順次導入する反応系は，セットアップと操作が容易である反面，揮発成分の組成と気相中の濃度が時間（熱分解の温度）とともに変化するので，注意が必要である。

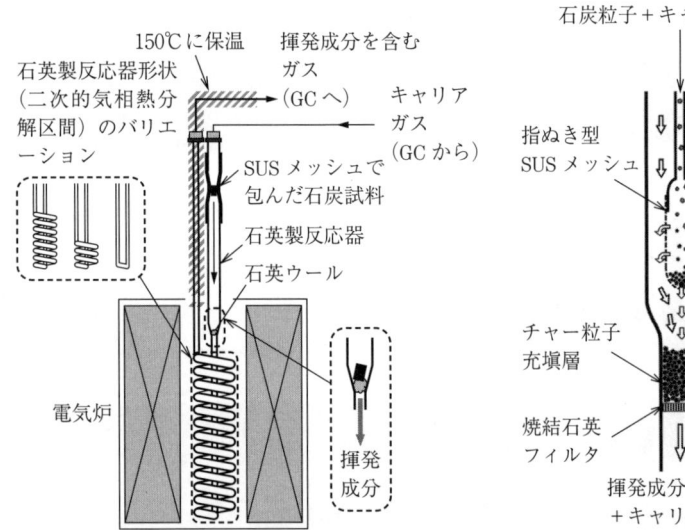

図5.8 微量粒子を試料とするドロップチューブ-管型二段反応器[17],[18]

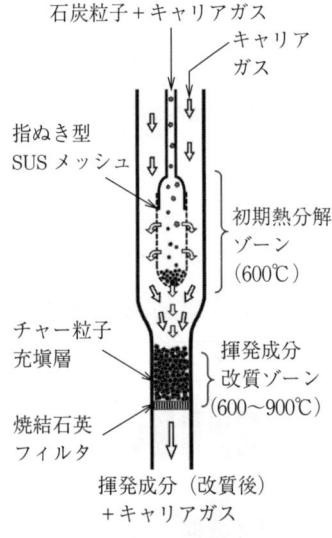

図5.9 チャー粒子表面におけるタールの *in-situ* 分解特性を調べるための連続熱分解反応器の模式図[20],[22]

図5.2に示したように，揮発成分とチャーが高温（700℃以上）で接触すると，両者の化学的相互作用が顕著になり，揮発成分からの炭素析出と，その結果起こるチャー表面の活性水素濃度の上昇が起こる。炭素析出は，タールの

チャー表面における迅速分解[20]に応用できるが，一方，活性水素濃度上昇は，チャーの水蒸気ガス化を著しく阻害する[21]。揮発成分とチャーの化学相互作用は，例えば図 5.9 に示す二段反応器[20]や同様の機能をもつ反応器[22]を使って調べることができる。

以上，石炭の初期熱分解，揮発成分の気相やチャー表面における二次的熱分解を調べるための反応系を解説した。重要なのは，調べたい石炭の転換過程を他からどのように分離抽出して観察するかである。目的が決まったとしても，それに見合う汎用の反応系が存在する場合は少なく，新反応系を自ら設計，製作する必要がある。苦労は多いが，新しい研究の方法と手段が生まれる瞬間でもある。

〔3〕 **生成物の定量的回収**

連続反応系は，分析評価などに十分な量のタールやチャーが必要な場合に適している。しかしながら，しばしば困難になるのが，タールの定量的な回収である。大学の実験室で一般的な数～100 g ほどの石炭供給を行う場合のタールの定量的回収は，容易でないが物質収支を満足するためには避けて通ることができない課題である。著者の場合，たとえば図 5.10[23]に示すようなシステムを改善しつつ研究をしている。反応器から排出されるタールの一部は，300℃

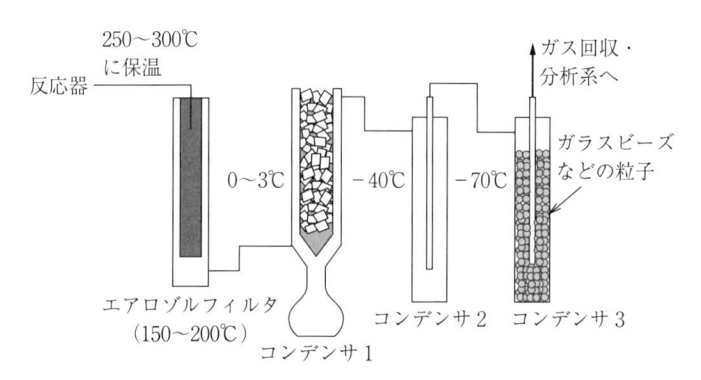

図 5.10 熱分解反応器下流の凝縮性生成物回収システムの概略図[23]
コンデンサ 2 とコンデンサ 3 のガス入口と出口が通常とは逆になっているが，これは水やタールの凝縮物（固体）によるチューブの閉塞を防ぐ工夫である

以下になるとエアロゾルを形成する。エアロゾル粒子の捕集に対して「冷却」は役に立たず,捕集用のフィルタ(シリカなどの無機繊維がよい)が必要である。フィルタ通過成分(蒸気,条件によるが,最重質成分は沸点が>350～400℃)は,3基の直列コンデンサを使って凝縮する。最終コンデンサの温度は−70℃程度の冷却で十分だが,必須なのは伝熱を促進するための粒子あるいは金属メッシュの充塡である。「空の」トラップで軽質芳香族をすべて回収するのは,たとえトラップを液体窒素温度に冷却しても容易でない。

5.1.3 熱分解特性

前項で紹介した反応系を使って明らかになった熱分解特性のいくつかを,豪州 Victoria 褐炭(Loy Yang)を例として示し,簡単な解説を加えたい。

表 5.1 は,褐炭(原炭)と酸処理した褐炭(アルカリ,アルカリ土類金属 = AAEM を除去)の初期熱分解タールの収率(ただし,常温で揮発しない成分)に及ぼす昇温速度の影響を示す。金属種は熱分解の触媒となり,脱水縮合などを伴う含酸素官能基の分解を促進する。その結果,重合が促進され,タール生成が抑制される。昇温速度の影響も著しい。架橋切断反応の活性化エネルギーは,脱水を伴う架橋形成反応のそれよりも大きく,そのために昇温速度が大きくなると前者の反応が相対的に優位になり,フラグメントとしてのタール生成が促進される[24]。昇温速度の増加は,フラグメント生成速度を高め,フラグメントの粒子内移動の駆動力である濃度勾配が増大する。これによるフラグメントの粒内滞在時間短縮もタール収率増加の一因と考えられる[25]。なお,WMRにおける熱分解では,タール収率は 500 あるいは 600℃以上で一定[26]である。

表 5.1 褐炭および酸処理褐炭の初期熱分解によるタール収率[26]。
熱分解のピーク温度:600℃,気相圧力:0.1 MPa

試 料	タール収率〔質量%〕*	
	1℃/s	1 000℃/s
褐炭	8.7	20.0
酸処理褐炭	20.4	37.5

*:石炭(無水・無灰)質量基準の収率

タールの二次的熱分解がほとんど起こらないためである。

初期熱分解によるタール収率は，気相圧力とともに大きく変化する[27]（図5.11）。AAEMを含む原炭の場合，タール収率は1 MPa付近で極小に，2 MPa付近で極大になる。気相圧力の増加はフラグメントの粒内拡散を抑制し，フラグメントのガスやチャーへの転化が促進される。ところが，圧力が1 MPaを越えると，粒内物質移動の主機構が拡散から粒内圧力勾配によるフラグメントの噴出に移行し，タールの粒内滞留時間がむしろ短くなる。ただし，さらに圧力が高まると圧力勾配も小さくなる。このような複雑なタール収率の変化は，AAEMを除去すると起こらない。AAEM（総量でわずか0.2質量％程度）は，粒内のフラグメント分解の触媒となってガス発生による粒内圧力増大をもたらすと考えられる。

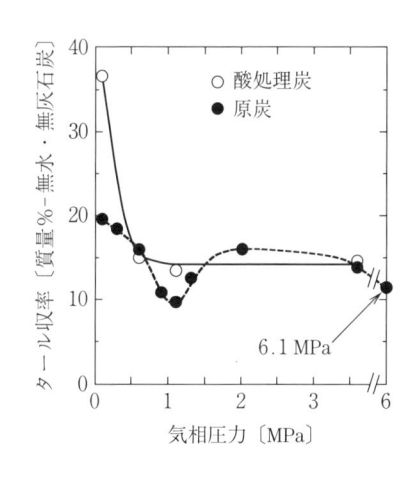

図5.11 褐炭および酸処理褐炭の初期熱分解によるタール収率[27]。反応器：WMR，昇温速度：1 000℃/s，ピーク温度における保持時間：10 s

AAEMは，タールやチャーの二次的な反応にも重要である。タール蒸気はチャー表面に化学吸着し，炭素質を析出しながら分解する[20],[28]。表面のNaとCaは，湿分と熱分解に由来する水蒸気と炭素質の反応，すなわち水蒸気ガス化の触媒となる。もとのチャー炭素の水蒸気ガス化もNa，Caによって促進される[8],[13]。この*in-situ*ガス化は，NaあるいはCaを事前に2～3質量％担持するときわめて著しくなり，900℃では数秒以内にチャーの大半がガス化する場合がある[29]。一方，タールはチャーに対して活性水素供給剤となる。還元性

を増したチャー表面からの AAEM の金属としての揮発は迅速で，ほぼすべてのNaが800～900℃で揮発した流動層熱分解の報告[30]もある。

本節に述べた褐炭の初期熱分解とその後のタールやチャーの挙動は，初期熱分解と二次的熱分解を含む二次的な反応過程を分離，区別した実験研究の成果であり，逐次並列的に反応が進行する熱分解を理解した上での反応系設計が功を奏した事例である。

本項では石炭熱分解を概説し，熱分解が逐次並列的な反応であることの認識に立脚して反応特性を理解する方法について実験手法と得られる知見の具体例を示した。熱分解に関してこれまで蓄積された知識は膨大であり，本節で到底書ききれるものではないが，本節が成書や学術論文を通じたより詳細な熱分解の知識と理解の入口となれば幸いである。

5.2 熱分解モデル

石炭の熱分解の速度は非常に大きいので，石炭の燃焼，ガス化，液化が始まる前に必ず熱分解が起こる。そのため，石炭の熱分解の機構や速度を知ることが，近年の石炭利用技術開発においても必要不可欠となっている。以下では，石炭の熱分解が石炭の構造とどのように関係しているかについて触れた後，古くから用いられている単一の一次反応モデルと最近進展のあった無限個の一次反応モデル，ならびに石炭の構造を考慮に入れたモデルの概略を紹介する。

5.2.1 石炭基礎物性と熱分解反応

3章で詳しく紹介したように，最近石炭の化学構造（一次構造）と，それが形成する巨大分子構造（二次構造）が明らかにされつつある。石炭の熱分解を考える際には，化学構造とともに二次構造の理解が非常に重要である。

実際，石炭構造に対する情報に基づいて熱分解に伴う化学反応が議論できるようになっている。図5.12は瀝青炭の熱分解が進む様子を模式的に描いたものである[31]。石炭中にもともと含まれている低分子成分（ゲスト分子，mobile

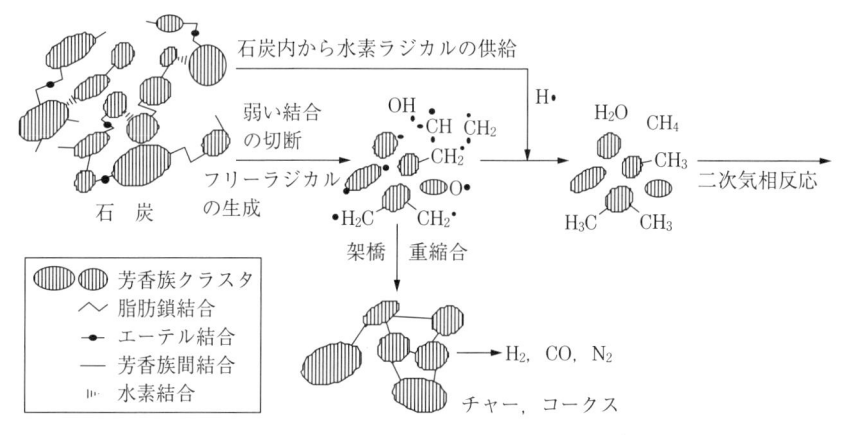

図5.12 石炭の熱分解機構の一例（瀝青炭）[31]

phase などと呼ばれる) の蒸発によるタールの生成, 弱い結合の解裂によるラジカルフラグメント (RF) の生成, RF の結合による炭素化固体（チャー, コークス) の生成, 石炭内水素供与による RF の安定低分子化などが描かれている。

Solomon らは，この過程を詳細に議論し，熱分解の進行過程をつぎの九つの段階に整理できるとしている[32]。

第1段階：水素結合の解裂

第2段階："ゲスト分子"の拡散・揮発

第3段階：低温での架橋生成（低ランク炭で支配的）。架橋生成量は CO_2, H_2O, CH_4 の生成量と密接に関係する

第4段階：結合の切断による巨大網目構造のラジカルフラグメントへの分解

第5段階：水素移行による第4段階で生成したラジカルフラグメントの安定化

第6段階：水素移行により安定化した低分子量成分の拡散・揮発

第7段階：ラジカルフラグメントの結合（架橋生成）による固化

第8段階：官能基の分解による軽質ガス成分の生成

第9段階：水素の脱離を伴う芳香族環の縮合，炭素化の進行（高温で進行）

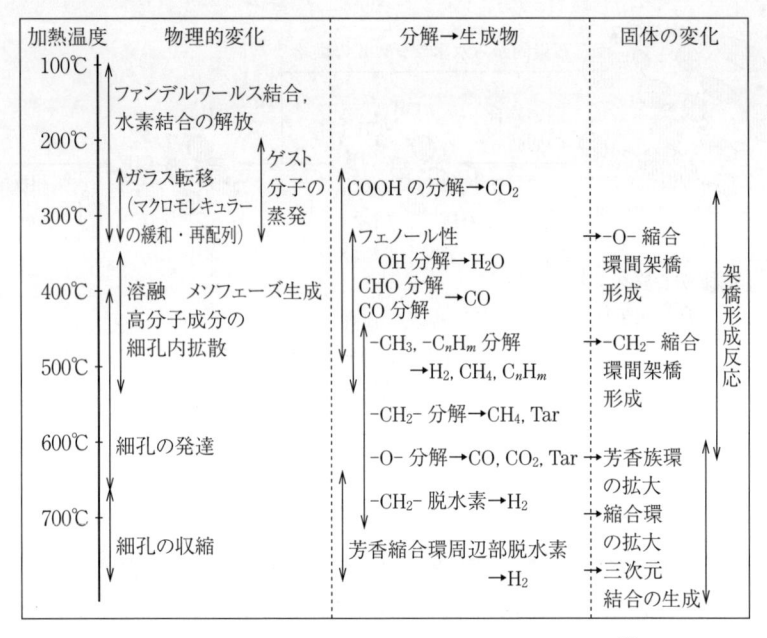

図 5.13 石炭の熱分解に伴う物理的および化学的変化[33]

加熱温度	物理的変化	分解→生成物	固体の変化
100℃	ファンデルワールス結合, 水素結合の解放		
200℃	ガラス転移（マクロモレキュラーの緩和・再配列） ゲスト分子の蒸発	COOH の分解→CO_2	-O- 縮合環間架橋形成
300℃		フェノール性 OH 分解→H_2O	
400℃	溶融　メソフェーズ生成 高分子成分の細孔内拡散	CHO 分解→CO CO 分解	
500℃		$-CH_3, -C_nH_m$ 分解 →H_2, CH_4, C_nH_m	$-CH_2-$ 縮合環間架橋形成
		$-CH_2-$ 分解→CH_4, Tar	
600℃	細孔の発達	-O- 分解→CO, CO_2, Tar	芳香族環の拡大
700℃	細孔の収縮	$-CH_2-$ 脱水素→H_2	縮合環の拡大
		芳香縮合環周辺部脱水素 →H_2	三次元結合の生成

（右端：架橋形成反応）

また，**図5.13**に温度上昇に伴う石炭の構造，生成物，固体の変化を前がまとめた結果を示す[33]。

5.2.2 石炭熱分解の総括的モデル

〔1〕 単一反応モデル

複雑な熱分解反応の反応量論式を

　　石炭　　⟶　　揮発性物質　+　チャー

のように単純化するとともに，熱分解反応を単一の反応で近似し，熱分析の分野で提案された解析法[34]に従って総括の反応速度パラメータが決定されている。ここでは，まず単一反応の一般的な解析法を紹介した後，それらの方法の石炭熱分解反応への適用の可能性を検討する。

単一反応について，固体の分解率（反応率）x_B の時間的変化 dx_B/dt を表す式を速度式と定義する。dx_B/dt は，一般的につぎのように書くことができる。

$$\frac{\mathrm{d}x_\mathrm{B}}{\mathrm{d}t} = kf(x_\mathrm{B}) = k_0 e^{-E/RT} f(x_\mathrm{B}) \tag{5.1}$$

ここで, T は絶対温度, k は反応速度定数 ($=k_0 e^{-E/RT}$), k_0 は頻度因子, E は活性化エネルギーを表す. $f(x_\mathrm{B})$ は x_B の関数で, 一次反応の場合は $f(x_\mathrm{B}) = 1 - x_\mathrm{B}$ となる.

熱分解反応を解析する際には, 一般にある温度 T_0 から一定の速度 a で試料を加熱しながら反応を進行させる. このとき

$$T = T_0 + at \tag{5.2}$$

と表せるから, 式 (5.1) は次式のように表せる.

$$\frac{\mathrm{d}x_\mathrm{B}}{\mathrm{d}t} = a\frac{\mathrm{d}x_\mathrm{B}}{\mathrm{d}T} = k_0 e^{-E/RT} f(x_\mathrm{B}) \tag{5.3}$$

昇温速度を変えて x_B 対 T の関係を測定すると, **図 5.14**（a）のように a が大きくなるにつれて ($a_1 < a_2 < a_3$) 高温側にシフトする曲線が得られる. この曲線を利用して式 (5.1) 中のパラメータ E と k_0, 関数形 $f(x_\mathrm{B})$ を決定する方法が提案されている.

① **微分法**　式 (5.1) の両辺の自然対数をとると次式が得られる.

$$\ln\left(\frac{\mathrm{d}x_\mathrm{B}}{\mathrm{d}t}\right) = \ln\{k_0 f(x_\mathrm{B})\} - \frac{E}{RT} \tag{5.4}$$

この式から, 昇温速度を三つ以上変化させて測定した x_B 対 t の関係から, 図 5.14（a）,（b）に示すように任意に定めた反応率, $x_{\mathrm{B}1}, x_{\mathrm{B}2}, x_{\mathrm{B}3}, \cdots$ において決定した $\ln(\mathrm{d}x_\mathrm{B}/\mathrm{d}t)$ を同じ x_B ごとにおいてアレニウスプロットすると, $\ln\{k_0 f(x_\mathrm{B})\}$ は a によらず一定であるから, 図（b）のような平行な直線群が得られる. それぞれの傾きの直線から E が得られ, 切片から各 x_B に対応する $\ln\{k_0 f(x_\mathrm{B})\}$ の値が得られる. この方法は Friedman の方法[35]と呼ばれることがある.

特に, $f(x_\mathrm{B}) = (1-x_\mathrm{B})^n$ である場合は, $\ln\{k_0 f(x_\mathrm{B})\}$ と $\ln(1-x_\mathrm{B})$ のプロットの傾きから n を, 切片から k_0 を決定できる. もし, 図（b）のプロットを実施したときに平行な直線群が得られなければ, それは単一の反応ではないので, 後述するような方法で解析しなければならない.

(a) 単一反応

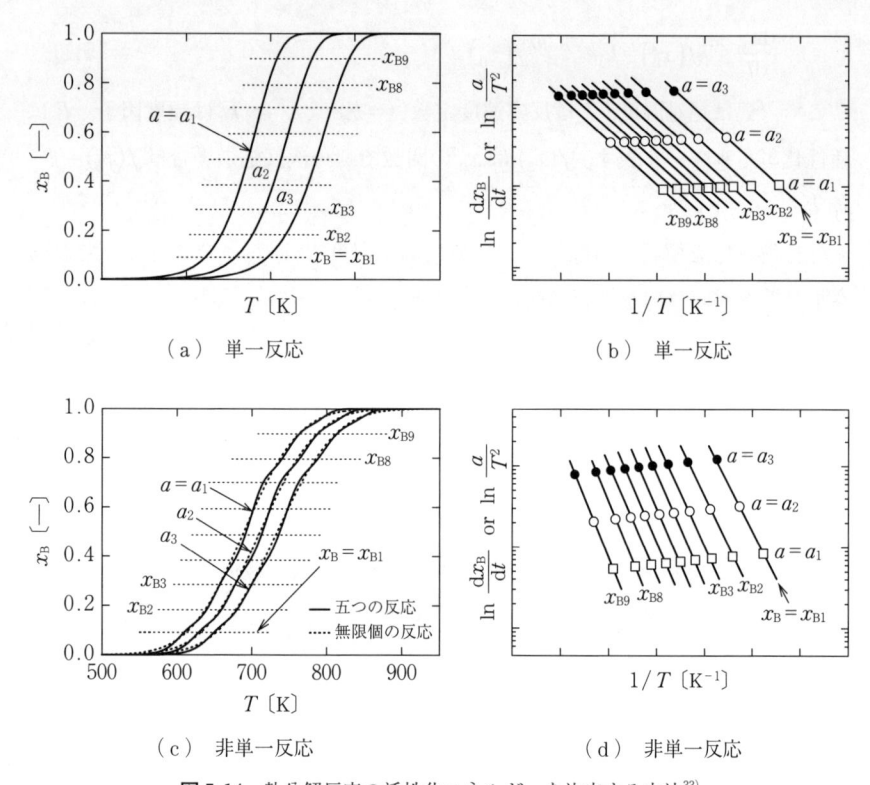

(b) 単一反応

(c) 非単一反応

(d) 非単一反応

図 5.14 熱分解反応の活性化エネルギーを決定する方法[33]

② **積分法** 式 (5.3) を積分すると

$$g(x_B) = \int_0^{x_B} \frac{1}{f(x_B)} dx_B = \frac{k_0}{a} \int_{T_0}^T e^{-E/RT} dT \cong \frac{k_0}{a} \int_0^T e^{-E/RT} dT \quad (5.5)$$

となる。ここで,昇温開始温度 T_0 は反応が起こらない低い温度に選べるから,$T_0 = 0$ と置いた。$u = E/RT$ と置いて,式 (5.5) をさらに変形すると

$$g(x_B) = \frac{k_0 E}{aR} \left(\frac{e^{-u}}{u} - \int_u^\infty \frac{e^{-u}}{u} du \right) = \frac{k_0 E}{aR} p(u) \quad (5.6)$$

が得られる。$p(u)$ は熱分析の分野では p 関数と呼ばれる。$p(u)$ は解析的に積分できないが,いくつかの近似式[34]が提案されている。

いま $p(u)$ として

$$p(u) = \frac{e^{-u}}{u^2} \qquad (20 < u < 50) \tag{5.7}$$

を採用し，それを式 (5.6) に代入すると

$$g(x_B) = \frac{k_0 R T^2}{aE} e^{E/RT} \tag{5.8}$$

が得られる．この式の両辺の自然対数をとって整理すると

$$\ln\left(\frac{a}{T^2}\right) = \ln\frac{k_0 R}{E} - \ln g(x_B) - \frac{E}{R}\frac{1}{T} \tag{5.9}$$

の関係が得られる．異なる昇温速度 a_1, a_2, a_3, …で得られた x_B 対 T の関係で x_B が等しい温度 T_1, T_2, T_3, …においては $g(x_B)$ は等しいから，$\ln(a/T^2)$ 対 $1/T$ をプロットすれば直線が得られ，それらの傾きから E を決定できる．この方法を赤平の方法[36]と呼ぶことがある．この方法では $f(x_B)$ の関数形が未知であっても E を決定できる．

$f(x_B)$ の関数形が既知の例として，$f(x_B) = (1-x_B)^n$ の場合，式 (5.8) は

$$g(x_B) = -\ln(1-x_B) = \frac{k_0 R T^2}{aE} e^{E/RT} \qquad (n=1) \tag{5.10-a}$$

$$g(x_B) = \frac{1-(1-x_B)^{1-n}}{1-n} = \frac{k_0 R T^2}{aE} e^{E/RT} \qquad (n \neq 1) \tag{5.10-b}$$

と表せる．それぞれの式の両辺の対数をとると，つぎのように変形できる．

$$\ln\left\{-\frac{\ln(1-x_B)}{T^2}\right\} = \ln\frac{k_0 R}{aE} - \frac{E}{R}\frac{1}{T} \qquad (n=1) \tag{5.11-a}$$

$$\ln\left\{\frac{1-(1-x_B)^{1-n}}{T^2(1-n)}\right\} = \ln\frac{k_0 R}{aE} - \frac{E}{R}\frac{1}{T} \qquad (n \neq 1) \tag{5.11-b}$$

実測した x_B 対 T の関係を用いて左辺と $1/T$ のプロットが直線となるように n を定める．つぎに，その直線の傾きから E が得られる．この方法は Coats と Redfern の方法[37]と呼ばれる．

③ **石炭熱分解反応の単一反応モデルによる解析の妥当性**　図 5.15 に，多くの研究者が石炭の熱分解反応に一次反応モデルを適用して決定した反応速度定数 k を Anthony ら[38]が整理してアレニウスプロットした結果を示す．石

5. 燃焼と熱分解

図5.15 異なる研究者が一次反応モデルから決定した速度定数の比較

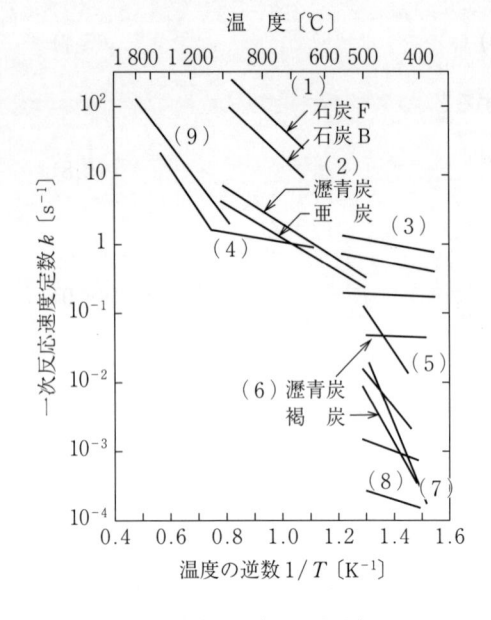

(1) Badzioch and Hawksley
(2) Anthony et al.
(3) Shapatina et al.
(4) Howard and Essenhigh
(5) Stone et al.
(6) Krevelen et al.
(7) Boyer
(8) Wiser et al.
(9) Kobayashi et al.

炭の種類や実験方法（昇温速度）によって k の絶対値は大きく異なる。また，活性化エネルギーも $8 \sim 200\,\mathrm{kJ/mol}$ と大きく異なっている。この原因の一つは昇温速度が大きい場合には反応温度が正しく測定されていないためといわれていた。これに対して著者は，この原因が，石炭の熱分解が本来多くの反応からなるにもかかわらずそれを単一の一次反応で解析するためであることを示した[39]。

〔2〕 有限個の並列一次反応モデル

このモデルは，各熱分解生成物はそれぞれ異なる一次反応によって生成すると考えるもので，揮発性生成物 i の生成可能量を V_i^*，時間 t までの生成量を V_i で表し，その生成速度を次式で表現する。

$$\frac{dV_i}{dt} = k_{0i} e^{-E_i/RT}\left(V_i^* - V_i\right) \tag{5.12}$$

ここで，V_i^*，k_{0i}，E_i は炭種，生成物の種類により異なる。また，同一の生成物でも異なる機構で生成すると考えられる場合には異なる値を与える。V_i^*，k_{0i}，E_i の値はいくつかの石炭について決定されている[40),41)]。このモデルでは，

5.2 熱分解モデル　167

表 5.2　各成分生成反応の速度定数と 2 種類の石炭に対する各成分の生成可能量[42]

生成可能量	生成物の種類	根源官能基	反応速度定数 [*1]	ピッツバーグ炭の Y_{i0} [*2]	ザップ炭の Y_{i0} [*2]
Y_1^0	CO_2 extra loose	carboxyl	$k_1 = 0.81\text{E}+13\exp(-(22\,500\pm1\,500)/T)$	0.000	0.065
Y_2^0	CO_2 loose	carboxyl	$k_2 = 0.65\text{E}+17\exp(-(33\,850\pm1\,500)/T)$	0.007	0.030
Y_3^0	CO_2 tight		$k_3 = 0.11\text{E}+16\exp(-(38\,315\pm2\,000)/T)$	0.005	0.005
Y_4^0	H_2O loose	hydroxyl	$k_4 = 0.22\text{E}+19\exp(-(30\,000\pm1\,500)/T)$	0.012	0.062
Y_5^0	H_2O tight	hydroxyl	$k_5 = 0.17\text{E}+14\exp(-(32\,700\pm1\,500)/T)$	0.012	0.033
Y_6^0	CO ether loose		$k_6 = 0.14\text{E}+19\exp(-(40\,000\pm6\,000)/T)$	0.050	0.060
Y_7^0	CO ether tight	ether O	$k_7 = 0.15\text{E}+16\exp(-(40\,500\pm1\,500)/T)$	0.021	0.038
Y_8^0	HCN loose		$k_8 = 0.17\text{E}+14\exp(-(30\,000\pm1\,500)/T)$	0.009	0.007
Y_9^0	HCN tight		$k_9 = 0.69\text{E}+13\exp(-(42\,500\pm4\,750)/T)$	0.023	0.013
Y_{10}^0	NH_3		$k_{10} = 0.12\text{E}+13\exp(-(27\,300\pm3\,000)/T)$	0.000	0.001
Y_{11}^0	CH_4 aliphatic	H(al)	$k_{11} = 0.84\text{E}+15\exp(-(30\,000\pm1\,500)/T)$	0.207	0.102
Y_{12}^0	CH_4 extra loose	methoxy	$k_{12} = 0.84\text{E}+15\exp(-(30\,000\pm1\,500)/T)$	0.000	0.000
Y_{13}^0	CH_4 loose	methyl	$k_{13} = 0.75\text{E}+14\exp(-(30\,000\pm2\,000)/T)$	0.020	0.017
Y_{14}^0	CH_4 tight	methyl	$k_{14} = 0.34\text{E}+12\exp(-(30\,000\pm2\,000)/T)$	0.015	0.009
Y_{15}^0	H aromatic	H(ar)	$k_{15} = 0.10\text{E}+15\exp(-(40\,500\pm6\,000)/T)$	0.013	0.017
Y_{16}^0	methanol		$k_{16} = 0$	0.000	0.000
Y_{17}^0	CO extra loose	ether O	$k_{17} = 0.20\text{E}+14\exp(-(45\,500\pm1\,500)/T)$	0.020	0.090
Y_{18}^0	C nonvolatile	C(ar)	$k_{18} = 0$	0.562	0.440
Y_{19}^0	S organic			0.024	0.011
X^0	tar		$k_B = k_T = 0.86\text{E}+15\exp(-(27\,700\pm1\,500)/T)$		

*1：反応速度定数 $k_n = k_0 \exp(-(E/R \pm s/R)/T)$，$k_0$ の単位 s^{-1}，E/R と s/R の単位 K，s は E をガウス分布で表した際の標準偏差
*2：合計が 1 となるように Y_{i0} を定義している

個々の生成物の生成速度,収率を計算できるが,多くのパラメータを石炭ごとにあらかじめ実験によって決定しておかねばならない点に難点がある。しかし,Serio ら[42]は,同じ生成物に関する k_{0i}, E_i は炭種によらずほぼ一定と見なし得ることを報告している。それらの値と,2種類の石炭に対する V_i^*(表では Y_{i0})を**表5.2**に示す。

〔3〕 無限個の並列一次反応モデル

① 基礎的関係式

有限個の並列一次反応モデルをさらに拡張して,活性化エネルギーの異なる無限個の一次反応が並列的に起こるとしたモデル(Distributed Activation Energy Model:DAEM)が提案され[43],一応の成功を収めている。このモデルでは,まず x_B と時間 t の関係がつぎのように得られる。

$$1 - x_B = \int_0^\infty \exp\left(-k_0 \int_0^t e^{-E/RT} dt\right) f(E) dE \tag{5.13}$$

これから dx_B/dt は次式で与えられる。

$$\frac{dx_B}{dt} = \int_0^\infty k_0 e^{-E/RT} \exp\left(-k_0 \int_0^t e^{-E/RT} dt\right) f(E) dE \tag{5.14}$$

ここで,$f(E)$ は規格化された活性化エネルギー E の分布関数で

$$\int_0^\infty f(E) dE = 1 \tag{5.15}$$

を満足するように定義される。

Pitt[44]がこのモデルを初めて石炭の熱分解反応に適用して以来,一般的には,頻度因子 k_0 をすべての反応に対して同一とみなすとともに,$f(E)$ を Gauss 分布で近似して,$f(E)$ を規定する平均活性化エネルギー E_0 と標準偏差 σ を実験値に合致するように決定する方法が広く採用されてきた。しかし,このようにして決定された分布関数 $f(E)$ は k_0 の値に依存し,k_0 が大きくなるにつれて E の大きいほうへシフトする[38]。このことは,k_0 を一定とみなせない場合には $f(E)$ が物理的に意味のないパラメータにすぎないことを意味している。これに対して,著者らは,k_0 の値と $f(E)$ の関数形を仮定することなく,簡単に k_0 と $f(E)$ を決定できる方法[45]〜[47]を提出した。

5.2 熱分解モデル

② 実測値からの x_B 対 E の関係の決定法　　いま，有限個（例えば5個）の活性化エネルギーの異なる反応が起こっているとき，異なる昇温速度 a_1, a_2, a_3 ($a_1<a_2<a_3$) で x_B ($= V/V^*$) 対 T の関係を測定すると図5.14（c）の実線で示すような曲線が得られる。同一の昇温速度では E の大きな反応ほど高温で起こる。また，ある E をもった反応は昇温速度が大きくなるにつれてより高温側で起こる。単一反応の解析法（図5.14（a），（b））から類推すると，実線のような曲線の場合でも昇温速度 a_1, a_2, a_3 に対応する曲線で同一の x_B において dx_B/dt を求めそれをアレニウスプロットすれば，その x_B に対応する E の値が得られることがわかる。これを敷衍していくと，無限個の活性化エネルギーの異なる反応が起こっているときの x_B 対 T の関係は図5.14（c）の破線のような曲線となり，これらの曲線から同一の x_B で dx_B/dt を求めそれをアレニウスプロットすれば（図5.14（d）），その x_B に対応する E の値が得られることになる。いくつかの x_B において同様の操作を実施すれば E の x_B に対する変化，すなわち x_B 対 E の関係を得ることができる。

以上のことを数学的に表現すると，a を指定したとき，ある温度 T（すなわちある x_B）においては無限個の反応のうちで寄与率が Δx_B^*（$\sum \Delta x_B^* = 1$ となるように定義）の反応のみが起こっていると考えることができて，総括の熱分解速度 dx_B/dt を，この反応の寄与率 Δx_B^* と進行度 Δx_B（$\sum \Delta x_B = x_B$ で，Δx_B は $0 \sim \Delta x_B^*$ の値をとる）を用いて

$$\frac{dx_B}{dt} \cong \frac{d\Delta x_B}{dt} = k_0 e^{-E/RT}(\Delta x_B^* - \Delta x_B) \tag{5.16}$$

と表すことができる。この反応のみが起こっているときは k_0 と E は一定であるから，式（5.16）は積分できて

$$1 - \frac{\Delta x_B}{\Delta x_B^*} = \exp\left(-k_0 \int_0^t e^{-E/RT} dt\right) \cong \exp\left(-\frac{k_0 RT^2}{aE} e^{E/RT}\right) \tag{5.17}$$

が得られる。さらに，式（5.16），（5.17）はつぎのように変形できる。

$$\ln\left\{\frac{dx_B}{dt}\right\} \cong \ln\left\{k_0 \Delta x_B^* \left(1 - \frac{\Delta x_B}{\Delta x_B^*}\right)\right\} - \frac{E}{R}\frac{1}{T} \tag{5.18}$$

$$\ln\left(\frac{a}{T^2}\right) \cong \ln\frac{k_0 R}{E} - \ln\left\{-\ln\left(1 - \frac{\Delta x_B}{\Delta x_B{}^*}\right)\right\} - \frac{E}{R}\frac{1}{T} \tag{5.19}$$

これらの式を用いると,ある x_B における E の値を決定できる.すなわち,三つの異なる昇温速度 (a_1, a_2, a_3) で得られた x_B 対 t の関係で同一の x_B (このとき $\Delta x_B/\Delta x_B{}^*$ も同じと近似した) において式 (5.18),(5.19) を適用する.すなわち,

○微分法:式 (5.18),$\ln\{\mathrm{d}x_B/\mathrm{d}t\}$ 対 $1/T$ をプロット

○積分法:式 (5.19),$\ln(a/T^2)$ 対 $1/T$ をプロット

のいずれのプロットを実施しても,指定した x_B に対応する E を決定できる.この手順を x_B の値を変えて実行すれば x_B 対 E の関係が得られる.

結果的には,単一反応の解析に用いる式 (5.4),(5.9) とまったく同じアレニウスプロットを実施することにより,x_B に対応する E を決定できる.

つぎに,$f(E)$ と k_0 がどのように決定できるかを考えよう.

③ **$f(E)$ と k_0 の決定法**　まず,式 (5.13) は式 (5.7) の近似を用いると

$$1 - x_B \cong \int_0^\infty \exp\left(-\frac{k_0 RT^2}{aE}e^{-E/RT}\right)f(E)\mathrm{d}E \tag{5.20}$$

と表せる.上に述べたように,式 (5.16) の近似はある温度 T (すなわちある x_B) においては無限個の反応のうちで寄与率が $\Delta x_B{}^*$ の反応のみが起こっていると考えている.それは,式 (5.20) 中の $\exp\left(-\dfrac{k_0 RT^2}{aE}e^{-E/RT}\right)$ を $E = E_s(T)$ においてステップ関数 $U\{E - E_s(T)\}$ で近似することを意味する.$E_s(T)$ は寄与率が $\Delta x_B{}^*$ の反応の活性化エネルギーを表す.これより,式 (5.20)(すなわち式 (5.13)) は

$$1 - x_B = \int_{E_s}^\infty f(E)\mathrm{d}E \tag{5.21}$$

と簡略化される[47].この式は

$$x_B \cong 1 - \int_{E_s}^\infty f(E)\mathrm{d}E = \int_0^{E_s} f(E)\mathrm{d}E \tag{5.22}$$

のように書き換えられるので,上で得られた x_B 対 E の関係を E で微分すれ

ば，それが $f(E)$ を与えることになる。

つぎに，E_s に対応する k_0 を求める方法について考えよう。式 (5.20) 中の $\exp\left(-\dfrac{k_0 RT^2}{aE}e^{-E/RT}\right)$ は $0 \sim 1$ の値をとり，指定された温度 T で任意の E と k_0 をもつ反応の未反応率を表す。したがって，式 (5.21) の適用に際しては，$E = E_s(T)$ である反応の未反応率，すなわち寄与率が Δx_B^* の反応の未反応率 $1 - \Delta x_B / \Delta x_B^*$ を与える必要がある。それを，式 (5.21) が式 (5.20) の良好な近似となるように選ぶと，0.58 が適当であったので[46]

$$\exp\left(-\frac{k_0 RT^2}{aE_s}e^{-E_s/RT}\right)=0.58 \tag{5.23}$$

と置ける。式 (5.23) の関係を利用すると各昇温速度ごとに k_0 対 E の関係を決定できる。解析法が妥当であれば，決定した k_0 対 E の関係は昇温速度に依存しないはずである。

ところで，式 (5.23) から式 (5.19) 中の $1 - \Delta x_B / \Delta x_B^* = 0.58$ と置くことができる。これより，積分法の関係式 (5.19) は

$$\ln\left(\frac{a}{T^2}\right) = \ln\frac{k_0 R}{E} + 0.6075 - \frac{E}{R}\frac{1}{T} \tag{5.24}$$

となり，$\ln(a/T^2)$ 対 $1/T$ のプロットの傾きと切片から k_0 と E をともに決定できる。積分法（式 (5.19)，(5.24)）では dx_B/dt の計算（一般に図微分必要）が不要であるので，微分法（式 (5.18)）よりは簡単な手順でより精度よく E を推定できる。

図 5.16，図 5.17 に，提案法によってアルゴンヌ標準炭の $f(E)$ と k_0 を決定した結果を示す[47]。図に示すように，$f(E)$ の形状，ピークの位置，高さは炭種に依存し，石炭化度が上がるに従って高活性化エネルギー側にシフトした。一方，k_0 はいずれの場合も E の増加に伴い 10^{10} から 10^{24} s^{-1} のオーダで変化し

$$k_0 = \alpha \exp(\beta E) \quad (\alpha, \beta \text{ は正の定数}) \tag{5.25}$$

の関係，いわゆる補償効果が成立し，k_0 を一定とするのは無理があることがわかる。さらに，k_0 対 E の関係は炭種によらずほぼ 1 本の直線で表された。

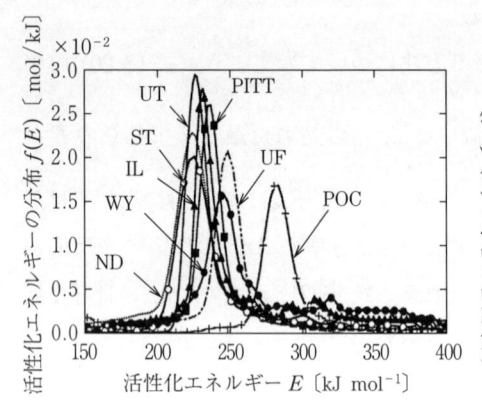

図5.16 アルゴンヌ標準炭熱分解反応の活性化エネルギーの分布関数[46)]
ND：Beulah Zap, WY：Wyodak, IL：Illinois #6, ST：Srockton, UT：Blind Canyon, PITT：Pittsburgh #8, UF：Upper Freeport, POC：Pocahontas

図5.17 アルゴンヌ標準炭熱分解反応の頻度因子と活性化エネルギーの関係[46)]（記号は図5.16と同じ）

このことは，石炭が異なっても起こる反応がほぼ同じであることを示唆しており興味深い。従来石炭の熱分解反応の速度，活性化エネルギーの値に関しては多くの議論があったが，本法はその議論に対する一つの回答を与えたものといえる。

著者らの方法を含めたDAEMに関する総説がBurnhamら[48)]により発表されている。また，著者らの提案したDAEMは多くの研究者によって，石炭に加えてバイオマス，廃棄物などの熱分解の解析に用いられている[49)〜56)]。

5.2.3 石炭の構造に立脚したモデル

総括的なモデルでは，個々の揮発分成分の生成速度や収率を表現できない。これに対して，上述のような石炭の基礎物性と熱分解の機構を反映したモデルが提案され，それによってガス成分，タール，チャーの生成速度を明確に表現できるようになりつつある。Gavalasら[57),58)]は石炭を14の官能基の集合体として表現し，それら官能基の40にも及ぶ素反応を考慮したモデルを提案して

5.2 熱分解モデル　　173

表5.3　石炭構造の変化を考慮に入れた三つのモデルの比較

モデル	FLASHCHAIN	FG-DVC	CPD
モデル構造	線形分子の集合体（重合度1～無限大）	重合度無限大の網目とトラップ分子から構成	Bethe 格子，配位数=4 重合度1～無限大
必要な初期データ	^{13}C-NMR，元素分析	^{13}C-NMR，元素分析，	^{13}C-NMR，元素分析
ブリッジ切断速度	DAEM（adjustable）ガウス分布	FTIR，FIMS タール生成速度から決定（Fix） DAEM（ガウス分布）	DAEM（adjustable）ガウス分布
非共有結合の架橋形成	考慮せず	ピリジン膨潤，CO_2+CH_4	考慮せず
char link 生成速度	aX ブリッジ切断速度	aX ブリッジ切断速度	aX ブリッジ切断速度
ガス生成速度	adjustable	熱分解データ（17種）	adjustable
タール生成速度	J^*量体以下のフラグメント。分子量と外部圧力で決定	分子量と外部圧力決定。$P+\Delta P$に反比例 ΔP: adjustable	有限分子量をもつ全フラグメント
ブリッジ/char link	adjustable	adjustable	adjustable
水素供与量	考慮せず	$-CH_2-CH_2$量から決定	考慮せず
表現可能データ　収率　タール分子量分布　架橋密度　昇温速度依存性　圧力依存性	可能 可能 不可能 可能 可能	可能 可能 可能 可能 可能	可能 可能 不可能 可能 不可能
特長	・モデルの大幅簡素化 ・faと元素組成で初期構造表現	・高分子網目二相構造を精密表現 ・速度式が炭種に依存せず ・架橋形成表現可	・NMR，元素分析値のみから網目構造表現 ・柔軟性に富んでいる
問題点	・官能基分解による架橋形成表現不可 ・水素移動表現不可	・分析項目が多い ・網目構造でよいか ・膨潤データからのクラスタ決定	・タールの定義法 ・架橋形成表現不可 ・水素移動表現不可

いる。1980年代の終わりに，Solomonら[42),59)]，Niksaら[60),61)]，Grantと Fletcherら[62)～64)]は，石炭が分子量の異なるモノマーが架橋した高分子であるとし，それを熱分解したときの各成分の収率，架橋密度，タールの分子量分布の変化を表現できるモデルを提案している。それらは，それぞれFG-DVC，FLASHCHAIN，CPDモデルと略称されている。表5.3に，Smithら[65)]，ならびに林ら[66)]が作成した表を参考にして，それらのモデルの概要を前がまとめた結果を示す[33)]。以下にこれらのモデルの概要を簡単に紹介する。

〔1〕 **FG-DVCモデル**

Solomonらは石炭の熱分解の進行過程を二つの部分に分けてモデル化した。図5.18は石炭の分解-蒸発-架橋を表現するモデルで，彼らはこれをDepolymerization-Vaporization-Crosslinking（DVC）モデルと呼んでいる。円で示されているのは芳香族クラスタと官能基からなるモノマーで，円中の数字はその分子量を表す。モノマー間の結合は，熱分解で切断されると同時に水素を供与する結合（-）と，熱分解では切断されない結合（=）よりなる。モノマーの分子量，結合の配置は統計的に処理して与える。分子量分布は図の右側のヒストグラムで表され，成分としてタール（ピリジン可溶成分，PS），ピリジン非溶解性成分（PI），チャーを考える。PI分は分子量が大きく粒子外へ出ていくことのできない成分に，図（a）中のPS分はいわゆるゲスト分子に対応する。それぞれの結合の分解速度と官能基の分解速度はもう一つのモデルであるFunctional Group（FG）モデルにより表現される。文献27）中には，6種類の石炭に対して，考慮された熱分解生成物の存在量Y_{i0}とそれらが一次反応で分解するとしたときの速度定数k_iが与えられている。Y_{i0}の値は当然炭種に依存するが，k_iは石炭によらず一定と考えてよい点にこのモデルの長所がある（表5.2にそれが示されている）。幅広い実験条件下で実測値と計算値は良好に一致すると報告されている。Solomonらは，このモデルを石炭の粘結性を表現できるモデルへと拡張している[67)]。

〔2〕 **FLASHCHAINモデル**

Niksaらは，図5.19に示すように石炭の単位ユニット（monomer）として

(a) 原料石炭

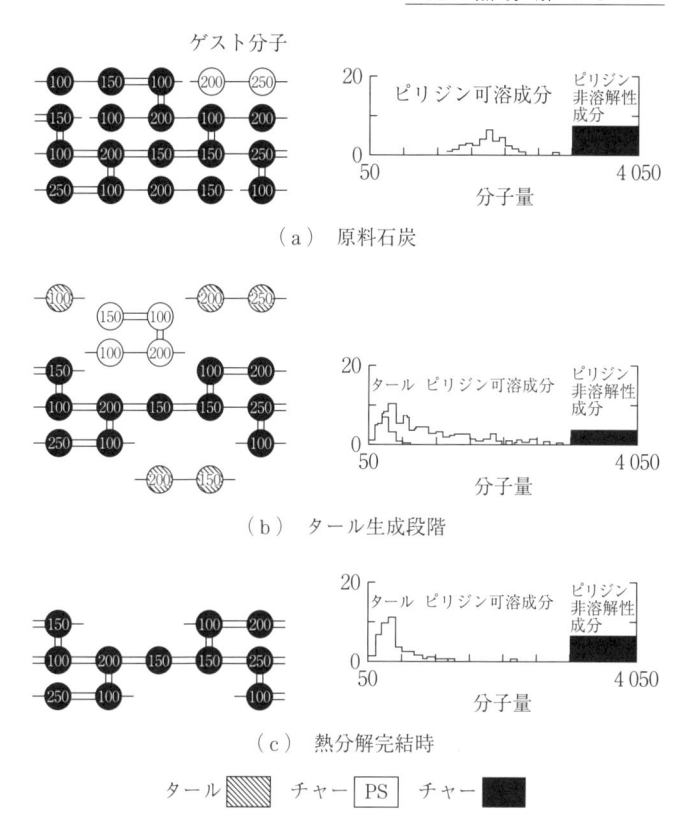

(b) タール生成段階

(c) 熱分解完結時

タール ▨　チャー PS　チャー ■

図 5.18 FG-DVC モデルによる熱分解過程のモデル化[59]

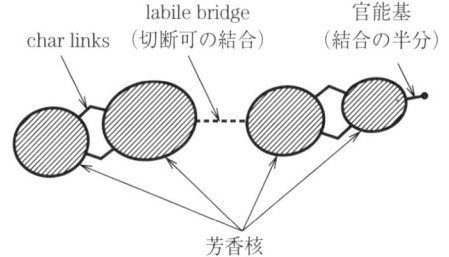

図 5.19 FLASHCHAIN モデルで想定する j-mer[79]

芳香族核（aromatic nucleus）を考え，それが char link と呼ぶ芳香族からなる結合と labile bridge と呼ぶ芳香環を含まない結合で結ばれてある大きさの分子を形成していると考えた。例えば j-mer では，j 個の芳香族核が合わせて $j-1$ 個の char link と labile bridge で結ばれており，両端の芳香族核には labile bridge のちょうど半分の大きさの官能基が peripheral group として付いている。熱分解によって切断されるのは labile bridge のみで，j-mer 中の一つの

labile bridge が切断されると二つの分子が生成する。labile bridge が char link に変化する反応（condensaion of bridges）に伴ってガス成分が生成するが，j-mer の大きさはそのまま保たれる。ガス成分は peripheral group の分解によっても生成する。石炭中には $j=1$ から ∞ までの j-mer が存在すると考え，それらを j の大きさに応じて三つの成分に分類した。

$1 < j < J^*$: Metaplast (MP)

$J^* + 1 < j < 2J^*$: Intermediate fragments (IF)

$2J^* + 1 < j < \infty$: Reactant fragments (RS)

三つの成分は図5.20に示す経路に従って変化する。各 j-mer は char link とガス成分を生成する反応によって labile bridge の数を減らしていき，それが消滅すると反応は完結し，RS と IF はチャーとなる。このモデルでは，MP を凝縮相（液相）と考え，MP 上には気液平衡に従う圧力でタール成分の蒸気が存在し，それが生成したガス成分に伴われて粒子外へ運び去られタールとなると考える。各タール成分の蒸気圧はラウール（Raoult）の法則に従うものとし[37]，飽和蒸気圧は実験式によって分子量の関数として与える。

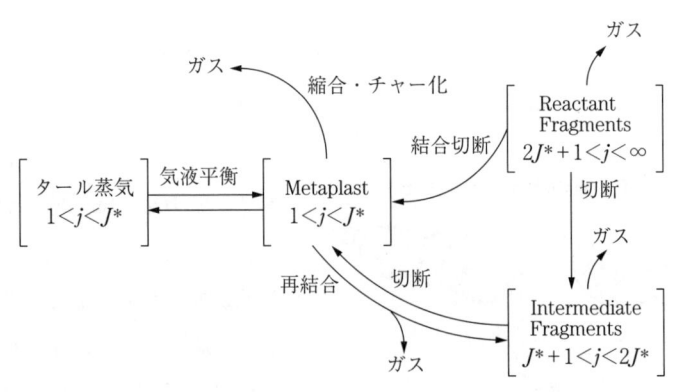

図5.20 FLASHCHAIN モデルの基本的考え方[79]

このモデルに従うと，タールの生成速度は，ガス成分（非凝縮性成分）の生成速度と粒子内でのタール蒸気のモル分率に比例することになる。すなわち，このモデルでは，従来議論されてきた粒子内拡散の影響や，タール成分の再凝

縮などを考えずに圧力の影響を表現できる。また，回帰分析の結果を利用すると，C＝70～90％の石炭について，H/CとO/Cのモル比のみが与えられれば揮発分収率の値を予測できる[68]。

〔3〕 **CPDモデル**

Grantら[62]は，Fisherら[69]の提出したPercolation Theoryに基づく格子問題の解析法を石炭の熱分解に適用し，CPDモデル（chemical percolation model for devolatilization）と呼ばれるモデルを提案している。このモデルの基本的考え方はNiksaらのモデルと同様であるが，熱分解に伴うクラスタの大きさの変化を巧妙に取り扱っている点，少ないパラメータで複雑な熱分解過程を説明できる点に特徴がある。

石炭の構造とその熱分解に伴う変化を**図5.21**に示すようにモデル化する。石炭の構造はBethe格子と呼ばれる樹木状に枝分かれした格子で表される。Bethe格子では，siteと呼ばれる格子点からの可能な枝分かれ（それぞれをbondと呼ぶ）の数（配位数，$\sigma+1$）とbondを入れる確率pを決めるとクラスタの大きさの分布を解析的に表現できる。芳香族核はsiteに，種々の結合はbondに対応し，bondは熱分解によって切断されるlabile bridgeと切断されないchar linkからなる。モノマーの一部は官能基としてlabile bridgeの半分の大きさのside chainをもっており，芳香族核は必ずしも同数の結合では結ばれていないと仮定する。熱分解の進行に伴うlabile bridgeとchar linkの数の

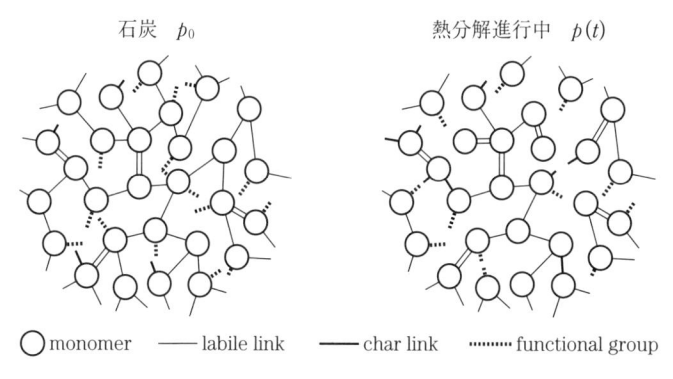

図5.21 Bethe Latticeで表した石炭の構造と熱分解に伴う変化

変化を反応モデルによって計算すれば，任意の時間（温度）における結合の数，すなわち p が得られ，それからクラスタの分布が計算でき，タール，チャーの収率が得られる。

5.2.4 5.2節のまとめ

以上，石炭の基本構造と熱分解の関連性，熱分解モデルの最近の進歩について述べた。この分野の研究は莫大な成果があるため，その一面を紹介したにすぎないことを御容赦願いたい。詳細は各成書，文献を参照して頂きたい。また，本稿はいわゆる一次熱分解のみに議論を限定したが，実用上は一次熱分解で生成したタールやガス成分が気相でさらに熱分解される過程（二次熱分解）の検討も必要である。この分野の進展については，最近発表された則永らの総説[70]を参照されたい。

5.3 燃焼特性とその評価技術

5.3.1 石炭の燃焼過程

石炭エネルギーの利用形態の中で現在最もよく用いられている方法は燃焼による熱的利用である。これまで微粉炭燃焼方式などさまざまな燃焼技術が利用され，それぞれの燃焼方式ごとに詳細な工夫がなされている。これは，石炭の燃焼過程を把握した上で，その特性を活かして最適な燃焼条件を採用するためである。

微粉炭燃焼場を例にすると，石炭の燃焼は，**図 5.22** のような複雑な過程で進行する。石炭が高温雰囲気に曝されると，まず熱分解が起きる。このとき気相に揮発した成分（揮発分）が着火し，さらに固定炭素と呼ばれる固体の燃焼（チャー燃焼と呼ばれる）も始まる。揮発分の燃焼は速やかに終了するが，チャー燃焼は，揮発分の燃焼よりも遅く，最終的には一部の未燃の炭素（灰中未燃分）を残して終了する。

5.3 燃焼特性とその評価技術

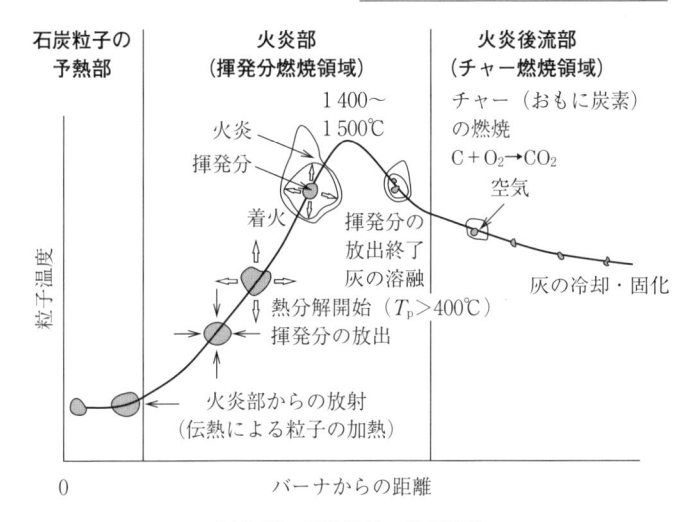

図中ラベル:
- 石炭粒子の予熱部
- 火炎部（揮発分燃焼領域）
- 火炎後流部（チャー燃焼領域）
- 火炎 1400～1500℃
- 揮発分
- 着火
- 揮発分の放出終了 灰の溶融
- 熱分解開始（$T_p > 400℃$）
- 揮発分の放出
- 火炎部からの放射（伝熱による粒子の加熱）
- チャー（おもに炭素）の燃焼 $C + O_2 \rightarrow CO_2$
- 空気
- 灰の冷却・固化
- 粒子温度
- バーナからの距離

図 5.22 石炭粒子の燃焼過程

　この燃焼過程において，燃焼の開始点である着火については，以下のように考えられる。石炭の燃焼反応速度は温度とともに急激に上昇し，反応により発生する熱量もそれに応じて急激に増大する。この反応によって生じた熱は，輻射や対流により石炭から周囲の雰囲気へと伝えられる。生成熱は周辺雰囲気の温度の上昇とともに大きくなり，逆に周りに伝わって失われる熱は周辺温度の上昇とともに低下する。生成熱が周囲に失われる熱量を上回ると，温度は上昇を続け安定な着火に至り，その後燃焼が継続される。この場合の温度を着火温度と呼び，石炭では，250～500℃程度の範囲である。着火の後，揮発分は気相中での空気との燃焼反応により速やかに消費される。揮発分の燃焼は非常に速いため，酸素との混合が完全に行えない場合が多く，その際には未燃カーボン粒子（スス）を生成する。一方，チャー燃焼には時間がかかり，その影響因子は反応速度だけでなく，チャー内部への酸素の拡散なども含まれ，石炭の燃焼効率を高くするには，このチャー燃焼の効率を向上することが重要となる。

5.3.2 石炭の各種燃焼技術

〔1〕 石炭の燃焼方式

石炭の燃焼方式としては，石炭と燃焼用空気の接触方式により，固定層，流動層，気流層（噴流層）の三つの方法に分類される[71]。

図5.23にこれらの燃焼方式の概要を示す。固定層では石炭を固定したまま，そのすき間に空気を流して反応させる。なお，固定層をもとにした形式で，反応の進行とともに石炭を移動し，新たに石炭を供給していく方式を移動層と呼ぶが，反応装置としての考え方は固定層と同じである。流動層では，石炭を層の下部から供給した空気により液体のように流動化して反応させ，気流層では，非常に小さな粉体にした石炭を空気に同伴して反応させる。これらの各方式は，空気と石炭の移動速度および，石炭の粒子径との関係で整理すると，図5.24のように示される[71]。すなわち，石炭の粒子径が大きく空気の速度が小さいと，石炭は固定層の状態で動かず，周囲の空気と反応する。移動層は固定層の変形方式と考えることができ，固定層を維持した状態で石炭を動かす。石炭粒子を小さくし，空気の流速を増大していくと，石炭粒子は静置できなくな

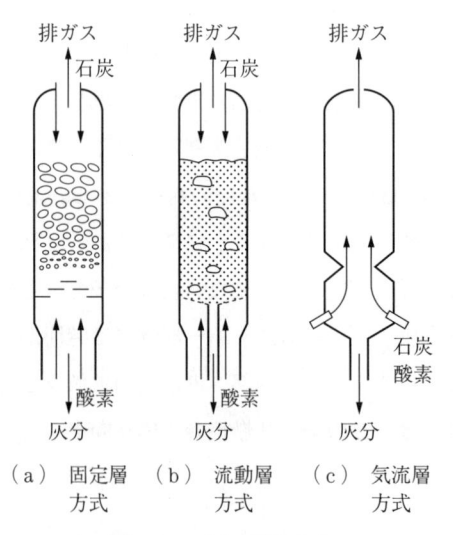

（a） 固定層方式　（b） 流動層方式　（c） 気流層方式

図5.23　石炭の燃焼方式

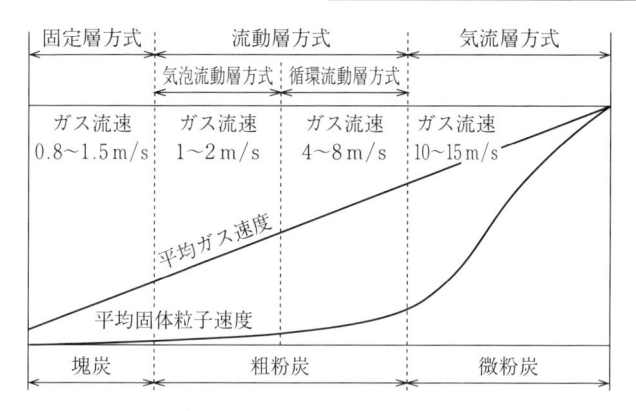

5.3 燃焼特性とその評価技術　　181

固定層方式	流動層方式		気流層方式
	気泡流動層方式	循環流動層方式	
ガス流速 0.8~1.5 m/s	ガス流速 1~2 m/s	ガス流速 4~8 m/s	ガス流速 10~15 m/s

平均ガス速度

平均固体粒子速度

| 塊炭 | 粗粉炭 | 微粉炭 |

図 5.24　各石炭燃焼方式の空気と石炭の移動速度
および石炭の粒子径との関係

り，空気により浮遊し始める．ただし，粒子径が比較的大きく，空気流速もあまり大きくなければ，石炭の浮遊速度は空気流速に比べて小さいので，石炭の層が膨張した状態で止まる．空気流速がさらに大きくなると，石炭層の膨張は一層拡大し，液体が沸騰したような状態になる．この状態は流動層と呼ばれ，石炭が空気にかく拌されつつ燃焼が進む．石炭の粒子径が一層小さくなり，空気流速が大きくなると，石炭粒子は空気とほぼ同じ速度で反応装置内を流れる状態となり，気流層と呼ばれる状態となる．石炭を燃焼する場合は，空気搬送した微粉炭粒子をバーナから噴流状態にして噴出させるため，噴流層と呼ばれることもある．

固定層の燃焼装置としてはストーカ燃焼器があるが，燃焼で発生した熱の制御が難しく，スケールアップが困難であるため，小型の装置にしか適用できない．移動層にした場合は，固定層と同様の問題点を有することに加え，石炭粒子の移動にも困難が伴うため，より操作が難しくなり，固定層と同様，小型炉にしか適用できない．

流動層では，固定層や移動層に比べ細かい粒子が利用され，燃焼用空気と石炭粒子の接触面積が大きくなるため，速やかに反応させることができ，層内の温度を均一にできることで，ある程度のスケールアップも可能となる．ただし，安定した流動層形成の観点から，大容量化には上限がある．流動層では，

発熱量の低い低品位燃料を安定して燃焼させることが可能であるため，それらを対象にした装置として開発されるとともに，ガスタービンを併用した加圧流動層燃焼複合発電方式にも利用されている。

一方，気流層では，微粉炭を燃焼用空気に同伴させるためハンドリングが容易であり，しかも石炭粒子が細かくかつ高温にもできるため，燃焼効率を高めることができる。加えて，スケールアップも容易であるため，最もよく用いられる石炭の燃焼装置である。現在，石炭の主要な利用法である微粉炭火力は本方式の代用的な例であり，今後の利用拡大が期待される石炭ガス化装置においても，多くの場合に本反応方式が用いられる。

〔2〕 微粉炭燃焼火力の概要と燃焼技術

すでに述べたように，石炭のさまざまな燃焼方式の中でも最も多く用いられるのは微粉炭燃焼方式である。発電分野を例にとれば，日本のほとんどの石炭火力は微粉炭火力発電方式となっている。

図 5.25 に微粉炭火力の代表的なフローを示す。石炭は粉砕機により中位径で 40 μm 程度に微粉化し，送炭用空気とともにバーナと呼ばれる噴出部から火炉に投入，燃焼する。1 500℃ 程度に達する燃焼火炎の熱によって高温高圧の蒸気を発生し，蒸気タービンにて発電する。火炎の熱を伝える伝熱管の耐用温度に制約があるので，蒸気の温度は 600℃ 程度となっている。発電効率向上のためには蒸気条件の高温化が不可欠であり，より高温の蒸気を発生できる伝

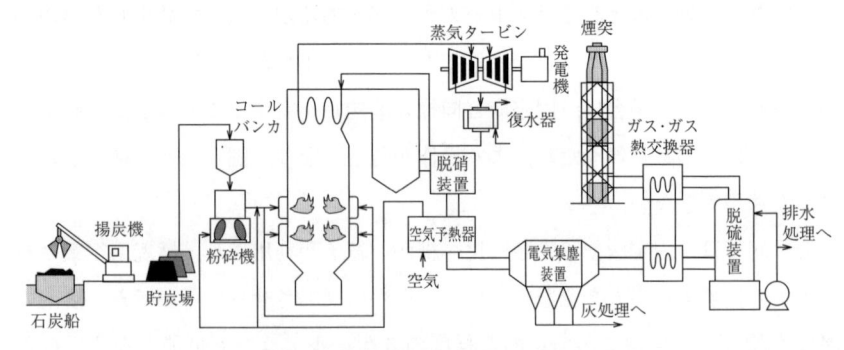

図 5.25 微粉炭火力の代表的なフロー

熱管材料の開発が進められている。火炉から排出されたガスは，触媒式の脱硝装置，電気集塵装置，石灰石膏式の湿式排煙脱硫装置などにより構成される排煙処理装置を用いて，それぞれNO_x，煤塵およびSO_xを除去した後，煙突から排出される。

現在の最大級の微粉炭火力発電においては，1時間に火炉で燃焼する石炭量は約350 tにも達する。微粉炭火力では，石炭は約20～30本のバーナによって火炉に吹き込まれるので，1本当りのバーナでの石炭燃焼量は1時間当り約10 tにも及ぶ。**図 5.26**に微粉炭燃焼用火炉の概要を示す。バーナは上下方向に3本程度が配置され，横方向にも数本が並んだ配列となる。火炉におけるバーナの配置方法にはさまざまなものがあるが，本図は対向燃焼型と呼ばれる配置を示している。他に，バーナを同一面だけに配置した前面燃焼型，火炉の四隅にバーナを配置し火炉内に大きな旋回流を形成するコーナ燃焼型などがある。

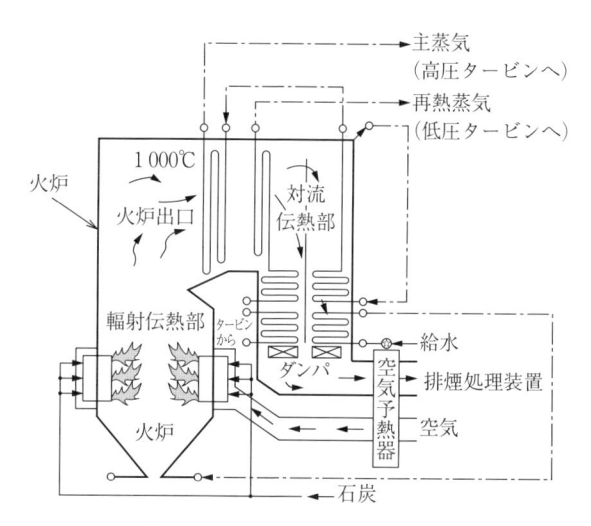

図 5.26 微粉炭火力用火炉の概要

火炉においては，燃焼効率を高く維持することだけでなく，NO_xの排出量を抑制することや，低負荷時に安定した燃焼を行うこと，速やかな負荷変化に対応できることなど，高度な燃焼技術の採用が望まれる。

微粉炭燃焼に伴って発生するNO$_x$は，燃料中の窒素分に起因するフュエルNO$_x$が主であると考えられている。フュエルNO$_x$の抑制のために第一に考えられた方法は，微粉炭燃焼火炎の酸化雰囲気を弱め，石炭中の窒素分と空気中の酸素との反応を抑制するものであり，微粉炭と燃焼用空気の混合を抑制した燃焼緩慢型の低NO$_x$バーナ，あるいは燃焼用空気の一部を分割してバーナ近傍の酸化雰囲気を弱める二段燃焼法などが挙げられる。しかし，石炭中の窒素分と酸素との反応を抑制することは，石炭中の炭素と酸素の混合も抑制するため，NO$_x$の低減に応じて燃焼効率が低下し，灰中未燃分が増加するという問題点があった。フュエルNO$_x$の一層の低減を図るために考えられた方法が，いったん生成したNO$_x$を還元性の強い雰囲気で分解・低減する方法である。

図5.27に，この燃焼方式の概念をわかりやすく示すため，1本のバーナしかない場合を例に，バーナで形成したい火炎の構造と，二段燃焼用空気の注入位置の関係を示す。本方式では，まずバーナ近傍における初期の燃焼を低空気比かつ高温で行い，石炭の熱分解を促進することによって，窒素分の放出と残留チャーの低減を図り，NO$_x$は後流部に形成した還元炎により，分解，低減する。このような火炎を実現するためには，バーナ近傍の高温部に微粉炭粒子が長い時間滞留できる必要があり，バーナ噴出直後の流れ場に再循環流を形成し，微粉炭粒子を再循環流に随伴することが重要である。このような流れ場を形成できる新型の低NO$_x$バーナがすでにいくつか開発されている[73]。NO$_x$を

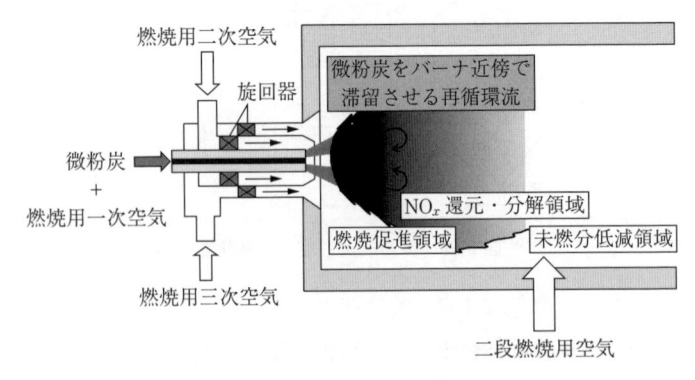

図5.27　低NO$_x$燃焼方式の概念

分解した後に残った可燃分は，火炎の後部に注入した二段燃焼用空気の注入により燃焼・低減される。バーナ近傍での NO_x 分解を強化するためバーナから投入する空気量を極端に減少すると，二段燃焼用空気注入位置での再燃焼が激しくなり NO_x の再発生が懸念されるが，その抑制には二段燃焼用空気の分割注入も有効である。これらの技術開発により，新鋭の微粉炭火力においては，燃焼時に発生する NO_x は 100 ppm 以下，灰中未燃分は3%以下に抑制される。

微粉炭火力は1980年代より急速に増加し，電源構成に占める微粉炭火力の割合も年々増加しているため，電力需要の少ない夜間等には出力を低下させるなどの負荷調整運転も必要となっている。火炉の出力を減らす必要が生じた場合には，微粉炭の供給量を低下させなければならないが，一次空気中の微粉炭濃度が減少するため火炎の安定性が悪化する。この低負荷時の火炎の安定性を改善するため，バーナ内の一部に微粉炭を濃縮し，燃焼しやすい条件にできるように改良したバーナが利用されている。微粉炭の濃縮方法としては，バーナの直前にサイクロンを付ける方法やバーナ内の微粉炭搬送用空気に旋回を与え遠心力を用いる方法など，さまざまなものがある。図5.28は，旋回流がない一次空気管内の微粉炭粒子の濃縮のために開発された，流線形の濃度調整リングをつけたバーナである。低負荷時には，火炎の安定性向上を図るため，濃度調整リングはバーナ出口へ移動し，バーナ内の外周部に微粉炭を濃縮する。バーナ負荷が上昇すると，バーナ外周部の微粉炭濃度が高くなりすぎるのを避けるため，リングはバーナ出口と反対側に移動させる。

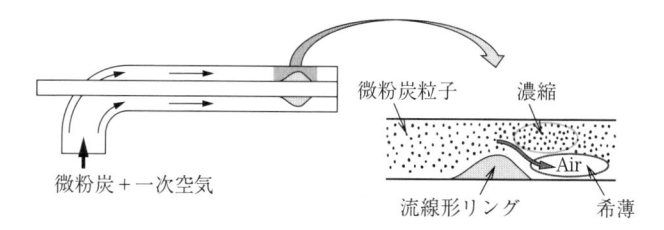

図5.28 微粉炭濃縮方法の概念

5.3.3 試験炉による微粉炭の燃焼特性評価

微粉炭火力では，石炭種や燃焼条件を変化させた場合や，装置の改造を加えた場合などに燃焼特性が変化するため，その変化を推定する方法が重要となる。各種石炭の燃焼特性を評価するには，熱天秤や反応管式電気炉などの基礎実験装置も利用されるが，実際の乱流燃焼場での燃焼性評価や燃焼条件の詳細影響を把握するためには，実機と同じ構造のバーナをもち，乱流燃焼場が形成できる小型試験炉を用いる必要がある。

このような乱流燃焼場を模擬できる小型試験炉は，新たな燃焼技術の開発にもきわめて有効となる。試験炉の規模としては，熱的に自立できる石炭燃焼量 100 kg/h 程度以上のものが利用されているが，それでも実機とは火炎の大きさや放熱量などが異なるため，試験炉の結果から実機の特性を推定するには，その差異を十分に把握する必要がある。また，さまざまな実機の条件に対応した詳細な評価を行うには，任意の条件における燃焼特性の推定を可能とする数値解析技術を確立する必要がある。この数値計算技術の精度検証の上でも，小型試験炉の実験結果は重要になる。

ここでは，小型試験炉を用いた実機での微粉炭燃焼特性評価技術の一例を紹介する。小型試験炉の例として，著者らが 1981 年より用いている，石炭燃焼量 100 kg/h の単一バーナを有する試験炉のフローを図 5.29 に示す。石炭は粉砕機にて実機とほぼ同様の粒子径分布（中位径：40 μm）になるよう粉砕したのち，ストレージビンに貯蔵される。燃焼試験の際には，微粉炭搬送用の一次

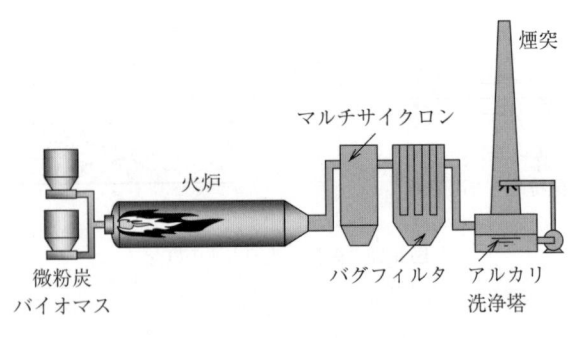

図 5.29 石炭燃焼試験炉のフロー

空気に微粉炭をフィーダから供給し,バーナ部から噴出,燃焼する。バーナ部は火炉本体とフランジで切り離せるようになっており,異なる種類のバーナを用いた燃焼試験が行えるようになっている。火炉の壁は内径 1 m の鋼板製水冷壁であるが,厚さ 65 mm の耐火材を内張りしてあり,火炉の途中より低 NO_x 燃焼のための二段燃焼用空気を注入するためのポートが設置してある。二段燃焼用空気注入位置は,バーナ方式などの操作条件によって最適位置が異なるため,位置を変えた注入試験が可能になるよう,約 300 mm 間隔で 14 か所設定してある。

本試験炉で燃焼試験を行った場合,燃焼用空気比や二段燃焼率などの燃焼条件を変化させたことによる NO_x 濃度や灰中未燃分濃度の変化は,定性的には実機と同じ傾向を示す[72]。図 5.30 に二段燃焼率が NO_x 濃度に及ぼす影響を示す。二段燃焼率が増加すると,バーナ近傍の一次燃焼域の空気量が少なくなって還元雰囲気が強くなるので,NO_x 濃度が低下するなど,実機と同様の特性がみられる。また,燃焼条件が同一の条件において,石炭種による NO_x 濃度や灰中未燃分濃度の違いについても,実機と同様の傾向がみられる。図 5.31 は,

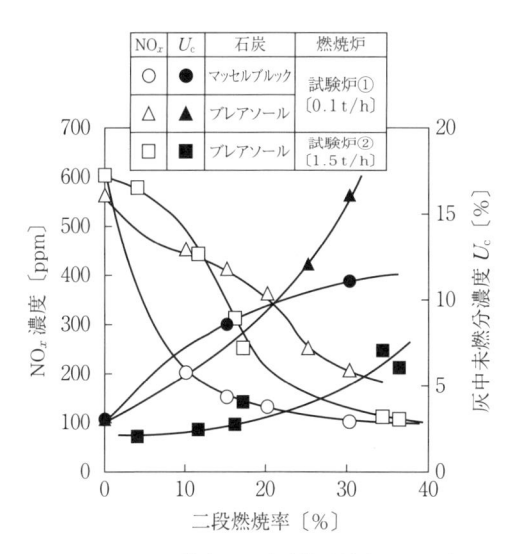

図 5.30 NO_x 濃度,灰中未燃分濃度に及ぼす二段燃焼率の影響[73]

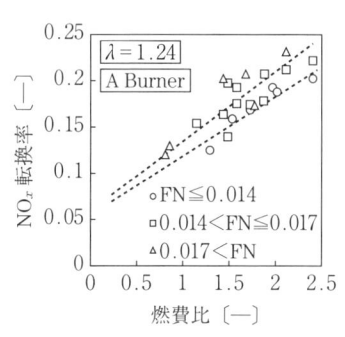

図 5.31 NO_x 転換率に及ぼす燃料比の影響[74]

石炭中窒素分の NO_x 転換率に及ぼす燃料比の影響を，石炭中窒素分の含有率をパラメータにして示している[74]。燃料比が増加すなわち揮発分の減少によりバーナ近傍の還元雰囲気が弱まり NO_x が生成しやすくなること，また，石炭中窒素分含有率が増加すると，NO_x 濃度が増加するため転換が抑制されやすくなり，転換率自体は低下する傾向をもつなど，実機でも想定されている傾向をよく表している。

このように，小型試験炉を用いることにより微粉炭燃焼場の燃焼条件や石炭性状の影響を定性的に把握することは可能になるが，これらの結果を一層有益なものにするためには，定量的にも実機の特性を把握できるようにする必要がある。著者らのこれまでの経験によれば，実機を含む規模の異なる火炉において，同じ石炭を主要な燃焼条件は同一にして燃焼した際の NO_x 濃度には，火炉による大きな差異はみられず，NO_x 濃度については，小型試験炉の結果から実機の結果を推定することが容易であると考えられる。これに対して，灰中未燃分濃度は火炉によって大きく異なる。図 5.32 に，同一の NO_x 濃度条件で比較した灰中未燃分濃度を示す。火炉容量が大きくなるにつれて灰中未燃分が減

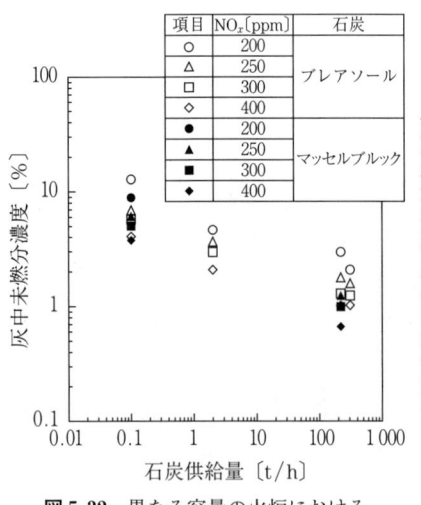

図 5.32 異なる容量の火炉における灰中未燃分濃度

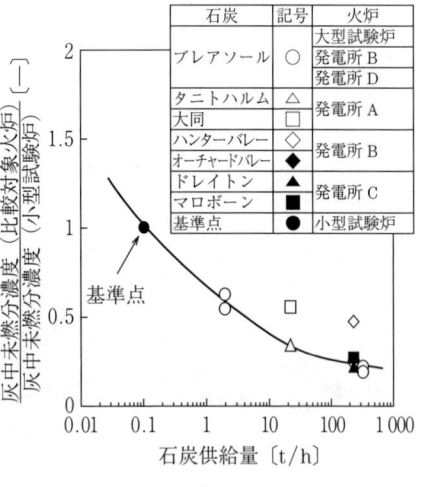

図 5.33 灰中未燃分濃度比率に及ぼす火炉容量の影響

少する傾向が明らかである[75]。これは，NO_x濃度がバーナ近傍の雰囲気の酸化性に強く依存するのに対して，可燃分の燃焼は火炉の全域において影響を受けることによる。すなわち，火炉が小規模になると相対的に放熱量が増加し，火炉内のガス温度が低下しやすくなり，それにより灰中未燃分濃度が増加したと理解される。

そこで，小型試験炉と他の容量の大きなさまざまな火炉において，同じ石炭種をおもな燃焼条件が同一の下で燃焼し，その際の灰中未燃分濃度を小型試験炉のデータをもとに相対値にしたものを**図5.33**に示す。図に明らかなように，火炉容量（石炭燃焼量）が大きくなるに従い灰中未燃分が減少する。このように，火炉の規模が異なると絶対値が異なる灰中未燃分濃度においても，図のような関係を明らかにしておけば，実機における燃焼特性をより定量的に推定でき，小型試験炉の結果をさらに有効に活用できるようになる。

単一バーナの小型試験炉は実験条件の設定が容易で，流れ場が単純であるのでバーナ形成火炎の燃焼過程の詳細な分析が可能であるなどのメリットがある一方で，複数バーナで構成される実機の燃焼過程の再現には限界がある。そのため，生成石炭灰の形状や比表面積などの物性にも差異が出る。著者らはこれを考慮するため，**図5.34**のような3本のバーナを縦に配列して，実機同様にバーナから横方向に形成した火炎を上部に流入させる試験炉を新たに設置している。複数バーナを縦に配置した意味は，複数バーナの相互干渉はガス流れか

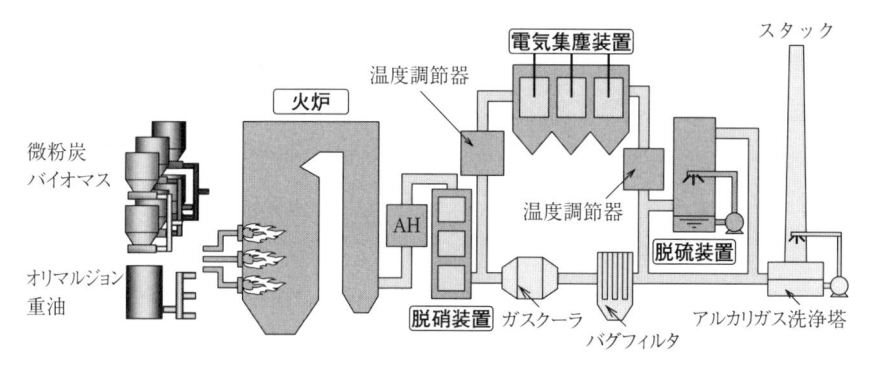

図5.34 石炭燃焼特性実証試験装置の概要

ら見て横方向よりも縦方向が大きいと判断したからである。単一バーナの試験炉と複数バーナの試験炉の結果を有機的に組み合わせることにより，より高い精度で実機を模擬できるようになっている。

5.4 燃焼モデル

　石炭を加熱すると，熱分解によって揮発成分とチャーが生成する。ついで，揮発分とチャーはそれぞれ燃焼して二酸化炭素と水蒸気に転化し，チャー中の無機物は灰分として残る。本節で解説する燃焼モデルの対象は，石炭を粒子径が約 150 μm 以下の微粉に粉砕して燃焼する微粉炭燃焼である。微粉炭燃焼は，おもに発電用のボイラにおいて高温高圧の水蒸気を生成するために，また，ブローパイプにおいて高炉の熱源を生成するために用いられる。

　微粉炭燃焼は，発電用のボイラでは数秒オーダの，ブローパイプでは数百ミリ秒オーダの非常に時間の短いプロセスである。そのため，温度や濃度などの測定から得られる情報には限りがあり，燃焼における種々の現象を理解するためには，モデリングとモデルによる数値解析が有効である。数値解析は伝熱や化学反応などの物理，化学現象を数式によって表すモデリングとモデルを構成する数式を解く過程に分けて考えることができる。対象とする現象のモデルが過去に提案されていればそのモデルを用いることができ，提案されていなければ新たなモデルを構築する必要がある。一方，数式を解く過程は，モデルを構成する数式をいかに正確に解くかが重要である。微分方程式などの多くの数式の解法はすでに提案されており，その中から適した解法を選択することができる。

　本節では，発電用ボイラとブローパイプにおける微粉炭燃焼のモデルとその解法を解説する。微粉炭の熱分解は 5.2 節で，微粉炭チャーの反応モデルは 7.1 節でそれぞれ詳細に解説されており，5.5 節では微粉炭燃焼解析の具体例が解説される。本節では，おもに燃焼モデルとその解法を解説する。なお，著者による石炭の反応器モデリングに関する解説[76]も参考にしていただきたい。

5.4.1 微粉炭の燃焼モデル
〔1〕 石炭の元素組成と発熱量に従う燃焼モデル

微粉炭燃焼を解析する場合，微粉炭の元素組成と工業分析値を厳密に反映しなければならない。微粉炭の元素分析と工業分析を厳密に反映し，このことを前提として微粉炭燃焼の解析法を説明する。微粉炭（pulverized coal：PC）の完全燃焼を最も単純に記述すると，以下の総括反応式（R1）になる。(5.4節と5.5節の使用記号は章末の**表5.5**を参照)

$$PC + O_2 = CO_2 + H_2O + N_2 + SO_2 + Ash + Q_1 \tag{R1}$$

ただし，上式は説明を簡単にするため量論係数を省略し，微粉炭に含まれる窒素の酸化反応を無視しているので注意されたい。Q_1は微粉炭の燃焼熱であり，生成物であるH_2Oが液体の場合は高位発熱量，気体の場合は低位発熱量である。実際の微粉炭燃焼は，石炭中の揮発分（volatile matter：VM）の放出，揮発分の酸化およびチャー（char）の酸化からなる。

$$PC = VM + char(+ash) + Q_2 \tag{R2}$$
$$VM + O_2 = CO_2 + H_2O + N_2 + SO_2 + Q_3 \tag{R3}$$
$$char(+ash) + O_2 = CO_2 + ash + Q_4 \tag{R4}$$

VMは多種多様な化合物の混合物であるが，仮想的な「ある化学種」としても取り扱うことができる。VMを実在する化合物によって表現する方法も考えられるが，その場合は石炭の元素分析と発熱量を厳密に再現できなくなる。VMをある化学種と仮定する方法を解説する。R1 = R2 + R3 + R4であるため，$Q_1 = Q_2 + Q_3 + Q_4$となる。R4を炭素の燃焼とすると，Q_4は容易に求められるが，Q_2とQ_3を求めることができない。しかしながら，VMの比熱（あるいはエンタルピー）を仮定すれば，Q_3とQ_2を順に求めることができる。VMの比熱にはVMと類似の元素組成と分子量をもつ化学種の比熱を用いるのが妥当である。なお，R4は，部分酸化反応とその生成物であるCOの酸化に分割できる。以降に，揮発分の発生（R2），揮発分の酸化（R3），チャーの酸化（R4）について詳しく述べる。

〔2〕 微粉炭の熱分解モデル

アレニウス型反応モデル[77]，二競争反応モデル[78]などの微粉炭熱分解モデルは，簡便であるが，これらによって熱分解の速度と生成物組成が昇温速度に大きく依存することを表現するのは難しい。石炭の高分子構造に基づくモデルである FLASHCHAIN[79] や Chemical Percolation Devolatilization Model（CPD）[80] によれば，昇温速度の影響を考慮できるが，これらを個々の微粉炭粒子の熱分解に適用すると，計算の負荷がきわめて大きくなるので現時点では実用的といえない。近年，Distributed Activation Energy Model（DAEM）[81] や Tabulated-Devolatilization-Process（TPD）モデルによって昇温速度の影響を考慮した例[82]が報告されており，今後の展開が期待される。熱分解モデルは5.2節に詳しく解説されている。

〔3〕 揮発分の燃焼モデル

揮発分の燃焼モデル，すなわち燃料（揮発分）-酸化剤反応のモデルは，揮発分と酸化剤の混合分率の輸送方程式を解いて混合分率から化学種の濃度を求める方法と，反応速度を入力し，化学種の輸送方程式を解いて化学種の濃度を求める方法に大別できる[83],[84]。

混合分率とは，例えば酸化剤を0，燃料を1とし，酸化剤と燃料の混合を0から1の値で表す変数である。混合分率の輸送方程式を解く方法の利点は，反応速度を必要とせず，化学種濃度が揮発分と酸化剤の混合分率によって決まるため，取り扱う化学種の数が増加しても計算負荷がさほど大きくならないことであるが，燃料と酸化剤に一対一の対応がなければ計算できないという欠点もある。そのため，この方法は，燃料と酸化剤に一対一の対応があるガス燃焼や噴霧燃焼の解析に広く用いられる。

一方，化学種の輸送方程式を解く方法の利点は燃料と酸化剤に一対一の対応がなくても化学種の濃度を求めることができることであるが，反応速度を必要とし，加えて，取り扱う化学種の数の増加に伴い計算負荷が増大することが欠点である。

微粉炭燃焼やガス化の解析に混合分率の輸送方程式を解く方法を適用した報

告[85)~87)]もあるが，燃料と酸化剤の対応には，揮発分と酸素に加えてチャーと酸素の対応が含まれるために計算過程が複雑となるとなるので，散見する程度である。微粉炭燃焼では，化学種の輸送方程式を解く方法が広く採用されている。発電用ボイラやブローパイプ内は乱流燃焼場となるため，燃料と酸化剤の反応速度は温度だけでなく燃料と酸化剤の混合にも依存する。そのため，反応速度は，アレニウス型反応モデル[88),89)]によって温度依存性を考慮するばかりでなく，燃料の渦と酸化剤の渦の混合の影響も考慮して反応速度を求める必要がある。乱流場における反応モデルはこれまで数多く提案されているが，乱流モデルに k-ε 二方程式モデルを用いて化学種の輸送方程式を解く場合，しばしば渦消散モデル[90)]が用いられる。渦消散モデルは，燃料と酸化剤の混合律速に加えて生成物が混合を阻害する影響を考慮する。アレニウス型反応モデルと渦消散モデルから推算する反応速度のうち，いずれか小さなものを採用することによって混合律速と反応律速の双方を考慮できる。乱流モデルに k-ε 二方程式モデル[91)]を適用する場合，厳密にはアレニウス型反応モデルを時間平均する必要がある。しかしながら，これは数学的に困難であり，いまだ確立された方法がない。

〔4〕 **微粉炭チャー粒子の酸化反応モデル**

チャーの酸化は，部分酸化反応（R5）と完全酸化反応（R6）による。

$$\mathrm{C(char)} + \frac{1}{2}\mathrm{O_2} \longrightarrow \mathrm{CO} \tag{R5}$$

$$\mathrm{C(char)} + \mathrm{O_2} \longrightarrow \mathrm{CO_2} \tag{R6}$$

Arthur[92)]は，部分酸化反応と完全酸化反応の進行度の比，すなわち，$\mathrm{CO/CO_2}$ 比を温度の関数として予測する式 (5.26) を提案している。

$$\frac{\mathrm{CO}}{\mathrm{CO_2}} = 10^{3.4}\exp\left(\frac{-12\,400}{RT}\right) \tag{5.26}$$

図 5.35 に示すように，式 (5.26) によれば，$\mathrm{CO/CO_2}$ 比は温度とともに大きくなる。一般に，噴流床ボイラ内の微粉炭チャー燃焼は十分に高い温度で行われるので，燃焼モデルでは R5 が用いられる。

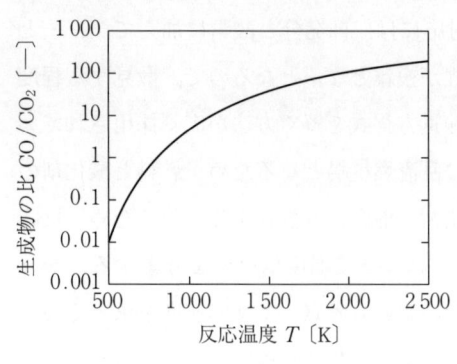

図 5.35 反応温度に対する生成物の比 CO/CO_2

[5] 微粉炭チャー粒子の総括反応速度式

チャーの酸化反応に化学反応速度 r_C と酸化剤の物質移動速度 r_M を考慮する場合の見掛けの反応速度 r は式 (5.27) で表される。物質移動速度は拡散速度と呼ばれることが多いが，ここでは，チャー粒子表面への酸化剤の拡散に加えて生成物の発生により生じる対流が酸化剤の物質移動を阻害する影響も考慮するため，物質移動速度と呼ぶことにする。

$$\frac{1}{r} = \frac{1}{r_C} + \frac{1}{r_M} \tag{5.27}$$

見掛けの反応速度 (r) は，反応温度が低いと化学反応速度にほぼ等しく（化学反応律速度），一方，反応温度が高く物質移動速度にほぼ等しい（物質移動律速）。物質移動に関しては細孔内拡散の影響も考慮すべきであるが，炭種に依存するパラメータを必要とし，普遍的な記述が困難であるため，本書では細孔内拡散は考慮しない。

① **チャー粒子の部分酸化反応速度式** チャー粒子は多孔性であるため，部分酸化反応が粒子の全域で起こると仮定する場合は，式 (5.28) に示す容積反応 (volumetric reaction：VR) モデルを適用できる。

$$r_C = k \cdot p_{O_2} \cdot m_P \tag{5.28}$$

一方，部分酸化反応速度は非常に大きいので，反応がもっぱら粒子表面で起こると仮定すると，式 (5.29) に示す未反応核 (unreacted core：UC) モデルを適用できる。

$$r_C = k \cdot p_{O_2} \cdot S_P \tag{5.29}$$

$$k = A \exp\left(-\frac{E}{RT}\right) \tag{5.30}$$

式 (5.29) と式 (5.30) の k, A および E はそれぞれアレニウス型の反応速度定数, 頻度因子および活性化エネルギーである. 反応速度は, 熱天秤や Drop Tube Furnace (DTF) などの反応器を用いて測定できる[93]. なお, 容積反応モデルと未反応核モデルで頻度因子の単位が異なることに注意されたい. 部分酸化反応モデルには, 容積反応モデルや未反応核モデルのほかにランダムポアモデルや CBK (carbon burnout kinetics) などがあり, それらが用いられる場合もある. チャーの酸化反応モデルは 7.1 節でも詳しく解説されている.

② **チャー粒子表面への酸化剤の物質移動速度**　物質移動速度を推算する数多くの方法が提案されている[94),95)]. しかしながら, 例えばチャー粒子表面への酸素 (O_2) の物質移動については, O_2 の拡散のみを考慮するものばかりである. 著者の知る限り, 簡便でしかも導出過程における仮定が最も少ない Mulcahy と Smith の解析解[96)] が正確である. Mulcahy と Smith は, 酸化剤の拡散のみを考慮した場合の解析解だけでなく, 酸化剤の拡散に加えて生成物による対流とこれによるチャー粒子表面への酸化剤の物質移動阻害を考慮する解析解を提案しており, 微粉炭燃焼やガス化の解析に用いられている[97),98)]. しかしながら, Mulcahy と Smith の解析解を含め, チャー粒子表面への酸化剤の物質移動速度の推算の精度は十分に検討されていない. これは, 単一微粉炭チャー粒子表面への酸化剤の物質移動速度を部分酸化反応が起こっている状態で正確に測定することが事実上不可能なためである.

著者は解析解を求める方法とはまったく異なるアプローチによって酸化剤の物質移動速度の数値解を求めている. すなわち, Mulcahy と Smith[96)] が解析解を提案した二つの場合について部分酸化反応を伴うチャー粒子表面周りを対象とした物質移動と流れの数値解析を行った. その結果, まったく異なる方法による数値解と解析解はほぼ完全に一致した.

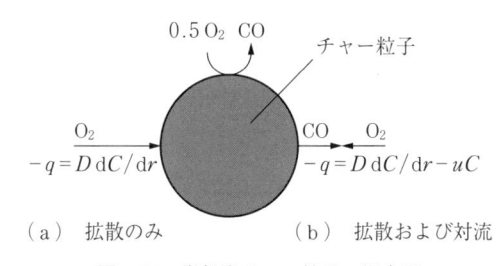

(a) 拡散のみ　$-q = D\,dC/dr$

(b) 拡散および対流　$-q = D\,dC/dr - uC$

$0.5\,O_2$　CO　チャー粒子

図 5.36　微粉炭チャー粒子の概念図

この一致は，MulcahyとSmithの解析解が正確であることを示す[98]。**図5.36**は，反応温度あるいは酸化剤の濃度が高いほど，生成物に起因する対流による酸化剤の物質移動阻害を影響が無視できなくなる[99]ことも示す。

酸化反応が起こっている微粉炭チャー粒子表面への酸化剤の物質移動として拡散のみを考慮する場合，微粉炭チャー粒子表面への物質移動速 r_M^D は式(5.31)によって推算できる。

$$r_M^D \simeq \left(\frac{\rho_0}{\overline{M}}\right)\left(\frac{D_{0,O_2}}{0.5 d_P}\right)\left(\frac{T}{T_0}\right)^{0.75} f_{v,O_2} \cdot S_P \cdot \frac{M_C}{v_{O_2}} \tag{5.31}$$

T は雰囲気ガスの温度，$\overline{M}$ と f_v はそれぞれ雰囲気ガスの平均分子量と体積（モル）分率である。式(5.31)では，基準温度 T_0 における物性値を用いるため，温度に応じて物性値を変更する必要がない。D_0 は多成分系における拡散係数，ρ_0 は雰囲気ガスの密度であり，理想気体の状態方程式を用いて推算する。また，M_C，d_P と S_P はそれぞれチャー粒子の分子量，粒子径と表面積，v は部分酸化反応の酸化剤の量論係数である。

部分酸化反応の生成物に起因する対流が酸化剤のチャー表面への物質移動を阻害する場合，チャー粒子表面への物質移動速度 r_M^C は式(5.32)を用いて推算ができる。

$$r_M^C \simeq \left(\frac{\rho_0}{\overline{M}}\right)\left(\frac{D_{0,O_2}}{0.5 d_P}\right)\left(\frac{T}{T_0}\right)^{0.75} \left[\frac{-\ln(1-\gamma f_{v,O_2})}{\gamma}\right] S_P \frac{M_C}{v_{O_2}} \tag{5.32}$$

式(5.32)右辺の項 $[-\ln(1-\gamma f_v)/\gamma]$ は，拡散のみを考慮する式(5.32)右辺の項 f_v に対応する。γ は以下の式(5.33)で定義されるパラメータである。

$$\gamma \equiv \frac{D}{v_{O_2}} \sum_i \frac{v_i}{D_i} \tag{5.33}$$

D は以下の式(5.34)で示される平均拡散係数である。

$$\frac{p}{D} = \sum_i \frac{p_i}{D_i} \tag{5.34}$$

図5.37に，r_C，r^D および r_M^D の温度依存性を示す。微粉炭の粒子径（d_P）および O_2 の体積分率（f_v）はそれぞれ150 μmおよび0.05とした。反応速度定

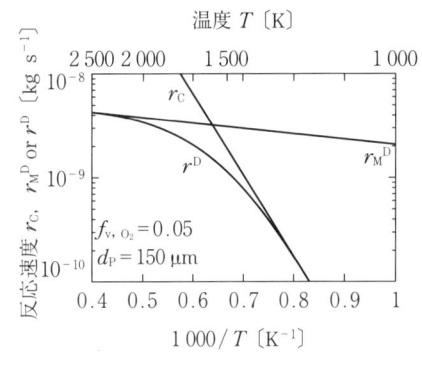

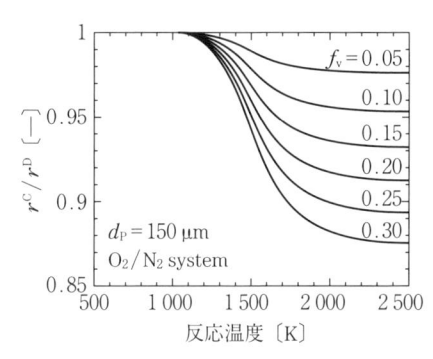

図 5.37 部分酸化反応のアレニウスプロット **図 5.38** 反応温度に対する r^C/r^D

数中の頻度因子と活性化エネルギーには Field の式[100]の値を適用した。r^D は低温では r_C によって決まるが，高温では r_M^D によって決まることがわかる。

図 5.38 に O_2/N_2 系における r^C と r^D の比に及ぼす f_v の影響を示す。$r^C/r^D = 1$ であるときは，化学反応がチャー燃焼を律速するか，あるいは，O_2 の物質移動が律速過程であるが物質移動が生成物に起因する対流によって阻害されないことを意味する。一方，O_2 の物質移動がチャー燃焼を律速し，しかも生成物に起因する対流がチャー粒子表面への O_2 の物質移動をより強く阻害する場合は，阻害が強いほど r^C/r^D が小さくなる。1 200 K 以下の低温では，r^C/r^D は図示した f_v の範囲内でほぼ 1 であるが，1 200 K よりも高温では，温度が高いほど r^C/r^D が小さくなる。また，r^C/r^D は f_v の増加に伴って小さくなる。O_2 の体積分率が大きいほど部分酸化反応の生成物による対流が O_2 の拡散を強く阻害する。

5.4.2 単一微粉炭粒子の燃焼挙動の計算

反応速度解析では，揮発分，チャーそれぞれの反応率を計算することが多い。また，粒子温度あるいは昇温速度を一定と仮定することも多い。しかしながら，微粉炭粒子の燃焼を計算する場合，微粉炭粒子，揮発分および灰分を含むチャー粒子をいずれも対象としなければならない。以下では，微粉炭粒子の

質量と温度を熱流体の流れの計算と練成するための微粉炭粒子あるいはチャー粒子の位置と速度の計算方法についても述べる。

〔1〕 粒子の質量の計算方法

水分や揮発成分の蒸発や化学反応によって粒子の質量が変化するとき，質量 m_p は，質量の保存式 (5.35)，すなわち単位時間当りの質量変化の式から求めることができる。

$$\frac{dm_p}{dt} = -\sum r_j \tag{5.35}$$

上式の右辺は蒸発および質量変化を生じるすべての化学反応の速度の総和である。式 (5.35) には二つの考え方（仮定）がある。一つは揮発分の放出が完了した後にチャーの部分酸化反応が起こるという考え方（逐次モデル）であり，もう一つはこれらが同時に起こるという考え方（並発モデル）である。揮発分放出は数十ミリ秒オーダの短時間に完了する現象であるため，いずれのモデルが妥当かを検証するのは非常に困難であるが，ある報告[101]によれば，逐次モデルよりも同時モデルのほうが実測した炉内の温度分布の再現性が高い。ただし，これは間接的な比較から導き出した結論であるので検討の余地がある。

一般に，粒子径は反応の進行によって変化する。微粉炭粒子の膨張(swelling)が起こる場合，粒子径は揮発分放出に伴って増加し，密度は減少する。膨張をモデル化する場合，粒子径を揮発分放出率（最終的な揮発分に対する質量割合）の関数として記述する。酸化やガス化反応が進行するときは，チャーの粒子径は減少する。体積反応モデルを適用する場合は粒子径が一定のまま密度が減少すると仮定するが，未反応核モデルの場合は密度が一定のまま粒子径が減少すると仮定する。実際の燃焼では，微粉炭チャーの粒子径と密度は，酸化反応によっていずれも減少するので，いずれかの反応モデルが必要にして十分ということはない。石炭の元素組成から粒子径の変化を予測するモデルも提案されているが[103]，今後検討が必要である。

〔2〕 粒子の温度の計算方法

対流伝熱，輻射伝熱および反応熱を考慮すると，微粉炭粒子の温度 T_p は式

(5.36),すなわちエネルギーの保存式(単位時間当りの温度変化の式)から求めることができる。

$$m_\mathrm{P} C_{\mathrm{P,P}} \frac{\mathrm{d}T_\mathrm{P}}{\mathrm{d}t} = Q_\mathrm{conv} + Q_\mathrm{trad} + Q_\mathrm{reac} \tag{5.36}$$

対流伝熱量 Q_conv は式 (5.37) によって求める。

$$Q_\mathrm{conv} = h_\mathrm{conv}(T_\mathrm{f} - T_\mathrm{p}) A_\mathrm{p,surface} \tag{5.37}$$

ここで,h_conv は対流熱伝達係数である。h_conv は,微粉炭粒子を球と仮定し,単一球周りの対流熱伝達の式 (5.38) を適用して推算するのが一般的である。

$$Nu = \frac{h_\mathrm{conv} d_\mathrm{p}}{\lambda_\mathrm{f}} = 2 + 0.6 Re_\mathrm{p}^{1/2} Pr^{1/3} \tag{5.38}$$

輻射伝熱量 Q_trad は式 (5.39) によって与える。

$$Q_\mathrm{trad} = \varepsilon_\mathrm{p}\left(\frac{g}{4} - \sigma T_\mathrm{p}^4\right) A_\mathrm{p,surface} \tag{5.39}$$

ε_p は粒子の放射率,g は入射熱流束である。反応熱 Q_reac は式 (5.40) で示され,蒸発や揮発分放出に伴う熱と反応熱の総和である。

$$Q_\mathrm{reac} = \sum \xi_j r_j \Delta Q_j \tag{5.40}$$

r_j と ΔQ_j は,それぞれ反応速度と反応熱である。反応熱の粒子相への寄与率である ξ_j は反応の種類や条件によって異なるため,高精度の推算は困難である。ξ_j の値は $0 \leq \xi_j \leq 1$ であり,研究者によってまちまちであるが,$0.5 \leq \xi_j \leq 1$ とする場合が多い。著者の経験によれば,反応熱の粒子相への寄与率が計算結果に与える影響は大きい。これは対流伝熱と比較して反応の時間スケールが非常に小さく,粒子の温度と雰囲気温度差が生じるためである。

〔3〕 **粒子の位置の計算方法**

反応器内の粒子の位置 $\mathbf{x}_\mathrm{P}$ は,速度の定義式(単位時間当りの距離の変化の式)である式 (5.41) から求める。

$$\frac{\mathrm{d}\mathbf{x}_\mathrm{P}}{\mathrm{d}t} = \mathbf{u}_\mathrm{P} \tag{5.41}$$

ここで,$\mathbf{u}_\mathrm{P}$ 粒子の速度であり,次項において粒子の速度成分の計算方法を説明する。例えば,流動床内の粒子流動を計算するときは粒子間の衝突を考慮す

る離散要素法(discrete element method:DEM)が用いられるが,噴流床の粒子の運動の計算では粒子間の衝突を考慮しない。これは,噴流床内では粒子の濃度が十分に低いこと,粒子間の衝突を考慮すると計算負荷が膨大になる。ただし,バーナ近傍では粒子濃度が局所的に高い領域が存在することがある。今後,計算機性能の向上とともに,粒子間の衝突が粒子の運動に及ぼす影響がより詳細に考慮,検討されるであろう。

〔4〕 粒子の速度の計算方法

流体抵抗力と重力を考慮すると,$\mathbf{u}_p$ は,式(5.42),すなわち微粉炭粒子の運動方程式(単位時間当りの速度変化の式)から求めることができる。

$$m_p \frac{d\mathbf{u}_p}{dt} = \mathbf{F}_D + \mathbf{F}_g \tag{5.42}$$

右辺の $\mathbf{F}_D$ と $\mathbf{F}_g$ は,それぞれ流体抵抗力と重力である。

$$\mathbf{F}_D = \frac{1}{2} C_D \rho_f |\mathbf{u}_f - \mathbf{u}_p|(\mathbf{u}_f - \mathbf{u}_p) A_{p,\text{project}} \tag{5.43}$$

$$\mathbf{F}_g = m_p \mathbf{g} \tag{5.44}$$

流体抵抗力中の抵抗係数 C_D は,種々が提案されている。著者の知る限り,以下の式(5.45)に示す Crift ら[102]が提案する C_D が広範囲の粒子レイノルズ数において詳細モデル[105]を精度よく再現する。

$$C_D = \frac{24}{Re_p}\left(1 + 0.15 Re_p^{0.687}\right) + \frac{0.42}{1 + 4.25 \times 10^4 Re_p^{-1.16}} \tag{5.45}$$

ここで,図 5.39 に詳細モデル[105]と Crift らが提案する抵抗係数[105]を示す。

乱流流れの乱れは,微粉炭のような小粒子の運動に大きな影響を及ぼすため,これを無視することはできない。式(5.46)に示す $\mathbf{u}_f$ は流体の速度であるが,乱流流れの計算に k-ε 二方程式モデルを

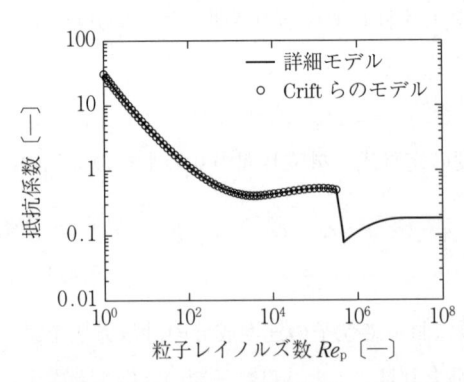

図 5.39 粒子レイノルズ数に対する抵抗係数

適用した場合，時間平均を施した速度 $\bar{\mathbf{u}}_f$ しか得られない。

$$\mathbf{u}_f = \bar{\mathbf{u}}_f + \mathbf{u}'_f \tag{5.46}$$

この問題を解決するには，まず等方性乱流を仮定し，速度成分 $\mathbf{u}_f$ の統計が標準偏差 $= \sigma = \sqrt{2k/3}$ の正規分布（式 (5.47)）に従うとする。例えば，乱数発生アルゴリズムである Mersenne Twister[104] を組み合わせた Box and Muller 法などを用いて任意の速度成分を生成する。

$$f(u_f) = \frac{1}{\sqrt{2\pi}\,\sigma} \exp\left[-\frac{(u_f - \bar{u}_f)^2}{2\sigma^2} \right] \tag{5.47}$$

粒子は，特性長さ L_e（式 (5.48)）の渦を通過する際，時間 t_e（式 (5.49)）だけの影響を受けるものとする[105]。

$$L_e = \frac{C_\mu^{3/4} k^{3/2}}{\varepsilon} \tag{5.48}$$

$$t_e = \frac{L_e}{\sqrt{2k/3}} \tag{5.49}$$

図 5.40 には，$\bar{u} = 10\,\text{m/s}$，$k = 10\,\text{m}^2/\text{s}^2$ として変動成分を 1 000 回発生させた場合の速度成分 u_f を，図 5.41 には u_f の統計量を示す。u_f は正規分布に従うことがわかる。

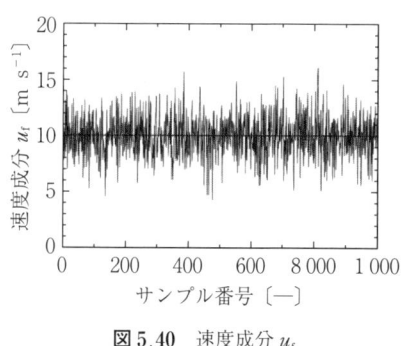

図 5.40　速度成分 u_f

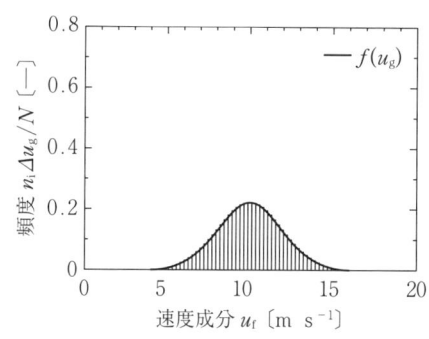

図 5.41　速度成分 u_f の統計量

[5] 常微分方程式の解法

粒子の質量保存式 (5.35)，エネルギーの保存式 (5.36)，速度の定義式 (5.41) および運動方程式 (5.42) は，厳密には連立常微分方程式である。その

ため，粒子の質量，温度，位置および速度を求めるには，LSODE や VODE[106] などの連立常微分方程式の解法が必要である。しかしながら，これらの式を解く場合に用いるタイムステップは，一般には 10^{-6} 〜 10^{-4} 程度と非常に小さいので，式を連立して解く必要はなく，それぞれの常微分方程式の解を求めればよい（連立させて解いてもよいが，計算時間が若干増加する）。常微分方程式は，Runge-Kutta 法や Adams-Bashforth 法などを用いて簡単に求めることができる。著者の経験によれば，計算のタイムステップが小さいため，二次精度程度の解法で十分な精度の計算が可能である。

〔6〕 **熱流体の流れの計算との練成**

これまでに解説してきたのは，微粉炭粒子の燃焼の計算に必要なモデルと解法であり，見方を変えれば，流体が粒子に及ぼす影響を考慮するモデルと解法である。一方，粒子が流体に与える影響は Particle-Source-In Cell（PSI-CELL）モデル[107]を用いて考慮する。熱流体の流れの計算法や，粒子が流体に与える影響を考慮したモデルと解法については，著者による総説[76]を参考にされたい。

5.5 燃焼の数値シミュレーション

石炭燃焼炉内は，乱流における石炭粒子の分散や酸化剤との混合，水分の蒸発，熱分解による揮発分放出，固気反応や気相反応などのさまざまな現象が相互作用を及ぼしながら同時に進行するきわめて複雑な場であるため，未解明な現象も多く，これらの物理モデルによる再現は限定的である。しかしながら，近年の計算機性能の飛躍的向上に伴い，石炭の燃焼場を種々のサブモデルを用いて数値解析を行うことにより評価する手法の研究が盛んに行われるようになってきた[108]〜[110]。本節では，こうした取り組みを解説する。

5.5.1 燃焼場の解析方法

石炭燃焼の数値シミュレーション法は，石炭の燃焼方式によって異なる。図

5.23 にあるように,石炭の燃焼方式は,固定層,移動層,流動層,および気流層(噴流層)に分類されるが,空間中の石炭粒子濃度の違いによっても整理できる。一般的に,石炭粒子濃度は固定層においてが最も高く,気流層において最も低い。数値シミュレーションでは,この特徴に則った解析手法を選択する必要がある。つまり,炉内の石炭を,多孔性の大塊と仮定する場合(固定層~移動層),連続体のような振る舞いをする粉体群とみなす場合(流動層),または,分散相として個別の粒子挙動を追跡できる場合(気流層)に分けられる。それぞれの解析手法は,膨大な理論体系のもとに構築されているため,前二者に関する解析手法の詳述は他(例えば,文献 111))に譲り,本節では,気流層型の燃焼炉を対象とする解析手法とその適用例を解説する。

〔1〕 流れ場の支配方程式

微粉炭燃焼場は混相の乱流燃焼場であるため,乱流を形成する反応流体の支配方程式と石炭微粒子の支配方程式を同時に解く必要がある。乱流の数値解析法を大別すると,直接数値計算(direct numerical simulation:DNS),ラージ・エディ・シミュレーション(large eddy simulation:LES),およびレイノルズ平均ナヴィエ・ストークス(Reynolds-averaged Navier-Stokes:RANS)法があり,**図 5.42** に示すように,前者ほど精度が高い反面,計算負荷が高い。

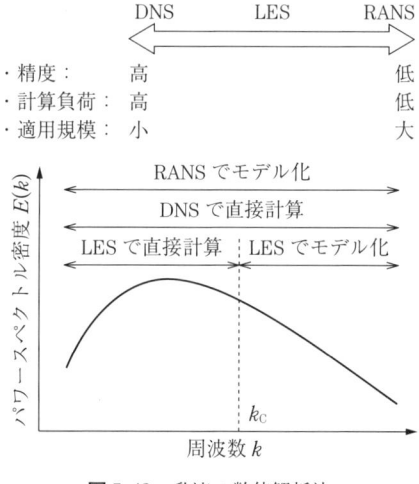

図 5.42 乱流の数値解析法

微粉炭燃焼場の場合は,実験室スケールの小型燃焼炉に対して,ごく近年,LES の適用[112),113)]が図られつつあるが,大スケールの微粉炭燃焼炉を対象とする場合は,いまだに RANS 法が主流である。これは,RANS 法が時間平均(あらゆるスケールの渦をモデル化)した流体の支配方程式の定常解析法であり,

他の手法よりも計算負荷が著しく低いことによる。RANS法において最もよく用いられる乱流モデルは，k-ε二方程式モデル，またはその派生モデルであろう[114)〜116)]。これらを用いる際の連続の式，および，運動量，エネルギー，化学種，乱流エネルギー，渦消散率の各保存式は，次式で表される。

$$\frac{\partial}{\partial x_j}(\rho u_j) = S_{\mathrm{mp}} \tag{5.50}$$

$$\frac{\partial}{\partial x_j}(\rho u_j \phi) - \frac{\partial}{\partial x_j}\left(\Gamma_\phi \frac{\partial \phi}{\partial x_j}\right) = S_\phi + S_{\phi\mathrm{p}} \tag{5.51}$$

ϕは一般化された物理量，すなわち流体速度，エンタルピー，乱流エネルギー，渦消散率，および化学種質量分率を表す。Γ_ϕは輸送係数を，S_ϕは対流項と拡散項以外の生成項を，S_{mp}と$S_{\phi\mathrm{p}}$は相間干渉項を表す。

〔2〕 **粒子の運動方程式**

粒子運動の計算には，オイラー的に連続体の支配方程式を解く手法と，ラグランジュ的に個々の粒子運動を追跡して解く手法がある。前者は，連続相と分散相を同時に収束させることが可能で，しかも連続相と同様に高い並列化効率を得られやすいという利点があるが，計算格子が大規模になると，分散相の計算負荷もそれに比例して高くなる傾向がある。一方後者は，定常解析の場合，流体の収束計算と粒子の追跡計算を交互に行う必要があるため，原理的に完全な収束解が得られないという欠点[117)]を有するが，定式化が容易なことと，代表粒子モデルを用いることで，計算負荷の劇的な低減が可能という利点がある。ただし，代表粒子モデルの使用は，粒子が存在することによる乱流変調や相間熱物質移動の見積もりに悪影響を及ぼすので，体積一定モデルや粒子数一定モデルなどの採用するモデルに応じてパラメータ設定や計算結果の解釈を慎重に行う必要がある[118)]。図5.43に，乱流混合層において，代表粒子モデルが乱流変調や粒子から流体へスカラー移動（蒸発）に及ぼす影響に関するDNSの結果を示す。なお，混相流解析の収束性に関連して，RANS法の一種として，非定常解析（unsteady RANS）法が使用されている。この方法によれば，一定の積分時間で解を統計処理することによって時間平均値が得られるが，時

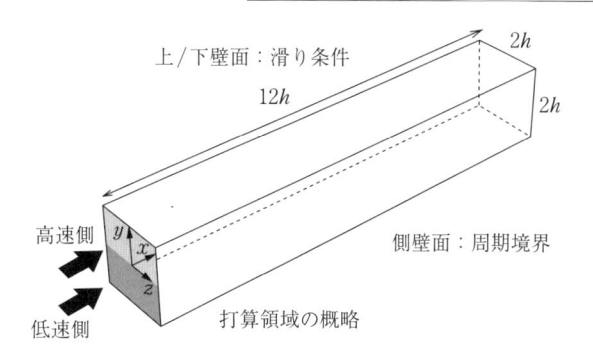

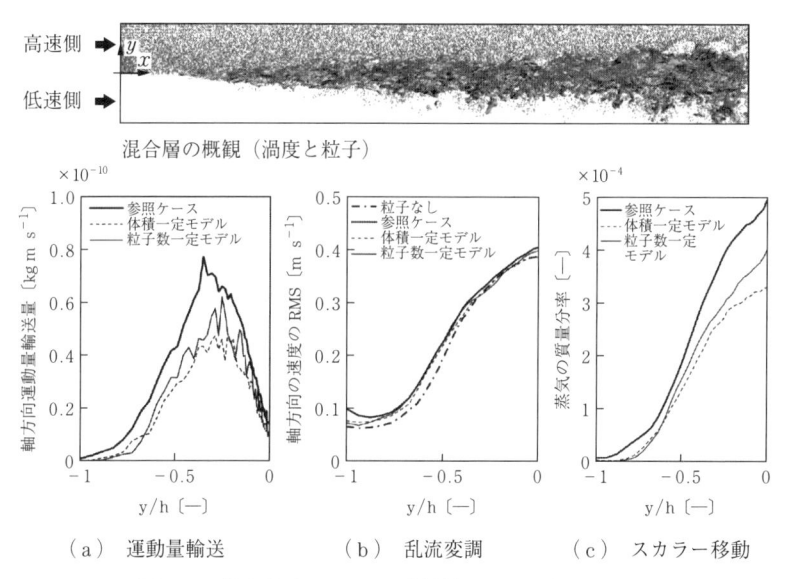

5.5 燃焼の数値シミュレーション

上/下壁面：滑り条件
12h
2h
2h
高速側
低速側
側壁面：周期境界
打算領域の概略

高速側
低速側
混合層の概観（渦度と粒子）

(a) 運動量輸送
(b) 乱流変調
(c) スカラー移動

凡例：参照ケース，体積一定モデル，粒子数一定モデル，粒子なし

図5.43 代表粒子モデルが運動量輸送，乱流変調および相間スカラー移動に及ぼす影響（$x=8h$）[118]

間平均した支配方程式の時間進行というところに曖昧さが残る。粒子運動（質量 m_p，位置 $\mathbf{u}_p$，速度 $\mathbf{x}_p$，および温度 T_p）の支配方程式をつぎに示すが，その詳細は前節と松下らの解説[119]を参照されたい。

$$\frac{d}{dt}m_p = -S_{mp} \tag{5.52}$$

$$\frac{d\mathbf{x}_p}{dt} = \mathbf{u}_p \tag{5.53}$$

$$m_p \frac{d\mathbf{u}_p}{dt} = \mathbf{F}_D + \mathbf{F}_g \tag{5.54}$$

$$m_p C_{p,p} \frac{dT_p}{dt} = Q_{conv} + Q_{rad} + Q_{reac} \tag{5.55}$$

ここで，$\mathbf{F}_D$ と $\mathbf{F}_g$ はそれぞれ流体抵抗力と重力を，$C_{p,p}$ は粒子比熱を，Q_{conv}，Q_{rad} および Q_{reac} はそれぞれ対流伝熱，輻射伝熱および反応の熱量を表す．

〔3〕 輻射伝熱モデル

微粉炭燃焼ボイラにおいて，高温の燃焼ガスから蒸気系への熱移動に最も寄与するのは輻射伝熱である．輻射伝熱計算は，燃焼の数値解析の中でも最も計算負荷の高いものの一つであるため，ガス単相の燃焼場に対しては，optically thin 仮定を置き，局所温度と境界温度との差異のみから輻射熱損失を計算する簡便な手法[120]がとられることが多い．しかしながら，微粉炭燃焼場は，微粉炭やススの寄与を考慮する必要があるため，こうした混相流中の局所的な輻射エネルギーの授受をなんらかのモデルを用いて計算する必要がある．エンタルピー保存式における輻射による生成項は，一般に次式で表される．

$$S_{rad} = \frac{1}{\Delta V} \int_\lambda \left(Q_{absorb,\lambda} - Q_{emit,\lambda} \right) d\lambda \tag{5.56}$$

$Q_{absorb,\lambda}$ と $Q_{emit,\lambda}$ は，波数 λ における輻射エネルギーの吸収量と放射量である．$Q_{emit,\lambda}$ は局所温度と化学種濃度から決まるが，$Q_{absorb,\lambda}$ は輻射強度 I_λ の輸送を計算して決定する必要がある．輻射強度輸送式を解く手法として，RANS 法とのカップリングに多く用いられるのは，Flux 法（Six Flux モデル，P1 モデルなど），Discrete Ordinates（DO）法[121]，Discrete Transfer（DT）法[122]などであろう．次式は微分形の輻射強度輸送式である．

$$(\Omega \cdot \nabla) I_\lambda(r, \Omega) = -(\kappa + \sigma) I_\lambda(r, \Omega) + \kappa I_b(r) \\ + \frac{\sigma}{4\pi} \int_{\Omega'=4\pi} I_\lambda(r, \Omega') \Phi(\Omega' \to \Omega) d\Omega' \tag{5.57}$$

ここで，$I_\lambda(r, \Omega)$ はある方向 Ω の位置ベクトル r における輻射強度，$I_b(r)$ は黒体輻射強度，$\Phi(\Omega' \to \Omega)$ は入射方向 Ω' から射出方向 Ω へのエネルギー輸送相関数，κ と σ はそれぞれ吸収係数と散乱係数である．特に，系の全域で同

一の吸収係数を用いる場合，DT 法は輻射強度が簡単な指数関数で表されるため，計算負荷低減という大きな利点がある．吸収係数が時間や場所の関数となることを考慮する場合は，DT 法では輻射強度の輸送を積分形で取り扱う必要があるため，微分形で取り扱うことが可能な P1 法や DO 法が多く用いられる．DO 法では，エネルギーの進行方向にとった座標系を方向余弦によりカーテシアン座標系へ変換し，次式のように表す．

$$\mu_\mathrm{m}\frac{\partial I^\mathrm{m}}{\partial x}+\xi_\mathrm{m}\frac{\partial I^\mathrm{m}}{\partial y}+\eta_\mathrm{m}\frac{\partial I^\mathrm{m}}{\partial z}=-\beta I^\mathrm{m}+\kappa I_\mathrm{b}+\frac{\sigma}{4\pi}S_\mathrm{m} \tag{5.58}$$

ここで，μ_m，ξ_m および η_m は方向 Ω_m の方向余弦である．この偏微分方程式は，計算格子に離散化し，壁面での輻射強度を境界条件として与えれば，容易に解くことができる．

吸収係数は，計算負荷低減の観点から，従来は波数依存性を無視する灰色解析によって与えられることが多かった．このとき，吸収係数の値は，計算条件に合わせて経験的に決めるか，Leckner 線図[123]などから決めることとなる．一方，吸収係数の波数依存性を考慮する手法を非灰色解析と呼び，重み付き灰色ガス（WSGG）モデル[124]，指数型モデルなどの広域モデル[125), 126)] が用いられる．WSGG モデルでは，燃焼ガス中の CO_2 と H_2O の分圧比に応じて，各灰色バンドの圧力吸収係数と荷重因子が与えられ，波数依存性を考慮した吸収係数が得られる．

〔4〕 微粉炭燃焼モデル

図 5.44 に微粉炭の燃焼過程に関する模式図を示す．微粉炭の燃焼は，水分蒸発，揮発分放出（熱分解），チャー燃焼・ガス化，および気相反応からなる逐次並列過程と認識され，それぞれの反応過程についてのモデルが提案されている．水分蒸発は亜瀝青炭などの高水分炭を使用するときの着火性に影響が大きく，揮発分放出は着火性やバーナ近傍の火炎形成に影響する．また，チャー燃焼は燃焼炉全体の温度分布や燃焼炉出口の灰中未燃分濃度に，気相反応は燃焼炉全体の温度分布や微量な環境影響物質の生成などとそれぞれ密接に関連する．これらについて採用するモデルを決定する際には，サブモデル間の相互作

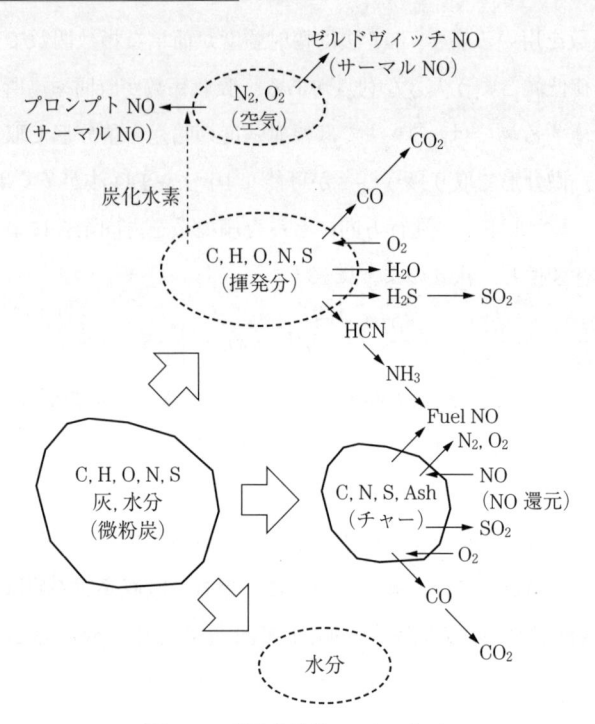

図 5.44 微粉炭燃焼モデルの概略

用を考慮する必要がある。

なお，RANS 法や LES など，いずれかの乱流モデルを用いて流れ場を計算する場合，反応モデルにおいても乱流の影響をモデル化する必要がある。これは，反応と乱流渦の長さ・時間スケールに大きな差異が存在するためである。上述の微粉炭燃焼過程の各反応モデルおよび乱流燃焼モデルの詳細については，松下らの解説[119]を参照されたい。

NO_x や SO_x，PM の生成による環境影響性や H_2S の生成による硫化腐食性，灰粒子による伝熱面へのスラッギング性やファウリング性など，炭素分の燃焼以外の重要な特性を数値解析によって評価する試みがなされている[108]～[110],[127]。特に，低 NO_x 燃焼については，環境規制値と脱硝触媒装置にかかるコストの観点から，最も多くの研究資源が投入されている。微粉炭燃焼により発生する NO_x は，石炭中窒素分の酸化によるフュエル NO_x と空気中の窒

素の酸化によるサーマルNO_xに大別される。フュエルNO_xはNO_x生成量の80％程度を占めるといわれており，フュエルNO_xの低減が低NO_x燃焼の鍵となっている。フュエルNO_xは，熱分解時に揮発分として放出される窒素と，チャー粒子中に残留する窒素に分類できる。前者は主としてHCNあるいはNH_3として気相に放出される。HCNおよびNH_3はそれぞれピリジン型窒素，四級アミン型窒素に，チャー中窒素はピロール型窒素に由来する。石炭中窒素の結合形態は石炭の炭素含有率との相関[128]〜[130]が認められるので，多くの数値解析では，供試炭の燃料比をもとに揮発分窒素とチャー中窒素を定義している。フュエルNO_xの生成モデルには，De Soete[131],[132]，Chenら[133]，Mitchellら[134]によって提案されたHCNやNH_3のNOへの総括転換反応モデルがある。気相では，フュエルNO_xの生成のほかに，拡大ゼルドヴィッチ（Zeldovich）機構に基づくモデル[135]，プロンプトNO_xに関するモデル[131],[136]などを用いて，サーマルNO_xの生成を考慮する。さらに，微粉炭燃焼場では，チャー表面におけるNO_xの触媒還元反応[137]を考慮する必要がある。**図5.45**にNO_x生成反応の模式図を示す。なお，常圧で運転される微粉炭燃焼では，NOをNO_xの代表化学種とすることが多い。

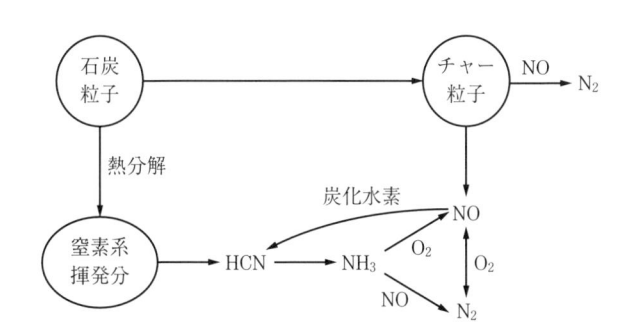

図5.45 NO_x生成モデルの概略

5.5.2 シミュレーションによる燃焼特性評価
〔1〕 対象系と解析方法
数値解析技術を確立するためには，数値モデルや解析手法をさまざまなス

ケールの燃焼炉に適用し，妥当性を検証する必要がある．ここでは，図5.29に示した単一バーナ方式の小型試験炉を解析対象とし，数値解析を検証した結果を述べる．試験炉にはバーナ近傍で速やかなNO_x還元炎を形成する強旋回流型の超低NO_x型バーナ[138]が設置される．この燃焼炉における瀝青炭Aと亜瀝青炭Bの燃焼試験[139]を対象に数値解析を行った[140),141]．解析にはRANS法を採用し，乱流モデルにはRNG k-ε モデル[114]，乱流燃焼モデルにはEddy Dissipation モデル[142]，輻射伝熱モデルにはDT法[122]，揮発分放出モデルにはMitchellら[134]およびHashimotoら[143]のモデル，チャー燃焼モデルにはFieldモデル[144]，各NO生成モデルにはDe Soete[131),132]，Baulch[135]，およびLevy[136]を用いた．石炭投入量は100 kg/h，バーナから3 m後流に設置される二段燃焼空気ポートからの空気量は全投入空気量の30%であるとして解析を行った．図5.46に概略を示す計算格子の格子数は約140 000である．

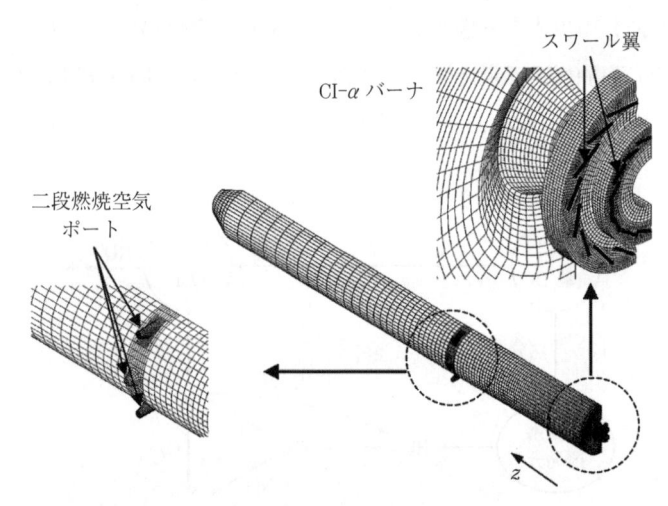

図5.46 石炭燃焼試験炉（計算格子）の概略[140),141]

〔2〕 解析結果

図5.47に，中心軸上のガス温度分布およびNO濃度分布を示す．ガス温度は，バーナ近傍において1 600℃程度まで急速に上昇し，その後，燃焼炉出口に向かって徐々に低下する．一方，NO濃度は，ガス温度の上昇とともに増加

し，極大となる位置はガス温度のそれとほぼ一致するが，その後，二段燃焼空気入口に到達するまでに急速に減少する。これは，揮発分やチャーの燃焼によって生成したNOが，二段燃焼法によって形成される還元炎によりN_2へ還元されるためである。

瀝青炭Aと亜瀝青炭Bをそれぞれ単独で燃焼した場合に加え，両者を混合（混炭）したときの燃焼（混焼）特性も検討した。混焼時やB炭燃焼時は，A炭燃焼時よりもバーナ近傍の火炎温度が低く

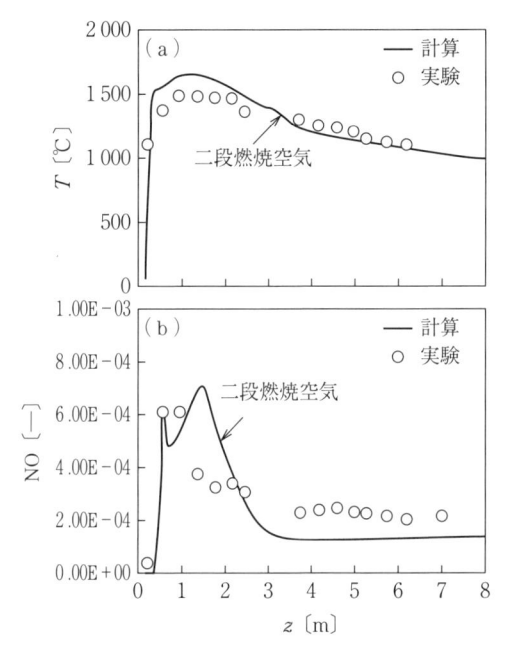

図 5.47 中心軸上（a）ガス温度分布，（b）NO 濃度分布[140]

NO濃度も低いこと，B炭燃焼時は還元雰囲気が弱いためにNOの還元が進みにくく，炉出口のNO濃度はA炭燃焼時よりも高くなる。このような特性は，B炭中に多く含まれる水分に起因すると考えられる。**図5.48**に燃焼炉出口の灰中未燃分濃度を示す。A炭燃焼時の未燃分濃度はB炭燃焼時よりも高い。これは，B炭に含まれる灰分がきわめて少ないためである。一方，混焼では，それぞれの石炭を燃焼したときの未燃分濃度は，全領

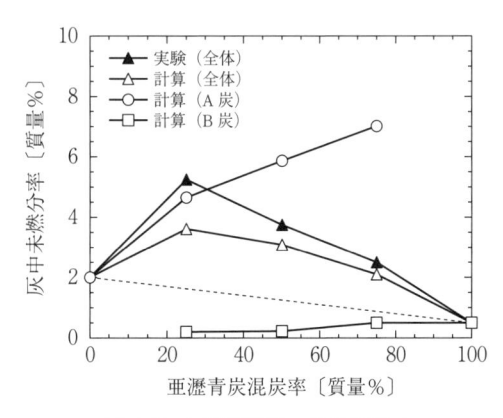

図 5.48 石炭混焼時の燃焼炉出口灰中未燃分率の比較[141]

域で破線の線形補間線よりも高く，A炭の割合が高い領域で極大になる。これは，B炭に含まれる水分がA炭の燃焼性に影響を及ぼすためであり，未燃分濃度の極大が瀝青炭側に偏るのは，全体の未燃分濃度に対するA炭の寄与が大きいためである。このように，本数値解析は混炭の燃焼特性をよく捉えている。

〔3〕 スケールアップの検討

数値解析技術を用いて実用規模の微粉炭燃焼炉の燃焼特性を評価するためには，検討の対象となる系を段階的にスケールアップし，数値モデルや解析手法のスケーラビリティを検証する必要がある。本節では，前節で使用した数値モデルや解析方法を規模が3倍の実証試験炉にそのまま適用したスケールアップ検討例[145]を紹介する。対象系は，小型試験炉と同一の超低NO_x型バーナを3台垂直方向に設置した複数バーナ方式の実証試験炉である（図5.34参照）。供試炭は瀝青炭A（**表**5.4），石炭投入量は300 kg/h，上段バーナから2 m後流に設置される二段燃焼空気ポートからの空気量は，全投入空気量の30%である。計算格子数は約300 000である。計算格子の概略を**図**5.49に示す。

表5.4 供試炭性状[139]

	A炭	B炭
水分〔質量%〕	2.5	41.2
揮発分〔質量%〕	26.6	51.4
固定炭素〔質量%〕	58.0	46.5
灰分〔質量%〕	15.4	2.1
低位発熱量〔MJ/kg〕	27.13	25.20

図5.50にバーナを含む垂直断面のガス温度分布（図(a)）およびNO濃度分布（図(b)）を示す。中段バーナから上段バーナにかけてガス温度の高い領域が形成されるが，ガス温度は二段燃焼ポートから流入する二段燃焼用空気によって急速に低下する様子がわかる。数値解析はこのことをよく捉えている。一方，NO濃度分布に注目すると，試験ではNO濃度の極大値は下段バーナ近傍と上下段バーナの間に現れるのに対して，数値解析では中段バーナ近傍

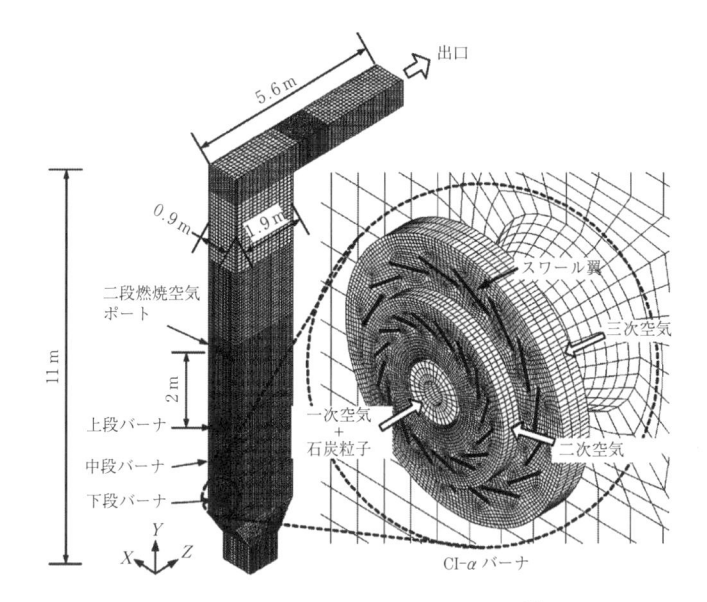

5.5 燃焼の数値シミュレーション 213

図 5.49 実証試験炉の計算格子の概略[145]

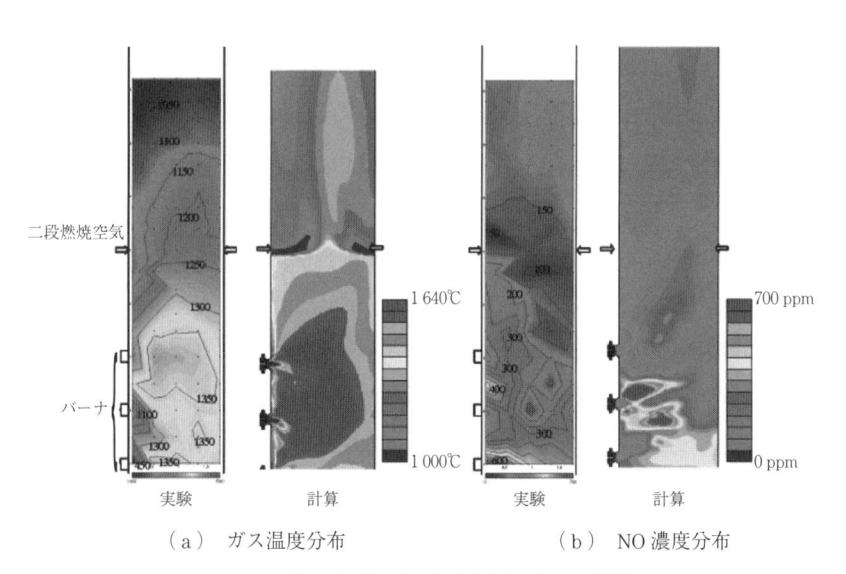

（a） ガス温度分布　　　　　（b） NO 濃度分布

図 5.50 実証試験炉試験と数値解析との比較[145]

にみられるなど,両者には定性的な差異が存在する。NO_x をはじめとする微量成分の生成,消失過程では,反応モデルにおいて考慮する化学種数や経路数,反応速度パラメータなどの直接的因子に加えて,旋回流に伴う滞留時間や乱流変動に伴うガス温度や化学種の非定常変動などの間接的因子も重要であるため,ある系において定めた乱流や反応のパラメータが,他の系にそのまま適用可能かどうかをあらかじめ予想することは困難である。著者らは,現在,火力発電用の実機微粉炭燃焼ボイラを対象に,数値解析の検証を行うとともに,次項で解説するように,乱流モデルの観点から上述の課題を克服するための検討を進めている。

5.5.3 微粉炭燃焼の large-eddy simulation

5.5.1項に述べたように,乱流の解析手法には RANS 法のほかに,DNS と LES がある(図5.42)。DNS は,乱流または反応の最小スケール(Kolmogorov または Bachelor スケール)を解像する必要があるため,計算負荷がきわめて高く,現在の計算機レベルで実用規模の解析を行うことは不可能である。一方,LES は DNS ほどの計算資源を必要としない上に,あらゆる乱流渦のスケールをモデル化して時間平均した支配方程式を解く RANS 法と異なり,完全な非定常の支配方程式を格子解像度以下のスケール(sub grid scale:SGS)の渦のみをモデル化して解く手法であるため,経験的な方法で決定するモデルパラメータを大幅に削減し,格段に汎用性を高めることができる。このため,LES は,実用機器の設計や運用の最適化ツールとして大きく期待されており,計算負荷が低くレーザ計測などにより物理現象の理解が比較的進んでいるガス単相燃焼流への適用が盛んに進められている[146]~[148]。また,混相燃焼流であってもガス燃焼のみを考慮すればよい噴霧燃焼を中心に,DNS による現象解明と LES モデリングが進められている[149]~[151]。微粉炭燃焼については,前述のように考慮すべき物理現象や化学反応が多岐にわたるため,研究例は少ないが,少しずつ適用が進められている[112],[113]。

〔1〕 乱流燃焼モデル

　乱流燃焼モデルは，微粉炭燃焼の LES を行う際に課題となることの一つである。松下ら[119]が指摘しているとおり，アレニウス型反応式を採用するのであれば，RANS 法を適用する場合であっても，これを時間平均するなど，流れ場と反応場の時間スケールをなんらかのモデルにより整合をとる必要がある。他方，LES では，流れ場の計算において考慮する時間スケール（grid scale：GS）と SGS を明確に区別するため，SGS 領域の影響を受ける現象を，GS の情報のみから予測することはできない。そこで，SGS の影響を考慮するために乱流燃焼モデルを用いるわけであるが，ガス燃焼の分野で開発が進められているモデルの多くは，詳細化学反応をいかに低い計算負荷でモデル化するかに焦点が当てられているため，気相反応と固気反応が混在する微粉炭燃焼場に適用可能な乱流燃焼モデルはほとんどなく，今後の研究に期待するところが大きい。

　Yamamoto ら[112]，および Abani ら[153]は，Chalmers 工科大の研究グループが提案する PaSR（partially stirred reactor）モデル[152]を用いて，それぞれ微粉炭噴流火炎，および石炭ガス化の数値解析を行い，着火位置の妥当性検証[112]，および RANS 法との比較[153]を行っている。Watanabe ら[113]は，アレニウス型反応式に対する LES フィルタリングによって SGS の影響を考慮する SSFRR（scalar similarity filtered reaction rate）モデル[154]を用い，前述の小型試験炉を対象に解析の精度検証を行っている。SSFRR モデルでは，アレニウス型反応式 $\dot{\omega}(\rho, Y_k, T)$ を次式のようにモデル化する。

$$\overline{\dot{\omega}}_F = \overline{\dot{\omega}(\rho, Y_k, T)}$$

$$= \dot{\omega}(\bar{\rho}, \tilde{Y}_k, \tilde{T}) + K_1 \left(\overline{\dot{\omega}(\bar{\rho}, \tilde{Y}_k, \tilde{T})} - \dot{\omega}(\bar{\bar{\rho}}, \tilde{\tilde{Y}}_k, \tilde{\tilde{T}}) \right) \quad (5.59)$$

〔2〕 数 値 解 析

　前述の RANS 法による検討と同様に，まずは小型試験炉（図 5.49 参照）を対象に LES の適用を行った[113],[155]。乱流モデルには dynamic Smagorinsky SGS 乱流モデル[156]を，乱流燃焼モデルには SSFRR モデル[154]を用いた。解析条件

における供試炭は瀝青炭A（表5.5），石炭投入量は100 kg/h，バーナから3 m後流に設置される二段燃焼空気ポートからの空気量は全投入空気量の30%である。計算格子数は約3 000 000である。

図5.51に軸方向流速の瞬間分布を示す。図中の軸方向断面分布（図(a)）から，バーナ近傍には再循環流領域が形成されること，半径方向断面分布（図(b)および図(c)）より，半径方向にダイナミックな混合が起こっていることが観察できる。こうしたバーナ近傍の強旋回流における非定常な挙動を解析することにより，微粉炭の着火や火炎の伝播などの本質的に非定常な現象をより詳細に予測することが可能になるものと期待される。図5.52に，バーナの下流0.235 mにおける軸流速の半径方向分布を示す。RANS法は，LESよりも軸方向流速の負のピーク値を過大に見積もるので，再循環流領域の大きさや粒子の滞留時間を過大評価すると思われる。一方，LESは，試験結果の逆流の大きさを精度よく再現する。図5.53に，中心軸上の時間平均のガス温度分布（図(a)）およびNO濃度分布（図(b)）を示す。解析結果は試験結果と定性的に一致することが確認できる。今後は，本LESの解析モデルを用いて，よ

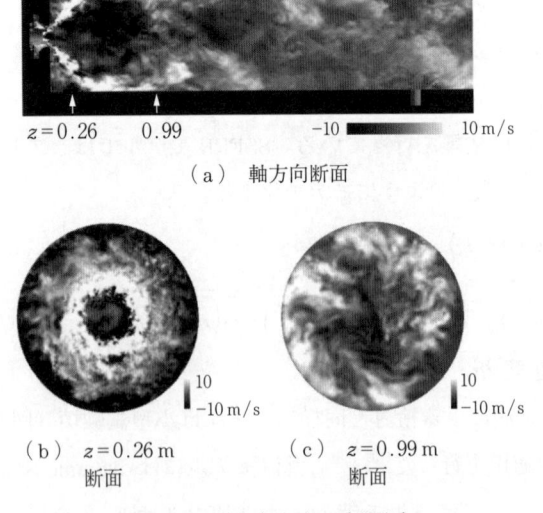

(a) 軸方向断面

(b) $z=0.26$ m 断面

(c) $z=0.99$ m 断面

図5.51　軸方向流速の瞬間分布

り大スケールの燃焼炉の数値解析を実施し，スケーラビリティを確認する必要がある。そのためには，個々の解析モデルの精度向上のみならず，きわめて非線形が強く計算負荷の高い圧縮性反応乱流と分散粒子の支配方程式の非定常解をいかに効率よく導くか，という計算科学的視点からの

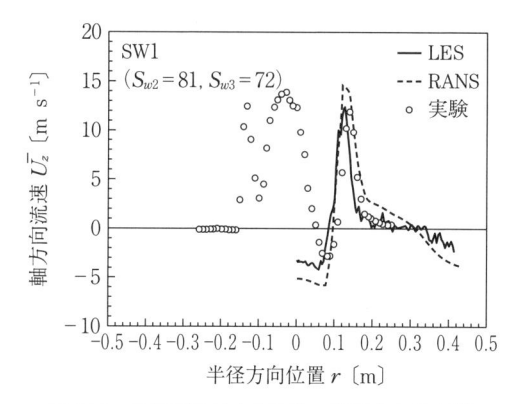

図 5.52 時間平均軸方向流速の半径方向分布[155]

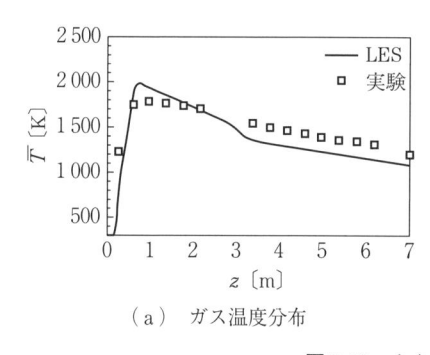

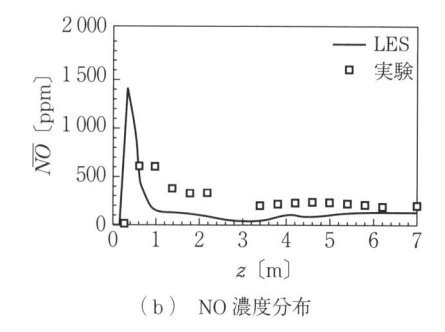

(a) ガス温度分布

(b) NO 濃度分布

図 5.53 中心軸上の時間平均

研究成果をも取り入れながら，研究開発を進める必要がある。

本節では，微粉炭燃焼の数値解析について解説した。実測が困難な燃焼場の詳細な情報が得られる数値解析は，今後の研究開発の主要なツールとなり得る。数値解析を実スケール燃焼炉へ適用すること自体は容易であるが，採用する解析手法によっては，設定が必要なモデルパラメータに汎用性がなく，現実と乖離した解を得てしまう可能性がある。解析手法の適用可能範囲を見極めると同時に，計算科学分野を含む，より汎用性の高い解析手法の開発を着実に進める必要がある。各分野におけるいっそうの研究の進展を期待したい。

表5.5　5.4節・5.5節の使用記号

種別	記号	意味	単位
アルファベット	A	面積	[m^2]
	C_D	抵抗係数	[—]
	C_p	比熱	[$J\,kg^{-1}\,K^{-1}$]
	d	粒子径	[m]
	$\mathbf{F}$	力	[$kg\,m\,s^{-2}$]
	$\mathbf{g}$	重力加速度	[$m\,s^{-2}$]
	g	入射熱流束	[$W\,m^{-2}$]
	h	対流熱伝達係数	[$W\,m^{-2}\,K^{-1}$]
	I	輻射強度	[$W\,m^{-2}$]
	k	乱流エネルギー	[$m^2 s^{-2}$]
	L	特性長さ	[m]
	M	分子量	[$kg\,kmol^{-1}$]
	m	質量	[kg]
	Nu	ヌッセルト数	[—]
	p	圧力	[Pa]
	Q	熱量	[W]
	Re	レイノルズ数	[—]
	Pr	プラントル数	[—]
	r	化学反応速度	[$kg\,m^{-3}\,s^{-1}$]
	S	生成項	
	T	温度	[K]
	t	時間	[s]
	$\mathbf{u}$	速度	[$m\,s^{-1}$]
	V	容積	[m^3]
	$\mathbf{x}$	位置	[m]
	Y	質量分率	[—]
ギリシャ文字	Γ	輸送係数	
	ε	乱流エネルギーの消散率	[$m^2 s^{-3}$]
	ε	放射率	[—]
	κ	吸収係数	[m^{-1}]
	λ	熱伝導率	[$W\,m^{-1}\,K^{-1}$]
	μ	粘性係数	[Pa·s]
	ν	量論係数	[—]
	ξ	反応の寄与率	[—]
	ρ	密度	[$kg\,m^{-3}$]
	σ	ステファン・ボルツマン定数	[$W\,m^{-2}\cdot K^{-4}$]
	σ	散乱係数	[m^{-1}]
	$\dot{\omega}$	反応速度	[$kg\,m^{-3}\,s^{-1}$]
	Ω	射出方向	[m]
	Ω'	入射方向	[m]
下付き文字	absorb	吸収	
	b	黒体	

表5.5 (つづき)

種別	記号	意味	単位
下付き文字	conv	対流伝熱	
	D	抵抗力	
	e	渦	
	emit	放射	
	F	燃料	
	f	流体	
	g	重力	
	i, k	化学種の番号	
	j	化学反応の番号	
	j	座標	
	p	粒子	
	project	投影	
	reac	反応	
	surface	表面	
	trad	輻射伝熱	
	ϕ	一般物理量	
	λ	波数	

引用・参考文献

1) M. R. Kahn:Fuel, **89**, p.1522〜1531 (1989)
2) J. B. Howard:In Chemistry of Coal Utilization, M. A. Elliot, Ed., Wiley, New York, 2nd supplement (1981)
3) J. R. Gibbins-Matham and R. Kandiyoti:Energy Fuels, **2**, p.505〜511 (1988)
4) 松井久次, 山内茂行, 許 維春:燃料協会誌, **70**, p.81〜87 (1990)
5) W. Xu and A. Tomita:Fuel, **66**, p.627〜631 (1987)
6) K. Miura, K. Mae, S. Asaoka, T. Yoshimura and K. Hashimoto:Energy Fuels, **5**, p.340〜346 (1991)
7) J.-i. Hayashi, S. Amamoto, K. Kusakabe and S. Morooka:Energy Fuels, **9**, p.290〜294 (1995)
8) J.-i. Hayashi, H. Takahashi, M. Iwatsuki, A. Essaki, A. Tsutsumi and T. Chiba:Fuel, **79**, p.439〜447 (2000)
9) J.-i. Hayashi, K. Norinaga, T. Yamashita and T. Chiba:Energy Fuels, **13**, p.611〜616 (1999)
10) 三浦孝一, 前 一広, 中川浩行, 内山元志, 橋本健治:日本エネルギー学会誌,

71, p.107 (1992)
11) C. Sathe, J.-i. Hayashi and C.-Z. Li：Fuel, 81, p.1711 ～ 1178 (2002)
12) N. Sonoyama and J.-i. Hayashi：Fuel, dx.doi.org/10.1016/j.fuel.2012.04.023 (2012)
13) J.-i. Hayashi, M. Iwatsuki, K. Morishita, A. Tsutsumi, C.-Z. Li and T. Chiba：Fuel, 81, p.1977 ～ 1987 (2002)
14) J.-i. Hayashi, T. Kawakami, T. Taniguchi, K. Kusakabe and S. Morooka：Energy Fuels, 7, p.57 ～ 66 (1993)
15) J. D. Freihaut and D. J. Seery：Prepr. Am. Chem. Soc. Div. Fuel Chem., 28, p.265 ～ 277 (1983)
16) O. Masek, M. Konno, S. Hosokai, N. Sonoyama, K. Norinaga and J.-i. Hayashi：Biomass Bioenergy, 32, p.78 (2008)
17) 則永行庸, 庄司哲也, 林潤一郎：日本エネルギー学会誌, 90, p.107 ～ 113 (2011)
18) O. Mašek, N. Sonoyama, E. Ohtsubo, S. Hosokai, C.-Z. Li, T. Chiba and J.-i. Hayashi：Fuel Process. Tech., 88, p.179 ～ 185 (2007)
19) S. Hosokai, K. Kishimoto, K. Norinaga, C.-Z. Li and J.-i. Hayashi：Energy Fuels, 24, p.2900 ～ 2909 (2010)
20) T. Matsuhara, K. Norinaga, K. Matsuoka, C.-Z. Li and J.-i. Hayashi：Energy Fuels, 24, p.76 ～ 83 (2010)
21) B. Bazardorj, N. Sonoyama, S. Hosokai, T. Shimada, J.-i. Hayashi, C.-Z. Li and T. Chiba：Fuel, 85, 340 ～ 349 (2006)
22) C.-Z. Li：Fuel, 86, p.1664 ～ 1683 (2007)
23) S. Kudo, K. Sugiyama, K. Norinaga, C.-Z. Li, T. Akiyama and J.-i. Hayashi：Fuel, 103, p.64 ～ 72 (2013)
24) J.-i. Hayashi, S. Doi, H. Takahashi, H. Kumagai and T. Chiba：Energy Fuels, 14, p.400 ～ 408 (2000)
25) C. Sathe, Y. Pang and C.-Z. Li：Energy Fuels, 13, p.748 ～ 755 (1999)
26) K. Jamil, J.-i. Hayashi and C.-Z. Li：Fuel, 83, p.833 ～ 843 (2004)
27) C. Sathe, J.-i. Hayashi and C.-Z. Li：Fuel, 82, p.1491 ～ 1497 (2003)
28) S. Hosokai, K. Kumabe, M. Ohshita, K. Norinaga, C.-Z. Li and J.-i. Hayashi,：Fuel, 87, p.2914 ～ 2922 (2008)
29) O. Masšek, S. Hosokai, K. Norinaga, C.-Z. Li and J.-i. Hayashi：Energy Fuels, 23, p.4496 ～ 5001 (2009)
30) D. M. Quyn, H. Wu and C.-Z. Li：Fuel, 81, p.143 ～ 149 (2002)

31) H. Juntgen : In Fundamentals of Coal Combustion, p.203, Elsevier, Amsterdam (1993)
32) P. R. Solomon, M. A. Serio and E. M. Suuberg : Prog. Energy Combust. Sci., **18**, p.133 (1992)
33) 前 一広：日本エネルギー学会誌, **75**, p.167 (1996)
34) 例えば, 神戸博太郎, 小澤丈夫編：新版熱分析, p.58, 講談社サイエンティフィク (1992)
35) H. L. Friedman : J. Polymer Sci., Part C, No.6, p.183 (1963)
36) 須納瀬司, 赤平武雄：千葉工大研究時報, No.16, p.22 (1971)
37) A. W. Coats and J. P. Redfern : Nature, **201**, p.68 (1964)
38) D. B. Anthony and J. B. Howard : AIChE J., **22**, p.625 (1976)
39) 三浦孝一, 前 一広：化学工学論文集, **20**, p.733 (1994)
40) E. M. Suuberg, W. A. Peters and J. B. Howard : Ind. Eng. Chem. Process Des. Dev., **17**, p.37 (1978)
41) P. K. Agarwal, J. B. Agnew, N. Ravindran and R. Weimann : Fuel, **66**, p. 1097 (1987)
42) M. A. Serio, D. G. Hamblen, J. R. Markham and P. R. Solomon : Energy & Fuels, **1**, p.138 (1987)
43) V. Vand : Proc. Phys. Soc. (London), **A55**, p.222 (1943)
44) G. Pitt : Fuel, **41**, p.267 (1962)
45) K. Miura : Energy & Fuels, **9**, p.302 (1995)
46) K. Miura and T. Maki : Energy & Fuels, **12**, p.864 (1998)
47) T. Maki, A. Takatsuno and K. Miura : Energy & Fuels, **11**, p.972 (1997)
48) A. K. Burnham and R. L. Braun : Energy & Fuels, **13**, p. 1 (1999)
49) A. Arenillias, F. Rubiera, C. Pevida and J. J. Pis : J. Anal. Appl. Pyrolysis, **58**〜**59**, p.685 (2001)
50) S. A. Scott, J. S. Dennis, J. Davidson and A. N. Hayhurst : Fuel, **85**, p. 1248 (2006)
51) C. Zeng, S. Clayton, H. Wu, J. Hayashi and C-Z. Li : Energy & Fuels, **21**, p.399 (2007)
52) G. Wang, W. Li, B. Li and H. Chen : Fuel, **87**, p.552 (2007)
53) B. Adnadevic and B. Jankovic : Ind. Eng. Chem. Res., **48**, p.1420 (2009)
54) Z. Li, C. Kiu, Z. Chwn, J. Qian, W. Zhao and Q. Zhu : Bioresource Technology, **100**, p.948 (2009)
55) J. Giuntoli, W. De Jong, S. Arvelakis, H. Spliethoff and A. H. M. Verkooijan : J. Anal. Appl. Pyrolysis, **85**, p.301 (2009)
56) B. Jankovic and S. Mentus : Metallur. and Materials Trans., **40A**, p.3 (March 2009)

57) G. R. Gavalas, P. H.-K. Cheong and R. Jain : Ind. Eng. Chem. Fundam., **20**, p.113 (1981)
58) G. R. Gavalas, R. Jain and P. H.-K. Cheong : Ind. Eng. Chem. Fundam., **20**, p.122 (1981)
59) P. R. Solomon, D. G. Hamblen, R. M. Carangelo, M. A. Serio and G. V. Deshpande : Energy & Fuels, **2**, p.405 (1988)
60) A. R. Kerstein and S. Niksa : Macromol., **20**, p.1811 (1987)
61) S. Niksa and A. R. Kerstein : Energy & Fuels, **5**, p.647 (1991)
62) D. M. Grant, R. J. Pugmire, T. H. Fletcher and A. R. Kerstein : Energy & Fuels, **3**, 175 (1989)
63) T. H. Fletcher, A. R. Kerstein, R. J. Pugmire and D. M. Grant : Energy & Fuels, **4**, p.54 (1990)
64) T. H. Fletcher, A. R. Kerstein, R. J. Pugmire, M. S. Solum and D. M. Grant : Energy & Fuels, **6**, 414 (1992)
65) K. Lee Smith, L. D. Smoot and T. H. Fletcher : Coal Science and Technology 20, 131, Elsevier (1993)
66) 林潤一郎:化学工学シンポジウムシリーズ48, 21世紀を目指す石炭利用技術, 43 (1995)
67) P. R. Solomon, P. E. Best, Z. Z. Yu and S. Charpenay : Energy & Fuels, **6**, p.143 (1992)
68) S. Niksa : Energy & Fuels, **4**, p.673 (1991)
69) M. E. Fisher and J. W. Essam : J. Math. Physics, **4**, p.609 (1961)
70) 則永行庸, 庄司哲也, 林 潤一郎:日本エネルギー学会誌, **90**, p.107 (2011)
71) 内藤牧男, 牧野尚夫:初歩から学ぶ粉体技術, p.160, 森北出版 (2011)
72) 牧野尚夫, 木本政義, 気駕尚志, 遠藤喜彦:微粉炭用新型低NO_xバーナの開発, 火力原子力発電, **48**, p.64〜72 (1997)
73) 牧野尚夫, 木本政義:微粉炭燃焼に伴うNO_xの低減技術, 化学工学論文集, **20** (6), p.747〜757 (1994)
74) 牧野尚夫, 佐藤幹夫, 木本政義:微粉炭燃焼時のNO_x・灰中未燃分排出特性に及ぼす石炭性状の影響, 日本エネルギー学会誌, **73** (10), p.906〜913 (1995)
75) 牧野尚夫:微粉炭燃焼に伴うNO_x・灰中未燃分の排出特性とその低減技術, 京都大学学位論文 (1995)
76) 松下洋介:日本エネルギー学会誌, **90**, p.1321 (2011)
77) L. D. Smoot and P. J. Smith : Coal Combustion and Gasification, Plenum Press

(1985)

78) S. K. Ubhayalar, et al.：The Combustion Institute, **16**, p.427（1976）
79) S. Niksa and A. R. Kerstein：Energy & Fuel, **5**, p.647（1991）
80) CPD, http://www.et.byu.edu/~tom/cpd/cpdcodes.html（2012/10/10 参照）
81) D. B. Anthony and J. B. Howard：AIChE J., **22**, p.625（1976）
82) 橋本　望：電力中央研究所報告書，M07006（2007）
83) H. Versteeg and W. Malalasekra：An Introduction to Computational Fluid Dynamics: The Finite Volume Method, 2nd ed., Prentice Hall（2007）
84) 松下洋介ほか：数値流体力学，森北出版（2011）
85) C. Chen, et al.：Chem. Eng. Sci., **55**, p.3875（2000）
86) C. Chen, et al.：Chem. Eng. Sci., **55**, p.3884（2000）
87) C. Chen, et al.：Fuel, **80**, p.1513（2001）
88) C. K. Westbrook and F. L. Dryer：Comb. Sci. Tech., **27**, p.31（1981）
89) T. P. Coffee：Comb., Sci., Tech., **43**, p.333（1985）
90) B. F. Magnussen and B. H. Hjertager：The Combustion Institute, **16**, p.719（1976）
91) W. P. Jones and B. E. Launder：Int. J. Heat Mass Transfer, **15**, p.301（1972）
92) J. R. Arthur：Trans. Faraday Soc., **47**, p.164（1951）
93) S. Umemoto, et al.：Fuel, **103**, p.14（2013）
94) L. D. Smoot and P. J. Smith：Coal Combustion and Gasification, 77（1985）
95) W. Bartok and A. F. Sarofim：Fossil Fuel Combustion, 653（1991）
96) M. F. R. Mulcahy and I. W. Smith：Rev. Pure and Appl. Chem., **19**, p.81（1969）
97) H. Aoki, et al.：Trans., JSME, Series B, **57**, p.2152（1991）
98) H. Tominaga, et al.：IFRF Journal, 200004（2000）
99) Y. Matsushita, et al.：Proc. 4th European Combustion Meeting, P811420（2009）
100) M. A. Field：Combust. Flame, **13**, 237（1969）
101) 阿蘇谷利光：化学工学会第 42 回講演要旨集，J119（2010）
102) T. Yamashita and A. Akimoto：Proceedings of the International Coal Science and Technology, 3D05（2005）
103) R. Clift, et al.：Bubbles, Drops, and Particles, Dover（1978）
104) Mersenne Twister, http://www.math.sci.hiroshima-u.ac.jp/~m-mat/MT/mt.html（2012/10/10 確認）
105) J.-S. Shuen, et al.：AIChE J., **29**（1），p.167（1983）
106) http://computation.llnl.gov/casc/software.html
107) C. T. Crowe, et al.：Trans. ASME, J. Fluid Eng., **99**, p.325（1977）

108) 粉体工学会編：粉体シミュレーション入門，産業図書（1998）
109) J. Li, et al.：EnergyFuels, **26**, p.926（2012）
110) H. B. Vuthaluru, et al.：Appl. Thermal Eng., **31**, p.1368（2011）
111) H. Zhou, et al.：Energy Fuels, **25**, p.2004（2011）
112) K. Yamamoto, et al.：Proc. Combust. Inst., **33**, p.1771（2011）
113) H. Watanabe, et al.：in Turbulence, Heat and Mass Transfer, **6**, p.1027（2009）
114) B. E. Launder and D. B. Spalding：Comput. Meth. Appl. Mech. Eng., **3**, p.269（1974）
115) V. Yakhot and S. A. Orszag：J. Sci. Comput., **1**, p.1（1986）
116) T. H. Shih, et al.：Comput. Fuids, **24**, p.227（1995）
117) M. Agraniotis, et al.：Fuel, 89, p.3693（2010）
118) M. Muto and H. Watanabe：Proc. ICLASS 2012（2012）
119) 松下洋介：日本エネルギー学会誌，**90**, p.1321（2011）
120) R. S. Barlow, et al.：Combust. Flame, **127**, p.2102（2001）
121) W. A. Fiveland：J. Thermophys., **2**, p.309（1988）
122) F. C. Lockwood and N. G. Shah：Proc. Symp.（int.）Combust., **8**, p.1405（1981）
123) B. Leckner：Combust. Flame, **19**, p.33（1972）
124) H. C. Hottel：in Heat Transmission, McGraw-Hill（1954）
125) D. K. Edwards, et al.：ASME J. Heat Transfer, **89**, p.219（1967）
126) D. K. Edwards：in Advances in Heat Transfer, **12**, p.115（1976）
127) 渡邊裕章ほか：電力中央研究所報告，M09004（2010）
128) S. R. Keleman, et al.：Am. Chem. Soc. Div. of Fuel Chem., **38**, p.384（1993）
129) P. F. Nelson, et al.：Proc. Symp.（int.）Combust., **24**, p.1259（1992）
130) W. Wojtowicz, et al.：Fuel Process. Tech., **34**, p.1（1993）
131) G. G. De Soete：Proc. Symp.（int.）Combust., **16**, p.1093（1976）
132) G. G. De Soete：Proc. Symp.（int.）Combust., **23**, p.1257（1990）
133) W. Chem, et al.：Energy Fuels, **10**, p.1036（1996）
134) J. W. Mitchell and J. M. Tarbell：AIChE J., **28**, p.302（1982）
135) Baulch, et al.：in Evaluated kinetic data for high temperature reactions, Butterworth（1973）
136) B. Bedat, et al.：Combust. Flame, **119**, p.69（1999）
137) J. M. Levy, et al.：Proc. Symp.（int.）Combust., **18**, p.111（1981）
138) H. Makino, et al.：Proc. the MEGA Symp., **2**, p.11（1999）
139) 池田道隆ほか：電力中央研究所報告，W00017（2001）
140) R. Kurose：Fuel, **83**, p.693（2004）

141) 橋本望ほか：電力中央研究所報告, M10003（2011）
142) B. F. Magnussen and B. H. Hjertager：Proc. Symp.（int.）Combust., **16**, p.719（1976）
143) N. Hashimoto, et al.：Combust. Flame., **159**, p.353（2012）
144) M. A. Field：Combust. Flame, **13**, p.237（1969）
145) N. Hashimoto, et al.：Energy Fuels, **21**, p.1950（2007）
146) H. Pitsch and H. Steiner：Phys. Fluids, **12**, p.2541（2000）
147) C. D. Pierce and P. Moin：J. Fluid Mech., **504**, p.73（2004）
148) L. Selle, et al.：Combust. Flame, **137**, p.489（2004）
149) A. Fujita, et al.：Fuel, in press
150) H. Watanabe, et al.：Combust. Flame, **152**, p.2（2008）
151) E. Knudsen and H. Pitsch：CTR Annu. Res. Briefs, 337（2010）
152) F. P. Karrholm：PhD thesis of Charlmers Univ. Technol.（2008）
153) N. Abani and A. F. Ghoniem：Fuel, in press
154) P. E. Desjardin and S. H. Frankel：Phys. Fluids, **10**, p.2298（1998）
155) H. Watanabe, et al.：J. Env. Eng., **4**, p.1（2009）
156) P. Moin, et al.：Phys. Fluids, **3**, p.2746（1991）

6. 乾　　　留

6.1 コ ー ク ス

6.1.1 乾 留 と は

　乾留とは，石炭などの固体有機物を空気を絶って加熱して熱分解反応を起こさせ，揮発性物質を発生させて不揮発性固体と分けることをいう。石炭を乾留すると，ガス，タール，水などが発生し，コークスまたはチャーと呼ばれる炭素質の固体が残る。

　乾留に相当する英語は carbonization であるが，carbonization の訳語としては，炭化あるいは炭素化のほうが一般的である。乾留は dry distillation の訳語と思われる。これはガスやタールを得る目的で石炭を炭化していたときに使われた言葉であるが，石炭の炭化については乾留という術語が伝統的に用いられている。

　現在では，石炭の乾留は，大部分，冶金用コークスを得ることを主目的として行われている。冶金用コークスの品質としては，成分などの化学的特性もさることながら，所定の粒度をもち粉化しにくいことが重要である。そのためには，粉化衝撃に耐える構造と物性をもつことが必要である。

　冶金用コークスはおもに室炉式コークス炉で粘結炭（乾留すると粉でなく塊になる石炭，caking coal）を乾留して製造されている。粘結炭を乾留すると，有機高分子構造の熱分解反応が起こるが，それに伴ってさまざまな物理現象が起こる。400℃前後から石炭が軟化し，気泡ができて膨張して粒子が接着し，

多孔質の塊が形成される。500℃前後で再固化し，それ以降は収縮してより緻密な構造になるが，一方，収縮の歪みにより亀裂が生成する。これらの物理現象を利用して，硬く欠陥が少なく，かつ適当な粒度のコークス構造を形成させることが冶金用コークス製造では重要であるので，本節ではおもに乾留の物理的側面について述べる。

6.1.2 乾留反応

〔1〕 乾留反応モデル

粘結炭の軟化開始は，石炭にもともと含まれる低分子成分の軟化によると考えられているが，本格的な軟化は石炭の高分子構造の熱分解による。乾留発生ガスの測定例を**図 6.1**[1)]に示す。500℃前後でタールの発生が終了し，再固化する。メタンなどはさらに発生を続けるが，700℃前後には発生が終了する。水素の発生は700〜800℃で最大となるが，その後も継続する。

Krevelenらは石炭の熱分解反応を，粘結炭の場合について，簡略化してつ

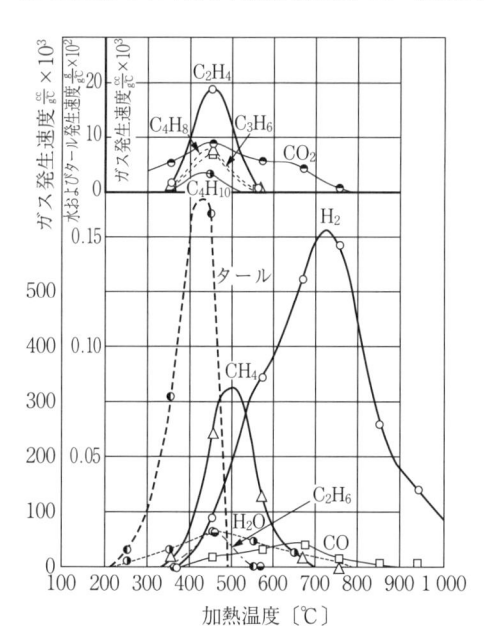

図 6.1 石炭乾留により発生するガスとタールの発生速度の温度による変化（夕張炭）[1)]

ぎのような逐次反応としてモデル化している[2]。

Ⅰ　粘結炭 → メタプラスト
Ⅱ　メタプラスト → セミコークス+一次ガス
Ⅲ　セミコークス → コークス+二次ガス

反応Ⅰは石炭の解重合反応であり，生成する不安定な低分子を総称してメタプラストと呼び，これが石炭の軟化挙動の原因であるとしている。反応過程でメタプラスト濃度はしだいに増加し，最大値を経由して減少し，ついにはゼロとなって石炭は再固化する。メタプラスト濃度が最大の時点で石炭の粘度が最小になる。さらに，メタプラストにより軟化した石炭中に発生ガスの気泡が生成し成長することにより石炭は膨張する。

　一定速度で昇温した場合の現象について，種々の実験データを用いて数学的に検討した結果，メタプラスト濃度は昇温速度を大きくしても一定であることがわかった[3]。しかし，濃度が最大になる温度が上昇するので，粘度は低下し，また，単位時間当りのガス発生速度が増加するため，気泡の生成・成長が促進され膨張率が増加すると結論された。

　生成したメタプラストの一部は石炭粒子外に移動するが，昇温速度が大きいとメタプラスト発生速度が大きくなり，粒子内拡散が追いつかず，粒子内メタプラスト濃度が上昇して粘度が低下する可能性も考えられる。

　また，昇温速度が大きくなると反応がより高温で起こるようになり，その結果反応速度が増大するが，活性化エネルギーの大きい分解反応のほうが架橋反応より反応速度がより増大することの影響も考えられている（特に低石炭化度炭の場合）[4]。

〔2〕**反　応　熱**

　乾留反応熱は，コークス炉の消費熱量に影響する。**図6.2**に石炭とその炭化物の比熱の測定例を示す[5]。石炭の比熱と炭化物の比熱の差が反応熱であり，軟化温度域では吸熱で，より高温では発熱と考えられる。その結果，有効熱拡散率も温度により大きく変化する[6]。また，石炭とその乾留生成物の燃焼熱などから，乾留反応熱を算出した例を**図6.3**に示す[7]。

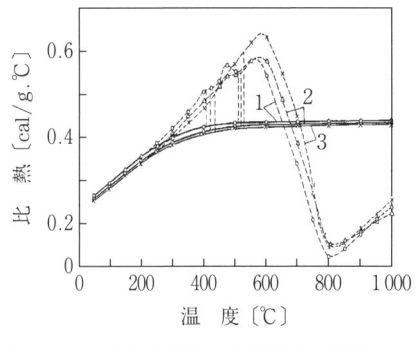

図 6.2 石炭と炭化物の有効比熱の温度による変化[5] (1：KJ14, 2：K13, 3：K2。破線：石炭の有効比熱, 実線：炭化物の比熱)

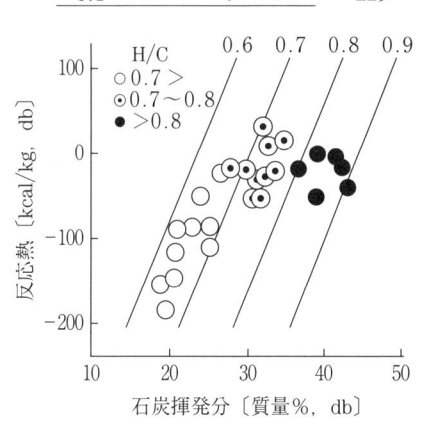

図 6.3 石炭乾留反応熱の炭種による変化[7]

コークス炉炭化室では，炉壁から石炭への伝熱が起こっているが，炭化室幅方向の温度分布は，上述のような反応熱の影響により，通常の熱伝導のように単調に下に凸の形にならず，**図 6.4**[8] に例を示すように，炭化室中央付近では下に凸に，炉壁近傍では上に凸になり，中間に変曲点をもつ。変曲点付近では温度の座標に関する二回微分が 0 であり，熱伝導による昇温速度は温度勾配（温度の座標に関する一回微分）に比例することになる。このことは炭化室内石炭の昇温速度に影響し，石炭の軟化挙動にも影響を及ぼしている。

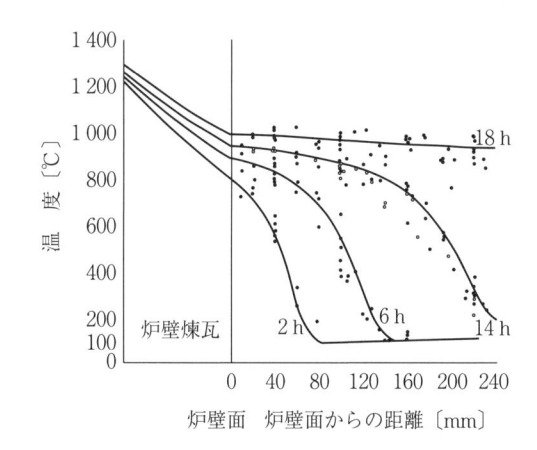

図 6.4 コークス炉炭化室幅方向温度分布の実測値（点）と伝熱計算値（実線）[8]

6.1.3 乾留反応に随伴する物理挙動

石炭を加熱すると，膨張，収縮などの種々の物理現象が起こる。これらは金属の熱膨張のような物性ではなく，乾留反応による液体や気体の発生に伴って

起こる現象である。

〔1〕 **軟化挙動**（plastic behavior）

① **軟化挙動の測定**　炭素含有率80〜92質量%，ビトリニットの反射率0.6〜1.7%程度の石炭には，加熱すると軟化挙動を示すものがある。その測定方法として，JIS M 8801では，ジラトメータによる膨張率，ギーセラープラストメータによる流動度およびロガ指数が規定されている。これらはいずれも定められた条件での乾留挙動であり，試験法により定義される指数にすぎない。膨張率の石炭化度による変化の例を**図6.5**[9)]に示す。

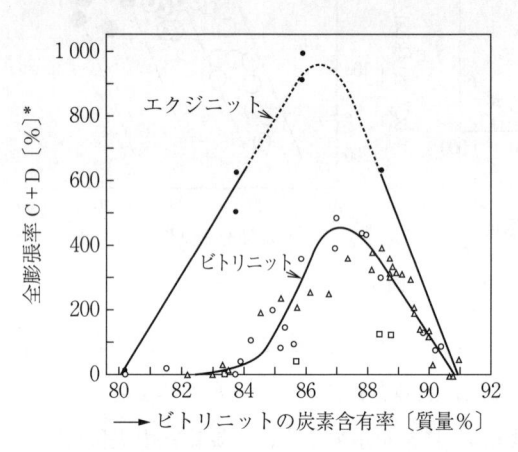

図6.5　石炭化度と膨張率[9)]（＊：付録2参照）

軟化挙動は，石炭化度だけでなく，石炭の組織によっても異なる。特にイナーチニットは軟化しないと考えられており，この組織の多い石炭は軟化の程度が低くなる。

流動度は，石炭熱分解過程で発生する液体やガスにより石炭全体が軟化する程度を測定している。膨張率は，軟化した石炭中で発生するガスにより気泡ができて石炭が膨張する程度を測定している。ロガ指数は，不活性物粒子と石炭を混合して乾留した際に，軟化した石炭により不活性物粒子が接着されて生成する塊の粉化特性を測定している。試験法により測定される内容が異なっているので，各指数間には明確な相関関係はみられない。

② **コークス構造の形成**　コークスは粉体の石炭を乾留して製造される。塊状のコークスを得るためには，乾留過程で石炭粒子が軟化してたがいに接着することが必要である。室炉式コークス炉では，炭化室に装入された石炭充填層は空隙率が50%近くあり，石炭粒子が十分接着するためには軟化するだけ

でなく，膨張することが必要である。

　コークス炉では，石炭が装入されるとただちにコークス層が形成され，これにより石炭層全体としての膨張は拘束される。したがって，石炭粒子は図6.6に模式的に示すように，粒子間の空隙に膨張し，たがいに接着する[10]。石炭の膨張率が十分高ければ粒子間空隙が完全に充填され，石炭粒子は全表面で接着する。この場合，もとの空隙は消滅し，気泡が残ってコークスの気孔になる。膨張率が十分でない場合は，もとの空隙の一部が非接着粒界として残る。また，石炭粒子は膨張を拘束されず自由膨張状態となり，気泡膜が薄くなって破裂し，連結気孔が生成する。例を図6.7に示す[11]。これらは欠陥としてコークスの強度を低下させる。

　なお，自由膨張状態になった場合，膨張により気泡膜の厚さが延性の限界を超えると破裂するので，それ以上膨張できなくなる。すなわち，石炭粒子の膨

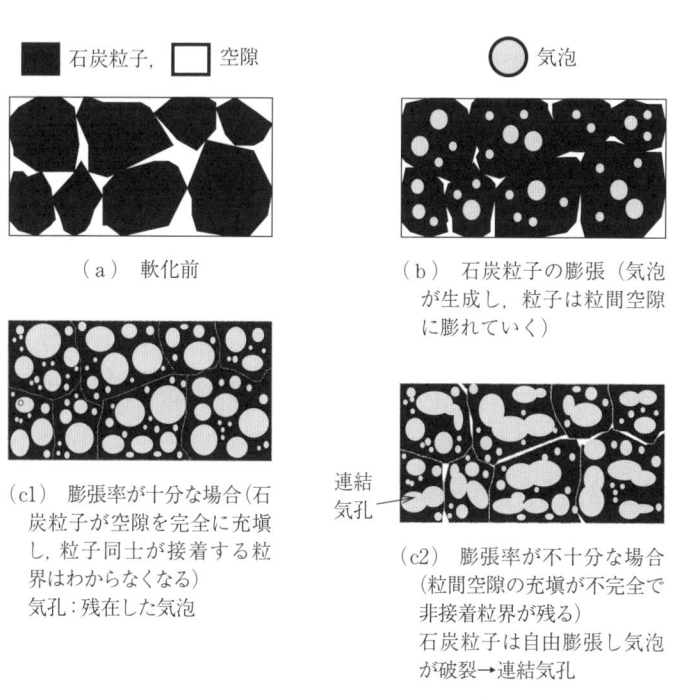

■ 石炭粒子，□ 空隙　　　　　　○ 気泡

（a）軟化前

（b）石炭粒子の膨張（気泡が生成し，粒子は粒間空隙に膨れていく）

（c1）膨張率が十分な場合（石炭粒子が空隙を完全に充填し，粒子同士が接着する粒界はわからなくなる）
気孔：残在した気泡

連結気孔

（c2）膨張率が不十分な場合（粒間空隙の充填が不完全で非接着粒界が残る）
石炭粒子は自由膨張し気泡が破裂→連結気孔

図6.6 コークスの気孔形成過程[10]

232   6. 乾留

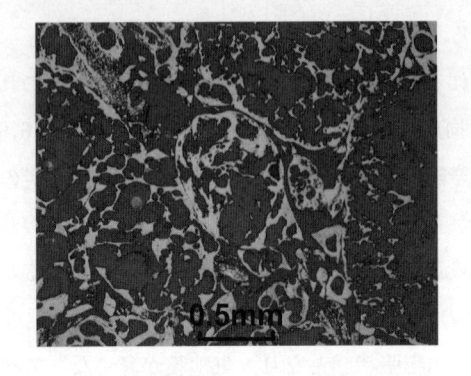

図 6.7 乾留過程で石炭粒子が自由膨張状態まで膨張したコークスの偏光顕微鏡写真[11]。粒子間空隙が残り，もとの粒子の輪郭が見え，気孔壁が破れている

張率は，気泡膜の延性により支配されていると考えられる。

したがって，高強度コークスを造るためには，石炭が十分な空隙充填能力をもつように石炭配合設計を行う必要がある。ジラトメータでは所定の密度で石炭を充填して膨張率を測定しているが，石炭の密度が変化しても，最大膨張時には一定の比容積になるので，ジラトメータなどで測定される石炭膨張時の比容積と装入炭の嵩密度とからコークス炉内での石炭の空隙充填度を評価できる[11]。ただし，ジラトメータなどで膨張率を測定する条件は，石炭粒度，加熱速度，軟化層厚さなどがコークス炉と異なっている。また，石炭化度が異なる石炭を配合した場合，石炭化度が低く再固化温度の低い石炭が先に再固化し，他の石炭が膨張する際にイナート粒子として作用して膨張率を低下させる効果もある[12]。コークス炉内での膨張挙動を予測できるような測定法あるいは解析方法の開発が必要である。

③ **膨張圧** コークス炉炭化室では一定容積で乾留され，軟化石炭は膨張を拘束され，圧縮された状態になるので，石炭軟化層内のガス圧が上昇し，この圧力がコークスを介して炉壁に伝達される。これを膨張圧と呼んでいる。膨張圧が高いとコークス炉の炉壁を損傷する恐れがあり，コークス炉が老朽化してきたわが国では，これを抑制することが重要な課題となっている。

膨張圧は，膨張を拘束された際の圧力であり，膨張率の高い石炭が膨張圧が高いわけではなく，むしろ，膨張率は高くないが石炭化度が高い石炭に膨張圧の高いものが多い[13]。石炭軟化時の粘度や発泡状態の違いが原因の一つである

が，さらに，コークス炉の炉幅方向の膨張，収縮挙動も影響していると考えられる[14]。

炉幅方向の体積変化により，通常のコークスでは，気孔率が炉壁近傍では低く炭化室中央付近では高いが，高膨張圧炭では逆転している場合もみられる[14]。気孔率分布はコークス品質に影響を及ぼしており，今後の検討課題である。

〔2〕 再固化以降

一旦軟化した石炭は450〜500℃になると再固化してセミコークスになる。熱分解により生成した多環芳香族分子が縮重合・積層化して再び固化すると考えられている。その後も昇温するとさらに熱分解が続き，セミコークスは収縮する。再固化から1000℃までの収縮率は粘結炭の場合で12〜18%程度になる。収縮係数の測定例を図6.8に示す[15]。石炭化度の低い石炭は再固化温度が低く，その時点では熱分解速度が大きいため収縮が大きく，1000℃までの全収縮率も大きくなる。

コークス炉内のコークスには図6.4に示したような炭化室幅方向温度分布があるため，収縮の歪みにより熱応力を生じ，炉壁に垂直な亀裂が生成する。石

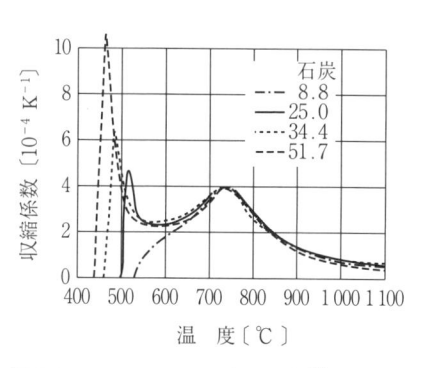

図6.8 セミコークスの収縮係数[15]（図中の数字は石炭の揮発分%）

図6.9 塊コークスの断面[16]（黒色部分がコークスで白色部分は亀裂などの空間）

炭化度の低い石炭からのコークスは，**図6.9**[16)] に例を示すように，亀裂が多く体積破壊を起こしやすくなり，粒度やドラム強度15 mm 指数が低くなる。

日本産の低石炭化度高流動性炭は，乾留して得られるコークスのドラム強度15 mm 指数が低いため，弱粘結炭（弱いコークスになる粘結炭，"soft" coking coal）と呼ばれていた。その原因は，石炭化度が低いため基質強度が低いことにあるといわれていたが，コークスに亀裂が多いためであると考えられる。実際，タンブラー強度6 mm 指数などの粗大亀裂の影響の小さい表面破壊強度指数は比較的良好であった。また，コークスの弾性係数は，

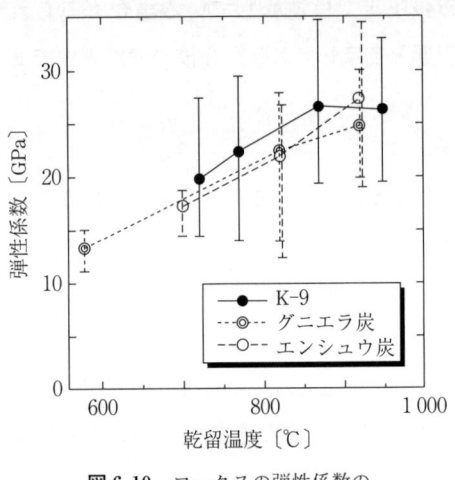

図6.10
コークスの弾性係数の乾留温度による変化[17)]

図6.10[17)] に示すように，原炭の石炭化度によらずほぼ一定であり，低石炭化度でもコークスの基質の強さは低くはないと考えられる。したがって，低石炭化度炭を使用しても，乾留時の空隙充塡度を調整して石炭粒子間の接着を確保し，かつ，石炭配合技術によりコークスの亀裂生成を抑制すれば，高石炭化度炭からのコークスと同等のコークスが製造できる可能性がある。

石炭の軟化状態において，多環芳香族分子が積層した，黒鉛構造の萌芽である結晶子ができ，それらがほぼ一定の方向に集合した領域を形成する。この領域内ではある程度の規則性があるため，光学的異方性を示す。低石炭化度粘結炭では再固化温度が低く結晶子の配列が十分行われず等方性組織となったり，あるいは異方性単位領域の大きさが小さい微粒モザイク組織となり，石炭化度が高くなると，異方性単位が大きくなって，粗粒モザイク組織や繊維状組織などになる[18)]。軟化しない石炭は結晶子の配列がまったく起こらず，光学的に等方性の組織になる。光学的異方性の発達度はコークスの反応性に影響する。

6.1.4 コークス製造プロセス

〔1〕 室炉式コークス炉

室炉式コークス炉では，幅 400 〜 600 mm，高さ 4 〜 8 m，長さ 13 〜 20 m の炭化室に粉砕した石炭を装入し，15 〜 30 h 程度かけて 1 000℃ 前後まで加熱し乾留してコークスを製造している。

炭化室内の石炭嵩密度は，**図 6.11**[19] に示すように大きなばらつきがある。装入口直下や下部は高く，上部は低い。また，通常の湿炭装入では嵩密度の平均値は 700 kg/m^3 程度である。これを向上できれば，コークス品質の向上あるいは劣質な石炭の使用量増加が可能になる。

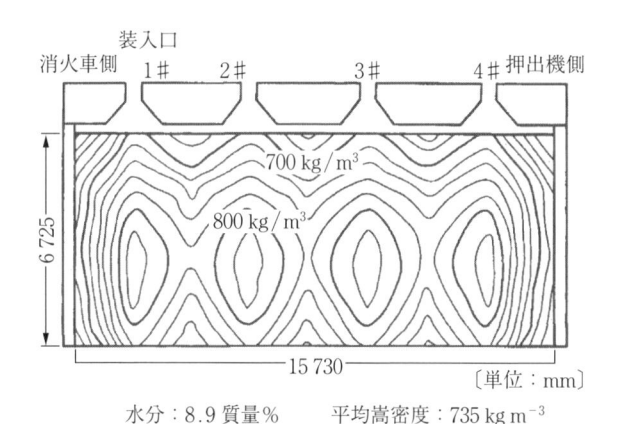

水分：8.9 質量%　　平均嵩密度：735 kg m^{-3}

図 6.11　実炉大モデルで測定したコークス炉炭化室内の石炭嵩密度分布[19]

嵩密度だけでなく，コークス炉の加熱も完全な均一加熱は難しく，ばらつきがある。そのため，炭化室内の乾留進行には大きなばらつきがある[20]。また，炭化室内では軟化層が筒状になっており，その中で発生する水蒸気は両端の炉蓋側に流れていると考えられるが，その一部が軟化層を破壊して炉壁側に噴出することによる乾留遅れも報告されている[21]。

嵩密度を改善する技術として，成型炭配合コークス製造法が 1971 年に実機化された[22]。これは，装入炭の 30% を寸法 44×44×26 mm，見掛密度 1 100 〜 1 200 kg/m^3 程度の成型炭として混合し装入するものである。その結果，嵩密

度は8％程度向上し，コークスの強度指数が向上した。ただし，乾留時間が延長するため生産性の向上はほとんどみられない。

オイルショック以降，省エネルギーの要求が高まり，装入炭水分を9％から5％程度にまで低下させる調湿炭装入技術が開発され1982年実機化された[23]。コークス炉に湿炭を装入すると水分は高温まで加熱されるが，コークス炉外で水分を低温で蒸発させることにより，全消費エネルギーを低減できる。さらに，乾燥に伴う微粉炭擬似粒子の崩壊などの影響で装入炭嵩密度も向上する。

さらに水分を低下させると，微粉炭擬似粒子の崩壊が顕著となり，石炭輸送工程やコークス炉装入時の発塵が増加する。この対策として微粉炭塊成化技術（dry-cleaned and agglomerated precompaction system：DAPS）が開発され，1992年に実機化された[24]。DAPSは **図 6.12**[25]に示すようなプロセスであり，装入炭を流動層乾燥機で，石炭気孔内の包蔵水分が残る程度の水分2％にまで乾燥し，微粉炭を分級して塊成化し，粗粒炭と混合してコークス炉に装入している。その結果，コークス強度指数向上，あるいは非微粘結炭増使用，ならびに生産性21％向上の効果が得られている。

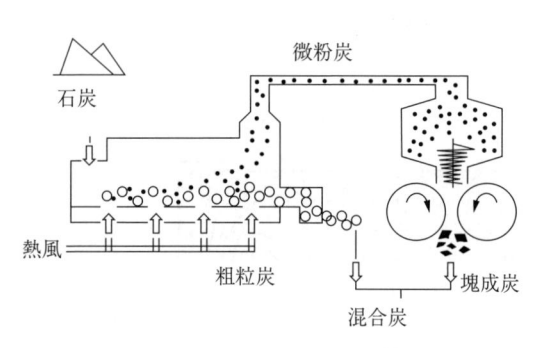

図6.12 DAPS設備の概要[25]

乾燥・予熱をさらに進めて，軟化直前までの急速加熱による石炭改質の狙いのもとに，（一社）日本鉄鋼連盟と（財）石炭利用総合技術センターを開発推進母体として，1994年から2003年までの10年間をかけてSCOPE21の開発が行われ，**図6.13**[26]に示すような実機1号機が2008年に新日鐵住金（株）大分製鐵所第5コークス炉として稼働し，所期の効果を挙げている[26]。

〔2〕成型コークス

① 冷間成型-乾留プロセス　石炭を見掛密度が1 100～1 200 kg m^{-3}程

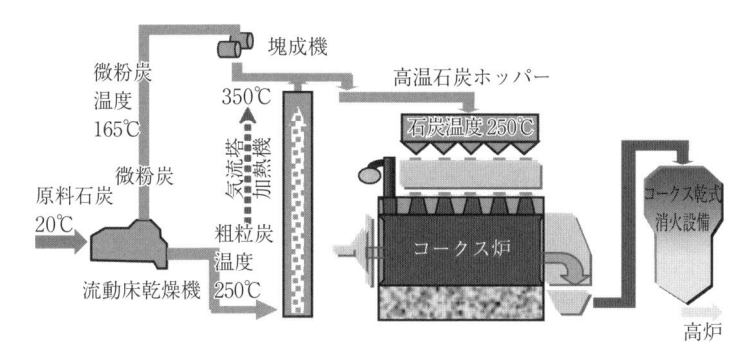

図6.13 新日鐵住金(株)大分製鐵所第5コークス炉の概要[26]

度と高い成型炭にして乾留すれば，さらに劣質の石炭を使用できると考えられ，各種の成型コークス製造技術が開発された。

日本鉄鋼連盟を主体とする国家プロジェクトとして，「連続式成形コークス製造技術 (formed coke process：FCP)」が1978～1986年に開発され，200 t/d のパイロットプラントの操業とコークスの高炉使用試験が実施された[27]。高密度化による劣質炭の増使用と，体積約 92 cm^3 の成型炭を直接加熱することによる伝熱距離の縮小で乾留時間が短縮される効果が確認された。

成型炭の場合，膨張を拘束するのは成型炭表面に生成するコークス層である。コークス層を破壊しないように膨張圧を抑制しつつ，成型炭の密度で十分石炭粒子が接着できる膨張率をもつようにする配合設計と加熱制御が必要であり，また，コークスの亀裂の抑制も重要な課題である[27]。

② **熱間成型プロセス**　熱間成型コークスの開発も各国で実施された。なかでも BFL (bergbau forshung lurgi) プロセスは，British Steel Corp. の Normanby Park Works (Scunthorpe) にパイロットプラントが1977年に建設された[28]。このプロセスは，非粘結炭を900℃程度に加熱して得られたチャーを，粘結炭や粘結材と，混合物の温度が450～500℃程度になるように熱間で混合して成型し，成型物をさらに加熱してコークスとするものである。軟化した石炭を，再固化が起こるまでの短時間のうちに成型する必要があり，スケールアップが非常に難しいプロセスである。

成型コークスは，冷間成型も熱間成型も，コークスの嵩密度が室炉コークスより高いため，高炉において新たな使用技術の開発を要することから，いまだ実用化されるには至っていない。

乾留は，コークスとガス，タールなどの副産物を得ることが目的である。製品の品質が，例えば，コークスの強度指数がコークスのどんな構造や物性に支配されているかを明らかにすることがまず必要であり，さらに，そのような構造や物性を得るには，原料や乾留条件をいかに制御すればよいかを考えていく必要がある。このように因果関係を明らかにしていくことにより，乾留の技術も進展すると考えられる。

乾留反応機構などの検討は当然必要であるが，コークス製造の観点からはそれのみでは不十分であり，コークスの粉化挙動などを問題にするのであれば，コークス構造などに着目せざるを得ないので，乾留反応に随伴する物理挙動を解明していくことが必要である。

6.2 コールタール

石炭を乾留することにより製造されるコールタールの全世界における生産量は 2010 年で約 22 432 千 t と推定される。現在は石炭乾留のほとんどは鉄鋼冶金用途に使用されるコークス生産を目的としたものである。

そのうち，中国のコールタール生産量は 12 000 千 t で世界生産量の 53％に達する。一方，日本国内の生産量はここ十数年は 1 500 千 t と横ばい状態である。

石油精製量に比較するとコールタール生産量は約 10 分の 1 以下と非常に少ないが，コールタールは芳香族化合物を主体とする化学原料で，石油製品にはない特徴をもっており，化学工業の発展に特異な役割を果たし，貴重な化学原料としての地位を築いている。

ここではコールタール工業発展の歴史とともに，化学原料としてのコールタールの現状と将来について述べる。

6.2.1 コールタール利用の歴史[29]

コールタールの蒸留は17世紀初頭イギリスにおいてコークスの生産が開始され，その利用が拡大してきたことから始まる．特に，18世紀に入りコークスを利用した製鉄技術と照明用都市ガス技術の開発でコークス需要が急速に高まり，副産物として多量のコールタールが発生してきた．当初，コールタールは防食剤用途としてそのまま利用することが主流であったが，多量のコールタール処理の必要性からその利用技術が発達した．

19世紀に入り，コールタール中の構成成分の解析が進み，コールタールからクレオソートを分離し，木材の防腐剤としての利用技術や，アニリンから染料合成に成功するなど，コールタールの蒸留が産業として発展した．さらに20世紀初頭にはベークライト，ナイロンなどの合成樹脂が発明され，コールタール蒸留を主体とした石炭化学は最盛期を迎えた．

しかし，20世紀後半には自動車産業の急速な伸びと，ハンドリング・輸送の利便性から化学原料としての主役は石油製品へと移り，現在に至っている．

6.2.2 コールタールの生成

〔1〕 石炭の乾留とコールタール[30]

石炭の乾留（コークス化）は，鉄鋼冶金用途のコークスを生産する場合には1 000～1 200℃の高温乾留温度で行われる．コークス炉で副生するコールタールのおもな成分は石炭酸，クレゾール類，ナフタレン，アントラセン，クレオソート油，ピッチ類である．**表6.1**に石炭乾留物の歩留りを示す．

表6.1 石炭乾留物の歩留り[30]

	高温乾留（>1 000℃）	低温乾留（約600℃）
コークス〔質量%〕	60～75	65～75
コールタール〔質量%〕	3～5	8～12
粗ベンゼン〔質量%〕	1～1.2	—
COG〔質量%〕	20～25 (4 000～5 000 kcal Nm^{-3}) (300～350 Nm^3 t^{-1})	7～10 (6 000～7 000 kcal Nm^{-3}) (80～150 Nm^3 t^{-1})

〔2〕 コークス炉操業とコールタール性状

コークス炉における石炭の乾留で，コークスが生成する過程では，まず300℃付近で分解が始まり400～500℃で最も盛んになる。この分解で生成する一次生成物はおもに水，タール，コークス炉ガス（COG）の3種類である。ここで生成するタールは低温乾留タールとも称される。

こうして生成した一次生成物は赤熱コークス層や炉壁との間隙を経由してコークス炉上部空間に押し出され，1000℃を越える温度で二次分解を受けることになる。この二次分解の程度は上部空間の温度および滞留時間に大きな影響を受ける。コークス炉操業は石炭乾留温度と時間で制御をするため，この上部空間の温度と一次生成物の滞留時間はコークス炉操業条件で変化し，結果としてコールタールの性状はコークス炉の操業条件に強く影響を受ける。図6.4にコークス炉乾留中の炭中温度変化を示した。

通常，コークス炉の稼働率が上がり，炉温が高くなるにつれてコールタールは重質化するが，この二次分解を受けたタールは前述した低温乾留タールに対して高温乾留タールと称される。二次分解を受けた生成物はアルキル側鎖の脱離のために芳香族性が増加する傾向にある。例えば，COG中のベンゼン留分が増加し，トルエン・キシレンなどの留分が低下する。また，コールタール中のナフタレン分が増加することが知られている。コークス炉操業と副産物収率

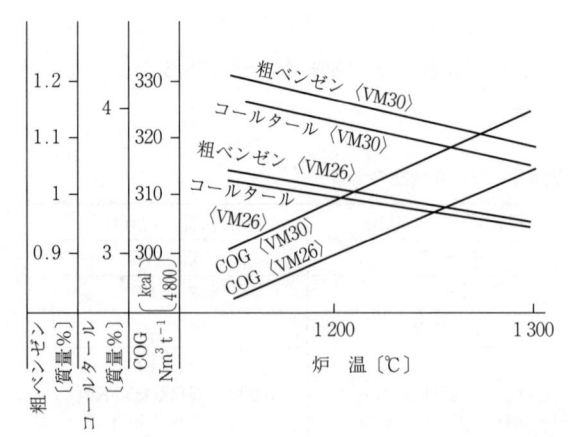

図6.14 コークス炉操業と副産物収率[30]

を図 6.14 に示す.

〔3〕 コールタールの性状と成分

コールタールを構成する成分は 400 種類以上に上る。コールタールの性状と成分は後述するタール蒸留にて分留される成分で表すことが多い。その代表例を表 6.2 に示す。コールタール中には主としてピッチ留分に含まれる多くの多環芳香族化合物や中間油に含まれるインデン,キノリン,フルオレンなど,石油系の重質油にはみられない希少な化合物などが含まれている。

表 6.2 コールタール留分と主成分[31]

留分	留出〔%〕	主成分	含有量〔%〕	留分	留出〔%〕	主成分	含有量〔%〕
タール軽油	2	ベンゼン	0.05	洗浄油		インドール	0.1
		トルエン	0.5			メチルナフタリン	0.3
		キシレン	0.1			アセナフテン	1.0
		ピリジン塩基類	0.1			ジフェニル	0.15
		クマロン樹脂	0.3			ジフェニレンオキシド	0.5
		溶剤ベンゼン	0.2				
		重質ベンゼン	0.2			フルオレン	1.0
		ナフタリン	0.25			油分	1.9
		石炭酸	0.1			その他	0.15
		ナフタリン油	0.55	アントラセン油	23	ナフタリン	0.45
		その他	0.1			アントラセン	1.0
カルボル油	8	石炭酸	0.4			フェナントレン	3.5
		クレゾール類	1.2			カルバゾール	1.0
		キシレノール類	0.04			油分	16.7
		安息香酸	0.04			その他	0.35
		ナフタリン	2.0	ピッチ(ピッチ内容)	55		
		塩素類	0.4				
		中性油	3.52	ピッチ油 I	5	フルオランテン	0.15
		その他	0.4			ピレン	0.15
ナフタリン油	6	ナフタリン	2.1			油分	4.1
		チオナフテン	0.18			その他	0.6
		石炭酸類	0.3	ピッチ油 II	7	グリセリン	0.1
		塩基類	0.12			油分	6.6
		脱晶ナフタリン油	3.18			その他	0.3
		その他	0.12	硬ピッチ	43	ピッチコークス	30.0
洗浄油	6	ナフタリン	0.7			ピッチコークス油	9.5
		キノリン	0.2			ガス	3.5

6.2.3 化学原料としてのコールタール

〔1〕 コールタールの蒸留[30]

コールタールの蒸留は19世紀に始まったが,現在では日本国内で年間に生産される1500tのコールタールのほとんどが蒸留され,化学原料に供されている。コールタールの蒸留にはドイツで開発されたコッパース式やアメリカで発達したアライド式などが代表的であるが,特に重質分であるピッチ類の有効利用などを目的として,蒸留各社が独自の改善を進め現在に至っている。

コールタールは蒸留プロセスで主要な留分に分類され,その留分と構成は各社の蒸留方法で多少異なっているが,代表的なコールタール蒸留プロセスと蒸留製品を**図6.15**に示す。コールタール蒸留では,一般的にはタール軽油,95%ナフタレン,粗フェノール,カーボンブラック油,ピッチ類が分別され,一次製品として製造される。中間油は配合されカーボンブラックオイルとして利用されることが多い。

〔2〕 タール軽油

タール軽油の蒸留歩留りは1〜2%程度であり,COGから回収される粗軽

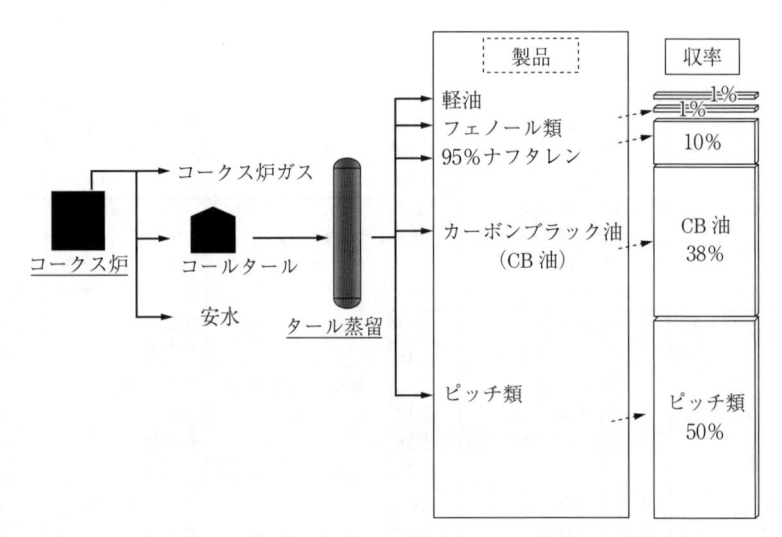

図6.15 蒸留プロセスと製品[30]

油と合わせて BTX 原料として供されるのが通常である。

〔3〕 95％ナフタレン

コールタール中に含まれるナフタレンは約10％程度であるが，石炭化学を代表する芳香族製品である。蒸留塔の上・中段から回収されたナフタレン油およびその他の中間油は，酸性成分を分離除去したのち精密蒸留塔でさらに濃縮され95％ナフタレンとされる。ナフタレンはおもに無水フタル酸原料として消費されるが，その他界面活性剤，防虫剤，染料，医薬用途として利用されている。

〔4〕 粗フェノールおよびその精製製品

コールタール蒸留塔から副生する軽油，ナフタレン油，重質油などを苛性ソーダで洗浄すると約10〜20％の収率でタール酸の混合物が得られる。これら混合物を炭酸ガスあるいは硫酸分解して遊離酸とし，その後の精密蒸留によりフェノール，クレゾール類，キシレノール類，高沸点残渣油に分留する。

フェノールの用途は合成樹脂（ベークライト）の原料としてよく知られている。また，医薬，染料原料としての用途も多い。クレゾール類・キシレノール類も合成樹脂用，可塑剤などの原料として活用される。これらの用途の多くは石油化学製品をベースとすることが多いが，現在でも一定の位置を占めている。

〔5〕 カーボンブラック油とその応用[32]

① カーボンブラック油の生産　コールタール蒸留で分留された中間油はナフタレン，インデン，フルオレン，アントラセンなどの希少有効成分を分離した後，混合されカーボンブラック原料として供される。その混合比は製造されるカーボンブラックの種類により調整されるため，製造方法も含め各社のノウハウになっている。カーボンブラック油の生産比率はコールタール製品の40〜60％にもなり，主要製品である。

② カーボンブラックの製造とその用途　カーボンブラックとは10万〜10億個の炭素原子からなるほぼ球形の単位粒子がブドウの房状に結合した凝集体である。国内で生産されるカーボンブラックは70％以上が自動車のタイ

ヤ用途で，その需要は増加している。

原料として使用される油は高い芳香族性を有する炭化水素油であり，コールタール系のカーボンブラック油のほかに石油系のエチレンボトム油，FCC（流動接触分解）ボトム油が使用されている。

〔6〕 コールタールピッチの製造とその応用[33),34)]

① 概　要　　ピッチはコールタールの蒸留でボトムより残留物として生産される。通常蒸留塔のボトムから抜き出されるピッチの比率は35～50％にもなり，その用途開発は非常に重要である。コールタール蒸留で生産されるピッチの品質は蒸留条件により多少異なるが，5環以上の多環芳香族化合物からなり，40～70℃の軟化点（SP）で一般にストレートピッチと称される。ストレートピッチの最大の用途は各種炭素材料用バインダとピッチコークスである。

② バインダピッチの製造と用途　　コールタールを蒸留して得られるピッチ類は一般的に石油系あるいは合成樹脂系と比較すると芳香族性に富み，優れた粘結性と残炭率（固定炭素）を有することから，炭素材料用途のバインダとしては主流となっている。

バインダピッチの主たる用途はアルミ精錬用電極，黒鉛電極，特殊炭素材（ブラシ，黒鉛るつぼ，メカニカルシール他）であり，用途ごとに品質が調整される。蒸留塔から抜き出されたストレートピッチは残炭率とSPを上げるため再度300～400℃の温度で改質される。代表的なピッチ製造プロセスを図6.16に示す。

バインダピッチとして必要とされる特性は用途により多少異なるが，どのような用途であれ高い流動性と残炭率が要求される。この相反する特性を両立させるため，原料であるコールタールの選定およびピッチの改質条件が厳密に制御される。代表的な石炭系バインダピッチの特性を表6.3に示す。

石炭系バインダピッチは高い芳香族性を有するため，高い固定炭素（FC）を示すことが特徴である。

③ ピッチコークス　　ピッチコークスとはコールタールピッチを原料とするコークスの通称である。当初，ピッチコークスの生産は室炉式が主流で，そ

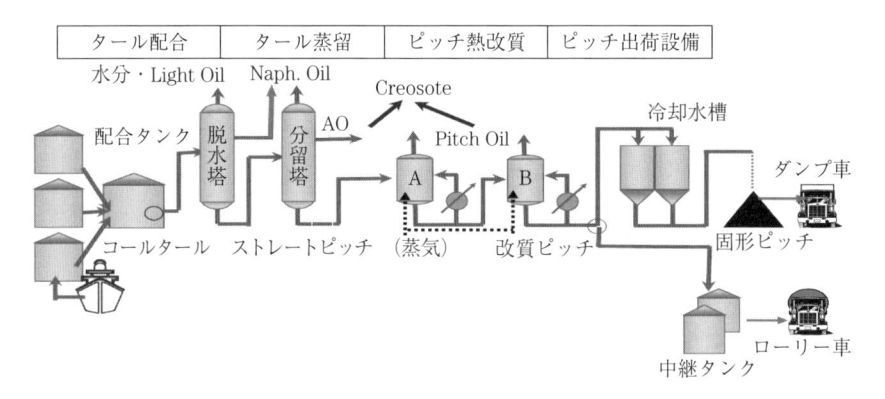

図 6.16 バインダピッチの製造プロセス

表 6.3 代表的なバインダピッチ品質例

	軟化点〔℃〕	QI〔質量%〕	TI〔質量%〕	FC〔質量%〕
人造黒鉛電極用バインダピッチ	90〜98	9〜13	31〜35	≧55
	102〜108	8〜14	33〜37	≧56
アルミ精錬電極用バインダピッチ	107〜111	9〜14	29〜34	≧55
	116〜120	6〜11	28〜35	≧56

の用途はほとんどアルミ精錬用であった。

しかし，1968年に当時の日鉄化学にて石油系コークスの生産方式であるディレードコーカー方式が導入され，高品質なピッチコークスが高効率で生産が可能になった。また1970年代になりコールタール中の遊離炭素（QI：キノリン不溶分）の工業的な除去技術が確立したこともあり，結晶構造の高度に発達した針状コークスが製造可能となった[31]。その結果，従来石油系コークスの独壇場であった電気炉製鋼に使用される黒鉛電極用途，それも大電流操業（ultra high power：UHP）へ適用される太物黒鉛電極への適用が可能になった。

図 6.17 にディレードコーカー製造プロセスを示す。プロセスは原料ピッチ加熱工程，生コークス製造（コーカー設備），仮焼コークス製造（カルサイナー）の三つの主要工程から成り立っている。

加熱処理に供される原料ピッチは事前に脱QI処理が行われる。この脱QI

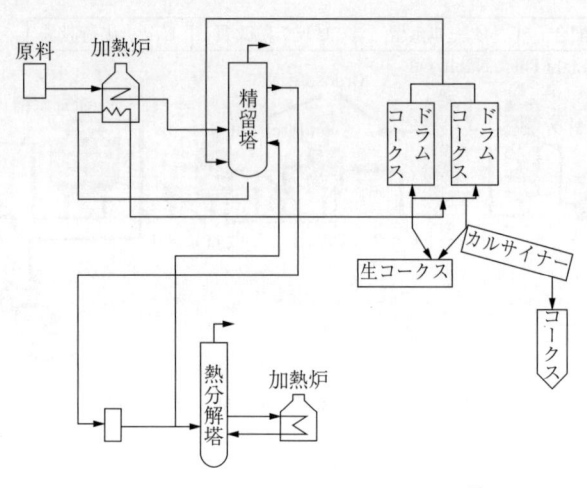

図6.17 ディレードコーカー設備概略図[34]

処理は高品位の針状コークス製造には必須の工程である。脱 QI された SP が 40〜60℃の軟ピッチは，コーカー設備で 490〜520℃に 24 時間以上時間をかけ熱処理される。ここで生産されるコークスは生コークスと称される。生コークスはカルサイナーでさらに 1 200〜1 400℃の温度で仮焼処理されピッチコークスが製造される。この製造工程は原料ピッチの脱 QI 処理を除き，石油系コークスとほぼ同様である。

石炭系針状コークスと石油系針状コークスの品質を**表6.4**に示す。石油系に比較すると石炭系の針状コークスは窒素，硫黄成分が多く，電極製造過程で電極の膨張を起こすパフィング現象が大きい欠点を有するといわれるが，コールタールピッチの主要用途の一つであり，また黒鉛電極工業の中で重要な位置を占めている。

表6.4 代表的な針状コークスの性状

性状	S 〔質量%〕	N 〔質量%〕	Ash 〔質量%〕	真比重 〔$g\,mL^{-1}$〕	CTE（黒鉛化品） 〔$\times 10^{-6}$〕
石油系	0.1〜0.6	0.1〜0.4	0.1〜0.3	2.11〜2.15	0.1〜1.0
石炭系	0.2〜0.3	0.4〜0.7	0.1〜0.3	2.11〜2.15	0.1〜0.5

CTE（coefficient of thermal expansion）：熱膨張係数

6.2.4 コールタール製品の高度利用
〔1〕概　要

　これまで，コールタールの蒸留とその製品の一般的な用途について述べてきたが，コールタール中に含まれる石油にない希少成分やピッチ類の高度利用も検討されている[36),37)]。

　ここでは，インデン，フルオレン誘導体の高度利用およびピッチ類の高度利用の代表であるリチウム二次電池負極材への利用について紹介する。

〔2〕インデン，フルオレン誘導体[38),39)]

　インデン，フルオレン誘導体は最も高度利用が期待されている成分である。両成分ともコールタール中での含有率は1～2質量%程度であるが，いずれも石油系にはみられない希少成分である。

　① **インデン**　　インデンは5員環部分の高い反応性を生かして，さまざまな合成原料としての利用が期待される。特に医薬品の出発原料として有用である。また，その骨格を樹脂中に取り込むことで耐熱性や屈折率などの光学特性が改善されることが知られており，樹脂改質剤としての用途が拡大している。図6.18にインデン誘導体の利用マップを示す。

　② **フルオレン**　　フルオレンも石油化学にない特異な化合物である。フル

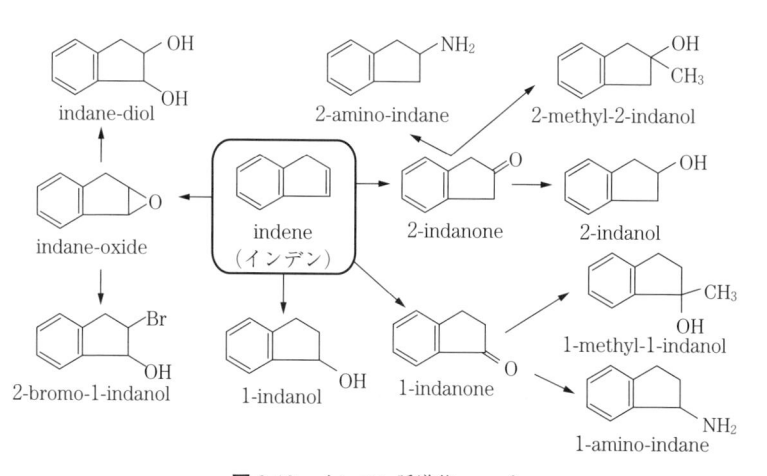

図6.18　インデン誘導体マップ

248   6. 乾留

〈発現する特性〉
高屈折率
低副屈折
耐熱性
高ガラス転移点
低誘電率

フルオレン環

〈カルド構造〉

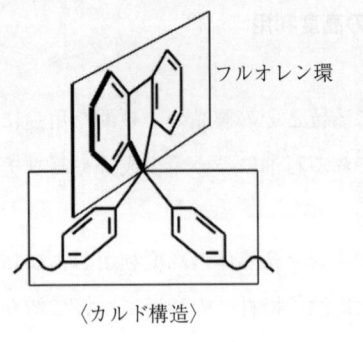

図6.19 フルオレンの「カルド構造」

オレン骨格を樹脂中に取り込むとフルオレン環が樹脂の主鎖に直交する「カルド（ちょうつがい）構造」（図6.19）が得られ，この結果，高屈折率と低複屈折の両立，および耐熱性と他の材料にはみられない特性が付与できる。

この性質を利用し，ポリカーボネート，ポリエステル，ポリイミドなどの樹脂の高機能化に利用されている。また，近年では有機ELポリマー骨格になるなど，貴重な機能材原料として期待されている。

〔3〕 リチウムイオン二次電池負極材

① **リチウムイオン二次電池**　リチウムイオン二次電池（以下LIBと記す）は層構造をもった金属酸化物の正極とインターカレート可能な炭素材料の負極からなっている。

LIBはNi-Cd電池あるいはNi水素電池に比較し，高電圧・高エネルギー密度であるため，1990年に世界に先駆けてソニーで実用量産化されて以来，携帯電話，ノートパソコンに加え，近年では自動車分野での利用が急拡大し，生産が急増するとともにその性能も向上した。この急速な性能向上を支えたのは負極材の改善寄与が非常に大きい。

② **球晶黒鉛材料**[40),41)]　LIBの負極材に利用される炭素材料には天然黒鉛系，人造黒鉛系，ハードカーボン材などがある。その中でコールタールピッチを熱処理した際にピッチ中に生成するメソフェーズ小球体（球晶）を利用する技術が注目されている。

この球晶は当初バインダーレス高密度等方性炭素材料原料として開発されたが，その後LIBの負極材原料として注目され，品質改良を加え，生産を伸ばしてきた。現在，球晶黒鉛は天然黒鉛系負極材料と並び，LIB負極材原料とし

て重要な位置を占めている。

図 6.20 に球晶製造工程を示す。また，球晶黒鉛から得られる負極材の電池材料としての特徴を表 6.5 に示す。球晶黒鉛は微粒の球体であり，特にサイクル特性に優れており，LIB の高性能化と需要が急増する中，注目を浴びている。

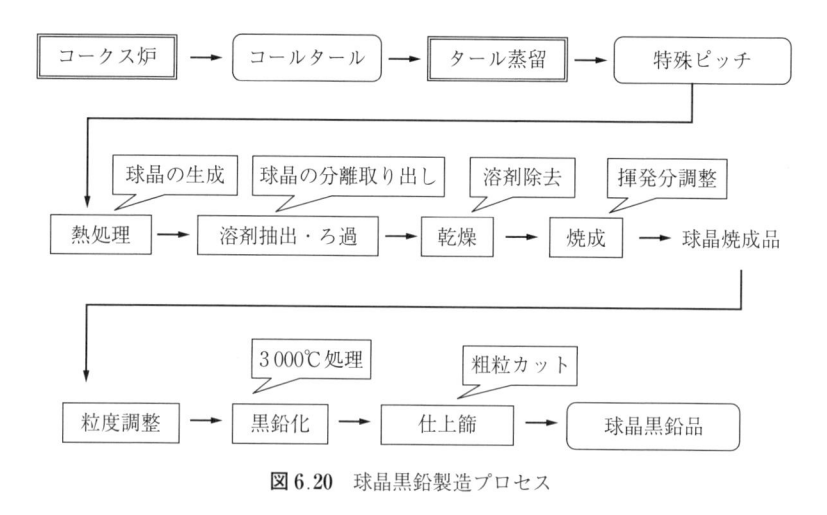

図 6.20 球晶黒鉛製造プロセス

表 6.5 球晶黒鉛負極材の特徴

	球晶黒鉛	球状天然黒鉛	ハードカーボン
平均粒子径 [μm]	14	16	9
比表面積 [$m^2 g^{-1}$]	0.9	6.0	5.5
放電容量 [$mAh g^{-1}$]	335	365	390
充放電効率（損失）	93.3%（22）	90.8%（37）	74.6%（137）
電極密度 [$g \cdot cm^{-3}$]	1.6	1.5	1.2
体積エネルギー密度 [$mAh cm^{-3}$]	540	550	470
特性まとめ	比表面積：小 充放電効率：高い ハイレート特性：良好	比表面積：大 電極が配向しレート特性が悪い	比表面積：大 充放電効率：低い エネルギー密度：低い

6.2.5 結言

石炭化学は石油化学の隆盛に押され，製鉄業の副産物処理的な位置付けに置かれていた感もあるが，コールタール中間留分中の希少成分あるいは炭素材料

素原料として,独自の発展を遂げ,社会の発展に貢献している。今後,エネルギー資源多様化の流れは加速し,その中で石炭への依存度はますます大きくなり,コールタールの化学原料としての利用研究はますます高まると思われる。

6.3 コールタールを用いた先端炭素材

炭素材は,その多様な優れた機能性から数世紀にわたって人類のエネルギーと環境を担保する重要な材料として近代社会に省エネルギーや環境保全用材料として貢献してきた[42]〜[45]。さらなる省エネルギーと環境保全が重要視される21世紀には,エネルギー変換や貯蔵,軽量化および再生エネルギー活用デバイスの主役的材料として先端炭素材のユニークで優れた機能性の一層の発現が期待されている[46]。コールタールは,こうした先端炭素材の最も重要な原料として利用されており,樹脂などより多様かつ優れた機能と安くて高い生産性が期待できる[47]。特に,樹脂やバイオマス系の原料から調製される炭素材は一般的に黒鉛化度の発達に構造的制限があり,難黒鉛化性炭素材しか調製できないことに対して,コールタールは,等方性または液晶化など前駆体の調製によって難黒鉛化性から易黒鉛化性の炭素材まで幅広い黒鉛物性の実現が可能であることから,今後の分子や高次の構造制御に基づいた開発によってさらなる新規用途の開発が期待される[48]。

6.3.1 炭素材のヒエラルキー的構造認識

炭素材は基本的に炭素原子だけで構成されるが,その物理的および機械的物性の多様性は,炭素材の多様な三次元的構造に由来する[49]。炭素材はsp^2炭素からなる黒鉛類が最も代表的であり,炭素六角網面(グラフェン)が規則的に積層した巨大な単結晶である天然黒鉛と異なり,人造黒鉛は不完全で小さな炭素六角網面が一定または不規則的な形で積層した乱層構造の不完全結晶から構成され,高温処理によってしだいに規則性のより高い黒鉛構造へと移行する[50]。しかし,3000℃までの高温処理を経た炭素でも,おのおのの出発原料

6.3 コールタールを用いた先端炭素材　251

に強く依存して黒鉛構造の発達に大きな差異を示す。

図6.21に，メゾフェーズピッチ系黒鉛繊維表面の一連の観察写真を示す[51]。繊維軸方向には，クラスタ（グラフェンの集合体；基本単位構造），ミクロフィブリル（ミクロドメイン），フィブリル（ドメイン；プリット構造）などの基本構造単位が明瞭に認められる。

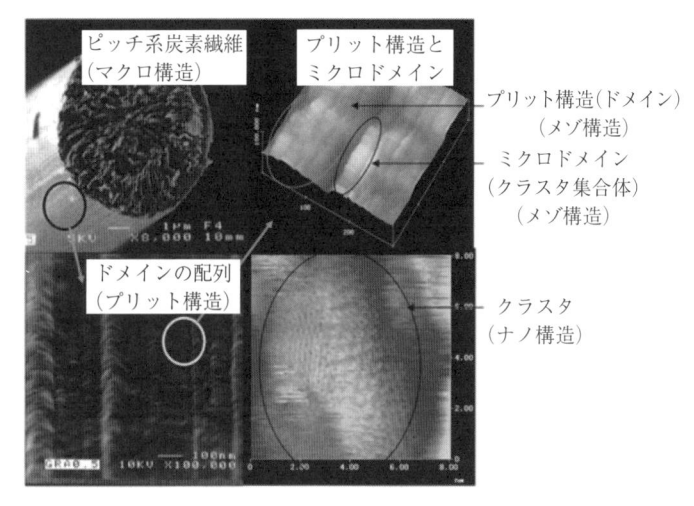

図6.21　メゾフェーズピッチ系黒鉛繊維の表面の一連の観察写真[42]

ピッチ系炭素繊維のこうしたクラスタ，ミクロドメイン，ドメイン構造は，原料であるメゾフェーズピッチの分子ならびにその高次構造を反映している。炭素材におけるドメインは樹脂やバイオマスのドメイン単位と異なり，さらに小さなミクロドメインが集合，融着または融合によってさらに細分化できる高次構造である。樹脂やバイオマス系原料は，熱処理の際，通常約5 nmの大きさのドメインをもつことに対して，炭素材のミクロドメインは熱処理による収縮を考慮すると約3～5 nmほどの大きさを有しており，ほぼ一致する。タールや石油系残渣から製造するメゾフェーズピッチは，樹脂やバイオマスと異なり，ミクロドメイン単位がたがいに一部組織を共有（部分融着または融合）して大きいドメインを形成する（**図6.22**）[48]。

炭素材の不完全黒鉛構造は，高温処理に伴ってクラスタを構成するグラフェ

252   6. 乾留

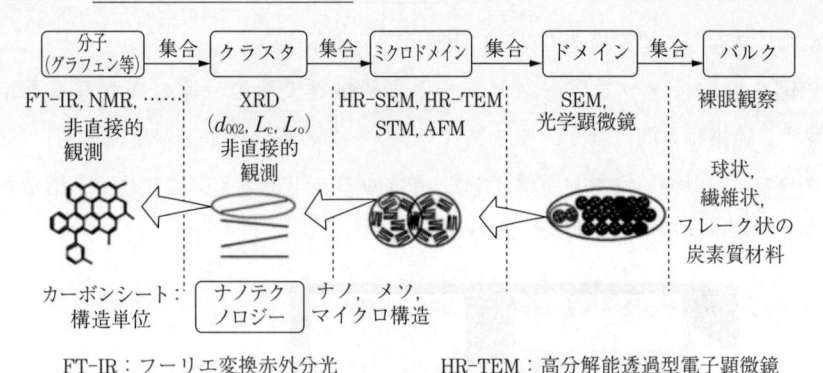

```
分子           集合        集合         集合      集合
(グラフェン等) → クラスタ → ミクロドメイン → ドメイン → バルク
```

FT-IR, NMR, ……   XRD   HR-SEM, HR-TEM   SEM,   裸眼観察
非直接的観測   (d_{002}, L_c, L_a)   STM, AFM   光学顕微鏡
                  非直接的観測

                                                              球状,
                                                              繊維状,
                                                              フレーク状の
                                                              炭素質材料

カーボンシート   ナノテク   ナノ, メソ,
構造単位   ノロジー   マイクロ構造

FT-IR：フーリエ変換赤外分光   HR-TEM：高分解能透過型電子顕微鏡
NMR：核磁気共鳴   STM：走査型トンネル電子顕微鏡
XRD：X 線回折   AFM：原子間力電子顕微鏡
HR-SEM：高分解能走査型電子顕微鏡   SEM：走査型電子顕微鏡

図 6.22　炭素材のナノ，メゾ，バルク構造モデルとそのヒエラルキー[48]

ンの不完全積層がしだいに規則性のある黒鉛構造へと移行するが，炭素材によっては，黒鉛化熱処理（通常 2 400℃以上の熱処理）を経ても黒鉛結晶子の発達に大きな差を示すものが多い。易黒鉛化性炭素は，部分融着したミクロドメインが融着集合して形成される大きなドメインをもつ炭素材であり，高温処理によって大きな黒鉛結晶をもつ黒鉛構造が発達する。難黒鉛化性炭素を構成しているミクロドメインは，メゾフェーズピッチの場合と異なってミクロドメインの成長や融合・集合による大きなドメインへの成長がほとんど認められなく，ミクロドメインとドメインのサイズがほぼ一致する。

6.3.2　液相炭化反応機構と炭素構造組織の決定

コールタールは先端炭素材の貴重な原料であり，これを用いて黒鉛電極用のニードルコークス，バインダや含浸ピッチ，ピッチ系炭素繊維，Li-ion 電池（LIB）用負極材，および特殊炭素用コークスなどを生産している（図 6.23)[52]。

こうした炭素材の構造は，炭素材の生成する反応相によっておもに決定される。コールタールのような高沸点多成分系芳香族分子は，熱処理において液相を維持しながら重縮合反応が進み，最終的に炭素体に至る[53]。こうした液相炭

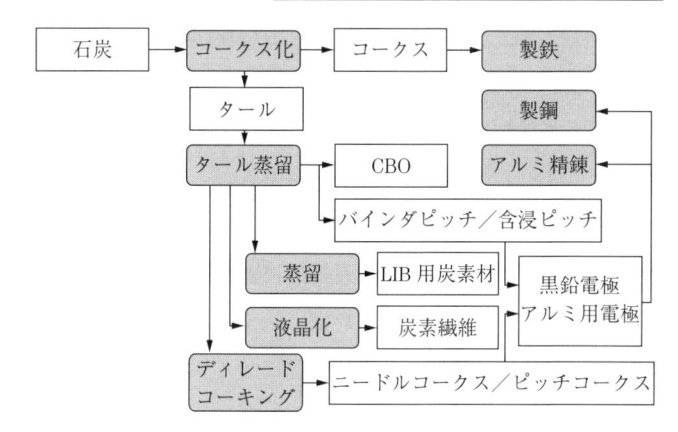

6.3 コールタールを用いた先端炭素材

図6.23 カーボン転換ルーツ

化反応は，コールタールから多様な炭素材を製造する重要なルーツである。

液相炭化反応により，① 等方性難黒鉛化性炭素（マイクロドメインサイズ≒ドメインサイズ），② 異方性易黒鉛化性炭素（マイクロドメインサイズ＜ドメインサイズ）に大別される炭素体が生成する。②の炭素は前述した光学的異方性組織の形態，寸法によりさらにファインモザイクから流れ組織まで細く分類される。こうした二次元的光学組織は反応機構を密接に反映している[48]。

光学組織が中間相のメゾフェーズの形成，成長によって決定されることが広く認められている。液相炭化反応の進行により生成した多環芳香族分子は，積層しながら集合してマトリックスから分離し微小球を形成する。分子積層と流動性を兼備していることから，ネマティック系ディスコティック液晶球（球晶）として分類できる[53]。この球晶が成長，合体，変形しながら最終的に生成する炭素材の構造を決定する。球晶が高粘度で，そのまま固化（炭化）すれば，その球晶のサイズが炭素材を構成する組織の寸法・配列を反映する。広い領域にわたって合体し，外力で配列すれば流れ組織となる。こうした機構はニードルコークスを生成するディレードコーカー内の炭化として広く知られている。

一方，有機分子の集合秩序が維持されたまま，炭化される場合もある。この秩序が高粘度状態で維持されながら炭素層面の秩序性を向上して，炭素を与え

る機構を前秩序転換機構と呼び，粘度によっては秩序の崩壊あるいは向上のいずれも可能である。

　液相状多成分系芳香族化合物を加熱すると100℃付近から蒸発し始め，350℃を超えると熱分解により化合物の結合が解裂され，ラジカルによる再結合，縮重合，環化，脱水素，脱アルキルなどの反応が液相状で進み，液相の粘度は芳香族化・高分子化によって増加し，最終的に固体炭素体に転換される。この過程の液相場で芳香族分子の集積が進めば，メゾフェーズが形成される。粘度上昇に伴い分解物が発生すれば，炭素体内部にマイクロ孔が形成される。有機分子が分子構造，分子集合，さらに凝集などの高次ヒエラルキー構造を反映しながら，対応する炭素材のヒエラルキー構造へと変換されていく[54),55)]。

　炭化後さらに水素，低級炭化水素およびヘテロ元素を脱離しながら構成芳香族分子の共役系の拡大が起こり，高密度化が進む。この際，ミクロ孔と亀裂も一緒に形成され，炭素材の物性に影響する（図6.24）。固体炭素体はさらに高温処理によって黒鉛結晶に向けて炭素以外の揮発性元素を排出しながら積層構

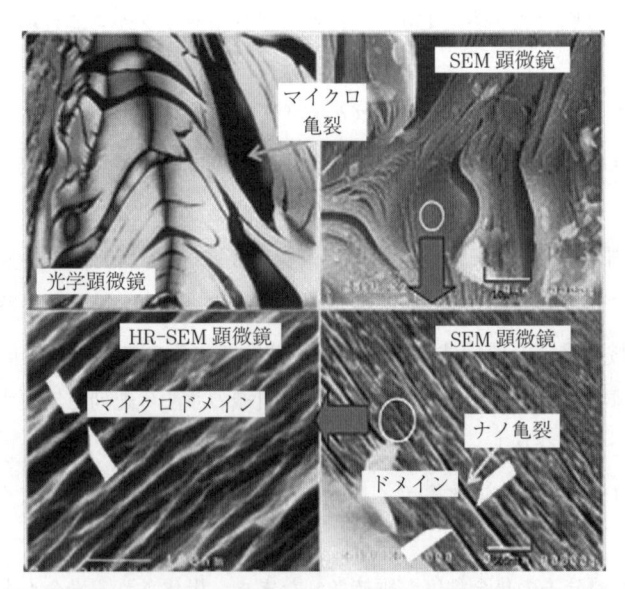

図6.24　液相炭化の際に発生するニードルコークスの層面に平行なミクロ孔と亀裂

造の成長・発達が進む。

図 6.25 に，液相炭化反応でみられるメゾフェーズピッチの分子モデル（図(a)），積層構造（図(b)）およびメゾカーボンマイクロビーズを構成するチキンボーン三次元構造（図(c)）を示す[42),56)]。図に示したように，板状の分子（図(a)上）とその分子をつなぐアルキル結合をもつ分子から構成され（図(a)下），積層してクラスタ（図(b)）を形成するが，形成された板状分

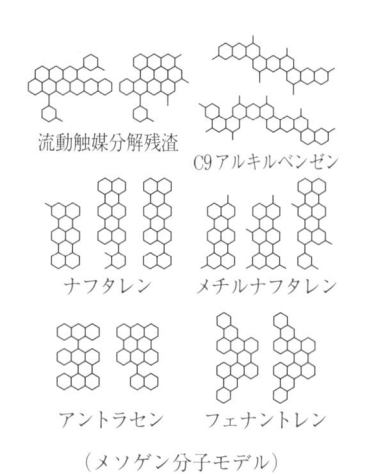

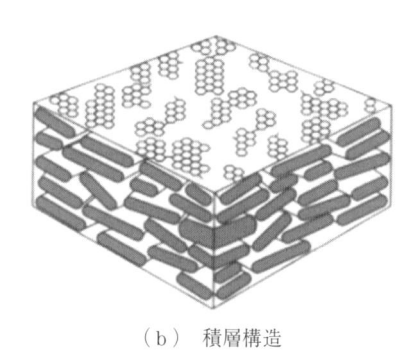

流動触媒分解残渣
C9アルキルベンゼン
ナフタレン
メチルナフタレン
アントラセン
フェナントレン

（メソゲン分子モデル）

分子量
● 800 ● 400 ○ 150

（分子積層モデル）

（a）メゾフェーズピッチの分子モデル

（b）積層構造

（c）チキンボーン三次元構造

図 6.25 メゾフェーズピッチのメソゲン分子モデル，分子積層モデルおよびドメイン構造[42),54)〜56)]

子のクラスタはさらに大きなドメイン（図（c））を結成し，チキンボーンのような三次元構造を形成していることが確認される．メゾフェーズピッチ系炭素繊維は，こうした液晶単位が紡糸の際，延伸され，一軸方向に配列した構造をもつ．

6.3.3 コールタールの高純化

　コールタールを用いたニードルコークス，メゾフェーズ系炭素繊維およびLIB負極用炭素材など高付加価値炭素材を得るために最も重要なプロセス技術は，先端用途として求められる高純化技術である．コールタールには石炭をコークス化する際混入する無機物を含む微粉炭やタールの熱分解物が数％存在する．こうした不純物はコールタールの溶剤分別時，キノリンに溶解しにくいことから，キノリン不溶物（quinoline insoluble：QI）と呼ばれる[57]．コールタールが保有する大半の無機系不純物はこの QI に含まれており，先端材料として求められるレベルの純度を得るためには量産可能な脱 QI 技術が要求される．なお，残存する QI はコールタールを熱処理する際，メゾフェーズの生成や合体を阻害し，得られたニードルコークスやメゾフェーズピッチ系炭素繊維の物性や性能を低下させるおもな原因となる．QI が残存しない場合，コールタールは加熱によって縮重合が進むに伴い，球状の液晶が生成・成長して巨大な流れ組織となる．QI が残存する場合は生成した球状液晶の外面に QI が集合し，球状液晶の成長や合体を阻害しモザイク化され，流れ組織が形成されにくい．こうした QI が紡糸用ピッチに多く含まれた場合は，ピッチの紡糸性を低下するとともに，炭化の際欠陥の原因となって得られる炭素繊維の強度を低下させるおもな原因となる[58]．さらに，QI は LIB 負極用炭素材においては電池寿命低下および不可解な事故の原因にもなるので，徹底したレベルまで除去が求められる．

　こうした QI を工業的に除去するには，遠心分離法と溶剤遠心分離法（小規模）や非溶剤静置沈降法（大規模）が提案されている．コールタールやコールタールピッチの非溶剤静置沈降法による QI 除去には，タールに対する溶解度

が大きく異なる2種以上の溶剤を使い，溶剤に溶解したタールやピッチに非溶剤を一定量混合した後，一定条件で静置し，QIを含む成分を沈降分離する。この際，溶剤種と量，溶解および静置条件によって沈降量と状態が変化する。

図6.26に，コールタールをトルエン（溶剤）とヘキサン（非溶剤）を用いてQI分離した際の条件による沈降量と状態の変化を示す[59),60)]。コールタールは濃度とトルエン（溶剤）-ヘキサン（非溶剤）の使用条件によって沈殿物の量と状態が変化するが，通常ピッチゾーンを形成する条件が沈殿物の除去には適切とされている。溶剤，非溶剤を利用して，さらに脱QIを高度化するために，圧力や温度が調整される場合もある。QIを除去したタールやソフトピッチは，バインダや含浸ピッチ，高性能ニードルコークス，高性能炭素繊維，およびLIB負極用黒鉛材の原料として有効に使える。実際の工程では，原料の性状に合わせたさまざまな溶剤と非溶剤の組み合わせが必要となる。

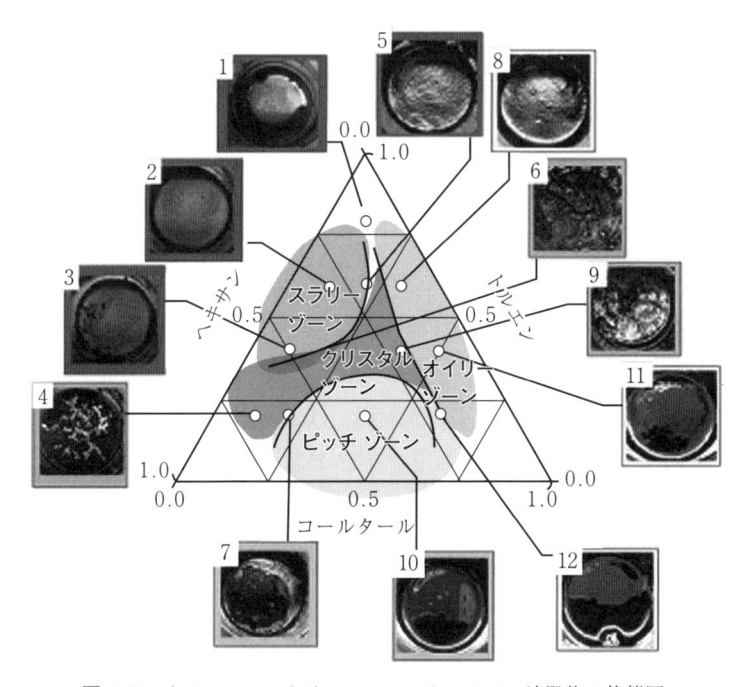

図6.26 トルエン・ヘキサン・コールタールでの沈殿物の状態図

6.3.4 コールタールを用いた先端炭素材の調製

コールタールのうち約 70 質量％を占める軟ピッチは種々の先端炭素材の原料として用いられる。これら炭素材料のうち，ニードルコークス，ピッチ，ピッチ系炭素繊維，および LIB 用負極材について以下に説明する。

〔1〕 コールタールピッチ系ニードルコークス

ディレードコーカーによる製造プロセスを図 6.27 に示す。

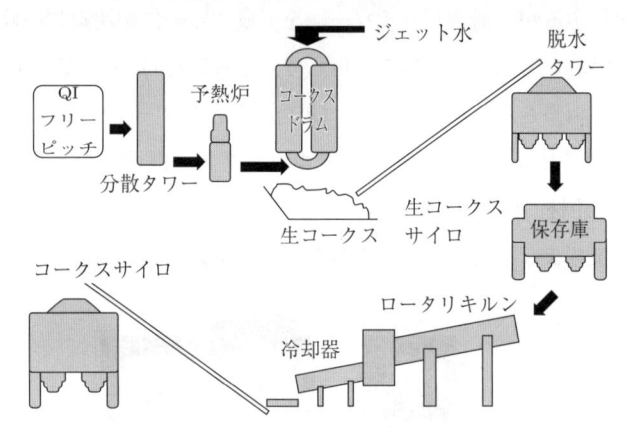

図 6.27 ディレードコーカー・カルサイナーによる製造プロセス

現在，ディレードコーカー方式により製造されているコールタール系ピッチコークスは黒鉛電極用 LPC-U シリーズ，アルミ精錬用 LPC-A シリーズおよび特殊炭素製品用 LPC-S シリーズの 3 種類である。このうち，黒鉛電極用にはニードルコークスと呼ばれるピッチコークスが使われ，現在製品の改良が進められている。世界における鉄の生産量は，2020 年まで増加すると予想されており，鉄の生産量のうち約 1/3 は電炉によるスクラップからの鉄であり，1 000 t の粗鋼生産につき約 2 t の黒鉛電極を使用するため，電炉で使用される黒鉛電極の需要は鉄の生産量増加に比例して大きく伸びている。

電炉の技術も進歩しており，大型の直流炉と生産性に優れた交流炉の普及が進められている。大型の直流炉では直径 800 mm（32 インチ）もの大型の黒鉛電極が使われ，生産性重視の交流炉では直径 600 mm（24 インチ）の電極が使

われている[61]。

黒鉛電極は，ニードルコークス，ピッチおよび添加剤を混合後，約1 000℃で炭素化した後，3 000℃で黒鉛化することにより製造される。黒鉛電極用ニードルコークスは，メソフェースの技術を応用して作られたものであり，低熱膨張係数（低CTE），低パフィング特性，良黒鉛化性，高いアスペクト比，十分な強度，低硫黄濃度，低窒素濃度，良好な密度，低灰分，適切な粒度分布などの特性が求められる[62]。

黒鉛電極用ニードルコークスに求められる物性の中で重要なのが低CTE特性と低パフィング特性である。パフィングとは，ニードルコークスを黒鉛化する際に発生する不可逆膨張のことであり，この値が大きいと電極を黒鉛化する際に電極割れなどを起こすため，極力低パフィングの材料が求められている[62]。タールを用いたニードルコークスのCTEとパフィング物性は，近年大幅に改善され，CTE 1.0 ppm K^{-1}，パフィング0.8%のものも市販されている。石油系のピッチコークスと遜色のないパフィング特性を示し，石油高騰の現在，国内外の顧客から注目を集めている。

〔2〕 バインダおよび含浸ピッチ

コールタールから作られるピッチには，バインダピッチと含浸ピッチがあり，軟化点などの物性を変更した種々の製品が製造されている。最近，黒鉛電極や特殊炭素材料のメーカであるSGL社から，将来のピッチの望ましい特性について注目すべき発表がなされた。その内容は，バインダピッチのPAH含有量を0.1%以下にする一方で，軟化点を250℃以上にし，キノリン不溶分を10～15%に抑えたままで，固定炭素を75質量%以上にし，含浸ピッチなしで黒鉛電極を製造できるようなピッチを開発してほしいという高度な要求であった。ピッチメーカがこうしたニーズにただちに応えることは非常に困難であると思われるが，将来に向けての開発の方向性として十分に考慮していかねばならない課題であると考えられる。

ピッチから作られるピッチ系炭素繊維も近年市場が伸びている。航空機用途などに広く使われているPAN系炭素繊維とはすみ分けが進み，高弾性率品は

宇宙航空用に，低弾性率の商品はゴルフシャフトや釣具に用いられるようになってきた。高分子量，高溶解度のピッチの合成が設計でき，電界紡糸によって新種のナノファイバも製造できている[63]。

〔3〕 **メゾフェーズピッチ系炭素繊維**

コールタールを用いた高性能ピッチ系炭素繊維はわが国独自の開発のもので，三菱化学（株）と日本グラファイトファイバー（株）によって年間1000tの規模で生産されている。図6.28にメゾフェーズピッチ系炭素繊維の製造過程を示す。QIを除去したコールタールあるいはコールタール系ピッチを水素化した後，高軟化点液晶化して紡糸用のピッチを調製し，紡糸，不融化，炭化および黒鉛化して炭素繊維を調製する。得られたメゾフェーズピッチ系炭素繊維は，炭素繊維を構成しているドメインがおもに5 nmサイズのPAN系炭素繊維に比べて20〜60 nmサイズと大きいので，高弾性と高熱伝導度の用途として使われている[64]。なかには900 GPaの弾性率と800 W m^{-1} K^{-1}）の熱伝導度を示すものもあり，今後熱交換器など新たな用途への適用が期待されている。

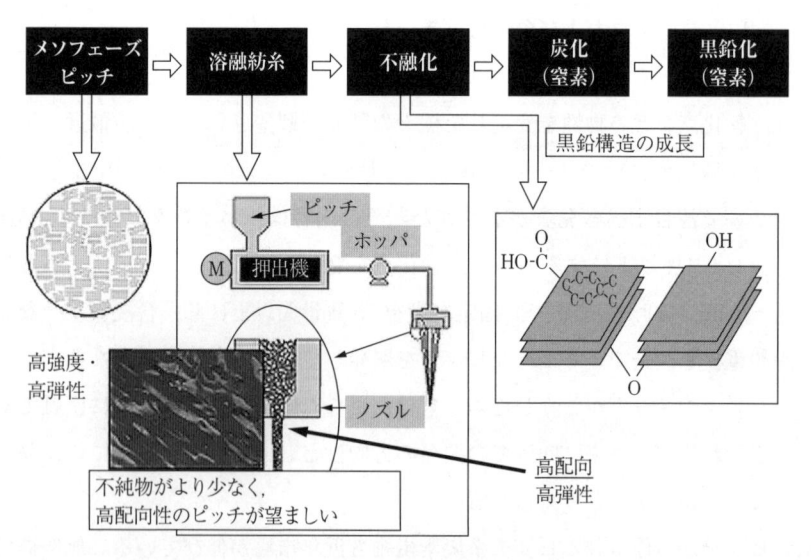

図6.28 メゾフェーズピッチ系炭素繊維の製造プロセス

〔4〕 LIB用負極材

　LIBは現在最も脚光を浴びている移動型電源である。炭素材はそのLIBの負極材として実用化されている[65]。石油・ガソリンの高騰と地球温暖化対策への要求を受け，わが国でも急速にハイブリッド自動車（HEV）や電気自動車（EV）の普及が進みつつある。このHEVやEVには，従来ニッケル水素電池より容量の大きなLIBが使われる見込みである。特に，自動車搭載用LIBには高出力特性が必須の要求項目であり，出力や寿命特性が劣る天然黒鉛だけの負極では電池の要求性能を満足できないことが知られている。この理由から，HEV用やEV用のLIBの負極材には天然黒鉛に一定比率の人造黒鉛やソフトカーボンを混合した負極材を適用しており，今後人造黒鉛やソフトカーボンの需要は年々高まることが予測できる。タールを用いたLIBの負極材は，JFEケミカル（株）などの会社が生産しており，おもにメゾカーボンマイクロビーズ（MCMB）からの製造とニードルコークスまたは異方性コークスの粉砕による生産に大別される。異方性コークスを原料とする生産方式では，原料コークスを10 μm以下のスケールに粉砕し，適切な条件で熱処理し，製造される。コークスはその優れた量産性により，安価な負極材料として今後が期待されている。

　同じくエネルギー貯蔵用として有望視されている電気二重層キャパシタ向けにメゾフェーズピッチ経由の炭素化物を検討していることもあり，エネルギーデバイスへのコークスの将来用途として今後が期待される[66]。コールタールやコールタール系ピッチからは，ハードカーボンも誘導できる。制御された高活性の炭素端面が高純度ハウスオブカードを形成するハードカーボンも低密度を解決することによって，LIBだけでなく，Na-ion電池など新たな電池材としても期待が高まっている[67]。

6.3.5　結　　　言

　コールタールやコールタール系ピッチを有効利用する産業はわが国ではすでに成熟産業として大学，研究機関ではあまり研究されなくなったテーマである

が，その最終用途たる電気製鋼およびアルミ精錬のアジアにおける急速な成長と新規用途への期待度から再度見直され，研究すべきテーマと考えられる。中国などの新興国ではすでに多くの研究が開始されており，タールを用いた従来の炭素材はもちろん，電池，キャパシタやガス貯蔵用炭素材など新規用途の炭素材の開発も進められている。出発原料と生成炭素の構造や物性の間の相関を新しい化学的構造概念と炭素に至る構造変化を高次の視点から認識解明し，炭素材のさらなる高性能化や高機能化への展開を実現しなければならない。

引用・参考文献

1) 大内公耳，本田英昌：石炭の熱分解，燃料協会誌，**40**，p.845〜854（1961）
2) D. W. van Krevelen：Coal, p.289, Elsevier（1961）
3) H. A. G. Chermin and D. W. van Krevelen：Chemical structure and properties of coal XVII — A mathematical model of coal pyrolysis, Fuel, **36**, p.85〜104（1957）
4) P. R. Solomon, M. A. Serio, G. V. Despande and E. Kroo：Cross-Linking Reactions during Coal Conversion, Energy & Fuel, **4**, p.42〜54（1990）
5) A. A. Agroskin, E. I. Goncharov and N. S. Gryaznov：Thermal properties of coals in the plastic state, Coke Chem. USSR, 1972, No.9, p.3〜5（1972）
6) 三浦隆利，深井　潤，大谷茂盛：石炭乾留過程における石炭層の有効熱拡散率に及ぼす測定法の影響，鉄と鋼，**70**，p.336〜342（1984）
7) 聖山光政，北原　彰，西田清二：燃料協会誌，石炭性状と乾留所要熱量の関係，**63**，p.834〜842（1984）
8) W. Rohde：Überprüfung und Integration der Gleichungen zum instationären Wärmetransport im Koksofen, Glückauf-Forschungshefte, **31**, p.149〜154（1970）
9) D. W. van Krevelen：Coal, p.277, Elsevier（1961）
10) 有馬　孝，桜井義久：コークスの気孔形成機構，材料とプロセス，**11**，p.842（1998）
11) 有馬　孝：コークスの表面破壊強度への欠陥の影響，鉄と鋼，**87**，p.274〜281（2001）
12) 有馬　孝，野村誠治，福田耕一：配合炭の膨張性の推定，鉄と鋼，**82**，p.409〜413（1996）
13) S. Nomura and T. Arima：Development of coking pressure estimation model,

Proc. 1st Int. Congr. Sci. Technol. Ironmaking, p.384 ～ 389 (1994)
14) S. Nomura and T. Arima：The effect of volume change of coal during carbonization in the direction of coke oven width on the internal gas pressure in the plastic layer, Fuel, **80**, p.1307 ～ 1315 (2001)
15) C. Meyer, D. Habermehl and O. Abel：Schrumpfung und Schwinden von Kokskohlen bei der Horizontalkammerverkokung, Glückauf-Forschungshefte, **42**, p.233 ～ 239 (1981)
16) R. A. Mott and R. V. Wheeler：Coke for Blast Furnaces, p.47, The Colliery Gurdian (1930)
17) 尾形知輝，上岡健太，両角仁夫，青木秀之，三浦隆利，上坊和弥，福田耕一：ナノインデンテーション法による製鉄用コークスの微視組織の機械的性質評価，鉄と鋼，**92**，p.171 ～ 176（2006）
18) 山口徳二，桜井義久，八巻孝夫，小島鴻次郎，佐々木昌弘：コークスの光学的組織分析方法，コークス・サーキュラー，**32**，p.55 ～ 60（1983）
19) 西岡邦彦，井上恵三，三浦　潔，陽田　潔：調湿炭部分装入法による乾留均一化の検討，鉄と鋼，**76**，p.2117 ～ 2123（1990）
20) 山本保典，中川洋治，有馬　孝：炭化室内乾留状況の実態調査，材料とプロセス，**2**，p.1009（1989）
21) W. Rohde, D. Habermehl and V. Kolitz：Coking pressure and coal moisture ─ Effects during carbonization ─ Implications for a new coking reactor design, Iromaking Conf. Proc. AIME, **47**, p.135 ～ 143 (1988)
22) 吉永博一，宇都宮又一，真田　貢，山本英樹，奥原捷晃：成型炭配合コークス製造法の現状，製鉄研究，No.288，p.11789 ～ 11796（1976）
23) 和栗真次郎，大西輝明，中川浩一郎，大野護允，小川秀治，串岡　清，金野好光：大分1，2コークス炉石炭調湿設備，製鉄研究，No.322，p.81 ～ 89（1986）
24) Y. Nakashima, S. Mochizuki, S. Ito, K. Nakagawa, K. Nishimoto and K. Kobayashi：Development of techniques for charging dry coal into conventional coke ovens, 2nd Int. Cokemaking Cong., p.518 ～ 529 (1992)
25) 加藤健次，中嶋義明，山村雄一：微粉炭塊成化（DAPS）によるコークス製造技術，新日鉄技報，No.384，p.38 ～ 42（2006）
26) 尾方良晋，土井一秀，野口敏彦，藤川秀樹，横溝正彦，加藤健次，中嶋義明：大分における新コークスプロセスの実機化，石炭科学会議発表論文集，**46**，p.40 ～ 41（2009）
27) 美浦義明，奥原捷晃：燃料協会誌，連続式成型コークス製造技術の現状─日本

鉄鋼連盟における研究経過を中心に，**61**，p.169～178（1982）
28) A. Morgan：Formed coke developments at Normanby Park, The Coke Oven Managers' Yearbook, 1979, p.293～315（1979）
29) 日本タール工業史，日本タール協会（1965）
30) 芳香族およびタール工業ハンドブック第3版，社団法人日本芳香族工業会（2000）
31) 吉田 尚：これからの石炭化学工業，技法社（1977）
32) カーボンブラック便覧＜第三版＞，カーボンブラック協会（1995）
33) 炭素材料学会編：新・炭素材料入門，リアライズ社（1996）
34) 水島三知，岡田 純：炭素材料，共立出版社（1970）
35) 田野，中西，大山：炭素，**239**，p.180（2009）
36) 稲垣道夫：カーボン 古くて新しい材料，工業調査会（2009）
37) ニューカーボンフォーラム編：新炭素製品，炭素協会（1999）
38) 高分子学会編：高分子プラスチックの最前線，エヌ・ティ・エス社（2006）
39) 高分子学会編：高性能透明ポリマー材料，エヌ・ティ・エス社（2012）
40) 福田：メソフェーズを利用した炭素製品，炭素素原料科学の進歩Ⅱ，p.13, CPC 研究会（1990）
41) 長山：メソフェーズ小球体の特徴と応用，炭素材料学会先端科学技術講習会（2012）
42) I. Mochida, S. H. Yoon and Y. Korai：Mesoscopic structure and properties of liquid crystalline mesophase pitch and its transformation into carbon fiber, Chemical Record, **2**, p.81～101（2002）
43) I. Mochida, S. H. Yoon, N. Takano, et al.：Microstructure of mesophase pitch-based carbon fiber and its control, Carbon, **34**, p.941～956（1996）
44) I. Mochida, S. H. Yoon, Y. Korai, et al.：Carbon-fibers from Aromatic-hydrocarbons, Chemtech, **25**, p.29～37（1995）
45) I. Mochida, Y. Korai, C. H. Ku, et al.：Chemistry of synthesis, structure, preparation and application of aromatic-derived mesophase pitch, Carbon, **38**, p.305～328（2000）
46) 持田 勲，尹 聖昊，宮脇 仁：炭素のエネルギー・環境・材料としての利用（Utilizationof carbon materials as energy and environmental devices），炭素原料の有効利用，CPC 研究会（2007）
47) M. Zander：Aspects of Coal-tar Chemistry-A Review, Polycyclic Aromatic Compounds, **7**, p.209～221（1995）

48) 持田　勲, 尹　聖昊, 林　成燁, 洪　聖和：炭素構造モデルの進化と効用, 炭素, **215**, p.274～284（2004）
49) Sciences of carbon materials, Chapter 1, Harry Marsh and F. Rodriguez-Reinoso eds., Universidad de Alicante, Spain（2000）
50) 大谷朝男：炭素材料の構造と機能の制御, 炭素, **132**, p.32～43（1988）
51) S.-H. Yoon, Y. Korai, I. Mochida, K. Yokogawa, S. Fukuyama and M. Yoshimura：Axial nano-scale microstructures in graphitized fibers inherited from liquid crystal mesophase pitch, Carbon, **34**, p.83～88（1996）
52) 尹　聖昊, 宮脇　仁, 持田　勲：Li-ion 電池用負極材の現在と未来, ゴム協会誌, **83**, p.395～400（2010）
53) H. Honda：Mesophase Pitch and Meso-carbon Microbeads, Molecular Crystals and Liquid Crystals, **94**, p.97～108（1983）
54) I. Mochida, K. Shimizu, Y. Korai, et al.：Preparation of Mesophehase Pitch from Aromatic-hydrocarbons by the AID of HF/BF3, Carbon, **28**, p.311～319（1990）
55) I. Mochida, K. Maeda, K. Takeshita：Comparative-study of the Chemical-structure of the Disk-like Components in the Quinoline Insolubles, Carbon, **16**, p.459～467（1978）
56) J. E. Zimmer and J. L. White：Disclination Structures in the Carbonaceous Mesophase, Advances in Liquid Crystals, **5**, p.157～213（1982）
57) G. H. Taylor, G. M. Pennock, J. D. Fitz Gerald, et al.：Influence of QI on Mesophase Structure, Carbon, **31**, p.341～354（1993）
58) J. W. Stadelhofer：Examination of the Influence of Natural Quinoline-insoluble Material on the Kinetics of Mesophase Formation, Fuel, **59**, p.360～361（1980）
59) W. Migitaka, H, Sunago, Y. Ogawa and T. Nisihata：US Patent 4127472（1978）
60) 野相詠史, 大川慎一郎, Park Joo-Il, 宮脇　仁, 持田　勲, 尹　聖昊, Ick-Pyo Hong, Seong-Yung Lee：コールタールとコールタールピッチ可溶分の分子構造の解析と制御, 第38回炭素材料学会年会, 1C01（2011）
61) I. Mochida, K. Fujimoto and T. Oyama：Chemistry in the Production and Utilization of Needle Coke, Chemistry and Physics of Carbon, **24**, p.111～212（1994）
62) 田野　保, 中西和久, 大山　隆：ニードルコークス, 炭素, 239, p.180～183（2009）
63) S. H. Park, C. Kim and K. S. Yang：Preparation of carbonized fiber web from electrospinning of isotropic pitch, Synthetic Metals, **143**, p.175～179（2004）

64) 三菱化学および日本グラフィトファイバーのカタログ参照
65) I. Mochida, C. H. Ku, S.H. Yoon, et al.：Anodic performance and mechanism of mesophase-pitch-derived carbons in lithium ion batteries, Journal of Power Sources, **75**, p.214 ~ 222（1998）
66) T. C. Weng and H. S. Teng：Characterization of high porosity carbon electrodes derived from mesophase pitch for electric double-layer capacitors, J. Electrochemimical Society, **148**, A368 ~ A373（2001）
67) C. W. Park, S.-H. Yoon, S. I. Lee and S. M. Oh：Li+ storage sites in non-graphitizable carbons prepared from methylnaphthalene - derived isotropic pitches, Carbon, **38**, p.995 ~ 1001（2000）

7. ガス化・液化

7.1 石炭ガス化反応機構

7.1.1 石炭ガス化技術の歴史

クリーンコールテクノロジーの中核の一つとなる石炭ガス化（coal gasification）技術は，すでに200年を超える長い歴史をもつ。初期にはコークス炉で製造された石炭ガスを都市ガスとしてガス灯や暖房，調理用の燃料に用いた。ロンドンでは1807年からガス街灯に石炭ガスを使い，アメリカでは1816年にボルチモアで石炭ガスの供給が始まった。わが国でも1872（明治5）年に横浜でガス街灯十数基が灯され，これがわが国のガス事業の発祥とのことである。19世紀の終わりから20世紀初頭にかけて，電気や天然ガスの普及によりこの分野での石炭ガスの利用は減少していった。

産業用の近代型ガス化技術は第二次世界大戦前から戦中にかけて液体燃料の確保を必要としたドイツで発展し，石炭ガスを原料とするF-T合成（Fischer-Tropsch synthesis）やアンモニア合成などの化学合成プロセスが開発された。戦後はアメリカなどで大規模プラントが建設されたが，石油や天然ガスへのシフトに伴い南アフリカなど一部の国を除いて石炭ガス化技術の需要は減少していった。

1970年代のオイルショックにより石炭ガス化技術の開発への関心が再び高まった。石炭ガス化複合発電（integrated coal gasification combined cycle：IGCC）プラントの開発が各国で始まり，1990年代には四大プロジェクトと呼

ばれる酸素吹きIGCC実証機が欧米で運転を開始した。原油価格の高騰や地球環境問題への対応のため，複数の商用規模IGCCプロジェクトが現在進んでいる。

わが国では1980年代から独自の空気吹きIGCC技術の開発が始まり，2007年に福島県の勿来発電所構内で250MW実証機が運転を開始した。5年半の実証試験運転で高い信頼性を示し，2013年に商用化した。また，広島県の大崎発電所構内で酸素吹きのEAGLEガス化技術を用いた166MW IGCC実証機の建設が2013年に着工した。さらに，石炭部分水素化熱分解技術（ECOPRO）の20t/d規模パイロットプラントが2006年から3年半試験運転され，実証への展開が検討されている。

高度経済成長が続く中国では，アンモニア合成やメタノール合成，F-T合成のための大型石炭ガス化プラントが多数導入され，IGCCプラントの開発も進められている。このように石炭ガス化技術は着実に進歩しており，発電や大規模化学プラントに向けた大容量化と同時に高い信頼性と経済性が求められている。

7.1.2 ガス化炉内での反応
〔1〕 石炭ガス化炉とガス化反応

ガス化炉は気固反応装置であり，気体と固体の接触方式によって固定層（fixed bed），流動層（fluidized bed），噴流床（entrained flow）と呼ばれる3種の形式に分類される。一方，空気吹き（air blown）や酸素吹き（oxygen blown）の部分酸化（partial oxidation），石炭を酸素と接触させない間接ガス化（indirect gasification）というように，ガス化剤によっても分類できる。石炭のガス化炉内の反応は複雑であり，炉形式や運転条件によって石炭ガス組成は異なるが，基本となるおもな反応は共通する。

炉内に投入された石炭は，まず熱分解し，揮発分（ガス）とチャーが生成する。この熱分解は初期熱分解と呼ばれる。ついで揮発分は気相における熱分解（二次的気相熱分解あるいはクラッキングと呼ばれる）によって低分子化ある

いは重合するが，気相に酸素が存在すると燃焼も起こる。熱分解特性は炉の温度や石炭粒子の昇温速度に依存するので，ガス化炉形式の影響を受ける。

一般的に石炭粒子の昇温速度は固定層ガス化炉では比較的小さいが，流動層や噴流床ガス化炉ではきわめて大きく初期熱分解が迅速に進む。二次的気相熱分解の特性は炉内温度に依存する。固定層や流動層ガス化炉では炉内温度が比較的低いためタール濃度が高い。高温の噴流床ガス化炉では揮発分は迅速に分解するが，ガス化条件によっては揮発分の重合が低分子化よりも顕著になり，ススが発生する[1),2)]。酸化剤に対するススの反応性はきわめて低く，ススの挙動はガス化性能（炭素転換率や冷ガス効率）に関わる重要な因子であることが最近わかってきた[3)]。

熱分解や燃焼によって生じた二酸化炭素や水蒸気はチャーと反応する。この気固反応をガス化と呼ぶ。チャーのガスへの転換と同時に，水性ガスシフト反応などの気相反応も進む。おもな総括反応の熱化学方程式を以下に示す。

燃焼
$$C + O_2 = CO_2 + 394 \text{ kJ}$$
$$C + \frac{1}{2} O_2 = CO + 111 \text{ kJ}$$
$$CO + \frac{1}{2} O_2 = CO_2 + 283 \text{ kJ}$$
$$H_2 + \frac{1}{2} O_2 = H_2O + 242 \text{ kJ}$$

CO_2 ガス化　　　$C + CO_2 = 2\,CO - 172 \text{ kJ}$

水性ガス化　　　$C + H_2O = CO + H_2 - 131 \text{ kJ}$

水添ガス化　　　$C + 2\,H_2 = CH_4 + 75 \text{ kJ}$

水性ガスシフト　$CO + H_2O = CO_2 + H_2 + 41 \text{ kJ}$

メタン水蒸気改質　$CH_4 + H_2O = CO + 3\,H_2 - 206 \text{ kJ}$

これらの反応のうち燃焼以外は可逆反応である。石炭ガスの平衡組成は，**図7.1**に示す可逆反応の平衡定数 K_p から温度の関数として容易に計算できる。高温では CO と H_2 が主成分であるが，温度が低下すると CO_2，H_2O，CH_4 および未燃炭素が増加する。ガス化は反応速度が熱分解や燃焼よりも非常に小さい

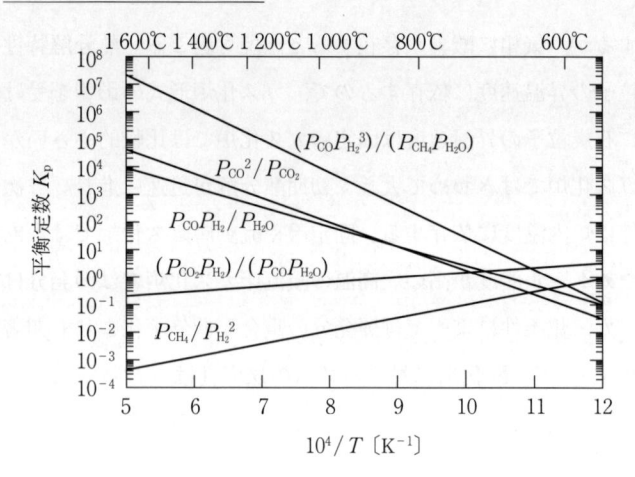

図7.1 ガス化におけるおもな反応の平衡定数

ので[4]，チャーのガス化反応速度論は，ガス化特性予測やガス化炉性能評価を行うために必要不可欠である．

〔2〕 石炭ガス組成

ガス化炉で生成する石炭ガスの組成は，炭種，ガス化温度，圧力，ガス化剤の種類や量，クエンチガスの有無や種類などガス化炉の設計・操作条件や，後流プロセスの条件によって異なる．各種ガス化方式による石炭ガス組成（ガス化炉出口の生成ガス組成もしくは脱硫プロセス出口の精製ガス組成）の実例を**表7.1**[5] および**表7.2**[6]~[10] にまとめる．

固定層ガス化のルルギ炉は広く用いられている．南アフリカでは合成軽油などを製造する間接液化の原料として石炭ガスを供給するため，1955年から大規模に稼働している．ルルギ炉は炉内温度が低いために石炭ガスには炭化水素が残りメタン濃度が高い．

流動層ガス化はバブリング型のウィンクラ炉に始まり，現在では循環流動層などさまざまな形式のものが開発されている．粒子滞留時間が比較的長いので，高水分の低品位炭にも適している．さらに，間接ガス化方式により石炭ガス組成を調整する，あるいは，触媒の適用によって炉内温度を低く抑えて冷ガス効率を高めることなどが可能であり，次世代ガス化技術としても期待されて

7.1 石炭ガス化反応機構

表7.1 各種ガス化炉の生成ガス組成の例（原料はいずれも瀝青炭）[5]

組成 (体積%, db)	固定層ガス化炉		流動層ガス化炉	
	Sasol-Lurgi	BGL slagging	Winkler O_2/steam 吹き	Winkler 空気吹き
CO_2	30.9	3.5	5.3	1.9
CO	15.2	55.0	52.0	30.7
H_2	42.2	31.5	37.3	18.7
CH_4	8.6	4.5	3.5	0.9
C_nH_m	0.8	0.5	—	—
N_2	0.7	3.4	1.6	47.6
H_2S	1.3	1.3	0.3	0.2
COS			—	—
NH_3	0.4	0.4	—	—

—の項目は文献に記載なし

表7.2 IGCC プラントにおける生成ガスまたは精製ガス組成の例[6]〜[10]

組成 (体積%, db)	噴流床ガス化炉（IGCC）				
	勿来 CCP 炉	Buggenum シェル炉	Puertollano プレン フロー炉	Wabash River E-Gas 炉	Tampa GE 炉
	空気吹き ドライ フィード	酸素吹き ドライ フィード	酸素吹き ドライ フィード	酸素吹き スラリー フィード	酸素吹き スラリー フィード
CO_2	2.7	1.5	2.4	15.8	14.5
CO	31.9	63.4	59.3	45.3	42.8
H_2	10.0	28.4	22.0	34.3	38.4
CH_4	1.4	—	—	1.9	0.1
N_2	54.0	6.2	14.8	1.9	3.3
Ar		0.5	1.2	0.6	0.9
H_2S	—	—	3 ppm	68 ppm	200 ppm
COS	—	—	9 ppm		10 ppm
NH_3	—	—	—	—	0.0 ppm

—の項目は文献に記載なし

いる。

微粉炭をバーナから吹き込む噴流床ガス化は，炉内温度が高いため無触媒でもガス化反応速度が大きく滞留時間が短いことから，大容量化に有利である。

IGCC四大プロジェクト（炉の種類：シェル炉，プレンフロー炉，E-Gas 炉，GE 炉）やわが国の実証プロジェクト（CCP 炉）では噴流床ガス化を採用している。

ガス化剤（空気，酸素）の違いや給炭方式（ドライ，スラリー）によっても石炭ガス組成は大きく異なる。空気吹きガス化では，石炭ガスは空気に由来する窒素を多く含む。スラリーフィード方式のガス化では水性ガスシフト反応の進行が顕著であり，水素と一酸化炭素の比（H_2/CO 比）が高くなる。

石炭灰の排出はガス化炉の重要な機能である。噴流床ガス化炉では灰は炉底から溶融スラグとして排出し，水砕スラグとして取り出すが（スラッギング方式），固定層や流動層ガス化炉では灰を溶かさずに排出するドライアッシュ方式を採用することが多い。いずれの場合も灰の軟化・溶融状況はガス化炉の安定運転に関わる重要事項である。

〔3〕 石炭ガスの用途

ガス化炉で製造された石炭ガスは化学合成プロセスの原料や発電の燃料に利用されるが，用途により求められるガス組成が異なり，必要であれば水性ガスシフト反応による組成調整を行う。以下に，求められる組成の例を述べる。

ガソリンや軽油などを合成するF-T合成の総括反応は次式で示される。m と n の関係は，パラフィンのみが合成される場合で $n=2m+2$，オレフィンのみが合成される場合で $n=2m$ である。コバルト系触媒を用いる合成プロセスでは原料ガスに必要な H_2/CO 比は約2であり，水性ガスシフト反応によって事前に H_2/CO 比を高めておくことが不可欠である。一方，鉄系触媒は水性ガスシフト反応に対する活性があるため，H_2/CO 比は $0.5 \sim 0.7$ でよい。F-T合成プロセスの詳細は 7.4 節に述べる。

$$(\frac{n}{2}+m)H_2 + m\,CO = C_mH_n + m\,H_2O$$

メタノール合成プロセスでは銅-亜鉛系酸化物触媒を用い，70気圧，260℃にて一酸化炭素，水素，水蒸気および少量の二酸化炭素を反応させる。総括量論式は次式となり，石炭ガスに必要な H_2/CO 比は2以上である。また，触媒

の劣化を防ぐためには CO_2/CO 比は 0.6 が望ましい。

$$2H_2 + CO = CH_3OH$$

最近では取り扱いの容易な液体燃料であるジメチルエーテル（DME）の製造も注目されており，これを石炭ガスから直接合成するプロセスの開発や，ディーゼル燃料などとして利用するための研究が進められている。DME 合成の総括量論式には以下の 2 種類がある。

$$3H_2 + 3CO = CH_3OCH_3 + CO_2$$

$$4H_2 + 2CO = CH_3OCH_3 + H_2O$$

石炭ガスをそのまま発電に用いる場合は窒素濃度や H_2/CO 比は特に問題にならない。酸素吹きガス化では中カロリーガスが製造されるのに対して，空気吹きガス化の場合は低カロリーガスが製造されるので，ガスタービン燃焼器の仕様が異なる。

7.1.3 ガス化反応機構
〔1〕 二酸化炭素によるガス化

ガス化の反応機構は古くから盛んに研究されており，多くの総説にまとめられている[11]～[14]。気固反応であるガス化は固体表面の活性点において起こる吸脱着反応や化学反応として取り扱う。二酸化炭素によるガス化に関しては Gadsby ら[15] や Ergun[16] が提案した以下の酸素交換機構が認知されている。

$$C_f + CO_2 \underset{k_2}{\overset{k_1}{\rightleftarrows}} C(O) + CO$$

$$C(O) \xrightarrow{k_3} CO$$

ここで，C_f は炭素基質にある空の活性点を示す。

活性中間体 $C(O)$ の濃度が一定である擬定常状態を仮定し，各反応の速度定数 k_1, k_2, k_3 とガス分圧 P_{CO_2}, P_{CO} および単位体積当りの活性点の数を因子とする活性中間体の物質収支式から，活性点一つ当りの反応速度（炭素の消失速度）r_s を表す次式が導かれる。各速度定数はアレニウスの式で表される。

$$r_s = \frac{k_1 P_{CO_2}}{1+(k_1/k_3)P_{CO_2}+(k_2/k_3)P_{CO}} \quad (7.1)$$

酸素交換機構ではCOではなくOが活性点に化学吸着するが，このことは同位体トレーサ法を適用したErgunら[17]によって確かめられた。しかし，Blackwoodら[18]によれば高圧下ではCOの吸着が優位になる[19]～[21]。さらに，炭種によっては含有ミネラルが触媒として働くガス化が支配的となる。触媒ガス化の反応機構は7.3節に詳しく述べられている。

式(7.1)はLangmuir-Hinshelwood（L-H）型の反応速度式であるが，その近似としてn次反応式(7.2)もよく用いられる。n次反応式はシンプルだが，適用できる圧力範囲が限られる点や，一酸化炭素による阻害を表すことができない点に注意する必要がある[21]。

$$r_s = k P_{CO_2}^n \quad (7.2)$$

〔2〕 水蒸気によるガス化

水蒸気によるガス化は二酸化炭素による場合と同様にGadsbyら[22]が提案した酸素交換機構によって説明されることが多い。

$$C_f + H_2O \underset{k_5}{\overset{k_4}{\rightleftarrows}} C(O) + H_2$$

$$C(O) \xrightarrow{k_3} CO$$

このとき，活性中間体の物質収支式から活性点一つ当りの反応速度を導くことができる。

$$r_s = \frac{k_4 P_{H_2O}}{1+(k_4/k_3)P_{H_2O}+(k_5/k_3)P_{H_2}} \quad (7.3)$$

しかし，この酸素交換反応は素反応ではないとの考えがあり，素反応として水蒸気が活性点へ解離吸着する反応機構がLongら[23]により提案されている。

$$2C_f + H_2O \rightleftarrows C(OH) + C(H)$$

$$C(OH) + C(H) \longrightarrow C(O) + C(H_2)$$

$$C(H_2) \rightleftarrows C_f + H_2$$

$$C(O) \longrightarrow CO$$

この反応機構に従う場合でも式 (7.3) と同型の反応速度式となる。さらに，Blackwood ら[24] は高圧下での実験結果から反応機構を検討した。最近では Zhu ら[25] は分子軌道計算から反応機構を提案した。

さらに水素の活性点への吸着に関しては多くの議論がある。上で示したように H_2 として吸着する機構だけでなく，Giberson[26] らは H として解離吸着する機構を提案し，その後も多くの議論がなされている[27]~[30]。

$$C_f + \frac{1}{2} H_2 \rightleftarrows C(H)$$

次式は水素の解離吸着に従う反応速度式の一例である。

$$r_s = \frac{K_1 P_{H_2O}}{1 + K_2 P_{H_2O} + K_3 \sqrt{P_{H_2}}} \tag{7.4}$$

式 (7.5) の n 次反応速度式もよく用いられるが，二酸化炭素ガス化の場合と同様に適用圧力範囲が限られる点，水素による阻害を表すことができない点に注意が必要である。

$$r_s = k P_{H_2O}^n \tag{7.5}$$

〔3〕 二酸化炭素と水蒸気による競合ガス化

二酸化炭素と水蒸気によるガス化反応機構をそれぞれ示してきたが，実際の反応系では二酸化炭素と水蒸気が共存し，それらが競合してチャーと反応する。このときの反応機構を考える上で最も単純な仮定は，二酸化炭素と水蒸気によるそれぞれのガス化が並列に進むとするもので，反応速度はそれぞれの和で示される。例えば，活性点一つ当りの反応速度がそれぞれ式 (7.1) と式 (7.3) に従うとき，全体の反応速度は

$$r_s = \frac{K_1 P_{CO_2}}{1 + K_2 P_{CO_2} + K_3 P_{CO}} + \frac{K_4 P_{H_2O}}{1 + K_5 P_{H_2O} + K_6 P_{H_2}} \quad (\text{モデル1}) \tag{7.6}$$

として表される。しかし，二酸化炭素と水蒸気は同じ炭素基質上にある活性点と反応することを考えると不合理である。

そこで，活性点を共有して競合する反応機構[19],[31] が提案されている。酸素

交換反応に従う下の反応機構を仮定し，すべての活性点は共通しており選択性はないとすると，次式の反応速度式を導くことができる[32]。

$$C_f + CO_2 \rightleftarrows C(O) + CO$$

$$C_f + H_2O \rightleftarrows C(O) + H_2$$

$$C(O) \longrightarrow CO$$

$$r_s = \frac{K_1 P_{CO_2} + K_4 P_{H_2O}}{1 + K_2 P_{CO_2} + K_3 P_{CO} + K_5 P_{H_2O} + K_6 P_{H_2}} \quad (\text{モデル}2) \quad (7.7)$$

式 (7.7) から計算される反応速度は式 (7.6) に従う速度よりも小さくなる。いずれが正しいかは諸説あり，炭種や条件によって異なるとされている[33]。梅本ら[34] は一部の活性点を共有すると仮定し，共有割合を示すパラメータ a（= 共有する活性点の数 / 水蒸気を吸着できる活性点の数）と b（= 共有する活性点の数 / 二酸化炭素を吸着できる活性点の数）を導入して次式を導いた。

$$r_s = \frac{K_1 P_{CO_2}}{1 + K_2 P_{CO_2} + K_3 P_{CO} + \frac{a}{c} K_5 P_{H_2O} + \frac{a}{c} K_6 P_{H_2}}$$

$$+ \frac{K_4 P_{H_2O}}{1 + K_2 P_{CO_2} + K_3 P_{CO} + bc K_5 P_{H_2O} + bc K_6 P_{H_2}} \quad (\text{モデル}3) \quad (7.8)$$

ここで，c は

$$c = \left(\frac{a}{b}\right) \frac{1 + (1-b) K_5 P_{H_2O} + (1-b) K_6 P_{H_2}}{1 + (1-a) K_2 P_{CO_2} + (1-a) K_3 P_{CO}} \quad (7.9)$$

であり，**図7.2**のようにモデル1とモデル2のいずれにも従わない実験結果をモデル3で表現することができた。

式 (7.8) において $a=b=0$ および $a=b=1$ と仮定すれば，それぞれ式 (7.6) および式 (7.7) と同一である。実験結果から求めた a と b の値は炭種により異なったが，これは CO_2 と H_2O とでは到達する細孔の径の範囲が異なるためと考えられ，また，含有ミネラルによる触媒ガス化の活性点への吸着選択性が異なる可能性もある。

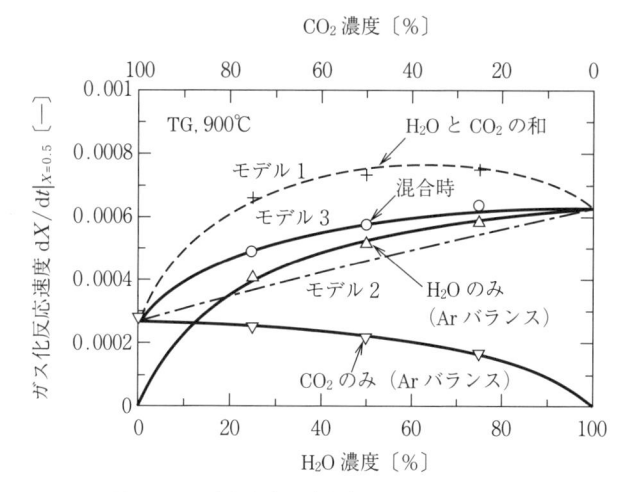

図 7.2 二酸化炭素と水蒸気が共存するときの
チャーガス化反応速度[34]

7.1.4 ガス化反応モデル

〔1〕 粒子反応モデル

前節では活性点における反応機構と反応速度式を解説したが、本節ではチャー粒子のガス化反応速度の定式化について述べる。ガス化過程にあるチャー粒子の反応率 X は粒子に含まれる炭素の重量 W_x とモル密度 C_x およびその初期値 W_0, C_0 を用いて次式で定義される。

$$X = \frac{W_0 - W_x}{W_0} = \frac{C_0 - C_x}{C_0} \tag{7.10}$$

このとき、チャーの反応速度は dX/dt で表され、活性点一つ当りの反応速度 r_s に活性点の数 (n_t/C_0) を掛けたものに等しい。

$$\frac{dX}{dt} = \frac{r_s}{C_0} n_t \tag{7.11}$$

ここで、n_t は固体にある全活性点の単位堆積当りの数であり、反応の進行とともに変化し得るもので X の関数となる。活性点の取り扱いには二つの考え方がある。

一つ目は粒子の中に活性点が均一に分布すると仮定する容積反応モデルである。このモデルでは反応の進行とともに炭素密度は単調に減少し、活性点の数も同時に減少する。容積反応モデルは一次反応モデルとも呼ばれ、反応速度式は以下となる。

$$n_t = n_{t0}(1-X) \tag{7.12}$$

$$\frac{dX}{dt} = \frac{r_s n_{t0}}{C_0}(1-X) \tag{7.13}$$

ここで、n_{t0} は $X=0$ における n_t の初期値である。

 もう一つは、活性点は固体の内部表面に均一に分布すると仮定する表面反応モデルである。活性点の数は粒子単位体積当りの表面積 S とその初期値 S_0 を含む次式で表される。

$$n_t = \frac{n_{t0}}{S_0} S \tag{7.14}$$

ここで、反応の進行に伴う表面積 S の変化を表現するために、未反応核モデル[35]、グレインモデル[36]、細孔モデル[37],[38]、パーコレーションモデル[39]など数多くのモデルが提案されている。

 細孔モデルは円筒状の細孔内壁面が反応界面であると仮定するものである。その一つである Bhaita ら[37]の Random Pore Model（PRM）ではランダムに配置した細孔に細孔径分布をもたせ、内表面で反応が進むことで細孔が成長して隣接する細孔が重なり合うことを考慮した。このとき表面積は次式で表され、反応速度式が展開される。

$$S = S_0(1-X)\sqrt{1-\psi \ln(1-X)} \tag{7.15}$$

$$\frac{dX}{dt} = \frac{r_s n_{t0}}{C_0}(1-X)\sqrt{1-\psi \ln(1-X)} \tag{7.16}$$

$$X = 1 - \exp\left\{-\frac{r_s n_{t0}}{C_0}t\left(1+\frac{r_s n_{t0}}{C_0}\frac{\psi t}{4}\right)\right\} \tag{7.17}$$

ここで、ψ は初期の細孔構造を示す無次元パラメータ（≥ 0）であり、未反応固体の空隙率 ε_0 と単位体積当りの細孔長 L_0 を用いて定義される。

$$\psi = \frac{4\pi L_0(1-\varepsilon_0)}{S_0^2} \tag{7.18}$$

RPM に従うときの X に対する反応速度の関係は，図 7.3 に示すように ψ の値によって大きく変わる。$\psi=0$ の場合には反応速度式は容積モデルと同一型となり，反応速度は X に対して直線的に減少する。$\psi=1$ では曲線となりグレインモデルに近い。$\psi=2$ を超えると反応が進むとともに反応速度が増加するようになり，$X=1-\exp[(2-\psi)/2\psi]<0.393$ のときに反応速度はピークを迎えて減少を始める。ψ の値が大きいほど反応速度の加速が急激になる。図 7.4 に 4 種の瀝青炭に由来するチャーのガス化反応速度を測定した例を示す[40]。図のように RPM は ψ により炭種の違いを表すことができ，多くの石炭に適用できる有用なモデルである[21],[41]。

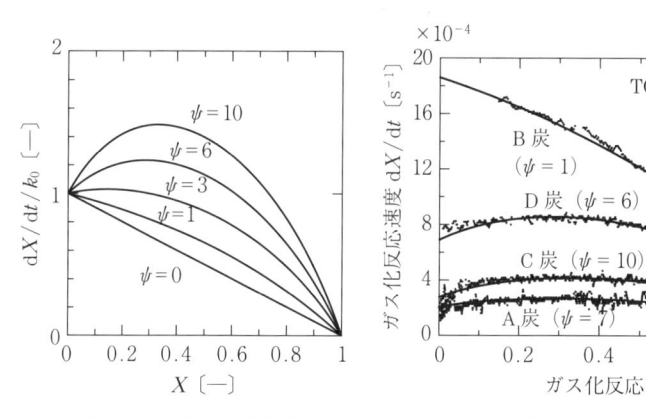

図 7.3 RPM における細孔構造の影響

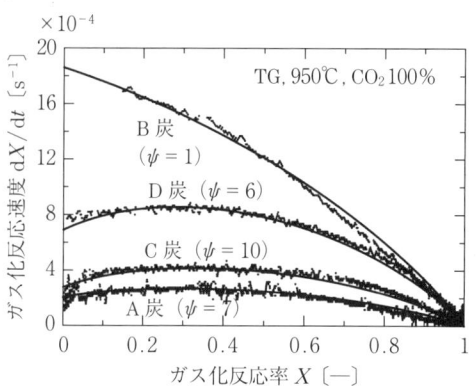

図 7.4 石炭チャーの二酸化炭素によるガス化反応速度の変化[40]

しかし，アルカリ金属（ナトリウムやカリウム）を多く含む低品位炭やバイオマスのチャーには RPM が適応できないものがあり[42],[43]，モデルの改良が提案されている[44)~47)]。触媒ガス化による反応速度と無触媒ガス化の反応速度の和として扱うこともできる[48)~50)]。

〔2〕 細孔内拡散律速領域

前項では気固反応の「真の」化学反応速度（intrinsic reaction rate）を定式

化したが,「見掛け」の反応速度(observed reaction rate)は物質移動の影響を受けることになる。そこで,1個のチャー粒子に着目した物質収支を考える必要がある。チャー粒子を球形と仮定した場合,粒子中心からの距離 r におけるガス化剤 A の濃度 C_A は

$$\frac{1}{r^2}\frac{\partial}{\partial r}\left(D_{eA}r^2\frac{\partial C_A}{\partial r}\right)=r_s S \tag{7.19}$$

と表される。ここで,D_{eA} は粒子中の細孔内でのガス A の有効拡散係数である。

この拡散方程式を解析的に解くことは困難であるが,無次元数である一般化 Thiele 数 ϕ を用いて扱うことができる[51),52)]。Fletcher ら[53)] はさらに補正関数 f_c 用いて精度の向上を図った。このとき,見掛けの反応速度と真の反応速度の比を表す有効係数 η は次式で定義される。

$$\eta=\frac{\text{Observed reaction rate}}{\text{Intrinsic reaction rate}}=f_c\frac{1}{\phi}\left(\frac{1}{\tanh(3\phi)}-\frac{1}{3\phi}\right) \tag{7.20}$$

図 7.5 に示すように,拡散速度と比較して反応速度がかなり小さい場合(Zone I),粒子内のガス濃度は均一で有効係数は 1 である(化学反応律速領域)。高温域で物質移動速度よりも反応速度が大きくなると物質移動が支配的となり,Zone II のように粒子内にガス濃度分布がついて有効係数は 1 未満となる(細孔内拡散律速領域)。さらに高温では Zone III のように粒子周りのガス境膜内での物質移動が支配的となり,有効係数は 0 に近くなる(ガス境膜内拡散律速領域)。したがって,物質移動にはチャー粒子の粒径や細孔構造が影響する。

Zone I におけるガス化反応速度解析は古くから熱天秤(TG)や固定層反応器を用いて行われているが,最近では DTF(drop tube furnace)を用いた実験により,噴流床ガス化炉内条件

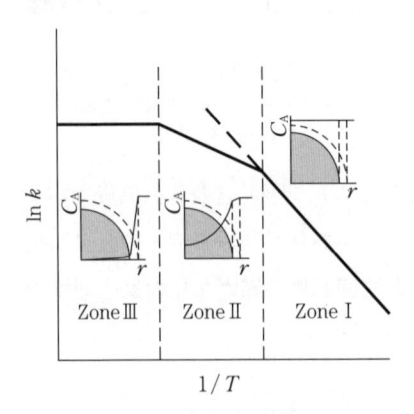

図 7.5 気固反応速度の温度依存性の概念[40)]

に相当する高温加圧下での Zone Ⅱ における反応速度が明らかにされている[21),41),54)~56)]。

図 7.6 に示す例のように，平均粒径 40 μm 程度のチャーを用いた実験条件の範囲内では，二酸化炭素や水蒸気によるガス化では約 1 200℃，酸素によるガス化では約 600℃を越えると明らかに物質移動支配となることがわかる。梶谷ら[21)]は一般化 Thiele 数を用いて実線のように実験結果を表現することができ，Zone Ⅱ における見掛けの反応速度の炭種依存性は，細孔構造の違いによるものとして表現できることを示した。

〔3〕 **ガス化反応性に及ぼす影響因子**

ガス化反応速度に対する温度やガス化剤分圧，生成物分圧，物質移動の影響は以上に述べたように定式化できる。さらに，ガス化反応速度はチャーの物理化学的な特性の影響を受けることが知られており，チャーの特性は炭種や

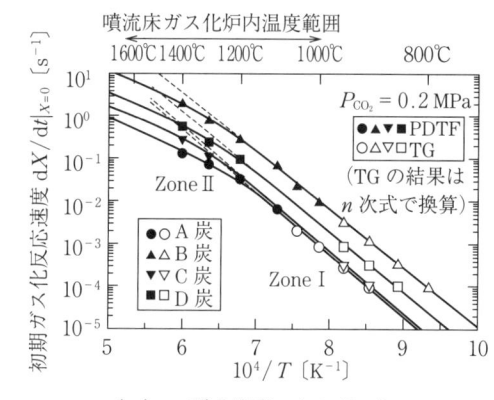

(a) 二酸化炭素によるガス化

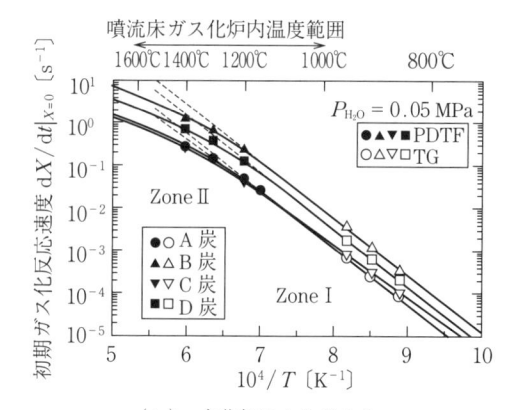

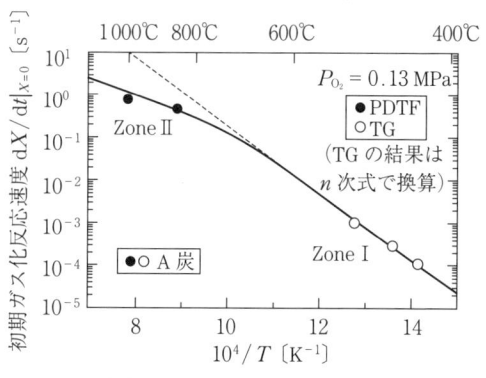

(b) 水蒸気によるガス化

(c) 酸素によるガス化・燃焼

図 7.6 石炭チャーのガス化反応速度 (Zone Ⅰ~Ⅱ)[40)]

熱履歴により異なる。このような反応性に関わる因子について多くの研究がなされている。

三浦ら[57]~[59]は20種以上の石炭およびそれらの脱灰炭に由来するチャーのガス化反応速度を測定した。チャーの反応速度はもとの石炭の炭素含有率が高いほど低くなる傾向がみられ（ただし，もとの石炭の炭素含有率C＞80質量％の場合），脱灰炭やC＞80質量％の石炭のチャーの反応速度はチャーの細孔表面積や黒鉛構造と良い相関があることを示した。一方，C＜80質量％の石炭に由来するチャーの場合には炭素含有率にかかわらずむしろ触媒活性を示す含有ミネラルの寄与が大きいことが示された[59]。

宝田ら[60],[61]は32炭種についてチャーのガス化反応速度を測定した。イオン交換性のカルシウムやナトリウムに対して相関関係があることを示し，反応速度の推算式を提案した。二酸化炭素によるガス化反応速度はチャー基準のイオン交換性カルシウムおよびナトリウムの含有量（$Ca+Na$）の0.92乗に比例し，水蒸気によるガス化反応速度は$(Ca+Na)(O/C)$の0.3乗に比例するとした。

さらに，反応性の違いを活性表面積（ASA，RSA，CCU）の違いによって説明できることも多く報告されている[62]~[65]。例えば，300℃におけるチャーの二酸化炭素吸着量が二酸化炭素によるチャーのガス化反応性と相関することがわかっている[65]。

ビクトリア褐炭やバイオマスはアルカリ金属やアルカリ土類金属を多く含むため高い反応性を示すものの，Liら[30],[48],[50],[66],[67]は活性の高い揮発分がガス化を阻害することを明らかにした。揮発分の分解・改質で発生するフリーラジカル（特に水素ラジカル）がチャーの活性点に吸着してガス化を阻害するとともにアルカリ金属の揮発を促進し，さらに，水素ラジカルはチャー基質の縮合を促すとした機構[50]が提案されている。

チャーの特性を決める要素としてチャーの生成条件などの熱履歴も重要であり，熱分解条件がチャーのガス化反応性に影響を与えることがよく知られている。一般に，昇温速度が小さく，熱分解温度が高く，加熱時間が長いほどガス

化反応性が低下する。これは，チャー中の黒鉛構造の発達[68),69)]や，触媒活性を示す含有ミネラルの揮発[66)]，シンタリング[70)]によるものであるが，これらの影響は非常に複雑である[71)]。

以上，石炭ガス化におけるチャーガス化の反応機構や反応速度論，反応性に影響を及ぼす因子について解説した。これらの研究には長い歴史があり，さまざまな現象がすでに明らかにされているものの，石炭は複雑な構造をもつ有機物であるため未解明の現象や反応機構も多い。特に，反応性に及ぼす炭種の影響因子の体系化が望まれている。資源獲得競争が激しくなる中，低品位炭の利用も今後重要であり，複雑な低品位炭の反応挙動を解明する必要がある。

7.2 石炭ガス化複合発電（IGCC）

7.2.1 IGCCの背景と意義

2011年3月11日の東日本大震災の後，わが国の電力供給は原子力の比率が大きく減少している。この減少分のすべてを太陽光や風力などの再生可能エネルギーによって補完することはできないため，火力発電がこれまで以上に重要な役割を果たすことになるのは必然である。しかしながら，火力発電の増加は地球温暖化の主要因とされるCO_2発生量の増加を意味するため，火力発電の徹底的な高効率化を図り，CO_2発生量を最小化することが最も重要となる。わが国は化石燃料の96％を輸入に頼っているため，各燃料をバランスよく使用することがエネルギーセキュリティ上で重要である。またエネルギーの高効率利用は燃料輸入量の削減を可能とし，経済の観点からも大きな貢献となる。

図7.7に示すように，世界において総発電電力量の約6～7割を化石燃料に依存している。化石燃料の中

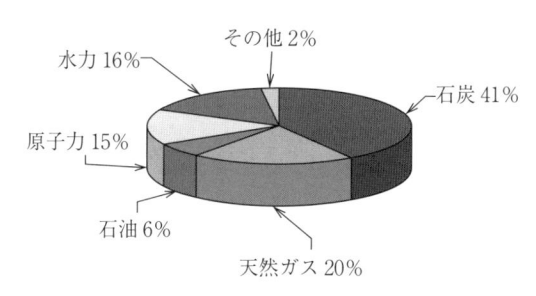

図7.7 世界の電源別発電電力量（2007年）[72)]

その他 2%
水力 16%
原子力 15%
石油 6%
天然ガス 20%
石炭 41%

でも石炭は，豊富な埋蔵量，安定した価格と供給から重要な資源であるが，石油や天然ガスに比べてCO_2の排出量が多く，世界の石炭火力発電から排出されるCO_2排出量は全体の約3割を占めている。

そこで，従来の石炭火力よりも発電効率が高く，CO_2排出量が低い次世代の発電技術に注目が集まっている。図7.8にこれまでの熱効率の変遷を示す。

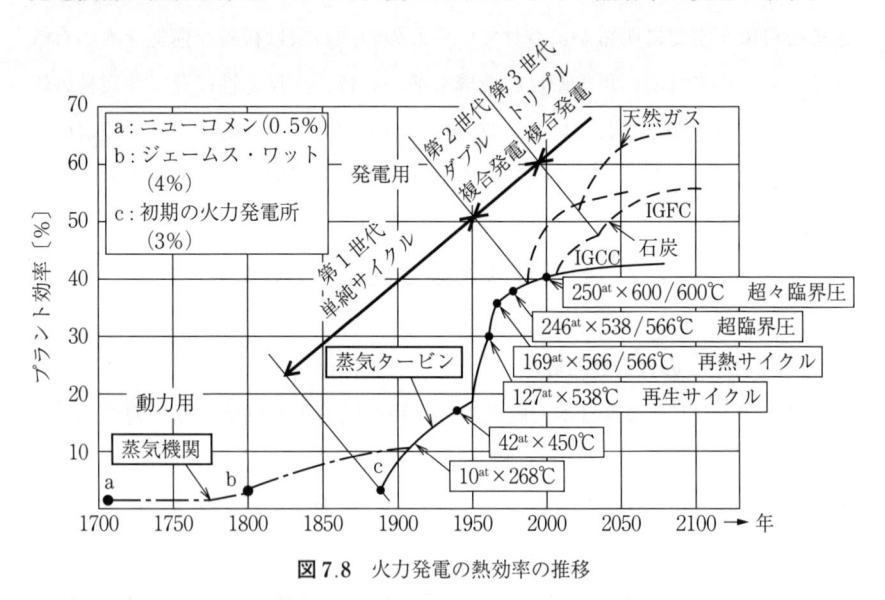

図7.8 火力発電の熱効率の推移

最初の往復動の蒸気機関であるニューコメンの蒸気機関の効率は0.5％であった。これを1800年頃ジェームス・ワットが一気に4％に引き上げ，産業革命の原動力となった。1880年頃にパーソンスの蒸気タービンが開発され小型で大出力が得られるため，たちまち火力発電の中心的な存在となった。蒸気タービン入口蒸気の圧力・温度の上昇により効率を高めることができるので，この方式は現在も幅広く使われている。このランキンサイクルに基づく蒸気タービンの時代が"第1世代"の火力発電である。その中でも高効率の超々臨界圧ボイラ（ultra-super critical steam condition：USC）は，日本が世界最高の技術を有しており，プラント効率は40％程度である（送電端，高位発熱量基準）。このつぎに来る技術としてA-USC（advanced ultra-super critical，蒸

気温度：約700℃級）があるが，これにはNi系の新しい材料の開発が必要であり，実用化には10年以上かかる見通しである。次の世代を担う"第二世代"の発電方式が"ガスタービンと蒸気タービン"を併用するダブルコンバインドサイクルであり，すでに天然ガス火力として商用化され，53％を超える発電効率を達成している。このコンバインドサイクルを石炭に適用したものが石炭ガス化複合発電（integrated coal gasification combined cycle：IGCC）である。さらに固体酸化物型燃料電池（solid oxide fuel cell：SOFC），ガスタービン，蒸気タービンの三つの要素で高効率発電を行うシステムが，"第三世代"のトリプル複合発電で究極の高効率発電といわれる。石炭の場合，IGCCにSOFCを組み合わせた石炭ガス化燃料電池複合発電（integrated coal gasification fuel cell combined cycle：IGFC）と称され，実用化されれば送電端で55％（高位発熱量基準）という画期的な高効率が期待できる。

本節で説明する石炭ガス化複合発電（IGCC）は燃料に石炭を用い，高効率で発電を行えることから，地球温暖化問題，電力の安定供給，化石燃料枯渇問題に対して有効な手段として注目されている。本節では，IGCCの特徴やシステム，実在するプロジェクト，そして今後必要とされる技術開発について説明する。

7.2.2 IGCCの構成と機能

〔1〕 **IGCCのシステム**

図7.9にIGCCのシステム概要図を示す。IGCCとは，石炭を高温でガス化して気体燃料とし，これをガスタービンで燃焼し，さらにその排ガスの熱で蒸気を発生して蒸気タービンを動かす複合発電システムである。以下にIGCCのシステムを解説する。

① **石炭ガス化炉** まず，石炭を微粉炭機にて乾燥，粉砕し酸化剤とともにガス化炉に投入する。ガス化炉では石炭の部分燃焼によりCO，H_2を主成分とする高温の燃焼ガスが生成される。

このように固体である石炭をガス化して気体燃料に転換する「石炭ガス化

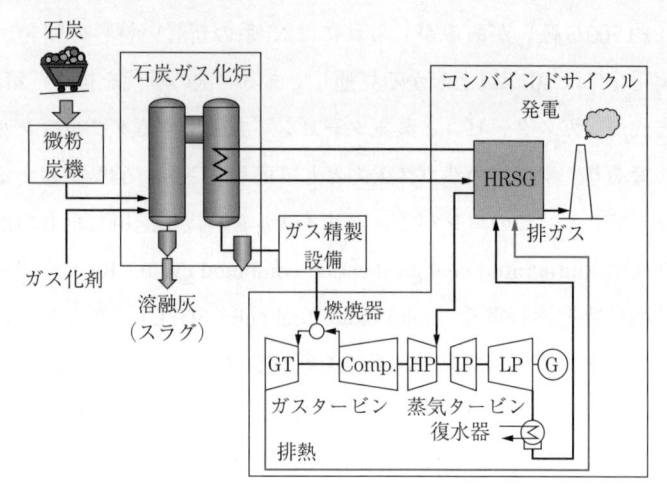

図7.9 IGCCのシステム

炉」は1950年頃よりアンモニアやメタノール合成などの化学工業用に実用化されてきた。もともと石炭ガス化炉の歴史は古く，ジェームス・ワットの弟子のマードックが1790年頃に初めに石炭ガスを照明や燃料として使ったといわれているが，当時の石炭ガス化は間接加熱による熱分解炉であった。その後，大容量の効率の良いガス化炉が望まれ，現在の部分酸化によるガス化炉が主流となった。

石炭ガス化炉の種類を表7.3に示す。ガス化炉には固定床（あるいは移動床），流動床および噴流床の三つの形式があり，石炭の粒径や部分燃焼温度などが異なる。現在の商用ガス化炉は，高温・高速反応による高経済性により噴流床が主力である。

流動床ガス化は粒径が数mmの比較的粗い粒子を用い，空気などで流動化させながら部分燃焼し，ガス化する方式である。1000℃前後の比較的低温で燃焼させるため，灰の融点が高めの石炭に適し，また高灰分炭などの低品位炭にも適している。ただし，流速一定で設計するため出力が直径の2乗に比例するので，単一ガス化炉の最大容量に制限があり，これを補うものとして循環流動床方式も研究されている。

7.2 石炭ガス化複合発電（IGCC）

表7.3 石炭ガス化炉の種類[73]

項 目	固定床（移動床）	流動床	噴流床
概念図	塊炭(5〜30 mm)、ガス、水蒸気・酸素、灰分	ガス、1000℃、粗粒炭(1〜5 mm)、空気、灰分	ガス、1800℃、酸素・水蒸気または空気、微粉炭(0.1 mm以下)、灰分
ガス化剤	酸素・水蒸気または空気	空気（酸素・水蒸気）	酸素・水蒸気または空気
ガス化温度	400〜900（〜1800）℃	700〜1100℃	1600〜1800℃
生成ガス	2500〜4000 kcal Nm^{-3}	1000〜1200 kcal Nm^{-3}	酸素吹き：2500 kcal Nm^{-3} 空気吹き：1100 kcal Nm^{-3}
石炭粒径	5〜30 mm	1〜5 mm	0.1 mm 以下
灰の排出形態	灰またはスラグ	灰	スラグ

　噴流床ガス化炉は粒径が0.1 mm以下の微粒を用い，1800℃程度の高温で部分燃焼する。微粉炭は粒子の比表面積が大きく，また高温のため反応速度がきわめて大きいので，コンパクトな反応器で大きな出力を得ることができ，経済性に優れる。

　燃料の供給方法には乾式と湿式（スラリー方式）があるが，乾式のほうがプラント効率は高くなる。またガス化剤としては，酸素（酸素吹き），空気（空気吹き）があり，酸素吹きガス化による合成ガスは窒素（N_2）をほとんど含まないので，現在化学プラントを中心に広く用いられている。しかし酸素製造のための空気分離装置（air separation unit：ASU）の動力が大きく，発電プラントとしての効率は空気吹きのほうが高い。IGCCはこの石炭ガス化炉で気体燃料化したものをガスタービンで燃焼させ，その高温の排ガスの熱を回収して蒸気タービンを廻し，ガスタービンと蒸気タービンの両方による出力増加と効率

向上をねらいとするものである。

② ガス精製設備 ガス化炉にて生成された石炭ガスは，硫黄化合物，微量成分などを含んでおり，ガスタービンで燃焼する前にタービン保護，環境保全対策のためこれら不純物を取り除く必要がある。そのため，石炭ガスをまず熱交換器で適切な温度まで冷却し，ガス精製設備へと送ってこれら不純物を除去，精製を行う。

現在のガス精製は図7.10に示す湿式法が主として用いられている。ガス化炉からの生成ガスを冷却・洗浄し，硫黄化合物を吸収する方式である。生成ガス中の硫黄化合物の組成は，H_2S（硫化水素），COS（硫化カルボニル）が主形態であるため，アミン溶液による吸収が可能となるようにCOS変換器における触媒反応によってCOSをH_2Sに変換する。その後，生成ガスをアミン水溶液にくぐらせH_2Sを吸収するシステムである。

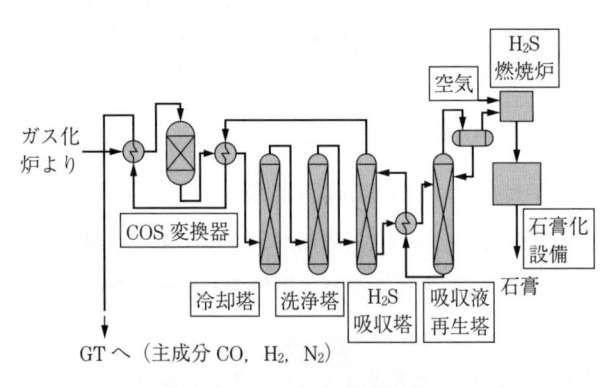

図7.10　湿式ガス精製設備

③ 発電設備：ガスタービン，蒸気タービン，HRSG 精製を終えた石炭ガスは，ガスタービンへ送られてコンバインドサイクル発電を行う。IGCCのコンバインドサイクル発電設備は基本的に天然ガスのものと同じであり，ガスタービン，排熱回収ボイラ（heat recovery steam generator：HRSG），蒸気タービンで構成される。

まず燃料である石炭ガスはガスタービン燃焼器でコンプレッサからの圧縮空

気と混合して燃焼する．この高温の燃焼ガスがタービンで仕事を行い発電し，仕事を終えた燃焼排ガスはHRSGへ送られる．HRSG入口の排ガスはかなりの高温（600℃程度）であるため，HRSGでは排ガスの熱を回収して蒸気を発生し，蒸気タービンでも仕事を行い発電する．仕事を終えた蒸気は復水器で凝縮し，HRSGへ給水される．また，給水の一部はHRSGで予熱した後，ガス化炉の熱交換器へ送られて高温生成ガスを冷却して熱を回収し，蒸気となってHRSGへ戻り蒸気タービンでの発電に使用される．このように，蒸気流量が多いため通常の天然ガス複合発電ではガスタービンと蒸気タービンの出力比は2：1であるが，IGCCではほぼ1：1となる．

〔2〕 IGCCの特徴

① **高効率**　現在実用化されているUSCボイラの熱効率は41％程度である（高位発熱量基準，送電端）．これに対しIGCCでは1500℃級ガスタービン適用時，同一基準で46％程度を達成できる．

② **適用炭種の拡大**　従来の微粉炭火力では，火炉壁のスラッギング問題のため灰融点が低い石炭はあまり好まれない．これに対して，噴流床ガス化炉を用いたIGCCでは，灰分をガス化炉か溶融スラグとして排出するので，灰融点の低い石炭が有利となり，これまで発電には使用困難であった炭種も使用可能となる．

③ **灰捨て場面積の低減**　微粉炭火力の場合は灰をフライアッシュとして処理するのに対し，IGCCではスラグ状で処理する．これにより灰の容積が半分以下で，かつガラス質の非溶出性となり有効利用が大いに促進されるとともに，灰捨て場の面積を低減できる．

④ **CCSの適用**　CCS（carbon capture and storage，二酸化炭素回収・貯留）技術（8.2節を参照）のうちCO_2回収については，特定の吸収液などを用いて石炭ガス中のCO_2を回収するものであり，尿素プラントなどですでに商用化されている．

CCSを従来の微粉炭焚火力発電に適用する場合は，ボイラで燃焼後の排ガスからの回収となり，常圧，低濃度，大容積のガスからのCO_2回収となる．

一方IGCCに適用する場合は，燃焼前の加圧下，高濃度，低容積ガスからの回収となるため，回収動力，および敷地面積においてIGCCへ適用したほうが有利となる。

7.2.3 稼働中のIGCCプラント

現在日本以外で稼働中のIGCCプラントは，300 MW級4基が運転中である。しかしいずれも酸素吹きガス化炉を採用しており，プラントの送電端熱効率が低く，スラリー給炭方式を採用しているものはさらに効率が低い。また，すべて補助燃料としての天然ガスを有しており，石炭ガス化炉が停止しても発電のみは可能となっており，計画時に石炭ガス化炉の信頼性を懸念していたことが伺える。一方わが国でも，2007年度より福島県いわき市勿来において，（株）クリーンコールパワー研究所の運営のもと250 MWの実証機が稼働している。この実証機は世界初の空気吹きガス化炉を採用しており，2008年9月に運転開始初年度にもかかわらず2 000 h連続運転を成し遂げ，2010年6月に長期耐久運転試験5 000 hを達成し，世界の注目を集めている。

実証機の試験結果を表7.4に，全景を図7.11に示す。出力，効率ともに計画を十分に満足し，環境値に関しても計画値に対しきわめて良好な結果を得ており，従来型微粉炭火力をはるかに上回る環境性能の高さが実証されている。なおこの実証機は2013年4月1日より，設備が常磐共同火力（株）に移管され，商用機として運転されている。

日本のガス化炉開発は欧米に比べて10年近く遅れて進行したが，現在では完全に追い抜いた状況となっている。

また国内においても中国電力（株）と電源開発（株）が大崎クールジェン（株）を設立し，17万kW級，石炭処理量1 100 t/dの酸素吹石炭ガス化技術の実証試験を行うプロジェクトがある。これはEAGLEプロジェクト(EAGLE: coal energy application for gas liquid & electricity，多目的石炭ガス製造技術開発）の経験を活かし，酸素吹きIGCCシステムとしての信頼性・経済性・運用性などを検証し，その後引き続き最新のCO_2分離回収技術の適用試験による

表 7.4 勿来 250 MW 級実証機試験結果
（（ ）内の数値は計画値[74]）

大気温度〔℃〕		13.1
総出力〔MW〕		250（250）
ガスタービン出力〔MW〕		124
蒸気タービン出力〔MW〕		126
送電端効率 LHV 基準〔%〕		42.9（42%以上）
生成ガス HHV wet〔MJ Nm^{-3}〕		5.4
生成ガス組成〔%〕	CO	30.5
	CO_2	2.8
	H_2	10.5
	CH_4	0.7
	他	55.5
環境値（16% O_2 換算）	SO_x〔ppm〕	1.0（8 以下）
	NO_x〔ppm〕	3.4（5 以下）
	煤塵〔mg Nm^{-3}〕	0.1 以下（3.3 以下）

検証も行う予定である。

7.2.4 IGCC の今後の動向

日本においては国家プロジェクトとしての長年の研究開発の成果が勿来 250 MW 機で実り，いつでも商用化が建設できる状況となっている。これからさらに高効率化を図り，一層の CO_2 削減を達成するためのさらなる技術開発について説明する。

図 7.11 勿来 250 MW 級実証機（現 常磐共同火力勿来 10 号機）の全景

〔1〕 最新鋭ガスタービンの適用

現在，天然ガス焚ガスタービンにおいては入口ガス温度 1 600℃ がすでに商用化されている。IGCC の場合にも 1 600℃ が採用され，さらに，将来に 1 700℃ が採用できれば 48 〜 50% の送電端発電効率（高位発熱量基準）が見込まれる。

〔2〕 乾式ガス精製の開発

ガス精製には，ガス温度を下げて吸収液などを用いて脱硫を行う湿式法，あるいは高温のままで脱硫する乾式法のいずれかが採用される。

湿式はガスと吸収液を接触させ，ガス中の硫黄分を除去し，さらに冷却塔や洗浄塔を介すことでガスタービン燃料に精製することが可能である。

一方，乾式は金属の吸着媒体を用いて高温ガス中の硫黄化合物を吸着，および酸化させて脱硫を行う。ガス温度を低下させる必要がないため，湿式に対して2ポイント程度の効率の向上，システムの簡素化などが期待できる。しかしアンモニアや微量成分の除去が課題であり，ガスタービンなどの後続機器への腐食，および環境性への懸念などの解決を目指して研究開発が行われている。

〔3〕 低品位炭の利用

石炭は高品位炭（無煙炭，瀝青炭）と，低品位炭（亜瀝青炭，褐炭）に分類される。褐炭，亜瀝青炭はオーストラリア，インドネシア，アメリカ，欧州，中国などに多く存在する。その割合は世界中で高く，現在この低品位炭の利用も注目を集めている。高水分の低品位炭は，灰の融点が低いものが多く，その意味でも乾燥時の熱損失の問題さえ解決できればIGCCに適した石炭であるといえる。

7.2.5 IGCCの将来展望

IGCCは燃料に埋蔵量が豊富で安定供給が可能な石炭を使用し，かつ高効率な発電を行える上，さらなる効率向上や運用性向上の余地がある。

わが国がいち早くIGCCの商用化に成功すれば，これをベースに石炭火力の電源としてのシェアが大きい世界各国にIGCCの輸出や技術供与を行うことにより，わが国の経済に大きく貢献するのみならず，世界全体のCO_2削減により地球温暖化防止にも貢献できる。

さらに将来はSOFCを付加し，トリプル複合発電（IGFC）をすることによって，さらなる高効率化と増出力を同時に実現できる石炭利用技術といえる。

7.3 触媒ガス化

7.3.1 目的と意義

触媒ガス化 (catalytic gasification) のおもな目的は,水蒸気(あるいは CO_2) と固体炭素質物質(チャー)の反応速度を大きくすることにある。その結果,無触媒時より低温でのガス化が可能となり,生成ガス組成の制御や,実用面では廉価な装置材料の利用も期待される。また,反応速度の増加は石炭処理量の増大,反応条件の緩和あるいはガス化炉のダウンサイズにつながる。副次的効果としては,石炭の熱分解で発生するタールの分解・改質がある。タールの低減・除去は,ガス精製工程を簡素化し総合的熱効率を高める。

触媒ガス化は古い歴史をもつが,日本や欧米で精力的に研究が行われたのは,第一次石油危機以後1990年代前半までであり,多くの研究蓄積がなされた[76)~82)]。石炭チャーに限らず活性炭やグラファイトなどの炭素質固体のガス化を促進する触媒成分は広く研究され,アルカリ金属,アルカリ土類金属,遷移金属に大別される。これらの金属イオンを含む化合物は,ほとんどの場合石炭上に担持される。チャーとガス化剤の固気反応の律速過程は,温度の上昇とともに3段階(化学反応,細孔内拡散,ガス境膜内拡散)に変化し,触媒が効果的に作用する領域は化学反応が律速過程となる低温である。触媒の役割はおもに,ガス化剤の活性化,炭素活性サイトの増加,律速素過程の活性化エネルギーの低下であり,その結果として反応速度が増加する。

図 7.12 は触媒ガス化をイメージしたものである。固体触媒とチャーの接触状態は非常に重要で,一般に微細な粒子ほど大きな効果を示す。したがって,

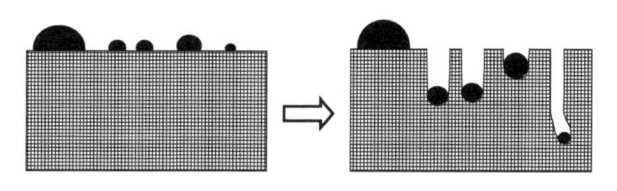

図 7.12 石炭チャーの触媒ガス化のイメージ

金属イオンを石炭表面にいかに高度に分散するかが大切であり，その状態をガス化過程で良好に維持することも必要となる。一方，反応の進行に伴いチャーが消費されて触媒濃度が高くなるため，粒子の合体・凝集や鉱物質との相互作用が起こる。

以下では，触媒添加法，触媒効果と作用状態，応用例としてのSNG（substituted or synthetic natural gas：CH_4）の直接製造について，基本的事項を中心に概説する。

7.3.2 触媒添加方法

表7.5に，触媒を添加するための主要な方法の概略を示す。最も単純で簡便な方法は物理混合法であり，多種類の石炭と触媒の組み合わせが可能であるが，再現性が良いとはいえない。微粉砕やナノ粒子の使用などの特殊な場合を除けば，触媒は石炭粒子の外表面に担持されるので分散性は劣る。しかし，アルカリ金属炭酸塩や水酸化物は，熱分解やガス化過程で溶融あるいはそれに近い状態に変化し，チャー中の炭素と化学的に相互作用するので，分散性が著し

表7.5 主要な触媒添加法の概略

種類		方法	特徴		
			簡便性	触媒分散性	アニオンの影響
物理混合法		粒子状あるいは粉末状の石炭と触媒を混合	◎	×	あり
含浸法	蒸発乾固法	触媒溶液（溶媒はおもに水）中に石炭を分散・浸漬して活性成分を含浸後，溶媒を蒸発除去	○	△	あり
	平衡吸着法	含浸過程で，活性成分が石炭表面に吸着後，担持炭をろ過・分別	△	○	あり
	イオン交換法	含浸過程で，活性金属イオンが石炭表面のCOOH基・フェノール性OH基のプロトンとイオン交換後，担持炭をろ過・分別し洗浄	△	◎	なし
沈殿法		触媒水溶液と石炭の混合物に沈殿剤を添加し，活性金属イオンを含む沈殿物を担持後，ろ過・分別	△	○	なし

く向上し,優れた性能を示すことが知られている。

実験室規模では,触媒溶液を用いる含浸法が一般的である。この中では蒸発乾固法が最も容易であるが,触媒成分の一部は溶媒の蒸発過程で石炭粒子の外表面に析出する場合がある。これに対して,平衡吸着法やイオン交換法では,含浸過程における活性な成分の吸着やイオン交換後に,溶液をろ過・分別することで,高度に分散した触媒イオンの担持が可能となる。

イオン交換法では,アルカリ金属を例にとると式 (7.21) により

$$-COO^-H^+ + M^+ \longrightarrow -COO^-M^+ + H^+ \tag{7.21}$$

COOH 基のプロトンと金属イオンが交換し,原子状に分散した COO^-M^+ が生成する。NaOH や KOH 水溶液のように強いアルカリ性を示す場合には,フェノール性 OH 基もイオン交換サイトとなる。式 (7.21) の速度は,触媒溶液のpH や温度,石炭の粒径や COOH 基量に依存し,例えば,天然ソーダ($>99\%$ Na_2CO_3)水溶液(pH は 11)と褐炭(粒径 0.25 〜 0.50 mm)を用いると,Na^+ が交換に要する時間は 40℃ では 2 min 程度で,総じて速い反応である[83]。

沈殿法は,硫酸塩や塩化物を水に不溶な水酸化物として担持する方法である。沈殿剤が必要となるが,SO_4^{2-} や Cl^- は装置材料の腐食やガス精製時の負担増を引き起こすので,これらを石炭表面に残留させないことが狙いである。

表 7.5 にはアニオンの影響も載せたが,これは無視できない。SO_4^{2-} や Cl^- は上で述べた理由で好ましくないが,これらは,後述(7.3.3 項〔3〕)するように,触媒成分の生成や分散状態に悪影響を及ぼす場合がある。

COOH 基やフェノール性 OH を多量に有する褐炭やリグナイトでは,特に意図しなくとも,触媒の含浸過程でイオン交換が速やかに起こり,導入した金属イオンは大きな効果を発揮する。それ故,これらの石炭は触媒ガス化の研究によく用いられ,多くの成果が得られている。そこで,以下ではこれらの結果を中心に述べる。低石炭化度炭は石炭埋蔵量の半分を占めるが,水分が多く発熱量が小さいためその利用は限定的であったが,高品位炭の資源的制約や価格上昇に伴い,低石炭化度炭の新たな活用法が注目されており,触媒ガス化もその一つとして期待される。

7.3.3 触媒効果と作用状態

〔1〕 アルカリ金属

代表的な触媒はNaやKの炭酸塩である。図7.13は，K_2CO_3を含浸担持した亜瀝青炭（灰分15質量%(dry)）の900℃チャーを水蒸気ガス化（熱天秤）した結果を示す[84]。Kの担持量（石炭基準）が7.5〜10質量%（チャー基準では15〜20質量%）の例にみられるように，石炭供給量当りの速度は反応後半までほとんど変わらない。これはアルカリ金属炭酸塩に特徴的な現象であり，残存チャー基準の速度は，ガス化の進行とともに増加する。これは，チャー中の触媒濃度が高くなり，残存炭素との接触が良好になるためであるが，一方，鉱物質も濃縮されるので，石英やカオリナイトとの反応（図7.17）の機会も増え，担持量が少ない場合には，ガス化の後期に活性低下が起こる。

図7.14では，K_2CO_3の有効性と炭種の関係を調べている[85]。含浸担持試料（10質量% K_2CO_3）を750℃で水蒸気ガス化（熱天秤）すると，触媒添加による反応速度（チャー転化率50%までの平均）の増加分は，少しばらつきはあるものの，褐炭から無煙炭までの34種の石炭間であまり変わらなかった。つまり，K_2CO_3の効果は炭種にほとんど依存しないのである。これは，SEM-

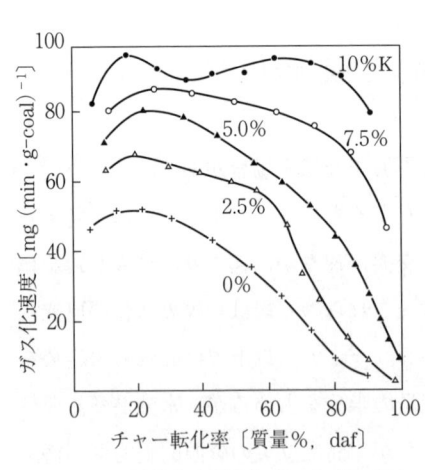

図7.13 亜瀝青炭の水蒸気ガス化（900℃）における反応速度と転化率の関係に対するK_2CO_3担持量の影響[84]

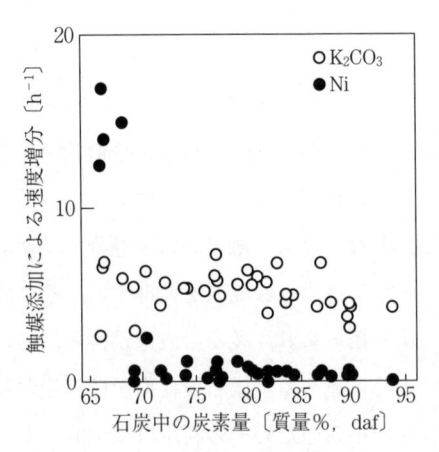

図7.14 34種の石炭の水蒸気ガス化（750℃）におけるK_2CO_3とNiの触媒効果[85]

EDAXで測定したチャー表面の触媒の分散状態が，炭種によらず均一であることからも裏づけられる．図7.14に示したNiの結果は〔3〕項で述べる．

Na_2CO_3の活性は一般にK_2CO_3より劣るが，埋蔵量の豊富なアメリカ・ワイオミング産天然ソーダ灰は，Na_2CO_3が99質量％以上で含有塩素量も0.1質量％以下と低く，魅力的な原料である[83]．NaClやKClも安価であるが，褐炭に含浸担持した場合の性能は非常に小さい．これは，熱的に安定な塩化物から触媒活性種への転換が進まないことによる．しかし，塩化物水溶液にNH_3や$Ca(OH)_2$を添加してアルカリ性にすると，式(7.21)のイオン交換反応が進行し，炭酸塩と同程度の大きな効果が得られる[86]．

アルカリ金属炭酸塩の作用状態は，FT-IR，固体^{13}C-NMR，EXAFS[†]などにより広く研究され，C-MやC-O-Mの表面種の存在が明らかになっている．例えば，K_2CO_3をドープした炭素薄膜をIRセル内に保持し，水蒸気中加熱後に排気して測定すると，C-O結合をもつK種のスペクトルが現れ[87]，また，K_2CO_3担持炭を750℃でガス化してFT-IR測定を行うと，類似のスペクトルが観測される[88]．Na炭酸塩についても同様の結果が報告されている[89]．

図7.15では，^{13}C試薬を用いる表面反応とCP-MAS（cross polarization-

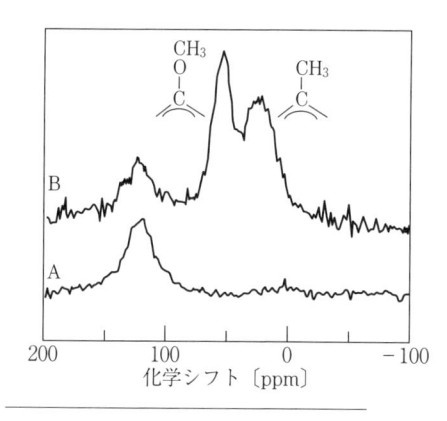

図7.15 K_2CO_3を含浸担持した炭素の700℃ガス化後（炭素転化率15質量％）のCP-MAS ^{13}C-NMRスペクトル[90]（A：未処理，B：$^{13}CH_3$I によるメチル化）

[†] EXAFS (Extended X-ray Adsorption Fine Structure，広域X線吸収微細構造) とは，X線の吸収端の高エネルギー側に現れるスペクトルの微細構造をいう．石炭の微量元素に適用されると，その結果として得られる結合距離や，配位数，またその誤差からその成因や過程を論じることができる可能性があるため，試料の起源推定や挙動理解に有益となる場合がある．

magic angle spinning) ^{13}C-NMR を組み合わせた巧妙な方法により，C-O-K や C-K の生成が解明されている[90),91)]。K_2CO_3 を含浸担持した炭素（K/C 原子比 0.05）の H_2O/H_2 中 700℃ ガス化では，芳香族炭素のみが認められた（図 7.15 A）が，ガス化後の試料を $^{13}CH_3I$ でメチル化すると，CH_3O 基と CH_3 基のスペクトルが出現した（図 7.15B）。これは，**図 7.16** に示すように，炭素表面に存在する活性サイト（C-O-K，C-K）がメチル化された結果で，C-O-K がより重要な表面種である。ガス化速度とメチル化された量もよく対応した。

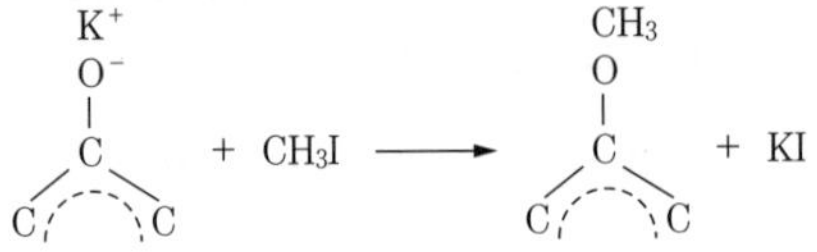

$$\underset{\substack{O^- \\ | \\ C \\ \diagdown \\ C \cdots C}}{K^+} + CH_3I \longrightarrow \underset{\substack{CH_3 \\ | \\ O \\ | \\ C \\ \diagdown \\ C \cdots C}}{} + KI$$

図 7.16 炭素上の K 表面種のメチル化反応[90)]

これらの結果は K と O 原子の共存を意味し，アルカリ金属担持カーボンブラックの熱処理後の水蒸気ガス化速度と表面に捕捉された酸素量には，良好な比例関係が存在することが立証されている[92)]。Exxon の研究グループは，このような K 表面種を K-char と呼び，以下の反応機構を提案している[93),94)]。

$$\text{char} + K_2CO_3 \longrightarrow \text{K-char} + CO_2 \tag{7.22}$$

$$\text{K-char} + H_2O = \text{K-char-O} + H_2 \tag{7.23}$$

$$\text{K-char-O} \longrightarrow \text{K-char} + CO \tag{7.24}$$

7.3.1 項で触れたように，ガス化の進行に伴い触媒と鉱物質の接触機会が増す。**図 7.17** の熱力学的検討によると，Na_2CO_3 と石英（SiO_2）あるいはカオリナイト（$Al_2Si_2O_5(OH)_4$）との反応は充分起こり得る。後者のほう（図（B））が平衡論的には有利で，K_2CO_3 とカオリナイトとの反応（図（C））もこれと同程度に起こりやすく，両者はいずれも高温ほど進みやすい。速度論研究では，K_2CO_3 と石英の反応は 750℃ 付近から始まり，カオリナイトやイライトの粘土鉱物ではさらに低温で進行する[95)]。一方，鉱物質の少ない褐炭では，炭酸塩の形態は 700℃ での水蒸気ガス化や燃焼でも維持される[86)]。したがって，図 7.17 の反応速度は温度のみならず鉱物質量にも依存する。

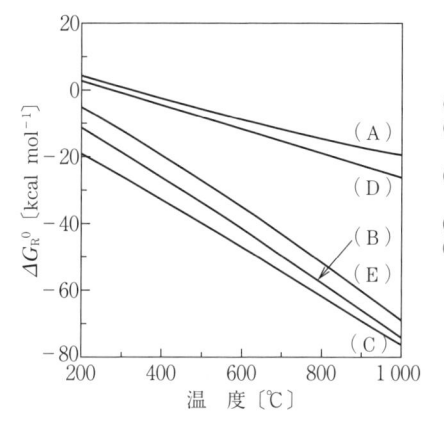

(A) $Na_2CO_3 + SiO_2 = Na_2SiO_3 + CO_2$
(B) $Na_2CO_3 + Al_2Si_2O_5(OH)_4 = 2NaAlSiO_4 + 2H_2O + CO_2$
(C) $K_2CO_3 + Al_2Si_2O_5(OH)_4 = 2KAlSiO_4 + 2H_2O + CO_2$
(D) $CaCO_3 + SiO_2 = CaSiO_3 + CO_2$
(E) $CaCO_3 + Al_2Si_2O_5(OH)_4 = CaAl_2Si_2O_8 + 2H_2O + CO_2$

図7.17 炭酸塩と石英またはカオリナイトとの反応の標準自由エネルギー変化の温度依存性

ケイ酸塩の生成は触媒活性を低下させ,炭酸塩の回収にも影響を与える。水に可溶なNa_2SiO_3の溶液は強いアルカリ性を示すので,Na^+のイオン交換担持は可能である。これに対して,$NaAlSiO_4$や$KAlSiO_4$は水に不溶のため,アルカリ金属イオンの回収・再利用は難しい。そこで,石炭中の鉱物質の大部分を除去した後にK_2CO_3を担持し,ガス化を行う研究が報告されている[96]。

最後にアルカリ金属の揮発について触れる。K_2CO_3を含浸した炭素では,ガス化が始まる800℃付近から急激に触媒の損失が起こり[97],Na_2CO_3担持褐炭の750℃ガス化でも,チャー転化率が80%を越える付近よりNaが揮発する。これらは,C-O-MやC-Mから金属Mが脱離するためであり,炭素の消費に伴い構造の保持が困難になると考えられる。一方,このような性質を利用して,褐炭上のイオン交換K^+を瀝青炭上に移行させてガス化する試み[98]や,K_2CO_3をペロブスカイトに担持したシャトル型K触媒の開発[99]が進められている。

〔2〕 アルカリ土類金属

Ca^{2+}はもともと低石炭化度炭中のCOOH基やフェノール性OH基にイオン交換状態で存在し,水蒸気ガス化やCO_2ガス化を促進することは以前から知られていた。そのため,アルカリ土類金属の中ではCa触媒が広く研究されている。実験室では,酢酸塩や硝酸塩の水溶液を用いる場合が多いが,実際的に

は，消石灰や石灰石として入手の容易な $Ca(OH)_2$ や $CaCO_3$ が注目される。これらはいずれも水に溶けにくいが，溶解度は $Ca(OH)_2$ で大きく，その水溶液は強いアルカリ性を示すため，Ca^{2+} は含浸過程でイオン交換され，大きな効果が得られる[100]。

図 7.18 に炭種の影響を示す[101]。16種の石炭を用い，$Ca(OH)_2$ 飽和水溶液に含浸して 700℃ で水蒸気ガス化（熱天秤）すると，残存チャー基準の初期速度は，石炭中の炭素量が 75 質量％（daf）以下の低石炭化度炭で高くなり，チャー転化率は 30〜40 min の反応時間で 100％ に達した。熱分解チャー上の CaO 結晶子径が小さいほど，石炭にもともと含まれる Ca 分が少ないほど，Ca 触媒の有効性が大きくなることから，フリーの COOH 基・フェノール性 OH 基とイオン交換した Ca^{2+} が，熱分解時に微細な粒子に変化し高い活性を示すものと結論されている[101), 102)]。

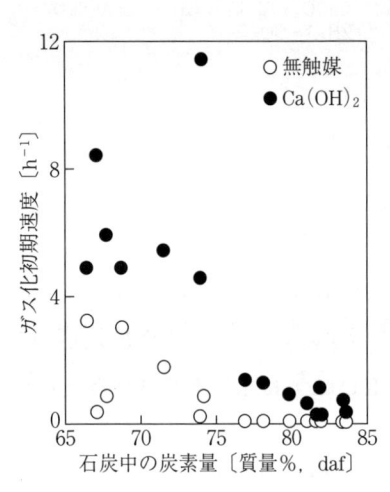

図 7.18 16種類の石炭の水蒸気ガス化（700℃）における $Ca(OH)_2$（4.3〜5.0% Ca）の触媒効果[101]

図 7.18 では，硫黄量が 0.3〜5 質量％（daf）の石炭が使用されているが，その影響は熱天秤のような水蒸気過剰な微分型反応条件では小さい。これに対して，流動層ガス化では，CaO は発生する H_2S と反応して CaS に変化し活性に影響を及ぼすが，一方，炉内脱硫が可能になる。

褐炭の低温（650〜700℃）ガス化における Ca 触媒の作用状態は，雰囲気制御可能な *in-situ* XRD 測定で調べられ，以下の機構が提案されている[103]。

$$CaCO_3 + C = CaO + 2CO \tag{7.25}$$

$$CO + H_2O = CO_2 + H_2 \tag{7.26}$$

$$CaO + CO_2 = CaCO_3 \tag{7.27}$$

式（7.25）や（7.27）の反応も *in-situ* XRD で確認され，高度に分散した Ca 触

媒は，炭素と強い相互作用をもつとともに，酸化性ガスの解離を促進する[81]。

Ca 触媒では，ガス化が進むにつれて粒子凝集が起こる[103]が，熱分解過程でも条件により結晶化が進む。**図 7.19** は，鉱物質の除去後に Ca^{2+} をイオン交換したリグナイトを用い，異なる条件で作成した熱分解チャーの XRD 結果を表す[104),105)]。低速（$10℃\ min^{-1}$），700℃，1 h 保持（図 7.19 A）や，急速（$10^4℃\ s^{-1}$），1 000℃，1.5 s 保持（図 7.19C）では，Ca 触媒は XRD で検出できないほど微細であった。これに対し，低速での 1 000℃ 加熱（図 7.19B）や，急速での保持時間の増加（図 7.19D）では，CaO の鋭いピークが観測され，結晶化が進行した。熱分解に伴うイオン交換 Ca の構造変化は EXAFS でも調べられ，上述の結果を裏付けている[106),107)]。この方法は，XRD が適用できないアモルファス状態や数 nm の微粒子の解析には特に有効である。

図 7.19 A のように高分散状態の Ca 触媒は，低石炭化度炭の低温ガス化で優れた性能を発揮する[103]。図 7.19C によると，急速な加熱と短い滞在時間とい

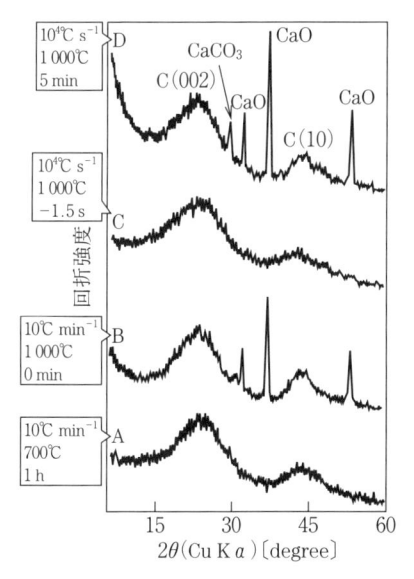

図 7.19 Ca^{2+}/脱鉱物質リグナイト（2.9 % Ca）を異なる条件で熱分解後の XRD パターン[104),105)]

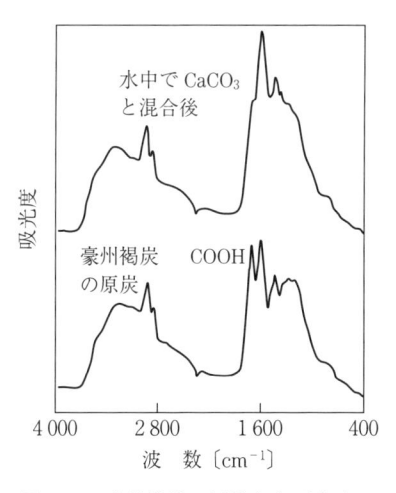

図 7.20 豪州褐炭の原炭および水中で $CaCO_3$ と混合後の FT-IR スペクトル[109]

う反応場を設定できれば，CaO は 1 000℃ 程度の比較的高温でも微粒子で存在し，高い活性を示すと期待される．最近，ドロップチューブ反応器を用い，Ca^{2+} をイオン交換した亜瀝青炭を 900℃ で水蒸気ガス化すると，チャーの反応性が向上することが見出された[108]．新しい触媒ガス化法といえるだろう．

$CaCO_3$ は石灰石の主成分で $Ca(OH)_2$ の原料でもあるので，$CaCO_3$ を活用できれば実用面で興味深いが，$Ca(OH)_2$ より水に溶けにくく，単に石炭と機械的に混合したのでは効果はきわめて小さい．ところが，$CaCO_3$ を水中で褐炭と混合するだけで，$Ca(OH)_2$ に匹敵する高い触媒活性が得られる[109]．図 7.20 はこの試料の FT-IR スペクトルを示すが，COOH 基の IR 強度は原炭に比べて著しく低下した．これは，$CaCO_3$ が式 (7.28) に従いイオン交換担持されるからであり，Ca^{2+} 交換量に対応する CO_2 の発生も確認されている．

$$CaCO_3 + 2(-COOH) \longrightarrow -(COO)_2Ca + CO_2 + H_2O \qquad (7.28)$$

褐炭と水の混合物は弱酸性を示すため，$CaCO_3$ が溶解しやすくなり，また，CO_2 は系外に除去される結果，式 (7.28) は室温でも容易に進行する．

図 7.17 (D) と (E) にみられるように，$CaCO_3$ と石英またはカオリナイトの反応は，Na_2CO_3 や K_2CO_3 の場合と同様に，熱力学的には充分起こり得る．$CaCO_3$ の代わりに CaO を使用しても計算結果はほとんど変わらない．実際には，700℃ のガス化でチャー転化率が 100% 近い試料の XRD 測定でも，Ca ケイ酸塩は検出されず，図 7.17 (D) と (E) の反応は起こらない[101),109)]が，900℃ 前後では Ca ケイ酸塩が生成し，触媒作用に影響を及ぼす[110]．

これまで述べたように，$Ca(OH)_2$ や $CaCO_3$ は，イオン交換サイトを多く含む低石炭化度炭，特に褐炭やリグナイトのガス化に適した触媒原料である．これらの石炭はもともと多量の水分（多い場合には 60 ～ 70 質量%）を有するので，$Ca(OH)_2$（あるいは CaO）や $CaCO_3$ を山元で添加し，その後に乾燥する方式の担持法があり得るかもしれない．

〔3〕 遷移金属

鉄族や白金族の遷移金属は，規則正しい結晶構造をもち不純物を含まないグラファイトのガス化にしばしば使用され，触媒粒子がチャネルやピットを形成

しながら移動するダイナミックスや，スピルオーバ，炭素溶解などのメカニズムが研究されてきた[111),112)]。一方，石炭のガス化では，数千万t規模の処理量を念頭に，低コストの鉄族元素，おもにFeが研究対象となる。

褐炭の低温（600〜700℃）ガス化では，Fe触媒の性能は含浸時に用いる原料塩に左右され，ガス化剤の種類（H_2，H_2O）に関係なく，硝酸鉄は有効であるが塩化鉄や硫酸鉄はほとんど活性を示さない[113)]。これは，Ca触媒の場合と同様に，熱分解段階での分散状態に支配されるためで，硝酸塩からは比較的微細な金属鉄（α-Fe）やマグネタイト（Fe_3O_4）が生成するのに対して，塩化物や硫酸塩ではこれらの結晶化が顕著となる。硝酸鉄より担持したFe触媒は純H_2中では金属鉄で存在し，600℃でNiやCoに匹敵する優れた性能を示すが，水蒸気が過剰なガス化条件ではマグネタイトやウスタイト（$Fe_{1-x}O$）の酸化物が安定となり，有効性はNiやCoより小さい[113)]。このような結晶形態と触媒活性の関係は，*in-situ* XRDで調べられている[114)]。

塩化鉄や硫酸鉄は，鉄鋼酸洗やTiO_2製造工程の酸廃液として比較的入手しやすいため，触媒原料として有望視された。これらは，900℃前後の水蒸気ガス化では，適切な量のH_2の添加[115)]やアルカリ塩の共存[116)]により効果を発揮するが，発生するHClや硫黄含有ガスの影響が懸念される。

表7.6は，塩化鉄水溶液より塩素フリー触媒を製造する試みで，異なる沈殿法を用い褐炭上に調製したFeOOH触媒の結果を表す[117)]。700℃での水蒸気ガス化では，$Ca(OH)_2$を沈殿剤に使用すると最も大きな効果が得られ，残存

表7.6 塩化鉄水溶液より調製したFeOOH触媒による褐炭の水蒸気ガス化[117)]

沈殿剤	Fe担持量〔質量%(dry)〕	初期反応速度*1〔h^{-1}〕	Fe_3O_4の平均結晶子径〔nm〕	
			熱分解時*1	ガス化段階*1, *2
なし	0	0.15	—	—
NH_3/NH_4Cl	4.6	0.93	23	80
$(NH_2)_2CO$	3.4	1.2	22	35
$Ca(OH)_2$	1.0	2.0	—	—
$Ca(OH)_2$	4.7	2.6	15	32

*1：水蒸気中700℃
*2：チャー転化率が33〜43%(daf)

チャー基準の速度は反応後半ではむしろ増大した。これは，FeOOHより生成したマグネタイトの分散状態が良好に維持されるためである（表7.6）。FeOOHは高圧H_2ガス化でも500℃前後で高い活性を示した[118]。

石炭上のFeイオンの存在状態は，メスバウアーやEXAFSの分光法で解析される。図7.21は，N_2中の加熱に伴う褐炭上のFe^{3+}の構造変化[119]を示す。Feイオンは，乾燥時には表面酸素官能基や水分子と相互作用した状態で存在するが，350℃付近よりナノスケールのFeOOH粒子が生成し，さらに高温では結晶種（α-Fe，γ-Fe，Fe_3C）が現れる。担持量が少ないほど結晶化は起こりにくく，高分散状態が保持される。FeOOHナノ粒子は，沈殿法で調製した

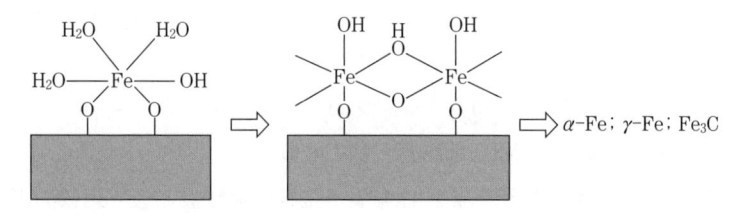

図7.21 褐炭上に担持されたFeイオンの加熱に伴う構造変化[119]

担持炭（表7.6）のメスバウアー測定でも確認された[102),118)]。

Fe触媒によるガス化では，水蒸気中のO原子が，金属鉄の表面酸素種（または酸素種から生成したマグネタイトやウスタイト）を経由して炭素と反応する酸素移動機構が提案されている[77),115),120)]。褐炭の低温ガス化では，熱分解時にセメンタイト（Fe_3C）が検出される[113),119)]ので，炭素溶解過程も重要である。

$$C + 3Fe = Fe_3C \tag{7.29}$$

この式の$\Delta G_R°$（600〜700℃）は$-16〜-20$ kJ mol^{-1}で，熱力学的にも起こり得るが，セメンタイトより炭素–鉄固溶体のほうが生成しやすく反応性も高いので，この固溶体が関与するメカニズムが有力と思われる。

Niは鉄族元素の中ではFeより高価で，利用しやすい金属とはいいがたいが，図7.14にみられるように，石炭中の炭素量が70質量%(daf)以下の低石炭化度炭の水蒸気ガス化（750℃）では，K_2CO_3を上回る大きな効果を示し

た[85]。図 7.22 は 500℃ での触媒作用に対する Ni 原料塩の影響を表し，$Ni(NH_3)_6CO_3$，$Ni(NO_3)_2$，$Ni(CH_3COO)_2$ では，褐炭のガス化が迅速に進行しその転化率は最大で 85％ に達した[121]~[123]。これらは熱分解段階で金属 Ni に還元され，平均結晶子径は 9 nm（図 7.22）と小さく，5 nm 前後の Ni ナノ粒子が TEM（透過型電子顕微鏡）で観察された[124]。これに対し，まったく効果を示さない塩化物では，Ni の結晶化が著しく進んだ（図 7.22）。

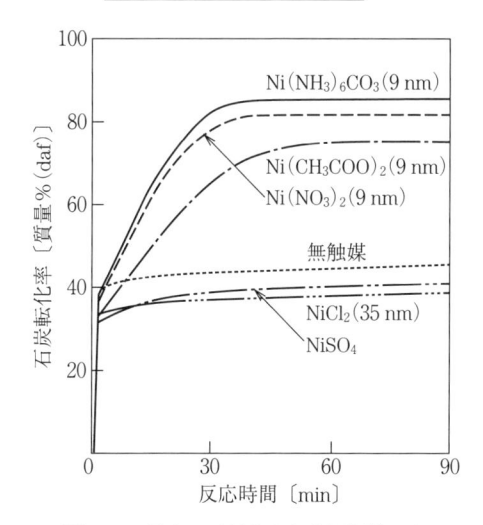

図 7.22 異なる原料塩より含浸担持した Ni 触媒を用いる褐炭の水蒸気ガス化（500℃）[123]。括弧内の数字は 500℃ 熱分解時の金属 Ni の平均結晶子径

このような Ni 触媒の 500℃ での特異的に高い活性は，K_2CO_3，$Ca(OH)_2$，FeOOH ではまったく認められず，無触媒時（図 7.22）と同様に石炭の熱分解が起こるのみである。図 7.22 でみられた迅速なガス化は，10 質量％程度の Ni 量を必要とし，H_2S が触媒毒となるため低硫黄炭に限定され[122]，金属ナノ粒子の触媒挙動[124]やチャーの細孔構造の発達過程[125]も明らかにされている。

7.3.4 石炭からメタンの直接製造

触媒ガス化はさまざまな分野に展開できるが，ここでは SNG（CH_4）の直接製造に焦点を当てる。Exxon が約 30 年前に K_2CO_3 を用いて PDU 試験を行い，日本では Ni 触媒による方法が開発され，2000 年代にアメリカのベンチャー企業が新たなプロセスを提案し，現在中国での商業化を目指している。

合成ガスを経由する CH_4 の間接製造は次式で示される。

$$CO + 3H_2 \longrightarrow CH_4 + H_2O \tag{7.30}$$

アメリカでは，リグナイトの移動床ガス化による Great Plains 商業プラントが

1980年中頃から稼動しており，多くの Coal To SNG 計画が提案された時期もあったが，最近はシェールガス革命によりトーンダウンしている．

石炭の CH_4 への直接変換は，オーバーオールでは次式で表され

$$C + H_2O \longrightarrow 1/2CH_4 + 1/2CO_2 \tag{7.31}$$

$\Delta H_R°$（500〜700℃）は，アモルファス炭素（C）では $4 \sim 8\,kJ\,mol^{-1}$ となり，ほぼニュートラルといえる．図 7.23 は $H_2/CO/CO_2/CH_4$ の平衡組成を示す．水蒸気と炭素の比（H_2O/C）が小さく低温高圧ほど CH_4 濃度は高くなり，式(7.31)がほぼ理想的に進行する条件では 45 体積%(dry)に上る（図（C））．触媒の利用はガス化温度を低下させるので，平衡的には CH_4 製造に有利である．水蒸気が過剰な場合には，H_2 と CO_2 が主生成物となる（図（A））．

表 7.7 では，高圧流動層を用いる SNG 製造での K_2CO_3[93),94)] と Ni[126),127)] の触

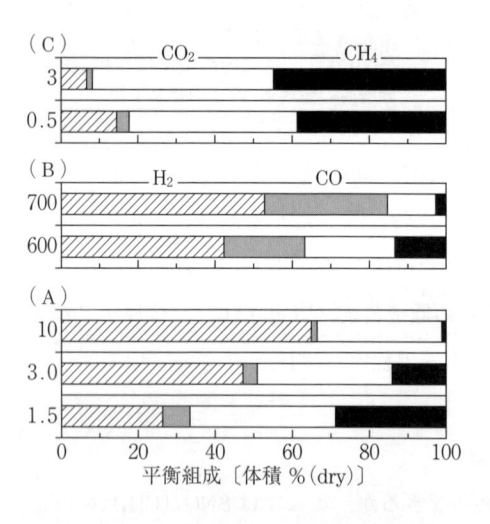

図 7.23 平衡ガス組成に及ぼす H_2O/C 比（A），温度（B），圧力（C）の影響〔（A）500℃，0.1 MPa，H_2O/C 比 = 1.5〜10，（B）0.1 MPa，H_2O/C = 1.5，600〜700℃，（C）500℃，H_2O/C = 1.5，0.5〜3 MPa〕

表 7.7 SNG 製造における K_2CO_3 と Ni の触媒性能

触媒	流動層ガス化条件					炭素転換率〔%〕	CH_4 濃度〔体積%〕	触媒回収〔%〕
	石炭	規模	温度〔℃〕	圧力〔MPa〕	滞在時間〔h〕			
15〜20 質量% K_2CO_3	瀝青炭	PDU	690	3.5	10〜12	85〜90	20〜25	65〜70
12 質量% Ni[*1]	褐炭	ベンチ	600	1.9	0.25〜0.50	80	31	98

*1：$Ni(NH_3)_6CO_3$ を使用

媒性能を比較している。前者はExxon法の結果で，Illinois No.6炭を表に示す条件で水蒸気ガス化し，炭素転換率85～90％，CH_4濃度20～25体積％（dry）を得ているが，かなりの量のH_2とCOが副生するためリサイクルし，式（7.30）でCH_4に変換する。炉長が25 mの流動層を使用し，粒子滞在時間は10～12 hと長いが，触媒活性が充分でないことに基づく。K_2CO_3回収率は65～70％と低いが，これは水に不溶のK含有ケイ酸塩の生成（図7.17（C））に起因する。

これに対し，Ni触媒では，ベンチ試験の小さな規模だが，Exxon法より温和な条件，特に15～30 minという短い滞在時間で，褐炭からの高濃度CH_4の製造が可能となる。触媒の98％は，Ni鉱石の精錬で採用されるNH_3リーチング法で$Ni(NH_3)_6CO_3$溶液として回収され[128]，Ni^{2+}イオン交換担持液として再利用できるが，この方法の実現にはさらなるブレークスルーが必要であろう。

このガス化では，タールはほとんど発生しない[127]～[129]。タール（元素分析結果より（$C_8H_{11}O$）$_n$と表記）は金属Ni微粒子上で分解し（式（7.32）），炭素（CまたはCH_x）が析出するが

$$(C_8H_{11}O)_n \longrightarrow 7nC + nCO + \frac{11n}{2}H_2 \tag{7.32}$$

非常に反応性が高いため，式（7.31）や式（7.33）で速やかにCH_4とCO_2に転化する。

$$CH_x + H_2O \longrightarrow \frac{1}{2}CH_4 + \frac{1}{2}CO_2 + \frac{x}{2}H_2 \quad (x<1) \tag{7.33}$$

これに対し，Ca触媒ではタールの水蒸気改質が進み，H_2とCO_2がおもに生成する[127]。低石炭化度炭を1 000℃以下でガス化すると，多量のタールが発生し，ガス精製工程の負担増や熱効率の低下を引き起こすので，タールを炉内で効率よく改質・除去できるならば，触媒ガス化の大きなメリットになる。

近年，700℃以下でアメリカ産亜瀝青炭から直接SNGを製造する方法が提案された[130]。触媒はアルカリ金属をベースにしているが，詳細は不明である。総合熱効率は前述のGreat Plainsより高く，SNGを用いて複合発電を行えば，現行のIGCCよりCO_2発生量（t MWh^{-1}）を低減できると報告されている。直

接製造プロセス（式(7.31)）は酸素プラントが不要なため，間接法（式(7.30)）に比べて高い熱効率が得られるという試算もある[131]。現在，中国・新疆ウイグル地区で商用 SNG プラントの建設が進められている。

7.4 石 炭 液 化

7.4.1 液体燃料の重要性

　原油はコモディティ商品になったといわれながら，中東情勢が不安定になると戦略物質と化す。原油の供給リスクを減らすために，石炭からの燃料製造は，戦前から国家の威信や生存をかけた技術開発プロジェクトであった。戦前，戦中のドイツやわが国の直接石炭液化，戦後は南アフリカの間接石炭液化がその例である。同時にこれまでの歴史では石油の供給状況によって背景が劇的に変化する宿命がある。今の時代にあっても，そしておそらく今後も，人類は，エネルギー密度が高く輸送と貯蔵が容易な液体燃料を求め続けるだろう。したがって，液体燃料を合成する技術開発は種々の形態で継続していく。

　液体燃料は，エネルギー密度が高く，輸送用燃料としてその重要性が変わることはない。IEA（International Energy Agency）[132]によれば，輸送分野のエネルギー使用量は 2009 年が 95 エクサジュール（EJ）であるのに対して，2050 年には CO_2 排出の制限によってハイブリッド車や EV が大幅に普及するシナリオでも 105 EJ，一方，このまま増加する場合には 175 EJ になるとの予測がある。

　液体燃料には，原油から精製した各種油だけではなく非在来原油からの油，さらには，随伴ガスや天然ガスから合成する軽油代替となる GTL（gas to liquid），バイオフューエル（エタノール，BDF 等）などの合成燃料油もある。すでに，南アフリカやマレーシアだけではなく，カタールの Oryx プロジェクトや Pearl プロジェクトが稼動し，おもに軽油留分を生産している。近年，中国ではメタノールや DME のような合成化学品も，燃料として年間数百万 t が使用されている。さらに，石炭粉を水や油に分散した液体，いわゆるスラリー

も擬似液体燃料といえる。

地球上の資源賦存量を考慮すれば，石炭を原料とする液体燃料の重要性は高い。石炭由来の液体燃料には，乾留油であるタール（6.2節に記載），高温高圧条件下で水素添加（直接液化）によって製造される石炭液化油，石炭をガス化して得られる合成ガスを原料とする間接石炭液化によるFT合成油やメタノールなどの液体燃料がある。本節では，石炭液化油を中心として，一部，石炭のスラリーや燃料となる化学品も含め，製造の方法，製造油の性状，製造の歴史，今後の技術開発課題を概説する。なお，間接石炭液化にあっては，おもにFT合成技術を紹介する。

7.4.2 石炭液化の歴史と現状
〔1〕 石炭からの液体燃料製造の歴史

石炭の乾留による液体製造は，コークスや都市ガスの製造において副生するタールの利用法として実用化されてきた。芳香族を多量に含むタールは石炭化学工業の原料であり，戦前の主要産業の一つであった。第二次世界大戦中のドイツでは，後述の石炭の直接液化，間接液化による燃料油と並んでコールタールが軍事利用された。第二次世界大戦後のアメリカでは，石炭の急速熱分解によって液体燃料と固体燃料を製造するLFC（liquids from coal）技術が1990年からENCOALプロジェクトにおいて開発され，5年弱の間，実証運転が行われた。

直接石炭液化の歴史は，図7.24に示すように，1913年にドイツのベルギウス（Friedrich Bergius）が高温高圧条件下で鉄触媒を用いて石炭から直接，液体燃料を製造する特許を取得し，1919年に液化油を生産したことから始まった。一方，同国では，Franz FischerとHans Tropschが石炭をガス化し得られる合成ガスから油を製造する方法を1923年に開発した。この方法はFT（Fischer Tropsch）合成と呼ばれ，石炭からの間接石炭液化（CTL）だけでなく，天然ガスなどのガスからの油の製造（GTL）などにも応用されている。これらを含むFT合成の歴史を図7.25に示す。FT合成油は，ドイツで1936年

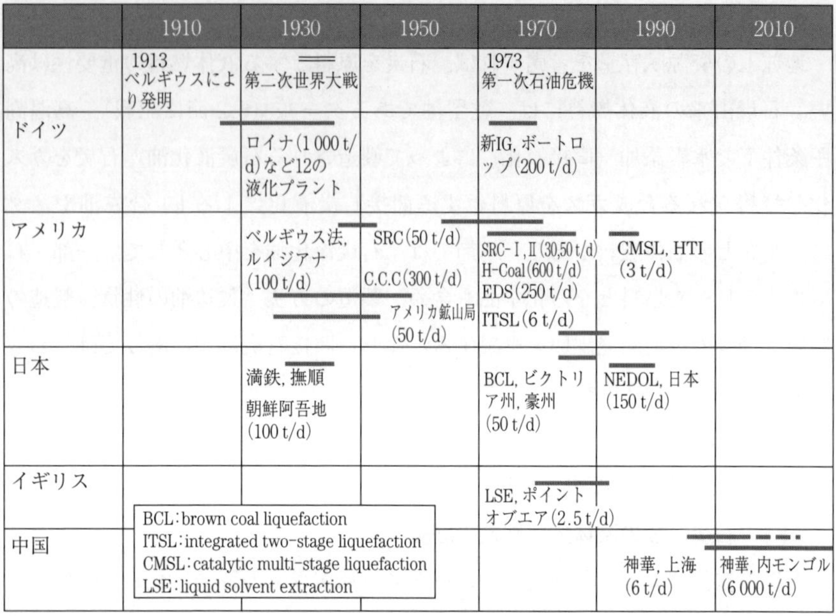

	1910	1930	1950	1970	1990	2010
	1913 ベルギウスにより発明	第二次世界大戦		1973 第一次石油危機		
ドイツ		ロイナ(1000 t/d)など12の液化プラント		新IG, ボートロップ(200 t/d)		
アメリカ		ベルギウス法, ルイジアナ(100 t/d)	SRC(50 t/d) C.C.C(300 t/d) アメリカ鉱山局(50 t/d)	SRC-Ⅰ,Ⅱ(30,50 t/d) H-Coal(600 t/d) EDS(250 t/d) ITSL(6 t/d)	CMSL, HTI(3 t/d)	
日本		満鉄, 撫順 朝鮮阿吾地(100 t/d)		BCL, ビクトリア州, 豪州(50 t/d)	NEDOL, 日本(150 t/d)	
イギリス				LSE, ポイントオブエア(2.5 t/d)		
中国		BCL：brown coal liquefaction ITSL：integrated two-stage liquefaction CMSL：catalytic multi-stage liquefaction LSE：liquid solvent extraction			神華, 上海(6 t/d)	神華, 内モンゴル(6000 t/d)

図 7.24　直接石炭液化の歴史

に年間約 20 万 t が生産され，その後，約 70 万 t（15 000 BPD（barrel per day））に増強された。

わが国の場合，海軍燃料工廠が満州鉄道との共同研究に参加し，その後の 1939～1943 年に撫順液化工場で液化油を製造した。また，朝鮮人造石油の阿吾地工場で 1938～1943 年に 100 t/d 規模の実証試験を実施した。国内では，戦時下，日本人造石油（三池，滝川）では FT 合成，日産液体燃料（若松），帝国燃料興業（宇部）などでは低温乾留によって燃料油が製造された。

一方，アメリカでは C.C.C.（Carbide and Carbon Chemicals Co.）が化学工業用原料製造を目指して，基礎研究から石炭処理量が 300 t/d のパイロットプラント運転を実施した。また，アメリカ鉱山局（Bureau of Mine）が 5 t/d 規模のパイロットプラントを運転した。イギリスでも ICI（Imperial Chemical Industry）が，1927 年頃から 100 t/d 規模の試験を行った。

戦後，1950 年代に中東で大油田が発見され，油価は大幅に下がり，石油が

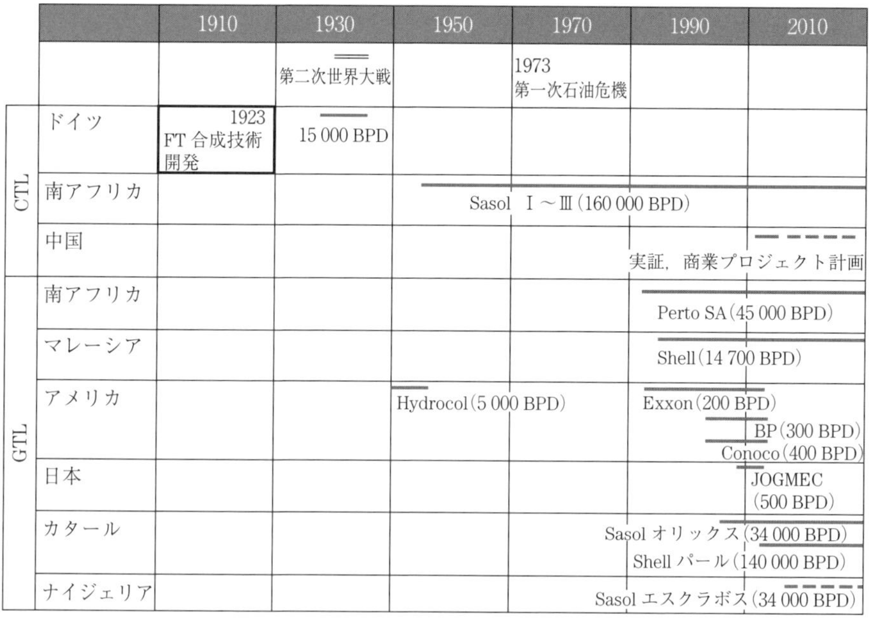

7.4 石炭液化

		1910	1930	1950	1970	1990	2010
				第二次世界大戦	1973 第一次石油危機		
CTL	ドイツ		1923 FT合成技術開発 / 15 000 BPD				
	南アフリカ				Sasol Ⅰ～Ⅲ(160 000 BPD)		
	中国						実証, 商業プロジェクト計画
GTL	南アフリカ					Perto SA(45 000 BPD)	
	マレーシア					Shell(14 700 BPD)	
	アメリカ			Hydrocol(5 000 BPD)		Exxon(200 BPD) / BP(300 BPD) / Conoco(400 BPD)	
	日本					JOGMEC (500 BPD)	
	カタール					Sasol オリックス(34 000 BPD) / Shell パール(140 000 BPD)	
	ナイジェリア					Sasol エスクラボス(34 000 BPD)	

図7.25 間接石炭液化の歴史(GTLは参考として掲載)

最も主要なエネルギー源となった。そのため,石炭から油を製造する必要はいったん消えたが,その一方で,南アフリカではアパルトヘイト政策に反対する欧米諸国による経済制裁(石油禁輸措置など)に対抗するため,自国の褐炭を原料とする間接液化油の製造が開始された。Sasol社は,Lurgi社製の石炭ガス化炉を採用したガソリン生産能力6 000 BPDのSasol Ⅰ(南ア,サソールバーグ)を1955年に完成し,その後,それぞれ50 000 BPDの生産能力をもつSasol ⅡとSasol Ⅲ(南ア,セクンダ)を建設した。これらの間接液化プラントでは,反応器を更新しながら現在でも間接液化油生産が続けられている。重質油とワックスを主製品とする低温FT合成(LTFT)では,管型固定床からスラリー気泡塔へ,一方,ガソリン収率の高い高温FT合成(HTFT技術)では,循環流動床反応器から気泡流動床反応器へと反応器の改良がなされた。1992年には,Petro SA社が天然ガスを原料とする液体燃料製造にSasol Ⅰ技術を初めて適用し,大型プラントを稼動した。Shellは,1992～1993年に天

然ガスから14 700 BPD の油を製造する SMDS プラントをマレーシア,ビンツルにおいて稼動させた。

1973年の石油ショックを契機に,多くの国が直接石炭液化技術の開発を再開した。アメリカでは,石油大手がSRC-I,SRC-II (Gulf), H-Coal (Hydrocarbon Research), EDS (Exxon) プロセスを,イギリスでは National Coal Board/BP プロセス,西ドイツでは New IG プロセスの開発が推進され,石炭処理量が 30〜600 t/d 規模のパイロットプラント試験が実施された。しかしながら,これらの技術開発は,石油供給の逼迫が緩和されたことに伴い再び中断された。

わが国では,サンシャインプロジェクトの一環として,褐炭を原料とした BCL (brown coal liquefaction) プロセスおよび瀝青炭を対象とする NEDOL プロセスの開発が進められ,BCL プロセスはオーストラリア・ビクトリア州に 50 t/d 規模のパイロットプラントを,NEDOL プロセスは鹿島に 150 t/d 規模のパイロットプラントを建設した。その後運転研究が行われたが,実証装置を設計するに必要なエンジニアリングデータを取得した 1999 年に終了した。中国では,欧米やわが国の技術を参照して技術開発が進められ,現在でも大規模な実証試験が継続されている。

石炭の流体燃料化法の一つであるスラリー化は,石油ショック以降に開発され,COM (coal oil mixture,石炭石油混合燃料),ついで,より安価な CWM (coal water mixture,高濃度石炭・水スラリー燃料)が日本コムによって製造された。CWM は石炭火力用燃料として年間 50 万 t が生産された時期もあったが,微粉炭燃焼ボイラの普及とともに生産量が低下し,2003 年に生産が中止された。

〔2〕 石炭からの液体燃料の現状

中国の神華集団は,欧米やわが国の技術を活用して直接石炭液化技術の開発を進め,2008 年末には内モンゴル自治区に石炭処理量 6 000 t/d の実証プラントを完成した。このプラントは,その後の改造を経て 2010 年 11 月から連続運転が開始された。

間接石炭液化は，南アフリカを除けばいまだ商業化されていないが，中国では山西省潞安集団，内モンゴル伊泰煤制油が実証規模プラントを運転中である。

FT 合成技術は，カタールなどの国で天然ガスなどを原料とする GTL に活用されている。カタールでは Oryx プロジェクト（34 000 BPD）や Pearl プロジェクト（140 000 BPD）が商業生産の段階に入っている。現在，各石油メジャーは FT 合成触媒の開発にしのぎを削っている。わが国では，JOGMEC（石油天然ガス・金属鉱物資源機構）が 2001～2004 年にかけて民間と共同で勇払に 7 BPD のパイロットプラントを建設し，触媒・プロセス開発を実施した。その後，2005～2010 年に日本 GTL 技術研究組合が 500 BPD 規模の実証プラントを新潟に建設し，運転研究を完了した。

CWM は現在商業的に使用されていないが，日揮（株）は 300℃ 程度で低品位炭を熱水改質する技術（hot water treating：HWT）によってスラリー燃料（JGC coal fuel：JCF）を年産 1 万 t 規模製造する実証装置を 2011 年にインドネシアに建設し，実証試験が続けられている。

中国では，石炭のガス化経由で年間約 600 万 t のメタノールをガソリンへのブレンド燃料あるいは LPG に混合する DME の原料として生産している。また，Mobil（現 ExxonMobil）が開発したメタノールからガソリンを製造する MTG（methanol to gasoline）プロセスは，ニュージーランドで天然ガス起源のメタノールを用いて商業化された。

7.4.3 石炭液化の原理
〔1〕 化学的原理

石炭は炭素，水素，酸素，それに硫黄や灰分からなる。石炭の水素/炭素原子比は 0.6～1.0 であり，ガソリン（1.9）や軽油（1.7）よりも低い。水素/炭素を大きくするには，乾留のように炭素を固体として取り出す，直接石炭液化のように高温高圧条件下で水素を添加する，あるいは，間接石炭液化のように，石炭をいったん一酸化炭素（CO）と水素（H_2）に転換し，これらを原料

として合成油を製造する必要がある。ここでは，直接石炭液化と間接石炭液化の原理を解説するが，後者についてはもっぱらFT合成を対象とする。

直接石炭液化の原理を図7.26に示す。他章に詳しく述べているように，石炭は芳香族を主要な構造単位とする高分子であり，炭素-炭素，炭素-水素などの共有結合や，水素結合，ファンデルワールス結合などの非共有結合による三次元的な網目構造を有する。石炭を必要十分な温度に加熱すると，非共有結合，ついで共有結合が解裂し，これにより生じた低分子が溶剤に溶解する。水素の添加，これによる芳香族性の低下や脱ヘテロ（酸素，窒素，硫黄）は低分子の溶解を促進する。水素の添加は，重縮合反応などの逆反応による重質油や炭化物生成の抑制にも必須である。低分子に含まれる芳香族環は，接触水素化によって脂肪族環となり，さらに一部は開環し，鎖状の脂肪族炭化水素が生成する。

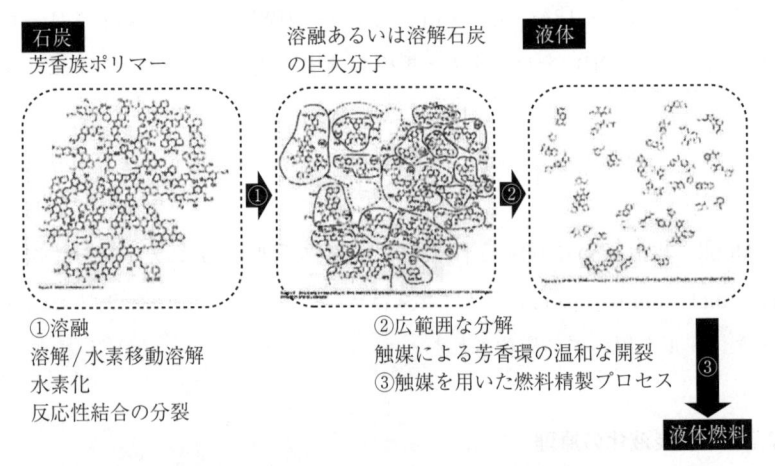

石炭
芳香族ポリマー

溶融あるいは溶解石炭
の巨大分子

液体

① 溶融
溶解／水素移動溶解
水素化
反応性結合の分裂

② 広範囲な分解
触媒による芳香環の温和な開裂
③ 触媒を用いた燃料精製プロセス

液体燃料

図7.26 直接石炭液化の原理。Shinn[133)]のモデルをもとに作成

直接石炭液化は，これに必要な水素を石炭から製造する場合，石炭ガス化プロセスが必要になる。間接液化は，石炭をガス化によっていったんCOとH_2を主成分とする合成ガスに転換し，これをガス精製後にH_2/CO比率をシフト反応により調整した後，FT合成によって合成油を製造する。このように，石

炭液化は，直接，間接を問わず石炭ガス化を必要とする。

後段のFT合成工程では，原料となる合成ガスに含まれるH_2Sなどの含硫黄化合物をはじめとする不純物が触媒毒になるため，合成ガス中の濃度が数〜数十ppbのレベルにまで除去することが必要である。

FT合成でのおもな反応は次のとおりである。

(1) $n\text{CO} + 2n\text{H}_2 \longrightarrow (-\text{CH}_2-)_n + n\text{H}_2\text{O}$ 〈基礎反応〉
 (反応熱 $-39.4\ \text{kcal mol}^{-1}$)

(2) $\text{CO} + \text{H}_2\text{O} \longrightarrow \text{H}_2 + \text{CO}_2$ 〈COシフト反応〉
 (反応熱 $-9.5\ \text{kcal mol}^{-1}$)

(3) $2n\text{CO} + 2n\text{H}_2 \longrightarrow (-\text{CH}_2-)_n + n\text{CO}_2$ 〈総括反応〉
 (反応熱 $-48.9\ \text{kcal mol}^{-1}$)

FT合成反応の化学量論に基づけば，原料となる合成ガスのH_2/COモル比は2程度が望ましい。生成物は直鎖パラフィンであるが，α-オレフィンやアルコールも生成する。FT合成にFe系やCo系の触媒が適用されるのが一般的ある。Coの場合，H_2/CO比が2で合成反応が進む。これに対してFe系触媒は，COシフト反応に対する活性が高いので，H_2/CO比が1程度でもFT合成反応が進む。

FT合成プロセスは，大まかには石炭やバイオマスに由来する合成ガスに適用する場合と，天然ガスの改質に由来する合成ガスに適用する場合に分けられる。前者のH_2/CO比は1未満になる場合が多く，CO変換によってFe系触媒に適したH_2/CO比=1あるいはCo系触媒に適した2に合わせることが望ましい。天然ガスの水蒸気改質によって製造した合成ガスは，H_2/CO比が2を超える場合が多いので，合成ガスからH_2を分離することによってH_2/CO比を2程度にすることが多い。

FT合成はメチレン単位（$-CH_2-$）の連鎖的付加によって炭化水素鎖が成長する反応であり，反応特性はAnderson-Flory-Schulz重合速度式に従うとされている。

$$\log(W_i/C_i) = (\log \alpha) C_i + K$$

C_i：炭素数, K：定数, W_i：炭素数 C_i の生成物の重量

$\alpha = R_p / (R_p + R_t)$

α：連鎖成長確率, R_p：重合速度, R_t：終速度

Spath ら[134]によれば, α を横軸に, 各種炭化水素生成物の重量分率を縦軸にとると, 図 7.27 に示すように, α が大きいと分子鎖長が大きくなってパラフィンが増加する。α は原料組成, 反応圧力・温度, 触媒の種類, 反応器の形式の影響を受ける。Co 系触媒を用いて比較的温度が低い 220 ～ 240℃ で行う反応プロセスは LTFT（low-temperature FT）と呼ばれ, α およびワックスの収率が高い。Fe 系触媒を適用した FT 合成反応は 350℃ 程度で進むので HTFT（high-temperature FT）と呼ばれ, オレフィンおよびガソリン収率が高い。間接液化プロセスの総括熱効率を向上するためには, ガス化圧力やガス化ガスからの熱回収, ガス精製, CO シフト反応などの条件を適切に調整, 最適化する必要がある。

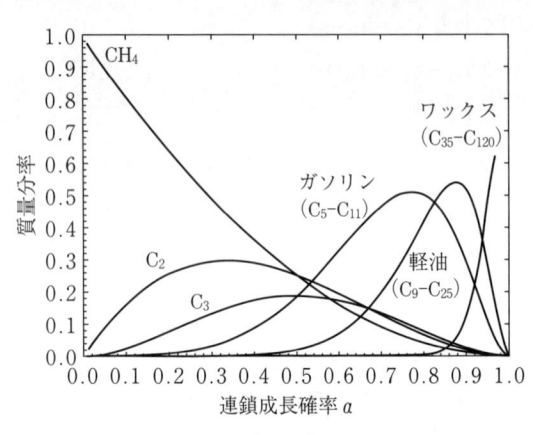

図 7.27 FT 合成における連鎖成長確率 α と生成物分布の関係[134]

〔2〕 液化油の性状

石炭から製造する液体の性状はさまざまである。石炭を乾留して得られる油は芳香族が主成分である。直接石炭液化では水素を添加しているが, 乾留油と同様, 芳香族化合物を 50 質量％以上含み, ガソリン留分のオクタン価が高い。一方, 軽油留分の自己着火性の指標であるセタン価は, 水素化処理を経ても 40 前後と低い。

直接石炭液化プロセスの一つである, NEDOL プロセスのパイロットプラントにおいて製造された液化油は, 単環・多環芳香族とこれらの部分水素化物,

鎖状アルカン類，ナフテン類，フェノールなどの極性成分から構成される。石炭液化反応器を循環する溶剤の組成を**図7.28**に示す。循環溶剤中に30〜40質量％含まれる部分水素化芳香族化合物は，石炭への水素供与剤となる重要な成分である。製品となる灯軽油留分やナフサには1質量％弱の窒素と数百ppmの硫黄が残留するので，さらに水素化精製を施す必要がある。ナフサの窒素含有率を1ppm未満に低減する技術は開発済みであるが，軽油留分の場合は，水素化精製時の水素消費量を抑えつつ，窒素含有率10ppm未満とする脱窒素とセタン価を45程度に引き上げる触媒の開発が今後の課題である。

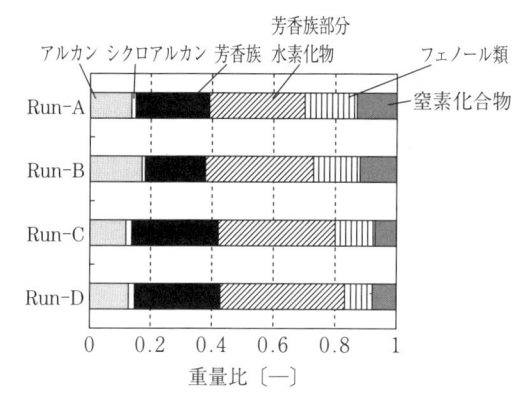

図7.28 直接石炭液化NEDOLプロセス，パイロットプラントの溶剤組成[135]

　石炭からのFT合成粗油の性状は触媒に依存する。Fe系触媒の場合，生成油は直鎖パラフィンに加えてオレフィンを相当量含む。一方，Co系触媒を用いる場合は，直鎖パラフィンが生成油の大部分を占める。また，液体燃料にならない炭素数1〜5程度の炭化水素が副生する。その他，アルコールなども副生するが，おのおのが有効活用されている。近年，一部の留分を高性能潤滑油の基油とする高付加価値化の取り組みもなされている。

　FT合成粗油は，水素化分解，水素化精製などによりナフサや灯軽油に転換される。間接石炭液化の製品油は，硫黄や芳香族をまったく含まないことが特徴であり，加えて軽油留分はセタン価が80前後と高く，従来の軽油にそのままブレンドし，市場に流通できる。

　このように，直接石炭液化と間接石炭液化の製品は性状が異なっており，灯油・軽油代替，ガソリン代替，石油化学原料，潤滑油基油など，おのおの特徴

を活かした利用が望まれると同時に，混合して相互に欠点を補う利用も期待できる。

CWM や HWT は，取り扱いの容易さから重油代替品として開発されたものである。石炭の細孔部分の違いや水による分散の違いにより燃焼特性に差があるものの，石炭の基本性状に変わりはない。

メタノールはオクタン価が 112 と高い。中国ではガソリンへのブレンドが実施されているものの，自動車のエンジン系統の水分対策などの課題が残っている。メタノールから製造されるジメチルエーテル（DME）は，沸点が -25.1 ℃であり加圧すると液化する。セタン価が 55～60 であるので軽油代替として利用できる。20℃における DME の蒸気圧（0.41 MPa）は，プロパン（0.75 MPa）よりも低くノルマルブタン（0.12 MPa）よりも高い。このような物性を踏まえ，中国では LPG へのブレンドが行われている。

MTG は 1, 2, 4, 5-テトラメチルベンゼンなどを主成分とするオクタン価が 92～94 RON（research octane number）のガソリンを 89 質量％という高い収率で製造する。メタノールを経由するため，石炭を基点とする熱効率は高くないが，既存の流通経路を利用できるアドバンテージがある[136]。

7.4.4 石炭液化プロセス

〔1〕 直接石炭液化プロセス

① **世界のプロセス**　直接石炭液化プロセスでは，基本的に石炭を循環溶剤と混ぜてスラリー化し，高温高圧条件で水素を添加し，液化油を得る。液化油の高沸点成分は製品とせず，循環溶剤として液化反応系にリサイクルする。液化反応器は 450℃前後の温度，14～31 MPa の圧力で操作する。これまで開発されたプロセス（**表 7.8**）は，① 循環溶剤を別工程で水素化するかどうか，② 石炭液化工程で触媒を使用するかどうか，③ 触媒を使用する場合はその種類，などによって異なる反応器形式や運転条件を採用する。

わが国では，褐炭を対象とする BCL プロセスと，瀝青炭を対象とする NEDOL プロセスが開発された。NEDOL プロセスは，Fe 系微粉触媒と水素供

7.4 石炭液化

表 7.8 世界の直接石炭液化プロセス

プロセス	SRC-II	EDS	H-Coal	CC-ITSL (HTI)	New IG	NEDOL	BCL	Shenhua (神華)
技術世代	第 2 世代	第 2 世代	第 2 世代	第 3 世代	第 2 世代	第 3 世代	第 3 世代	第 3 世代
開発会社, 国	SRC Internatinal, アメリカ	Exxon Research, アメリカ	HC Research, アメリカ	Southern Comp. Serv. →HTI, アメリカ	Rule Cole Feba Oil, ドイツ	NEDO/NCOL, 日本	NEDO/NBC L/KSL, 日本	Shenhua, 中国
石炭	亜瀝青, 瀝青炭	褐炭, 亜瀝青, 瀝青炭	亜瀝青, 瀝青	亜瀝青, 瀝青炭	褐炭, 瀝青炭	亜瀝青, 瀝青炭	褐炭, 亜瀝青炭	瀝青炭
製品	中重質油	軽中質油	軽中質油	軽中質油	軽中質油	軽中質油	軽中質油	軽中質油
液化反応器	スラリー気泡塔	スラリー気泡塔	沸騰床	スラリー気泡塔	スラリー気泡塔	スラリー気泡塔	スラリー気泡塔	スラリー気泡塔
液化触媒	なし	なし	Co-Mo	Co-Mo, Ni-Mo	鉄系	パイライト	リモナイト	合成鉄系
反応温度 [℃]	460	425〜450	455	450/400	460〜470	460	450	450
反応圧力 [MPa]	14	14〜18	20〜21	17	30〜31	17〜19	15	18
固液分離	蒸留	蒸留	蒸留	脱灰	蒸留	蒸留	脱灰	蒸留
循環溶剤	中重質油+残渣	水素化中重質油+残渣	中重質油	水素化中重質油+残渣	重質油	水素化中重質油	水素化中重質油+残渣	水素化中重質油
石炭処理量, 開発段階	30 t/d PP	250 t/d PP	200〜 600 t/d PP	6 t/d PDU	200 t/d PP	150 t/d PP	50 t/d PP	6 000 t/d 実証, 商業
特徴	・SRC-I の発展型 ・石炭中のパイライトを触媒として利用 ・アメリカ東部炭に適合	・水素供与性溶剤を使用 ・ボトム (残渣) リサイクル ・油収率低	・重質油処理の H-Oil を石炭に適用 ・油収率低	・H-Coal の発展型 ・2段液化 ・PDU で終了	・IG プロセスの発展型 ・高温, 高圧	・水素供与性溶剤を使用 ・パイロット P としては最新高信頼性	・石炭スラリーによる脱水 ・ボトム (残渣) リサイクル ・溶剤脱灰	・世界で最大規模 ・水素供与性溶剤を使用 ・溶剤水素化に沸騰床反応器

PP：パイロットプラント   PDU：プロセス開発ユニット

与性溶剤の使用により比較的マイルドな液化反応条件で高い液化油収率が得られる。軽質留分の収率も高く，また，信頼性のある要素工程から構成されるのでプロセスの安定性が高い。

NEDOL プロセスのフローを**図 7.29** に示す。石炭，Fe 系微粉触媒および水素供与性溶剤（循環溶剤）からなるスラリーを高圧スラリーポンプによって約 18 MPa に昇圧する。スラリーに水素を添加し，予熱炉で約 400℃ に昇温後，450℃ 前後の反応器に供給する。反応器を出たスラリーは，液化油蒸留設備でガス，液化油，残渣に分離し，液化油の一部は水素化し，水素供与性溶剤として利用する。50 質量％強の収率で得られた製品油は，アップグレーディングを経てガソリン基材や軽油製品となる。

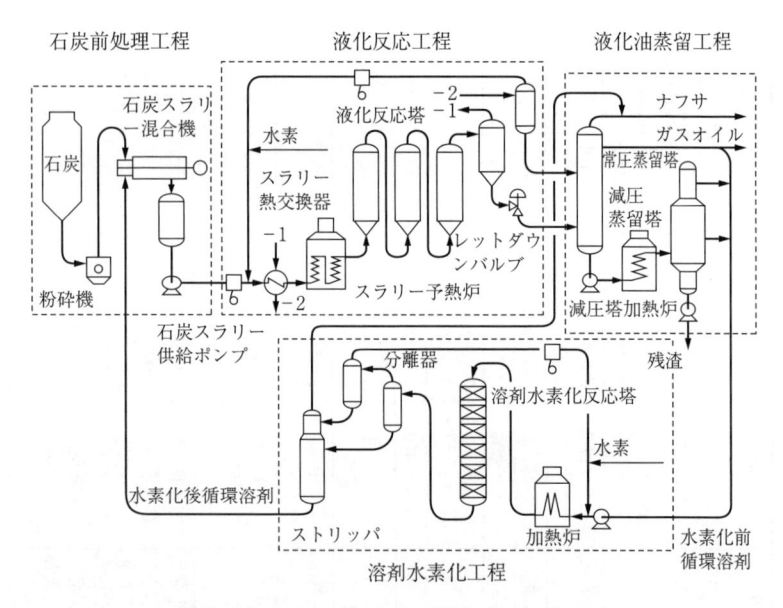

図 7.29 NEDOL プロセスの概略プロセスフロー

褐炭はオーストラリアやインドネシアに埋蔵量が多いが，水分含有量が高く，また，自然発火しやすいので，わが国への輸入が困難であるばかりでなく，現地での燃焼による発電以外に有効な利用法がなかった。そこで，褐炭を液化して活用する技術開発がオーストラリアとの国際協力プロジェクトとして

進められた。ビクトリア州の褐炭を対象に，50 t/d 規模のパイロットプラントを 1981 年から 1990 年度まで建設，運転し，ついで 1991 〜 1993 年度にかけて解体研究を行い，成果をとりまとめて終了した。

BCL プロセスのフローシートを図 7.30 に示す。褐炭は瀝青炭に比べ液化をしやすい反面，60％程度の水分を含むために事前の脱水操作が必要であり，エネルギーが消費される。そのため，省エネルギー，低コストの乾燥技術が必要となる。

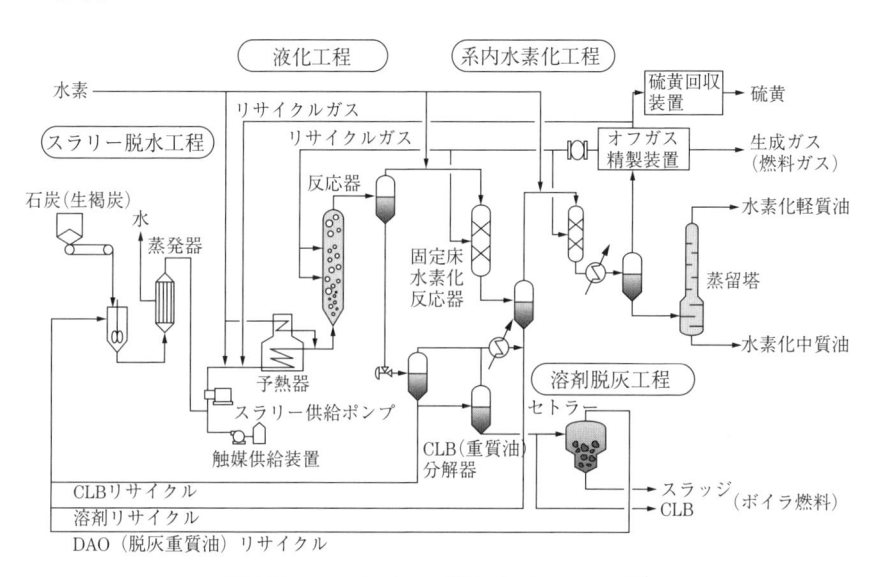

図 7.30　BCL プロセスの概略プロセスフロー[138]

神華集団のプロセスは，アメリカの HTI プロセスとわが国の NEDOL プロセスをベースとし，加えて触媒には北京煤化工研究分院が開発したナノ水和鉄（FeOOH）を，反応器には循環ポンプを備えた沸騰床を採用した[139]。なお，水素は，Shell の石炭ガス化プロセスによって製造している。

② **要素技術**　直接石炭液化技術の中で最も重要なのが液化反応器である。液化反応に用いる触媒のうち，安価な Fe 系（赤泥，微粉砕パイライト，リモナイトあるいは合成触媒）は原料スラリーに添加し，使い捨て触媒として用いられる。一方，使い捨てにできない高価な Co-Mo 系触媒は，スラリーに

添加せず，液化反応器内に留めて使用する。

　石炭スラリーを扱う液化反応に固定床反応器を適用することはできない。そこで，石炭スラリーに Fe 系触媒を混ぜる場合はスラリー気泡塔が使用され，一方，H-Coal のように Co-Mo 系触媒を適用するプロセスでは沸騰床 (ebullated bed) が選ばれる。スラリー気泡塔は，常圧の気泡塔に比べて，同一のガス空塔速度でもガスホールドアップが高く，混合拡散係数が小さいことが NEDOL プロセスのパイロットプラントで確認され，設計方法が小野崎ら[140]によってまとめられている。この形式は間接石炭液化の FT 合成反応器に応用されている。

　このほかにも，表7.9に示すさまざまな要素技術が開発された。液化反応工程には，石炭スラリーを反応器に導入する温度まで加熱する「スラリー予熱炉」，反応器の高温を石炭スラリーの予熱に利用する「スラリー熱交換器」，高

表7.9　直接石炭液化プロセスの要素技術

項　目	形　式	技術課題	対　策
液化反応器	スラリー気泡塔あるいは沸騰床	収率 温度制御 内部流動	反応機構，反応速度の定量化 水素のクエンチによる制御 ガスホールドアップや混合拡散係数データによる流動特性把握
スラリー熱交換器	縦型熱交換器	伝熱 閉塞，ファウリング	総括伝熱係数の定量化 実績
スラリー予熱炉	加熱炉（縦，水平管）	伝熱 コーキング 閉塞，ファウリング	総括伝熱係数の定量化 境膜温度などの定量化 実績
レットダウンバルブ	特別仕様のアングル弁	厳しい摩耗 制御性	耐摩耗材の選定，例えば焼結ダイアモンド，タングステンカーバイド 実績
溶剤水素化反応器	固定床	収率 触媒寿命	反応速度 実績
溶剤脱灰		灰含有率	セトリング速度定量化
スラリー配管，計装，ポンプ		摩耗，閉塞	適正な流速設定，閉塞防止のフラッシング，耐摩耗材の選定

圧の反応物を常圧の分離工程に向けて圧力を下げるための調節弁である「レットダウンバルブ」などのキーとなる要素技術や装置がある。これらの技術に関してはNEDOLプロセスを中心に，多くの論文が発表されている[141),142)]。

溶剤水素化工程の構成は軽油の深度脱硫とほぼ同様の構成である。反応器には触媒を充填した固定床が用いられるのが一般的である。ただし，神華集団のように沸騰床を採用したプロセスもある。BCLプロセスでは脱灰工程の開発が行われた。また，スラリーを扱うために，いずれのプロセスでも配管，回転機械，計装機器に工夫が凝らされている。

〔2〕 間接石炭液化プロセス

① **世界のプロセス** 間接石炭液化プロセスは，石炭ガス化，ガス精製，COシフト，FT合成，さらに，今後のCO_2回収・貯留（CCS）を実施する上で必要となるCO_2分離工程から構成される。FT合成にCo系触媒を適用する場合はH_2/CO比が2，Fe系触媒の場合は同比が1の合成ガスを用いるので，CO_2分離工程の位置が**図7.31**に示すように異なる。

FT合成については，ライセンサによって反応器形式や触媒が異なる。海外各社の技術の特徴を反応器形式に着目して**表7.10**に比較する。

② **要素技術** FT合成触媒に用いる金属にはVIII族の遷移金属が適しており，前述のようにCo系とFe系の触媒がある。FT合成反応器は，**図7.32**

(a) FT触媒；コバルト系

石炭 3 000 T/D，O_2 約60 000 $Nm^3 h^{-1}$ → 石炭ガス化 → ガス精製（S分などの除去，除塵）→ CO変性（鉄-クロム銅-亜鉛）（H_2/CO比調整 1.0以下→2.0，反応用蒸気）→ CO_2分離（CO_2）→ FT合成（コバルト系）→ FT油：約5 500 BPD

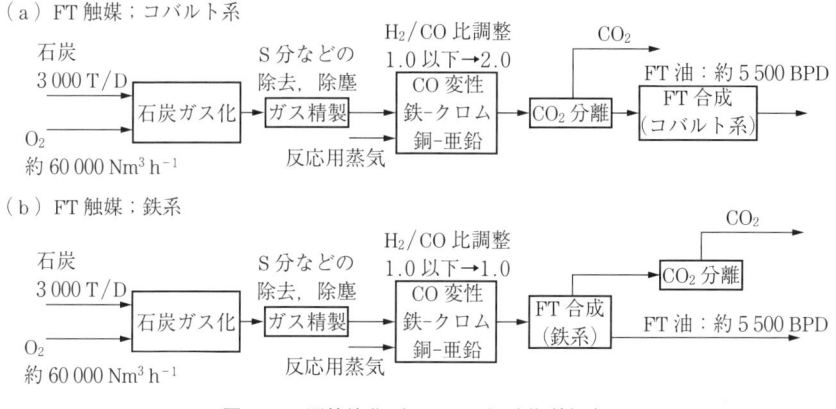

(b) FT触媒；鉄系

石炭 3 000 T/D，O_2 約60 000 $Nm^3 h^{-1}$ → 石炭ガス化 → ガス精製（S分などの除去，除塵）→ CO変性（鉄-クロム銅-亜鉛）（H_2/CO比調整 1.0以下→1.0，反応用蒸気）→ FT合成（鉄系）→ CO_2分離（CO_2）→ FT油：約5 500 BPD

図7.31 間接液化プロセスの概略物質収支

表 7.10 FT 合成プロセスと反応器

	流動床式	管型固定床式	スラリー気泡塔式
長所	・反応器内の温度を均一に保持可能 ・伝熱効率が高い ・触媒の連続再生が可能 ・圧力損失が小さい	・単位的構造が単純 ・接触時間の調節が容易	・温度の制御性が高い ・混合が良い ・構造が比較的簡単で，大型化が容易 ・触媒の物理的損傷が流動床より小さい
短所	・構造が複雑 ・反応収率が低下する場合が少なくない ・流動状態が複雑なため設計法が確立していない ・安定な運転操作に熟練を要する	・触媒層に温度分布が生じやすい ・大型化すると複雑な構造となる ・圧力損失が大きい ・運転中に触媒の充填，交換が困難	・反応収率が低下する場合が少なくない ・流動状態が複雑なため設計法が確立していない ・安定な運転操作に熟練を要する ・触媒と生成物の分離が困難
おもなプロセスと反応器当たりの規模	Sasol Synthol 約 70 000 BPD	Shell SMDS 14 700 BPD Sasol Arge 1 000 BPD	Sasol SSPD 2 500 BPD ExxonMobil AGC-21 200 BPD Rentech 250 BPD

SMDS：Shell Middle Distillate Synthesis
SSPD：Sasol Slurry Phase Distillate
AGC-21：Advanced Gas Conversion for the 21st Century
（出所）末廣[143]による解説を参照して作成

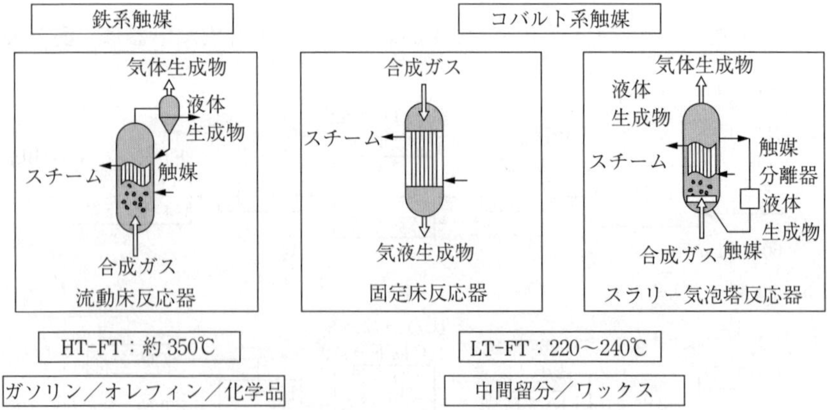

図 7.32 FT 合成プロセスと反応器[144]

に示すように，三つのタイプ，すなわち，流動床反応器（fluidized bed reactor），管型固定床反応器（tubular fixed bed reactor），スラリー気泡塔反応器（slurry bubble column bed reactor）がある。いずれの反応器にも以下の三つの機能が要求されるが，採用する触媒の種類や粒径によって適切な反応器形式が採用されてきた。

① 触媒との反応で発生する反応熱の効率的な除去と温度制御
② 生成するFT合成油と触媒の分離
③ 反応器内部の均一流動確保と大型化への対応

Fe系触媒は，Sasol社で石炭を原料とする燃料油合成に使用され，FT合成技術の実用化当初から図7.32に示すように内部に反応熱除去のための伝熱管を設置した循環流動床反応器が，さらにその後，気泡流動床反応器が使用されてきた。比較的高い温度（約350℃）でHTFTを操作するので，反応器内部は原料合成ガスと触媒が接触し，製品の炭化水素もその蒸気圧から気体として反応器を出た後，冷却され，合成油として回収される。Fe系触媒はCOシフト反応に対する活性が高く，低いH_2/CO比でも反応が進みやすいので，石炭やバイオマスのガス化ガスに適する。

Co系触媒は，比較的温度が低いLTFTの条件ではCOシフト反応の活性が低く，天然ガスの改質ガスのように，H_2/CO比が2程度の合成ガスへの適用が一般的である。当初Sasol社は管型固定床を採用したが，その後，反応器内で生成油とスラリー化して均一に流動できる触媒を用いることができるように反応器構造を改良し，温度制御性に優れ，大型化が容易なスラリー気泡塔反応器が開発された。いずれの形式の反応の場合も，内部に反応熱を除去するための伝熱管が設置される。

Co系触媒を適用して製造した直鎖パラフィンに富むFT合成粗油からナフサ，軽油を主体とした石油製品を得るには，貴金属系触媒の適用による水素化分解，精製，異性化，いわゆるアップグレーディングが行われる。オレフィンを多く含むFe系触媒の場合も同様の精製処理がなされ，ガソリンや化学原料が製造される。運転条件によって軽油収率を高く，あるいは灯油収率を上げる

など経済性を向上させるためのさまざまな研究開発が進められている。

7.4.5 技術革新と開発の可能性
〔1〕 直接液化における技術革新の可能性

直接石炭液化には，大きく三つの課題がある。一つ目は直接液化によって得られた油を市場に導入する上での品質に関するものであり，二つ目はCO_2排出量削減，三つ目は経済性向上の課題である。

第一の課題は，水素化精製を主要技術とするアップグレーディングにより液化油を石油の規格に則った製品とする技術ならびに石油系油とのブレンドなどによる総合的な利用技術の確立である。

第二の課題は，石炭を転換する際のCO_2排出量削減である。石炭由来の液体燃料は，石炭に比べて，保有する熱量当りのCO_2排出量が3割ほど少ない。石炭から製品油への変換におけるエネルギー効率を向上することがまず重要であるが，さらに，水素の製造過程および液化工程で生成するCO_2を回収，貯留することにより，石炭の直接燃焼に比べて総括のCO_2排出を減じた燃料を製造できる。

第三の課題である経済性向上には，今後，直接液化を普及する上で地道なコストダウンを継続的に図ること，あるいは技術イノベーションによるコストダウンが寄与する。前者は，単に原油調達コストに強く依存する経済性だけではなく，エネルギー安全保障を含むわが国のエネルギー戦略を踏まえて必要性が論じられるべきである。後者に関しては，活性の高い触媒，革新的反応系や分離システムなどの開発による大幅なコスト低減などが期待される。

〔2〕 間接液化における技術革新の可能性

間接石炭液化技術の今後の本格的な普及に向けての課題としては，① 経済性の向上，特に設備費構成比率の大きなガス化工程や石炭ハンドリング設備のコストダウン，② CO_2排出量削減の観点からの総合エネルギー効率向上，③ 商業規模での技術信頼性の確保，が考えられ，これらは直接液化と同様である。

近年,世界でいくつかの大規模な商業 FT 合成プロセスが稼働している。この技術の本格的な普及には,より信頼性の高い技術と経済性の向上が求められる。触媒性能や耐久性,反応器構造をはじめとする設計技術が,今後進歩していくものと期待される。一方,上記の大規模化とは逆に,石油生産の随伴ガスなどへの適用を視野に入れた,小規模 FT 反応器への取り組み例もみられ,今後の実用化動向が注視される。

〔3〕 その他の合成燃料の技術革新の可能性

手間をかけて既存の石油に匹敵する燃料を製造するのではなく,むしろ,低品位炭のような賦存量が豊富で安価な石炭を原料とし,若干の改質で石炭を使いやすくする技術の開発は,石炭ならではである。燃料製造のコストを下げて天然ガスや重油などと競合しながら普及を図るビジネスモデルは現実的な選択でもある。

例えば,前出の JCF スラリー燃料は発電における重油燃料代替と位置づけられ,石油系燃料とは異なる市場を対象にビジネルモデルの確立を目指している。BCL プロセスにおける石炭前処理技術から派生した,褐炭を油スラリー中で乾燥しブリケットを製造する UBC プロセスは,褐炭を産炭地から離れた場所で使うことを可能とする新たなビジネスモデルを実現しようとしている。

引用・参考文献

1) K. Miura, H. Nakagawa, S. Nakai and S. Kajitani:Chem. Eng. Sci., **59**, p.5261 (2004)
2) 梶谷史朗,鈴木伸行,原 三郎,中川浩行,三浦孝一:日本エネルギー学会誌,**83**,p.1039(2004)
3) 梅本 賢,梶谷史朗,原 三郎:第 48 回石炭科学会議論文集,p.30(2011)
4) C. Y. Wen and E. S. Lee:Coal Conversion Technology, Addison-Wesley, p.141 (1979)
5) C. Higman and M. van der Burgt:Gasification, Second Edition, Gulf Professional Publishing, p.103, 109, 126 (2008)
6) Y. Ishibashi:Gasification Technologies Conference 2009, No.31 (2009)
7) J. Th. G. M. Eurlings:Gasification Technologies Conference 1999, No.130 (1999)

8) F. C. Peña : International Freiberg Conference on IGCC & XtL Technologies, No.32 (2005)
9) U. S. DOE : The Wabash River Coal Gasification Repowering Project, An Update, TOPICAL REPORT, No.20, p.12 (2000)
10) U. S. DOE : Tampa Electric Integrated Gasification Combined-Cycle Project, An Update, TOPICAL REPORT, No.19, p.18 (2000)
11) N. M. Laurendeau : Prog. Energy. Combust. Sci., **4**, p.221 (1978)
12) K. H. van Heek, H-J. Mühlen and H. Jüntgen : Chem. Eng. Technol., **10**, p.411 (1987)
13) J. A. Moulijn and F. Kapteijn : Carbon, **33**, p.1155 (1995)
14) M. F. Irfan, M. R. Usman and K. Kusakabe : Energy, **36**, p.12 (2011)
15) J. Gadsby, F. J. Long, P. Sleightholm and K. W. Sykes : Proc. R. Soc., **A193**, p.357 (1948)
16) S. Ergun : J. Phys. Chem., **60**, p.480 (1956)
17) M. Mentser and S. Ergun : Carbon, **5**, p.331 (1967)
18) J. D. Blackwood and A. J. Ingeme : Coal Conversion Technology, Aust. J. Chem., **13**, p.194 (1960)
19) H-J. Mühlen, K. H. van Heek and H. Jüntgen : Fuel, **65**, p.944 (1986)
20) G. Liu, H. Wu, R. P. Gupta, J. A. Lucas, A. G. Tate and T. F. Wall : Fuel, **79**, p.627 (2000)
21) S. Kajitani, N. Suzuki, M. Ashizawa and S. Hara : Fuel, **85**, p.163 (2006)
22) J. Gadsby, C. N. Hinshelwood and K. W. Sykes : Proc. R. Soc., **A187**, p.129 (1946)
23) F. J. Long and K. W. Sykes : Proc. R. Soc., **A193**, p.377 (1948)
24) J. D. Blackwood and F. K. McTaggart : Aust. J. Chem., **11**, p.16 (1958)
25) Z. H. Zhu, J. Finnerty, G. Q. Lu, M. A. Wilson and R. T. Yang : Energy Fuels, **16**, p.847 (2002)
26) R. C. Giberson and J. P. Walker : Carbon, **3**, p.521 (1966)
27) R. T. Yang and K. Y. Yang : Carbon, **23**, p.537 (1985)
28) K. J. Hüttinger and W. F. Merdes : Carbon, **30**, p.883 (1992)
29) M. G. Lussier, Z. Zhang and D. J. Miller : Carbon, **36**, p.1361 (1998)
30) B. Bayarsaikhan, N. Sonoyama, S. Hosokai, T. Shimada, J-i. Hayashi, C-Z. Li and T. Chiba : Fuel, **85**, p.340 (2006)
31) D. Roberts and D. Harris : Energy Fuels, **20**, p.2314 (2006)
32) R. C. Everson, H. W. J. P. Neomagus, H. Kasaini and D. Njapha : Fuel, **85**, p.1076 (2006)

33) Z. Huang, J. Zhang, Y. Zhao, H. Zhang, G. Yue, T. Suda and M. Narukawa：Fuel Processing Technology, **91**, p.843（2010）
34) S. Umemoto, S. Kajitani and S. Hara：Fuel, **103**, p.14（2013）
35) 矢木　栄，国井大蔵：工化，**56**，p.131（1953）
36) H. Y. Sohn and J. Szekely：Chem. Eng. Sci., **27**, p.763（1972）
37) S. K. Bhatia and D. D. Perlmutter：AIChE J., **26**, p.379（1980）
38) G. R. Gavalas：AIChE J., **26**, p.577（1980）
39) S. Reyes and K. F. Jensen：Chem. Eng. Sci., **41**, p.333（1986）
40) 梶谷史朗，芦澤正美，渡邊裕章，市川和芳，鈴木伸行，原　三郎，犬丸　淳：石炭ガス化反応のモデリング，電力中央研究所報告，W02021（2003）
41) S. Kajitani, S. Hara and H. Matsuda：Fuel, **81**, p.539（2002）
42) 三浦孝一，査　浩明，橋本健治：日本エネルギー学会誌，**71**，p.422（1992）
43) Y. Yang and A. P. Watkinson：Fuel, **73**, p.1786（1994）
44) S. Kasaoka, Y. Sakata and C. Tong：Int. Chem. Eng., **25**, p.160（1985）
45) R. P. W. J. Struis, C. von Scala, S. Stucki and R. Prins：Chem. Eng. Sci., **57**, p.3581（2002）
46) H. H. Rafsanjani and E. Jamshidi：Chem. Eng. J., **140**, p.1（2008）
47) Y. Zhang, M. Ashizawa, S. Kajitani and K. Miura：Fuel, **87**, p.475（2008）
48) B. Bayarsaikhan, J-i. Hayashi, T. Shimada, C. Sathe, C-Z. Li, A. Tsutsumi and T. Chiba：Fuel, **84**, p.1612（2005）
49) M. Kajita, T. Kimura, K. Norinaga, C-Z. Li and J-i. Hayashi：Energy Fuels, **24**, p.108（2010）
50) S. Kajitani, H-L. Tay, S. Zhang and C-Z. Li：Fuel, **103**, p.7
51) K. B. Bischoff：AIChE J., **11**, p.351（1965）
52) I. W. Smith：Fuel, **57**, p.409（1978）
53) J. H. Hong, W. C. Hecker and T. H. Fletcher：Energy Fuels, **14**, p.663（2000）
54) D. H. Ahn, B. M. Gibbs, K. H. Ko and J. J. Kim：Fuel, **80**, p.1651（2001）
55) E. M. Hodge, D. G. Roberts, D. J. Harris and J. F. Stubington：Energy Fuels, **24**, p.100（2010）
56) K. Benfell, G-S. Liu, D. G. Roberts, D. J. Harris, J. A. Lucas, J. G. Bailey and T. F. Wall：Proc. Combust. Inst., **28**, p.2233（2000）
57) K. Miura, K. Hashimoto and P. L. Silveston：Fuel, **68**, p.1461（1989）
58) 三浦孝一，徐　継軍，手錢雄太，永井裕久，橋本健治：燃料協会誌，**66**，p.264（1987）

59) 橋本健治, 三浦孝一, 徐　継軍：燃料協会誌, **66**, p.418（1987）
60) T. Takarada, Y. Tamai and A. Tomita：Fuel, **64**, p.1438（1985）
61) 宝田恭之, 井田直幸, 日置明夫, 神原信志, 山本美奈子, 加藤邦夫：燃料協会誌, **67**, p.1061（1988）
62) N. R. Laine, F. J. Vastola and P. L. Walker：J. Phys. Chem., **67**, p.2030（1963）
63) A. Cheng and P. Harriott：Carbon, **24**, p.143（1986）
64) A. A. Lizzio, H. Jiang and L. R. Radovic：Carbon, **28**, p.7（1990）
65) Y. Zhang, S. Hara, S. Kajitani and M. Ashizawa：Fuel, **89**, p.152（2010）
66) C-Z. Li：Fuel, **86**, p.1664（2007）
67) D. M. Keown, J-i. Hayashi and C-Z. Li：Fuel, **87**, p.1187（2008）
68) K. H. van Heek and H-J. Mühlen：Fuel Proc. Tech., **15**, p.113（1987）
69) S. Kasaoka, Y. Sakata and M. Shimada：Fuel, **66**, p.697（1987）
70) L. R. Radovicć, P. L. Walker Jr. and R. G. Jenkins：Fuel, **62**, p.209（1983）
71) 梶谷史朗, 松田裕光, 鈴木伸行, 原　三郎：化学工学論文集, **30**, p.29（2004）
72) ENERGY BALANCES OF OECD COUNTRIES 2008 Edition
73) アイピーシー：石炭の高温ガス化とガス化発電技術
74) 三菱重工技報, **46**（2）（2009）
75) WEC：Survey of Energy Resources 2010
76) 富田　彰：燃料協会誌, **58**, p.232（1979）
77) D. W. McKee：Chem. Phys. Carbon, **16**, p.1（1981）
78) B. J. Wood and K. M. Sancier：Catal. Rev. Sci. Eng., **26**, p.233（1984）
79) J. L. Figueiredo and J. A. Moulijn（Eds.）：Carbon and Coal Gasification, NATO ASI Series, Martinus Nijihoff Publishers, Dordrecht（1986）
80) J. A. Moulijn and E. Kapteijn（Eds.）：Special Issue of International Symposium "Fundamentals of Catalytic Coal and Carbon Gasification", Fuel, **65**, p.1324 ～ 1478（1986）
81) L. Lahaye and P. Ehrburger（Eds.）：Fundamental Issues in Control of Carbon Gasification Reactivity, NATO ASI Series, Kluwer Academic Publishers, Dordrecht（1991）
82) Y. Nishiyama：Fuel Process Technol., **29**, p.31（1991）
83) Y. Hanaoka, E. Byambajav, T. Kikuchi, N. Tsubouchi and Y. Ohtsuka：27th Annual Intern. Pittsburgh Coal Conf., Istanbul, October 11 ～ 14, 2010
84) M. J. Veraa and A. T. Bell：Fuel, **57**, p.194（1978）
85) T. Takarada, Y. Tamai and A. Tomita：Fuel, **65**, p.679（1986）

86) T. Takarada, T. Nabatabe, Y. Ohtsuka and A. Tomita : Ind. Eng. Chem. Res., **28**, p.505 (1989)
87) I. L. C. Freriks, H. M. H. van Xechem, J. C. M. Stuiver and R. Bouwman : Fuel, **60**, p.463 (1981)
88) S. J. Yuh and E. E. Wolf : Fuel, **62**, p.252 (1983)
89) S. J. Yuh and E. E. Wolf : Fuel, **63**, p.1604 (1984)
90) C. A. Mims, K. D. Rose, M. T. Melchior and J. K. Pabst : J. Am. Chem. Soc., **104**, p.6886 (1982)
91) C. A. Mims and J. K. Pabst : Fuel, **62**, p.176 (1983)
92) K. Hashimoto, K. Miura, J-J. Xu, A. Watanabe and H. Masukami : Fuel, **65**, p.489 (1986)
93) J. E. Gallagher Jr. and C. A. Euker Jr. : Energy Res., **4**, p.137 (1980)
94) R. L. Hirsch, J. E. Gallagher Jr., R. R. Lessard and R. D. Wesselhoft : Science, **215**, p.121 (1982)
95) D. W. Mckee, C. L. Spiro, P. G. Kosky and E. J. Lamby : Chemtech, p.624 (1983)
96) A. Sharma, T. Takanohashi, K. Morishita, T. Takarada and I. Saito : Fuel, **87**, p.491 (2008)
97) D. A. Sams, T. Talverdian and F. Shadman : Fuel, **64**, p.1208 (1985)
98) T. Takarada, S. Ichinose and K. Kato : Fuel, **71**, p.883 (1992)
99) Y-K. Kim, L. Hao, J. Miyawaki, I. Mochida and S-H. Yoon : The 8th Carbon Saves the Earth 2010, Beppu, Japan, November 25 ~ 26, 2010
100) 生田目俊秀, 大塚康夫, 宝田恭之, 富田　彰：燃料協会誌, **65**, p.53 (1986)
101) Y. Ohtsuka and K. Asami : Energy Fuels, **9**, p.1038 (1995)
102) Y. Ohtsuka and K. Asami : Catal. Today, **39**, p.111 (1997)
103) Y. Ohtsuka and A. Tomita : Fuel, **65**, p.1653 (1986)
104) L. R. Radović, P. L. Walker, Jr and R. G. Jenkins : Fuel, **62**, p.209 (1983)
105) L. R. Radović, P. L. Walker, Jr and R. G. Jenkins : J. Catal., **82**, p.382 (1983)
106) F. K. Huggins, G. P. Huffman, N. Shah, R. G. Jenkins, F. W. Lytle and R. B. Greegor : Fuel, **67**, p.938 (1988)
107) F. K. Huggins, N. Shah, G. P. Huffman, F. W. Lytle, R. B. Greegor and R. G. Jenkins : Fuel, **67**, p.1662 (1988)
108) L-x. Zhang, S. Kudo, N. Tsubouchi, J-i. Hayashi, Y. Ohtsuka and K. Norinaga : Fuel Process Technol., **113**, p.1 (2013)
109) Y. Ohtsuka and K. Asami : Energy Fuels, **10**, p.431 (1996)

110) 山田哲夫, 朝倉 正, 高橋 敦, 鈴木 勉, 本間恒行：燃料協会誌, **67**, p.153 (1988)
111) 富田 彰：石油学会誌, **20**, p.26 (1977)
112) 古田土明夫, 富田 彰：表面, **17**, p.501 (1979)
113) Y. Ohtsuka, Y. Tamai and A. Tomita：Energy Fuels, **1**, p.32 (1987)
114) Y. Ohtsuka, Y. Kuroda, Y. Tamai and A. Tomita：Fuel, **65**, p.1476 (1986)
115) 笠岡成光, 阪田祐作, 山下弘文, 西野 徹：燃料協会誌, **58**, p.373 (1979)
116) J. Adler and K. J. Hüttinger：Fuel, **63**, p.1393 (1984)
117) K. Asami and Y. Ohtsuka：Ind. Eng. Chem. Res., **32**, p.1631 (1993)
118) Y. Ohtsuka, K. Asami, T. Yamada and T. Homma：Energy Fuels, **6**, p.678 (1992)
119) H. Yamashita, Y. Ohtsuka, S. Yoshida and A. Tomita：Energy Fuels, **3**, p.686 (1989)
120) G. Hermann and K. J. Hüttinger：Fuel, **65**, p.1410 (1986)
121) A. Tomita and Y. Tamai：Fuel, **60**, p.992 (1981)
122) A. Tomita, Y. Ohtsuka and Y. Tamai：Fuel, **62**, p.150 (1983)
123) Y. Ohtsuka, A. Tomita and Y. Tamai：Appl. Catal., **28**, p.105 (1986)
124) K. Higashiyama, Tomita and Y. Tamai：Fuel, **64**, p.1157 (1985)
125) 富田 彰, 結城好之, 東山和寿, 宝田恭之, 玉井康勝：燃料協会誌, **64**, p.402 (1985)
126) T. Takarada, J. Sasaki, Y. Ohtsuka, Y. Tamai and A. Tomita：Ind. Eng. Chem. Res., **26**, p.627 (1987)
127) 宝田恭之, 大塚康夫, 富田 彰：燃料協会誌, **67**, p.683 (1988)
128) A. Tomita, Y. Watanabe, T. Takarada, Y. Ohtsuka and Y. Tamai：Fuel, **64**, p.795 (1985)
129) A. Tomita and Y. Ohtsuka：Advances in the Science of Victorian Brown Coal, (Ed. C-Z. Li), p.223, Elsevier, Amsterdam (2004)
130) A. Perlma：2007 Gasification Technol. Conf., San Francisco, October 14 〜 17, 2007
131) M. Chandel：Synthetic Natural Gas (SNG): Technology, Environmental Implications, and Economics, p.1 (2009)
132) Energy Technology Perspectives 2012, International Energy Agency (2012)
133) J. H. Shinn：Fuel, **63**, p.1187 (1984)
134) P. L. Spath, et al.：Preliminary Screening — Technical and Economic Assessment of Synthesis Gas to Fuels and Chemicals with Emphasis on the Potential for Biomass-Derived Syngas, National Renewable Energy Laboratory (NREL) (2003)
135) 高津淑人, 小野崎正樹, 大井章市：化学工学論文集, **28**, p.125 〜 136 (2002)

136) Mitch Hindman：METHANOL TO GASOLINE（MTG）TECHNOLOGY, World CTL Conference 2010（2010）
137) 持田勲編著：クリーン・コール・テクノロジー，工業調査会（2008）
138) 日本のクリーン・コール・テクノロジー，財団法人石炭エネルギーセンター（2006）
139) JCOAL Magazine, No.60（2010）
140) 小野崎正樹，石橋宏仁ほか：日本エネルギー学会誌，**79**, p.1159〜1171（2000）
141) H. Ishibashi, M. Onozaki, M. Kobayashi, J. Hayashi, H. Itoh and T. Chiba：Fuel, **80**, p.655〜664（2001）
142) N. Sakai, M. Onozaki, H. Saegusa, H. Ishibashi, T. Hayashi, M. Kobayashi, N. Tachikawa, I. Ishikawa and S. Morooka：AIChE J., **46**, p.1688〜1693（2000）
143) 末廣能史：2004石油・天然ガス資源の未来を拓く，石油技術協会（2004）
144) 大西康博，加藤　譲，村田　篤，山田栄一，若村　修：新日鉄エンジニアリング技報，**01**, p.29〜38（2010）

8. 展　　　　望

8.1　石炭利用の展望

8.1.1　石炭利用の課題とわが国による技術展開の方向

　今後利用すべき石炭は，高品位炭，低品位炭および高灰分炭の3種に大別できる。それぞれの石炭について，高効率・低コスト技術の開発と実証，そして可能な限り早期の産業化が求められる。

　これまで国内利用が可能であった高品位炭については，現在開発済，開発中の技術のポリッシュアップと実装に加えて，環境と効率に配慮しつつも低コストを実現する国際競争力の強化が求められる。加えて，低成長の国内における立地が限定的である状況を考慮して，国外で技術の実証と商業化を行うことも必要である。そのための技術競争力，産業立地力が要求されるケースもおおいにあり得るので，技術高度化と並んで国内外の産業連携による産業力強化の準備も欠かせない。高品位炭の獲得は，輸入国の増加によって今後難しくなる事情を想定しておく必要があろう。

　低品位炭の利用は，現在のところ産地に限定されている。低品位炭は安価であるため，高効率利用よりもむしろ低コスト利用が実施されている。今後CO_2排出量制限と資源供給の緊縮が技術と産業の方向を束縛する可能性があるが，環境，あるいは経済最優先の選択もありとする臨機応変の判断と時代対応が要求される。高水分炭は，効率的な乾燥によって利用効率を大幅に向上できる。加えて，高反応性を活用する温和な条件での変換により効率を向上できる可能

8.1 石炭利用の展望

性がある．水分の再吸着発熱，高反応性による自然発火の恐れがある乾燥炭を安定化する技術を確立できれば，国際商品としてわが国への輸入も可能になる．エネルギーの高度利用とコストの吸収を考え，産炭地での一連の事業化企画，必要な最適技術の確立および産業コンプレックスの発想が肝要である．当然ながら，高水分炭はこれまでわが国が得意としてきた石炭とは特性が異なることに対する配慮が必要である．

高灰分炭は，灰分が 30～60％ に達するものが少なくない．加えて，低石炭化度，硫黄の含有もあるので，高効率利用のハードルは高い．わが国のもつ高い科学と技術の適用を試みる課題になると思われるが，現地で高灰分炭を長年利用してきた技術者，研究者の知恵を借りつつ，改めて技術の基盤に着想する必要があろう．

いずれにせよ，これら産炭国は，わが国の技術を実現する場，産業を植え込み，結実の一端を確保する場であり，またわが国の資源を確保できる場でもある．一方，わが国の石炭の輸入重要国としての強みはすでに消えかかっている．今後は産炭国内需要の充足，国際商品としての一次および二次資源の開発と拡販，それらの結果としてのわが国へのエネルギー供給の安定化からなる好循環を達成し，産炭国との利益共有を確立すべきであろう[†]．わが国は世界第3位の経済大国でありながら，国際投資力は必ずしも大きいとはいえず，巨大新興国のみならず，近隣国に劣る場合も少なくない．富の集中度が低いことは国民の平均化をもたらしている面もあるが，投資余力は不足している．つまり，わが国としての独自の資金調達力も創造しなければならない．国民が一定のリスクの必要性を認識し，かつ事業の動力を国際的に強化して，事業を主導できる国民力も目指すべきである．この際，独占禁止法も国際シェアによって考えるべきであろう．わが国の独占禁止法には世界の実情から解離しているところがあり，国際的視点の導入が強く望まれる．

こうした観点に立って，わが国における石炭の展望を考えれば，以下の六つ

[†] 石炭の多くは産炭地での消費に限られ，ごく一部が（石油のように）輸出の対象（国際商品）とされている．

の分野があり得よう。

① 一次エネルギー資源としての石炭
② 二次エネルギー供給に資する石炭
③ 次世代産業へのインパクトを与える資源としての石炭
④ 産業の海外展開のツールとしての石炭
⑤ 近未来における技術開発対象としての石炭
⑥ 物質科学,燃料科学の対象としての石炭

8.1.2 一次エネルギー資源としての石炭

　世界各地に分散,賦存し,可採年数が122年（2011年末時）である石炭は,22世紀にも利用できる化石資源として安定感がある。ただし,可採年数はこのところかなりの速度で短縮していることに注目すべきであろう。一方,石油,天然ガスの可採年数は微増の傾向にある。これらの状況は,石油,天然ガスの可採可能な埋蔵量の増加が,消費量積算を上回っていることを反映しており,最近シェールガス,シェールオイルあるいは超深海,超重質原油の発見,可採化に対して,石炭埋蔵の新たな発見が消費量積算に比べて小さいことに対応している。また,石油や天然ガスと違って,石炭は掘残しをもう一度可採することが困難なことも反映している。

　このことから,石炭の可採量を増加することが可能かどうかを検証する必要があろう。採掘困難な石炭を利用する技術の典型例は地下ガス化であり,過去100年近くロシア,アメリカ,中国で試みが続けられている。しかしながら,人による制御から離れてしまう地下ガス化は,制御の困難さに加えて,地下にある石炭の利用率を高めることなど,課題解決が容易でない技術であると認識される。むしろ,センサー,ロボット,水力採炭,スラリーまたはコンベアー無人（ロボット）輸送を複合した採掘技術の開発が,より論理的と考えられる。もちろん,現時点で可採のすべての石炭の高度利用が現実の課題であることは言を俟たないが,このことは以下に述べる。

8.1.3 二次エネルギー供給に資する石炭

 現在，石炭はおもに火力発電，製鉄およびセメント製造分野で変換利用されている。火力発電については，燃焼の蒸気回収，ガス化後燃料電池，ガスタービン，燃焼を組み合わせたコンバインドサイクルがあり，効率向上，コスト削減，環境負荷低減が追求されていることは本書から読み取ってもらえるであろう。わが国の産業目的としては，現在のシステム性能を維持，向上しながら，いかにコストを大幅に削減できるかが，絶えることのない課題であろう。

 製鉄では，石炭はコークス（CDQ，熱回収），高炉への微粉炭吹込（PCI），加炭材，炉底カーボン，焼結燃料として，広く利用されている。わが国は次世代型コークス炉（SCOPE21）に代表される誇るべき成果を挙げている。これらの技術を武器に，国際競争力の維持強化のためにコストを切り詰めることが目標になる。こうしたわが国技術開発の成果の上に，石炭供給の量と価格の変化に対応する"つぎの技術"が求められている。

 火力発電についていえば，高水分であるが低灰分の褐炭をわが国向けの資源に改質する技術と，ガス化などの高効率化と低コスト化，高温材料の未踏的発展などが挙げられよう。

 製鉄については，コークスの機能を改めて解析し，分担を考え，コークス自体を改善すると同時に，高炉内での使用方法にも改めて目を向けることであろう。鉄内装コークスが研究されていることは，その方向を示唆している。一層の徹底があり得よう。

 石炭ガスの変換は既存技術となっているが，時代要請に対応する新技術目標はつねに存在している。巨額の国費を使った直接液化は，中国神華集団による商業化を除けば日の目をみていないが，技術は重質油精製の分野に活かされており，直接液化の実現可能性も皆無ではない。その前段にタールピッチの製造を掲げることができる。徹底したコスト削減に加えて高付加価値製品，例えば粘結材の併産に実用化への活路が見出せるのではないか。それ以前に，コークス製造の低温化に伴うタールピッチの品質低下は，タール業界の緊急の課題であり，いくつかの試みがなされているが，容易というわけにはいかない。

338   8. 展　　　望

　石炭利用，特に燃焼に伴う環境負荷の低減にも，石炭由来の活性炭，活性コークス，活性炭素繊維の利用が始まっている．多次元構造を制御し，他材料との複合化などによって高性能化した材料や構造物の開発余地はきわめて大きい．磯子の石炭火力発電所における環境負荷低減の一部は，活性コークスが担っている．

8.1.4　次世代産業にインパクトを与える石炭

　電力や製鉄などの伝統的産業における次世代技術については，前項で述べた．本項では，運転，通信・情報，産業にインパクトを与える可能性のある燃料，材料を考える．いずれも高度な加工を経て利用されるので，石炭のみが原資源ではあり得ない．資源コスト，プロセスの複雑さ，併産製品を考慮して優位性が決定されることは，留意点である．

　著者は，輸送動力器は，将来的にはSOFC（固体酸化物形燃料電池）に収斂すると想像している．燃料は水素やメタノールに限らない．ガス状炭化水素（メタン，プロパン，ブタンなど）や液体炭化水素（ヘキサン，オクタンなど）を，水蒸気改質（$CO + H_2$への変換）を経ずに直接燃料とする燃料電池が開発できる見通しがある．燃料供給，超長寿命など，数多くの課題があることは確かであるが，石炭が最長寿命の化石資源であるとすれば，次世代輸送用燃料の供給が期待される．そのために，適時の革新技術開発を他化石資源の利用技術と競合，協力しながら進める必要がある．

　石炭の直接加工品に由来する材料が次世代産業にインパクトを与える可能性は少なくない．炭素材と鉱物である．炭素材については，すでに近代産業の礎になっている例が多いが，今後，エネルギー貯蔵，軽量構造材，環境保全材として，広い産業分野にインパクトを与えよう．石炭中の鉱物は，現時点では厄介物であるが，高純度シリカ，硫化鉄などの素材に目を向けた新発想が期待される．石炭中の微量元素の環境影響が懸念されている．検出と除去の化学がまず必要であるが，貴重な資源とも考えられる．

8.1.5 産業のツールとしての石炭

わが国の石炭利用技術を海外に展開するにあたっては，まずは産炭国における既存あるいは未構築の石炭利用産業分野がターゲットになると考えられる。なかでも，電力，製鉄，タール化学，炭素工学が容易に想像できる。環境への高度な配慮のもとに産業を起こすことの効果は小さくない。以下に，その例を示す。そこでは立地に適した技術が求められることを銘記しておくことが必要で，そこに初めてわが国の将来展望が拓ける。

① **電力（火力発電）**　産炭地に適合した火力発電，高灰分炭の高度低コスト発電（灰分の高度利用を含む）
② **製　鉄**　コークス製造（タール化学），褐炭を改質した粘結材
③ **炭素材製造**　石炭を鍵とするわが国と立地国の双方にわたる産学連携体制の構築

8.1.6 近未来における技術開発対象としての石炭

産業革命以来，近代産業を支える資源として注視されてきた石炭については，多数の技術が実用化・商業化され，また多数の技術開発が試みられ，その多くは消失していった。つまり，開発対象としての石炭はすでに"手あか"が付きすぎているという観点があることも事実である。しかしながら，22世紀に向かってエネルギー資源を求める地球上の人口が2～5倍に達すると予想されている今日，石炭の採鉱利用技術にも飛躍が求め続けられると考えるべきであろう。容易な技術は先人によってすでに踏破されているので，困難であり，また落とし穴の多い開発の途になることは当然である。

そこで，一例として，あえて"触媒ガス化技術"を挙げたい。この技術は過去に幾度も取り上げられているが，ガス化としての進歩と同時に，石炭ケミカルループ，直接石炭燃料電池など，固体と固体触媒（電極）と接触反応が進行するプロセスである。石炭中の鉱物灰分の介入も大きな課題である。世界的にはすでに研究が再開されている。知恵を出したい分野であり，応用範囲も広い。

もう一例，環境保全用活性コークスの高性能化，PM2.5を含む大気汚染物の捕捉および無害化機能の付与も挙げておきたい．さらに，石炭構成成分の"分離"技術も期待される課題である．"転換と成分分離との結合"の先に環境負荷を最小化した革新的石炭利用技術があるのではないか．

8.1.7 物質科学，燃料科学の対象としての石炭

"石炭の化学構造をきちんと把握したい"という欲求は，古くて新しいテーマであろう．蛋白質の構造が微視的巨視的にも，ほとんど明らかになっている今日，部分結晶の化石資源の石炭や超重質油の構成成分の構造（ここではより容易な転換の反応の発想に有用な概念）をぜひ解明したい．分子分析化学，構造化学，反応化学，統計学，コンピュータシミュレーション，可視化の連携により，現実的，合目的的な構造の記述が期待される．鉱物についても同じことを忘れてはならない．

8.2 石炭利用の地球環境への影響

8.2.1 燃料と森林破壊と食料

古代四大文明とは，エジプト文明，メソポタミア文明，インダス文明，黄河文明の四つを指す．そのうち黄河文明を除く三つまでが森林破壊により崩壊したといわれる．黄河文明にしても，現在の黄土高原の現状をみると，最終的には文明崩壊には至らなかったとしても，森林に対する相当な圧力がかかっていたであろう．ただし，黄土高原や，それ以外の地域に関しても，その後もさまざまな「圧力」がかかってきた．

森林破壊をもたらす原因は，まずは農地や牧畜用，あるいは小規模ではあろうが，居住用・他産業用への用途転換，すなわち土地利用の変化が主要なものである．ついで，住宅も含め木材の構造材としての利用である．中世のベネチア共和国，ベニスとも呼ばれるが，ここでは海上交通が都市内交通の主要手段となっており，船の建造のための木材伐採が原因となって森林破壊が起こり，

さらにその不足が大きな問題となったともいわれる。鉄道の施設にあたっての枕木も森林破壊の原因である。

森林からの生産物の主要な用途は，食料の煮炊きに代表される民生用のエネルギーであり，過去から現在に至るまで，薪や木炭などとして用いられてきた。つぎに土器や煉瓦を焼くためのエネルギー，そして鉄器を含めた金属精錬にも薪炭が用いられていた。1950年代の末，中国では大躍進政策の下で土法炉といわれる原始的な炉での製鉄が推奨され，このことが燃料としての森林伐採を招き，さらにこの炉を建設するための炉材としての煉瓦を焼くためにも木材が用いられた。その結果，全土での森林破壊が進み，洪水の発生を招いたといわれる。

このような木材の多様な用途のいずれもが森林破壊の原因となり得るが，文明の崩壊までもたらしたものは，おもにエネルギー源を得ることが困難となったためであろう。さらには，自然災害の増大，水資源の枯渇ももたらされた。

後述のように，石炭は化石燃料の中でも炭素を多く含む燃料であり，この使用により二酸化炭素（CO_2）を多く排出し，地球温暖化を招く。しかし，このような歴史を顧みるに，視点を変えれば，産業革命において使用が拡大されてきた石炭があったが故に，現代文明が崩壊せずに生き延びることができたと考えることができる。

このような原因による森林の喪失は，四大文明の頃ばかりではなく，産業革命前後以降も現在まで延々と繰り返されてきた。ヨーロッパは，過去は原生林に覆われていたといわれる。森林が破壊されると，森林が保有する炭素が大気中に放出されることになる。産業革命の頃から20世紀末までの，森林破壊と化石燃料利用によるCO_2の排出量の変化を**図8.1**に示す。

中世のヨーロッパ（イギリス

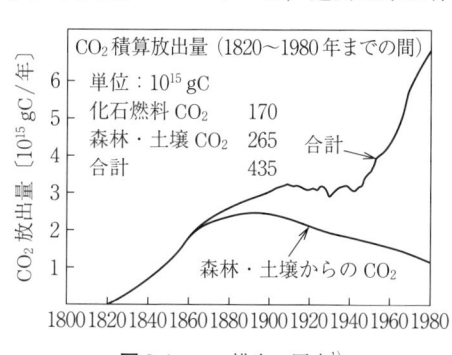

CO_2積算放出量（1820～1980年までの間）
単位：10^{15} gC
化石燃料 CO_2　　170
森林・土壌 CO_2　265
合計　　　　　　435

図8.1 CO_2排出の歴史[1)]

が中心とされる)では農業革命といわれる農業生産力の画期的増強技術が広まり,囲い込みによる余剰人口が産業革命の原動力になったともいわれる.しかしながら,これまでに述べてきたような森林破壊が産業革命の原動力である石炭の利用を促したという説もある.

2011年の東日本大震災による福島第一原子力発電所での事故を例にとるまでもなく,原子力発電が及ぼす環境への影響が懸念される.しかし,石炭も炭鉱事故などの多くの災害,そしてこれから述べるように幾多の環境影響をもたらしてきた.じつは,再生可能エネルギー利用においてすら,その原材料製造におけるさまざまな環境影響が指摘されている.

8.2.2 石炭と公害

水俣病に代表されるわが国の公害問題.国土が狭隘である故に,世界に先駆けて顕在化した公害.そしてその対策技術.公害先進国といわれるゆえんでもある.

四大公害訴訟(俗に四大公害病ともいわれる)の一つである四日市ぜんそくは,石油化学コンビナートから排出された硫黄酸化物(SO_x,ソックス.おもに二酸化硫黄 SO_2,俗称亜硫酸ガス)が主因とされる.あわせて,窒素酸化物(NO_x,ノックス)やPM(particulate matter,粒子状物質)もぜんそくの原因とされる.わが国の高度成長期である1960年代のことである.

なお,PMとはおもにすすからなる煤塵,すなわち燃焼により生じたちりのことである.過去にはアスベストすなわち石綿や,現在では黄砂など,他のさまざまな原因により発生した微粒子も含む.10 μm以下の粒子濃度であるPM10や,2.5 μmを中心とした分布をもつ粒子群以下の粒径分布をもつ粒子群濃度PM2.5により定義され,測定され,規制対象あるいは基準対象となっている.

じつは同じ原因物質がもたらした公害問題は,1952年にロンドンで発生している.ロンドンスモッグと呼ばれ,「統計的に」多くの人の命を奪った,その原因は石炭にあったとされている.なお,統計的に,と書いたのは,このこ

とがなくともぜんそくで亡くなる人はいるのであり，平時に比べ増えた分を推定したからである。平時も石炭を焚いており，そのことによりぜんそくが発生していたとすれば，さらに多数の人がその影響を受けていたともいえる。

なぜ冬のロンドンであったのか？　一つはその地形。盆地で空気がたまりやすい。放射冷却などによる逆転層が構成されると，日常的に煙霧が発生していたといわれる。そして冬の寒さによる石炭ストーブの利用。これにより SO_x 濃度は急激に上昇し，数千人（一説には1万人以上）の命を奪ったといわれている。その後，1956年には Clean Air Act（CAA）が制定された。イギリスもやはり公害先進国であった。

現在では大気汚染が公害問題として，わが国で取り上げられることは非常にまれである。大気汚染としてまれに耳にする言葉は光化学スモッグである。1945年，ロサンゼルスで初めて観測された。原因は NO_x と炭化水素などの VOC（volatile organic compounds，揮発性有機化合物）が紫外線により複雑な光化学反応を引き起こし，オゾンなどのオキシダントを発生させることが原因とされる。

アメリカでは，1955年大気汚染防止法（Air Pollution Control Act），ついで CAA が1963年に制定され，1970年にマスキー法（Maskie Act）として知られる改正がなされている。その原点ともいえるカリフォルニア州では合衆国全体以上の厳しい規制と，クリーン燃料などのパイロットプログラムが実施されている。

石炭や石油をエネルギー源として利用した際の公害問題は，上記のような公害先進国ではそのほとんどが「技術的に」改善された。これらに続いて経済発展を進めてきた，例えば韓国では，これらの環境汚染物質の排出も発展に伴って増大するが，一方発展のある時期を過ぎると，発展を続けながらも排出量が減少するという傾向がみられる。現在，北京をはじめとする大都市圏での大気汚染が大問題となっている中国は，そしてまだそれほど問題視されているわけではないが，私たちからみればすでに大気汚染が進んでいると思われる南アジアでは，今後どのような変化をしていくのであろうか。

2013年3月24日の朝日新聞朝刊国際版7面に以下の記事が掲載されていた。「大気汚染，アジア覆う」。米国イエール大学とコロンビア大学が行った「環境パフォーマンス指数2012」調査によれば，132か国中最も大気汚染が深刻な国はインド，そしてバングラデシュ，ネパール，パキスタン，中国（128位）と続くというのである。ちなみに日本など基準を満たした45か国は同率1位，韓国はそのすぐ後の51位という。

南アジア諸国都市部でのこのような汚染の主因は，おもに自動車，バイクなどからの排ガスであるとされるが，それに加え，「頻発する停電」に備えた自家発電も原因とされる。確かにわが国は，「高い電気料金」で保証された安定供給を東日本大震災前までは享受しており，そのことも環境保全に間接的にも役立っていた，ともいえよう。今後はどうなるであろうか。

8.2.3 （広義の）地球環境問題，越境問題の典型としての酸性雨

石炭の利用が増えるに従い生じた大気汚染という公害問題。「公」害という用語は，被害者が限定されず，誰でもその地域に住んでいる人間が被害を受けることから名づけられた。

この被害が国を超え，他国に累が及ぶようになったとき，（広義の）地球環境問題と呼ばれる。影響を受ける対象が広がるが，個々への被害が大きくなるわけではない。現在そこに住む人間の直接的な健康影響だけに限定されず，被害を受ける対象は，遺伝子を経由しての子孫や，人類以外の生物，人類にとっての財産などへの影響へと広がってゆく。

その典型として挙げられる問題が酸性雨である。大気中に排出された酸性物質であるSO_xやNO_xに加え，おもに塩素を含むさまざまな人工的有機物を燃焼したときに発生するHClも含め，これらが雨粒に溶解した溶液が雨となって降りそそいだものが酸性雨である。雪になれば酸性雪，霧であれば酸性霧と呼ばれる。なお，CO_2（二酸化炭素）は酸性物質であり，確かにその濃度はだんだん増加しているが，大気中に普遍的にほぼ均一の濃度で存在することから，これが飽和で溶解したときのpH5.6を基準とし，これを下回る低pHの雨

などを酸性雨などと呼ぶ。

じつはこのことからもわかるように，酸性雨は全地球規模の問題ではなく，やはり越境問題である。国が関わるから国際問題であり，地球環境問題としてヘルシンキ議定書（1985年採択，1987年発効），オスロ議定書（1994年採択，1998年発効）などが結ばれてきた。なお，公害としての大気汚染を防ぐための重要な「対策」である，煙突を高くして拡散させるということも，この「地球環境問題」を顕在化させる要因ともなってきた。

酸性雨によりもたらされる影響は，人体ではなく植物，特に森林に対する直接的被害，あるいは土壌中での栄養塩分の流出と植物の生育に悪影響を与えるアルミニウムや有害元素の溶出，さらには銅像や歴史的建造物への被害，といった間接的なものが大きいといわれる。

日本海側では毎年春，中国からの黄砂飛来が問題となっている。黄砂とは，黄河流域にある黄土高原の「土埃」であり，土壌が乾燥し飛散しやすくなることで起こる。これも過去の森林伐採によりもたらされたものである。そしてその黄砂がさまざまな有害なあるいは環境汚染物質を運ぶともいわれ，またその一方，黄砂は塩基性であり，酸性雨原因物質を中和しているともいわれる。

石炭利用に伴う越境問題としては，他にも微量金属が挙げられる。特に2013年10月に熊本での国際会議にて採択予定の「水俣条約」では，新設石炭火力に，水銀の大気放出を削減するための設備設置を義務づける予定であるなど，水銀の問題が最近特に取り上げられるようになった。

8.2.4 気候変動の問題

何度となく話題となり，そのたびにブームに終わり，2011年の原発事故の際にも大きな懸念が語られた問題。気候変動の問題である。わが国では地球温暖化問題といわれる問題である。2007年にはアメリカのゴア元副大統領とIPCCがノーベル平和賞を受賞した。前者は『不都合な真実』と題する著書，講演をまとめた映画などでその重要性を啓発してきたからである。

IPCC（Intergovernmental Panel on Climate Change，気候変動に関する政府

間パネル）の設立は1988年，第一次報告書は1990年に発行された．地球の平均気温が「人為的に」上昇しつつあり，このことが人類に悪影響をもたらす可能性を初めて広く，科学的知見に基づき，国際的に警告したものである．IPCCからの警告を受け，1992年のリオ・デ・ジャネイロでの地球サミットでは，気候変動枠組条約が採択された．

化石燃料を燃焼したとき，あるいは森林が農地などに転換されたときに発生するCO_2の濃度上昇が温暖化の主因であり，天然ガスの主成分であり石油石炭の採掘にも伴って発生し，沼地，田，シロアリ，反芻動物などからも排出されるメタン，肥料などからも発生する一酸化二窒素，冷媒などに用いられるフロン類などの濃度増がそれに続くとされた．後述の京都議定書では，モル当りの温室効果は，CO_2を1として，メタンは21倍，N_2Oは310倍，代替フロン類ではHFCは1300倍，PFCは6500倍，SF_6は23900倍でCO_2濃度に換算されて評価されることとなった（CO_2換算濃度）．

これらに関する科学的知見，すなわちこれらの大気中の寿命や温室効果はすでに知られ，あるいは推測されていたことであるが，また例えば1972年に刊行されたローマ・クラブ委託，メドウズ著の『成長の限界』[2]では，大気中のCO_2濃度の「安定的な」増大が報告されているが，それがどのような影響を与えるのかは明示されてはいなかった．

地球の温度は何度上がるのかは，化石燃料の使用量や，そのほかの温室ガス排出予測，陸上生態系の変化予測，地球上の炭素収支，特に海洋へのCO_2の吸収モデル，さらには気象モデルによる．太陽活動あっての地球の気温なので，その活動の強さが地球の気温に最も大きな影響を与える．そもそも，地球は寒冷化に向かっているとさえいわれる．ただし，それは1000年以上の規模の話ではあるが．ついで火山活動や隕石．火山活動によりCO_2は排出されるが，それより，塵による太陽の遮蔽効果のほうが大きい．隕石の衝突で土が舞い上がり，太陽光を遮蔽し，これが恐竜の絶滅を招いたという．地球上で最も大きな温室効果をもたらしているガスは水蒸気であり，これが大気中で凝縮凝固してできる雲は太陽光を遮る．これらのさまざまな不確定要素を含みながら

も，また自らの予測値を時折変えながらも報告が続けられ，最近2007年に公表されたIPCC第4次報告書での影響予測に至っている。ここでは温室効果ガスの排出の今後の変化に応じて，2090～2099年には1980～1999年に対して2000年時点の濃度に保たれた場合で0.6℃，最大排出ケースでは4℃（ただしそれぞれ数十％の範囲をもって）と予測している。また，後者については，海面上昇を0.26～0.59mと予測している。

地球温暖化がもたらすものは，まず大気中のCO_2濃度増大による直接的影響としての光合成の活発化と，これが海洋に溶け込むことによる海洋水の酸性化。ついで直接的な気温上昇による（海洋表層温度上昇による体積膨張と，陸上の氷の溶け出しによる）海面上昇や，（生物環境の変化による）生態系や食料生産への影響，（蚊などが媒介する）伝染病の蔓延などである。

地球の温度が上がるということは，地球に蓄えられたエネルギーが増大するということである。台風の発生頻度は増えないが，個々の規模が大きくなり，災害規模が大きくなるとされる。また，これらの影響により，降雨パターンも変化する可能性がある。世界的には「地球温暖化」というより，先ほどの「気候変動」という用語が用いられるゆえんでもある。

図8.2に，現在から16万年さかのぼって，気温変位，CO_2濃度，メタン濃度の長期的な変化を示す。まず初めに気がつくのは，この3者が相関しているようにみえることである。なにが原因でなにが結果かを考えると，CO_2濃度とメタン濃度とのいずれかが原因とすると，両者がほぼ同調している理由が説明しづらい。一方，気温が原因であるとすれば，水（海）への溶解度が変化するという点で，二つのガスの濃度変化は説明される。前述のように，気温には温室効果ガス以外の多くの因子が影響するこ

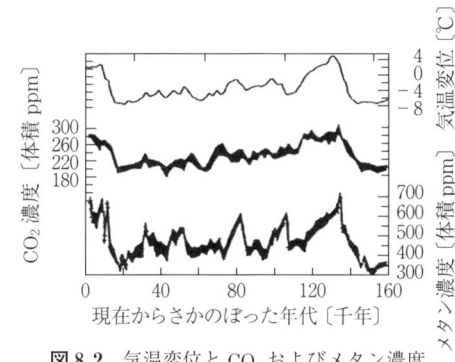

図8.2 気温変位とCO_2およびメタン濃度 (16万年)[3)]

とを考えると，気温変化がまず原因となってきた，と考えるほうが妥当であろう。そして気温が10℃上昇すると，CO_2濃度は約100 ppm増大してきた。

つぎに，注意すべきは，CO_2濃度は産業革命以前の平均とされる280 ppmと比べ現在の平均値は100 ppm以上も増えているが，産業革命以降の平均気温の上昇は今のところ1℃にも満たないということである。すなわち，今回だけは原因と結果が入れ替わっており，またその効果は，気温がCO_2濃度に与える影響の1割程度にすぎない。

それでもCO_2濃度は産業革命以降，図ではみることができないほど急激に上昇している。この上昇速度は，過去には100年以上かけて100 ppm，最近10年では20 ppmも増えている。この上昇速度は，図8.2で過去にみられた上昇速度より，2桁も大きい。そしてその結果，今後予想される気温の上昇速度は，100年間で1℃のオーダーとなる。そしてその上昇速度は，やはり過去にみられた速度に比べ，1桁大きいという結果になる。

一方，気温の絶対値自身は，この程度の高い温度は，図中にもある値である。そもそも石炭が形成されてきた頃は，現在よりCO_2濃度はもっと高く，気温ももっと高かった。さらにいえば，海面上昇にしても，関東地方の海岸線は現在の前橋付近にまで後退していた時期があったということである。要は，気温が高いという絶対値の問題ではなく，その急激な温度上昇がかつてないほど桁違いに大きいということが，人類や環境に悪影響を与えようとしているということで，やはりその原因はCO_2濃度の増加にあるということである。

8.2.5 京都議定書とそれ以降の動向

京都議定書の話に入る前に，1997年のIPCC第四次評価報告による最近の世界の動向をみておく。これを**図8.3**に示す。ただし，フロン類の削減を定めたモントリオール議定書で規制されているフロン類は含まず，ここではその代替フロン類のみ含む。図（a）には排出量の変化を示す。1970年に対して，2004年には排出量は1.7倍となり，さらに増え続けている。2004年現在の排出量の内訳は図（b）に示すとおりであり，化石燃料起源のCO_2が主要な原因であ

8.2 石炭利用の地球環境への影響　349

図8.3 世界の人為起源の温室効果ガスの排出[4]

(a) 1970〜2004年の世界の人為起源温室効果ガスの年間排出量**

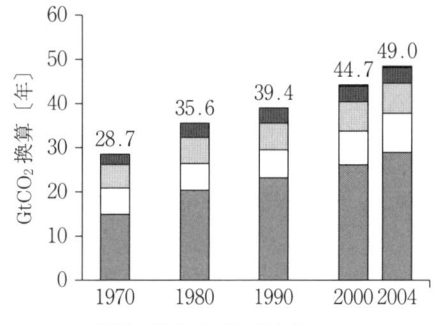

グラフ値：1970年 28.7、1980年 35.6、1990年 39.4、2000年 44.7、2004年 49.0（GtCO$_2$換算/年）

凡例：
- 化石燃料およびその他由来のCO$_2$
- 森林減少および腐朽，泥炭
- 農業，廃棄物およびエネルギー由来のCH$_4$
- 農業およびその他からのN$_2$O
- フロン類*

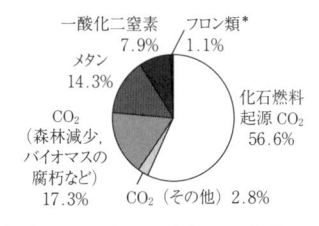

(b) 2004年の人為起源温室効果ガス総排出量に占めるガス別排出量の内訳（CO$_2$換算ベース）

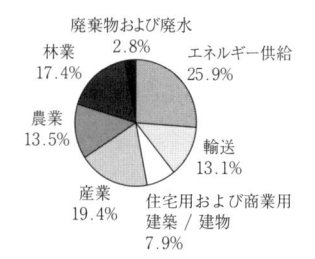

- 化石燃料起源CO$_2$ 56.6%
- CO$_2$（森林減少，バイオマスの腐朽など）17.3%
- CO$_2$（その他）2.8%
- メタン 14.3%
- 一酸化二窒素 7.9%
- フロン類* 1.1%

(c) 2004年の人為起源温室効果ガス総排出量に占める部門別排出量（CO$_2$換算ベース）の内訳。（森林部門に森林減少を含む）

- エネルギー供給 25.9%
- 輸送 13.1%
- 住宅用および商業用建築／建物 7.9%
- 産業 19.4%
- 農業 13.5%
- 林業 17.4%
- 廃棄物および廃水 2.8%

* F-gases（ハイドロフルオロカーボン（HFCs），パーフルオロカーボン（PFCs），六フッ化硫黄（SF$_6$））
** 気候変動枠組条約で扱われるCO$_2$，CH$_4$，N$_2$O，HFCs，PFCs，SF$_6$のみを含む。これらの排出量は気候変動枠組条約で報告されている数値と整合するそれぞれの100年基準の地球温暖化係数（GWP）により重みづけされている。

ることがわかる。図（c）の左半分に示すように，その排出源は，さまざまな産業（図中産業は工業に相当）にわたるばかりではなく，右半分にある生活に密着した部分からも多く排出されている。

気候変動枠組条約の第3回締約国会議（Conference of the Parties：COP。なお，このCOPという用語は，気候変動枠組条約以外についても用いられる），COP3が1997年に京都で開かれ，温暖化防止のための国際的な取り決めがなされた。これを京都議定書という。内容は

・1990年基準で2010年（2008〜2012年の5年間の平均，これを第1約束期間という）が対象年。ただし，HFC，PFC，SF$_6$は1995年が基準。

- 先進国全体で，温室効果ガスを5.2％減（日本6％減など．詳細は**表8.1**（a）に示す．ただし，アメリカは脱退．ロシア批准により2005年2月に発効した．またオーストラリアは2007年にようやく批准を表明した）
- 排出権市場，共同実施（Joint Implementation：JI，先進国間の協同実施），CDM（Clean Development Mechanism，途上国援助）や，1990年以降の土地利用変化（要は森林創生）による吸収・削減を認める（京都メカニズム）．

表8.1 京都議定書で定められた各国の削減率と当時策定された日本の対応

(a) 各国の削減率

−8％	EU（ドイツ，イギリス，フランス，イタリア，オランダ，オーストリア，ベルギー，デンマーク，フィンランド，スペイン，ギリシャ，アイルランド，ルクセンブルク，ポルトガル，スウェーデン），ブルガリア，チェコ，エストニア，ラトビア，リヒテンシュタイン，リトアニア，モナコ，ルーマニア，スロバキア，スイス，スロベニア
−7％	アメリカ
−6％	日本，カナダ，ポーランド，ハンガリー
−5％	クロアチア
±0％	ニュージーランド，ロシア，ウクライナ
+1％	ノルウェー
+8％	オーストラリア
+10％	アイスランド

(b) 当時策定された日本の対応

代替フロン3ガス（HFC，PFC，SF_6）の使用を抑える	約2％増加↑
CO_2，メタン，亜酸化窒素の排出を，省エネ基準の強化（自動車の燃費，家電，OA機器のエネルギー効率の向上），新エネルギー開発，原発増設で削減する	2.5％減少↓
国際取引（JI，CDM）でまかなう	1.8％削減↓
植　林	0.3～3.7％削減↓
合　計	約2.6～6％削減↓

京都議定書当時，わが国は，表（b）に示すように，代替フロンの使用が，その使用を抑制しようとしても2％程度増えると考え，8％のうちの2.5％を省エネ等，1.8％を国際取引，3.7％を過去に植林した樹木による吸収によって達

成できると見込んでいた。

第1約束期間が 2012 年度末で終わり，わが国は 6％減を達成できたであろうか。まず，代替フロンの使用量はほとんど増大しなかった。一方，おもにエネルギー使用の増大による CO_2 の排出は，約束期間の直前の 2007 年までは 1990 年比ですでに十数％増大していたのである。その後，主として経済活動の波，特にリーマン

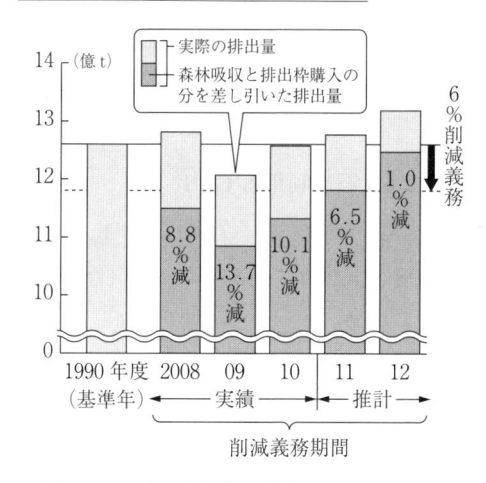

図 8.4 日本の達成度（環境省データによる）

ショックにより，2008 年，2009 年と急激に減少した結果が，**図 8.4** に現れている。しかし，その底である 2009 年ですら国内での人間活動による温室効果ガスの削減は 6％に満たず，これに国際取引や森林の吸収をカウントして，13.7％の削減となった。その後景気も回復傾向にあり，そして 2011 年からの原発停止により節電は進んだが，化石燃料による発電量は増大した。ついに 2012 年度では，削減幅はたった 1％にすぎないと予測されているのである。確かに 5 年間の平均では，見掛け上「余裕をもった」達成が可能となってはいるが，実情は上記のとおりリーマンショックのおかげである。今後は，樹木の生長も鈍り，森林の吸収もだんだん期待できなくなる。2009 年，民主党鳩山政権の日本は世界に向け自主目標として，2020 年に 90 年比 25％削減を掲げたが，明らかに難しい数字である。

2012 年の COP18 では京都議定書が 8 年間延長され，第 2 約束期間が 2013 年から 8 年間の 2020 年までとなることが決まったが，これは新たな枠組みが見通せないからにすぎない。アメリカに加え日本なども自主目標は掲げるものの 2013 年以降の議定書からの離脱を表明，中国など新興国も自主対策は進めるとはしているものの当然議定書には参加せず，世界の CO_2 排出量の内で議定書を批准している国の占める割合は 2010 年時点の 25％から，2013 年以降は

15％程度まで低下すると予想されている。2020年以降新たな枠組みが国際的に合意されるのかどうかは現在まったく白紙の状態である。

8.2.6　石炭利用とCCS

「福島」以降，原子力発電所が止まり，石炭も含めた火力発電所のフルに近い稼働と天然ガス発電所の新設計画が提示されている。現在のわが国ではエネルギー資源の約2割が石炭であり，その半分が発電を主とした一般炭，残りが製鉄用である。世界では，商業的に利用されるエネルギー源の中で石炭の占める割合はもう少し高い。ただし，非商業的に利用されているバイオマスを加えると，その割合は若干下がるだろう。さて石炭利用は増えるのだろうか減るのだろうか。

表8.2に各エネルギー資源の特徴を示す。まず純粋な炭素（C）と水素（H）は資源としては存在しない。石炭は単位発熱量当りのCO_2排出量は天然ガスの約2倍である。石油はその中間であるが，使いやすい高品位石油は輸送用燃料や化学原料としての価値が高く，別枠で考えるべきだろう。

天然ガスには最近話題のシェールガスや，深海に眠るメタンハイドレートの

表8.2 化石燃料間のCO_2排出特性と資源量の比較[5]

		炭素	石炭	石油	天然ガス	水素/ウラン	計
熱量〔kcal/kg〕 （H/C比からの計算値）		7 800	7 000 (9 800)	10 000 (11 200)	13 000 (14 200)	34 000/10^8	
H/C比（原子数比）			0.9	1.8	3.9		
H/C比（質量比）			0.075	0.15	0.325		
CO_2放出〔g-C/kcal〕		0.128	0.103	0.0781	0.0564	0/0	
確認埋蔵量〔Ttoe〕：R			0.329	0.142	0.131	0/0.045	0.65
推定資源量〔Ttoe〕：E （低品位鉱を含む）			3.42 (5.30)	0.311 (0.824)	0.295 (0.295?)		4.03 (6.42)
年生産量〔Gtoe〕：P			2.29	3.15	1.91	0/0.60	7.95=T
枯渇年数	(R/P比)		144	40	69	−/75	81.4
	(E/P比)		2 310	99 (262)	154(?)	−/300?	743(808)
	(E/T比)		667	39 (104)	37(?)	−/23?	{831}

8.2 石炭利用の地球環境への影響

資源量は推定不明であるため含まれていない。しかし，それでも石炭（および重質な石油）の資源量は，確認埋蔵量にせよ推定資源量にせよ他に比べて格段に多い。特に推定資源量をすべてのエネルギーの生産量の合計（T）で割った枯渇年数は，他の資源が20～40年程度であるのに対し，700年近くもある。これはなにを意味するだろうか。

まず，石炭を使わないとすれば，ウランや天然ガスも含めた他の枯渇性資源だけでは，「人類」は数十年しかこの栄華を保てない，ということである。と同時に，石炭を使ったとしても，数百年分しかない，ともいえる。これを超えるには，方法はいくつか，あるいはその組み合わせしかない。

⓪ 効率向上，省エネ，節エネ，ライフスタイル変更。
① 水素も含めた新たな低炭素資源の発見。
② 再生可能エネルギーへの移行を進める。
③ 高速増殖炉の開発。これを用いるとウラン資源利用効率は数十倍となる。
④ 海水ウランの資源化。ウラン資源量は，陸上の数十倍以上と見込まれる。

もちろん短期的には省エネ，節エネは必要でも，ライフスタイルが大きく変わらない限り限度はある。特に今までエネルギーに支えられてきた生活レベルの維持を考えるならば。

発電効率向上にはすでに述べられているように，超臨界火力発電（SC），超々臨界火力発電（USC），ガス化複合発電（IGCC），ガス化燃料電池複合発電（IGFC）の導入により，現在平均で42％程度の送電端効率を，21世紀中頃までに60数％にまでもっていくことが期待される。なお，天然ガスについてはガス化が不要であり，石炭よりは効率が高くなることには注意しておきたい。

本節では①以降については言及しない。が，数十年を数百年に代える可能性がある技術として注目されている技術について最後に言及しておきたい。

石炭利用に伴い発生するCO_2の捕集貯留（carbon capture and storage：

CCS) である。要はエネルギーとして利用した際に発生する CO_2 を分離回収し，大気から隔離して貯留しておくことで，大気中の CO_2 濃度の増大を防ぎ，気候変動への影響をなくすというものである。もちろん天然ガスなどの他の化石燃料にも適用できるし，バイオマスに適用すればむしろ積極的に大気中の CO_2 濃度を減らすことすら可能となる。

エネルギーを取り出した際に発生した CO_2 は気体であるが，これ以外の炭素を含む物質で大気に放出しても差し支えなさそうなものは見当たらず，一方，固体や液体状の有機物に戻すにはせっかく取り出したエネルギーを再び用いる必要がある。無機鉱石の中には CO_2 を吸収できるものもあるが，固く大きいため吸収速度が小さいなど現実的には難しい。

そのため，基本的には回収した CO_2 をそのままの形で水に溶かし，あるいは液体，固体あるいはハイドレートにし，貯留しておくことになる。一時は海洋貯留という選択肢も多く提案されたものの，海洋環境への影響，特に酸性化の問題が指摘され，またドライアイス，ハイドレートは低温保持が困難であり，現在では地中に高圧で液状（あるいは超臨界）で貯留する方法がおもに検討されている。

貯留場所としては漏れ出しがないような地層として，石油ガス田，炭層あるいは帯水層が検討されている。なお，例えば油田であれば，CO_2 を圧入することで石油の回収を増進させる EOR (enhanced oil recovery) といった，経済性向上を伴うものもあるが，単に昇圧輸送圧入するだけであれば，数千円/t-CO_2 のコストが追加発生する。

これと同等あるいはそれ以上のコストが発生するプロセスが CO_2 捕集である。また天然ガス中に含まれる CO_2 は LNG 化や輸送の障害になることからこれを分離し，EOR に用いるとの実用化例はいくつかみられてきたが，気候変動に向けた対策として石炭発電に主眼を置くプロジェクトも最近みられるようになってきた。石炭火力を対象と考えたとき，これには以下の三つの方法の可能性がある。

① **CO_2 の燃焼後分離**　空気燃焼し，燃焼排ガスからアミンなどの塩基

性吸収剤や吸着剤，膜などで分離回収する方法。

② **酸素燃焼** 空気中の酸素だけを深冷分離などにより分離しておき，燃焼に用いれば，燃焼後の排ガスから凝縮水などを除くと基本的には CO_2 のみとなる。しかしながら，酸素のみでの燃焼は燃焼制御が困難となるため，一部排ガスをリサイクルし，酸素を希釈して用いる。

③ **CO_2 の燃焼前分離** 酸素・水蒸気による石炭ガス化発電（IGCC）と組み合わせた技術。ガス化により発生した CO をシフト反応によりすべて CO_2 として分離すると，水素のみが残る。これを空気で燃焼し，ガスタービンで発電。ガス化時に酸素を用いること自身，いくつかの長所があり，分離時の処理ガス量は ① に比べ数分の 1。用いる酸素量も ② に比べ大幅に少ない。当然 IGCC 導入による発電効率向上も期待される。なお，将来的には CO_2 に代えて水素を分離する可能性もある。

① は昔から，飲用に用いる CO_2 を分離するための小規模な設備に用いられてきた方法で，おもにアミンが用いられていたが，大規模に用いるためにあるいは ③ に用いるために，吸収剤開発や他の分離法の研究開発が進められている。

現在 EU ではいくつかの CCS に関する開発プロジェクトが進行しつつあるが，多くは ① の分離法を採用している。アメリカで 200 MWe の規模での実証が計画されている FutureGen では，② の酸素燃焼法が用いられる。そのほかカナダ，中国，オーストラリアなどで進行している。

わが国でも日本 CCS（株）が 2008 年に設立され，これを中心に貯留まで含めた FS が行われている。また，これまで試験運転を重ねてきた酸素吹き IGCC 試験炉である EAGLE 炉を用い，将来視野に IGFC を入れた，170 MWe 級の大崎クールジェン（株）による計画も進められている。

ただし，いずれにせよ CCS による追加コストと数％の発電効率の低下は避けられず，（気候変動の問題がもし大きな影響をもたらさなかったとすれば）CCS が「後悔する対策技術」であることは避けようのない事実である。発電効率の低下は貴重な石炭資源の過剰利用につながり，さらには隔離貯留場所の

安定性確認など，課題は大きい．

引用・参考文献

1) 小島紀徳：シリーズ 21 世紀のエネルギー "21 世紀が危ない――環境問題とエネルギー", p.54, コロナ社 (2001)
2) ドネラ・H. メドウズ (大来佐武郎 監訳): "成長の限界――ローマ・クラブ「人類の危機」レポート", ダイヤモンド社 (1972)
3) 小島紀徳: "二酸化炭素問題ウソとホント　地球環境・温暖化・エネルギー利用を考える", P.25, アグネ承風社 (1994)
4) 環境省ホームページ：http://www.env.go.jp/earth/ipcc/4th/interim-j.pdf
5) 小島紀徳: "エネルギー：風と太陽へのソフトランディング", 日本評論社 (2003)

付録　石炭の分析方法

付録1　基本的な石炭分析・試験

付1.1　分析の前処理

石炭はきわめて不均一な天然有機岩石であるため，全体を代表するような平均試料を採取しなければ信頼性の高い情報は得られない。代表試料の調製方法は日本工業規格（JIS）によって規定されており，ロットによって無作為に採取する試料量が決まり，実際に分析を行う量までには二分器や回転縮分器などを用い，できるだけ均一試料が採取されるように縮分操作が必要である。

このような操作により得られた均一試料約180g全量を250μm以下に粉砕してよく混合し，これを気乾試料（室温空気中放置で平衡に達した試料）とする。さらに飽和食塩溶液を入れた恒湿器中に気乾試料を恒量になるまで放置した試料を恒湿試料という。この恒湿試料が石炭の工業分析，元素分析などに供される。

付1.2　水　分　分　析

〔1〕　**石炭水分の定義**　石炭の水分は粒子表面に付着した表面水分（付着水分）と粒子内部に発達した微細気孔（内部表面）に存在する吸着水分に区分され，その合計が全水分である。吸着水分は石炭化度が高くなるほど少なくなる傾向があり，ランクによってほぼ決まることから固有水分とも呼ばれ，工業分析によって規定されている。一方，表面水分は天候や貯炭状況によって増減するため，商取引に際して買い手と売り手の立場の相違から問題になることが多い。水分の定義，計測条件を明確にしておくことが重要である。

〔2〕　**全水分測定法（JIS M 8820）**　石炭類の場合は供試量600gとし，温度107℃に保持された熱風循環式乾燥機などで乾燥する。3～4h乾燥して恒量になっ

たときの減量の試料に対する百分率が全水分（total moisture：TM）である。

付1.3 工業分析（JIS M 8812）

〔1〕**恒 湿 水 分**　恒湿試料約1gを107±2℃の電気炉中で1時間乾燥したときの減量の試料に対する百分率が恒湿水分（固有水分，inherent moisture：IM）である。

〔2〕**揮 発 分**　恒湿試料約1gを蓋付き白金るつぼに入れ，空気を遮断し900±20℃に保持された電気炉中で7分間急熱したときの減量の試料に対する百分率が揮発分（volatile matter：VM）である。

〔3〕**灰　　　分**　恒湿試料約1gを空気雰囲気下815℃で加熱処理（灰化）したときの燃え残り量の試料に対する百分率が灰分（ash）である。

〔4〕**固 定 炭 素**　石炭の質量（100％）から灰分，揮発分の質量〔％〕を差し引いたものが固定炭素（fixed carbon：FC）〔％〕である。

揮発分や灰分の測定値が固有水分を含む場合は恒湿基準（wet basis），揮発分や灰分の測定値から固有水分を減じた場合は乾燥基準（dry basis），さらに灰分を減じた場合は無水・無灰基準（dry ash free basis：daf）と表記する。

付1.4 元素分析（JIS M 8813）

有機物質である石炭の元素分析は，炭素，水素，窒素はCHNコーダーで同時に測定し，硫黄は燃焼管燃焼法などにより硫黄酸化物に変えて定量する。硫黄には，燃焼時SO_xを生成する燃焼性硫黄と灰分中に残留する不燃性硫黄（硫酸塩としてCaなどに捕捉される）があり，両者の合計が全硫黄（total sulfur：TS）である。

一般に酸素の直接的定量は困難であるため，石炭の元素分析においては全量から炭素量，水素量，窒素量，硫黄量を除いた残分から計算する場合が多い。

付1.5 発熱量（JIS M 8814）

単位重量の燃料が完全燃焼したとき発生する熱量であり，燃焼で生成した水の蒸発潜熱を含めた総発熱量（高発熱量：kJ/kg）と蒸発潜熱を除いた真発熱量（低発熱量：kJ/kg）がある。石炭の場合には恒湿基準であるが，コークスの場合には無水基準で示す。

石炭の発熱量は恒湿試料約1gを断熱式ボンブ熱量計中で燃焼させ，発生熱量を一定量の水に吸収させ，水の温度上昇より計算する。そのとき発生する熱量を総発熱量または高発熱量（gross calorific value）という。これには含有水分，および石炭中

の水素が燃焼して生成する水分の凝縮熱が含まれており，それだけ高い値となっている。実際の燃焼時の発熱量は水分の凝縮熱を差し引いたもので，石炭中の水素から生成する水および本来含まれている水分の凝縮潜熱を引いたものを真発熱量または低発熱量（net calorific value）という。真発熱量または低発熱量は次式から計算される。

$$低発熱量 = 高発熱量 - 2\,512(9h + W)$$

ここで，$2\,512\,\mathrm{kJ/kg}$ は水の蒸発熱相当（飽和蒸気の比エンタルピー＝600×4.187），h は水素（質量％），W は水分（質量％）である。

付1.6 灰組成（蛍光X線法）

石炭試料（$1\,\mathrm{g}$, $149\,\mathrm{\mu m}$ 以下）を $1\,000\,°\mathrm{C}$ で恒量になるまで焼成し，減量（イグロス）を算出する。つぎに焼成後のサンプル（$0.7\,\mathrm{g}$）を白金皿にとり，四ホウ酸リチウム（$4.5\,\mathrm{g}$）とフッ化リチウム（$0.5\,\mathrm{g}$）を添加して $1\,000\,°\mathrm{C}$ で10分間加熱処理するとガラス状タブレット（$0.7\,\mathrm{mm}\phi \times 5\,\mathrm{mm}$）が得られる。ガラス状タブレットにX線（一次X線）を照射し，励起されて発生する二次X線（蛍光X線）を検出して元素の定性・定量を行う。通常は，あらかじめ用意された検量線からアルミナ Al_2O_3，二酸化ケイ素 SiO_2，酸化カルシウム CaO，酸化マグネシウム MgO などとして定量される。

これは空気中での高温灰化サンプルであるため，実際に石炭中に含有されている鉱物の形態とは相違する。低温灰化物（$200\,°\mathrm{C}$ 前後で酸素プラズマを用いて有機物を除いた残存物）に対しX線分析を行うことによって，実際に含有されている鉱物の形態を知ることができる。実際に存在する無機成分としては粘土鉱物が多い。パイライト（黄鉄鉱）を多量に含有している石炭もある。

付1.7 灰の融点（JIS M 8801）

石炭灰の作成は JIS M 8812（石炭の工業分析，灰分定量方法）に準じる。$250\,\mathrm{\mu m}$ 以下に粉砕した石炭を磁製皿に入れ，電気炉に挿入して通風を十分行いつつ約60分で $500\,°\mathrm{C}$，その後 $30 \sim 60$ 分で $800\,°\mathrm{C}$ まで昇温させ，その後60分間 $800 \pm 10\,°\mathrm{C}$ に保持して完全に灰化させる。

石炭灰は，水またはデキストリン10％溶液と練り合わせ，三角錐の型に入れて成形（高さ $8\,\mathrm{mm}$，底辺 $2.7\,\mathrm{mm}$，$2.7\,\mathrm{mm}$，$3\,\mathrm{mm}$）し，三角錐は $900\,°\mathrm{C}$ 以下に保った電気炉に徐々に挿入する。三角錐の頂点部が溶けて丸くなり始める温度が軟化点，三角錐が半球状となり底部の幅の 1/2 になったときの温度が融点，さらに融点のとき

の高さの1/3の高さになったときの温度が溶流点とする。目的により,還元性雰囲気または酸化雰囲気にて測定される。

灰の融点により,どのような燃焼炉,ガス化炉を選定するか,またはどのような燃焼条件,ガス化条件を選ぶかを決定することができるため,重要な物性値の一つといえる。

付1.8 ハードグローブ粉砕性試験 (JIS M 8801)

JIS M 8811 によって採取した気乾試料を 4.75 mm 以下に予備粉砕し,1.18〜600 μm になるように粉砕,ふるい分けしたものを供試料とする。試料 50 g を試験機に入れ,8個のボールを加え 60 回転後,74 μm ふるいで分け,篩下(ふるいした)の重量 W から次式により指数を算出する。

　　　ハードグローブ指数 $= 13 + 6.93W$

ハードグローブ指数 (Hardgrove grindability index:HGI) は粉砕性を表す指数であり,これが大きいほど粉砕性が良いことを示す。一般の瀝青炭は 50〜60 である。

付1.9 石炭の粘結性試験

コークス用炭(原料炭)の試験は,コークス化過程の粘結性を評価する試験と最終的に焼き上がったコークス塊を評価する試験とがある。焼き上がったコークス塊を対象にしたコークス強度(ドラム強度:DI)や CO_2 との反応性(CRI)・反応後強度(CSR)はコークス工場における特殊な装置の使用が前提となるため,ここでは比較的簡単な装置で評価が可能な石炭の粘結性試験を紹介する。

〔1〕 **るつぼ膨張性試験 (JIS M 8801)**　　JIS M 8811 によって採取した気乾試料を粉砕・縮分して 250 μm 以下とし,供試料 1 g を所定形状の石英るつぼに入れて 820±5℃ で急速加熱する。石炭が軟化溶融した後に再固化したコークスケーキの形状を標準輪郭(**付図 1**)と比較し,それぞれ 1, $1\frac{1}{2}$, 2, $2\frac{1}{2}$, …, 9 などの指数(ボタン指数)で示すものである。ボタン指数は加熱による自由膨張の大きさを表現するものであり,直接にコークスの強度を示すものではない。ボタン指数が高いほど粘結性が高い石炭である。

〔2〕 **膨張性試験(ジラトメータ法:JIS M 8801)**　　JIS M 8811 によって採取し気乾による減量が1時間に 0.1% 以下になるまで乾燥した後,粉砕・縮分し 850 μm 以下としたものから約 50 g を採取する。これを 150 μm 以下に粉砕したもの 10 g を供試試料とする。試料調製後は,できるだけ速やかに試験に供する。

付図 2 に膨張性試験装置の概略を示す。微粉砕した試料は,規定の棒状に加圧成

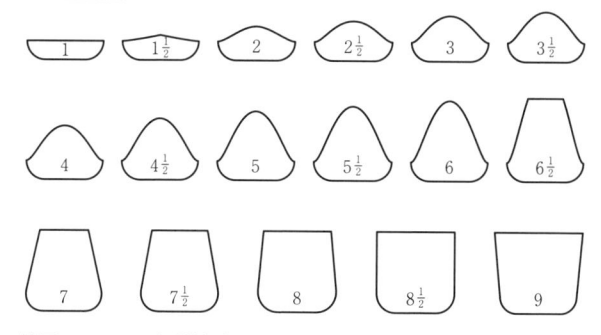

付図1 るつぼ膨張性試験 ボタン指数の標準輪郭 (JIS M 8801)

形して所定の円筒細管に挿入し,その上にピストンを設置する。円筒細管部を規定の昇温速度 ($3℃\ min^{-1}$) で加熱して,ピストンの上下の変位を測定し,棒状に成形した試料の,最初の長さに対する百分率をもって試料の軟化溶融特性を表す。

棒状に加圧成形されたサンプルが加熱され石炭の溶融が始まると,石炭粒子間や円筒細管との間隙を溶融物が充填するため,最初はピストンが下方に変位する。下方変位の始まりが軟化開始温度,さらに温度が上昇すると揮発分の発生により発泡するため変位は上方に転ずる。最も大きい下方変位が最大収縮率(maximum contraction:C),そのときの温度が最大収縮温度,最も大きい上方変位が最大膨張率(maximum dilatation:D),そのときの温度が最大膨張温度,下方変位と上方変位の合計が全膨張率(C+D)と定義されている。

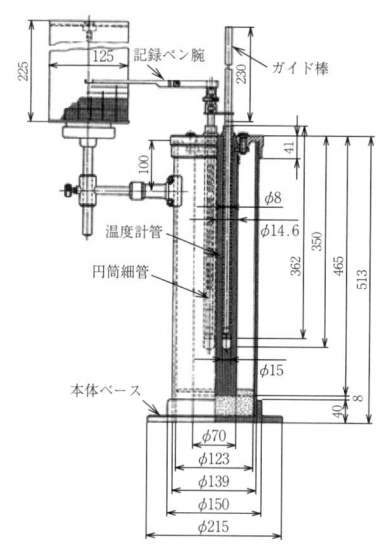

付図2 ジラトメータ装置の概略図 (JIS M 8801)

〔3〕 **流動性試験(ギーセラープラストメータ法:JIS M 8801)** JIS M 8811 によって採取し気乾による減量が1時間に0.1%以下になるまで乾燥した後,粉砕・縮分して 850 μm 以下としたものから約 50 g を採取する。これを全量 425 μm 以下に粉砕し,5 g を供試試料とする。試料調製後は,できる限り速やかに試験に供する。

付図3に流動性試験装置の概略を示す。調製した試料は所定の試験るつぼに入れ,

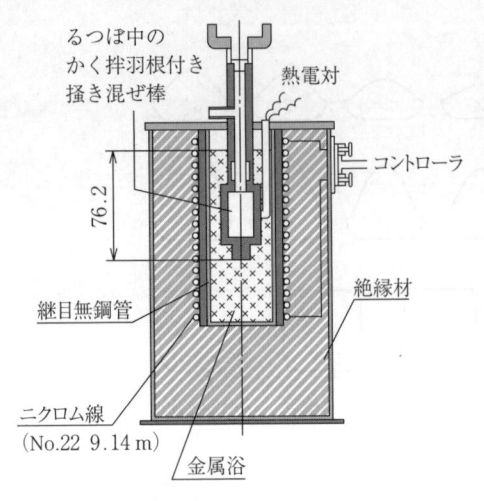

付図3 ギーセラープラストメータ装置図（JIS M 8801）

その中にトルクをかけるための特殊なかく拌棒を埋め込む。試験るつぼは，金属浴（鉛50%，スズ50%の合金）中で規定の昇温度温（3℃ min^{-1}）で加熱されるため，300～500℃で3℃ min^{-1}の昇温能力を有する電気炉が必要である。

加熱中に規定のトルクをかけたかく拌棒の1分ごとの目盛り分割（dial division per minute：ddpm）で回転速度を計測する。かく拌棒が回転を始めて1 ddpm（1分間当り0.01回転を1 ddpmと表記）に達したときを軟化開始温度といい，最高に達したときの流動度を最高流動度，そのときの温度を最高流動度温度，再び動かなくなる温度を固化温度，軟化開始温度から固化温度までを流動範囲と称する。最高流動度は対数表示（log（MF/ddpm））が一般的であり，固化温度とともにコークス化性の指標として特に重用される。

ギーセラープラストメータ法による流動性試験は石炭の軟化溶融特性を知り得るものとしてコークス用炭（粘結炭類）に広く適用されているが，非溶融性の石炭に対しては適用できない。

〔4〕 **ロガ試験（JIS M 8801）** 標準無煙炭は灰分が無水基準で4.0質量%以下，揮発分が無水無灰基準で5.0～6.5質量%のもので，使用前に300 μmと400 μmの角ふるいを用いてふるい分け，400 μmを通過し300 μmのふるいの上に残る部分を試料とする。石炭試料は気乾後，粉砕し200 μm以下としたものを縮分して約10 g を準備する。

試料（1 g）に標準無煙炭（5 g）を加えてるつぼに入れ，所定の圧力でプレスし，一定条件のもと（850±10℃）で15 min乾留する。得られたるつぼコークスを**付図4**に示すロガ試験機の両方の回転ドラムに挿入し，50 rpm-5分間回転衝撃を加

付図4 ロガ試験機（JIS M 8801）

え，その機械的強度を1mmの網目篩（ふるいうえ）上重量から算定し，次式のロガ指数（RI）として表す．

$$\mathrm{RI} = \left(\frac{100}{3m_1}\right) \times \left(\frac{m_2 + m_5}{2} + m_3 + m_4\right)$$

m_1：乾留後のるつぼコークスの全質量（g）
m_2：最初の破壊処理前に試験篩の上に残ったコークスの質量（g）
m_3：最初の破壊処理後に試験篩の上に残ったコークスの質量（g）
m_4：2回目の破壊処理前に試験篩の上に残ったコークスの質量（g）
m_5：2回目の破壊処理後に試験篩の上に残ったコークスの質量（g）

この方法は，供試炭と標準無煙炭の混合物を所定条件下で乾留した場合に，供試炭の無煙炭（非溶融）に対する接着能力を評価する指数である．微粘結炭に対する感度に優れるが，粘結性に富む炭種に対しての適用には問題がある．

付録2　顕微鏡観察

付2.1　石炭組織分析

〔1〕**研磨試料の調製**　ここでは，粒状試料の顕微鏡用研磨片の作成について述べる．

適正にサンプリングされた粗粒状試料を，なるべく過粉砕を避けて，最大粒子径を1mm程度に粉砕し，縮分して採取する．微粉試料ではマセラル分析を行うことができないので，微粉砕する前に粗粒状試料を分取しておく必要がある．

得られた粒状試料は合成樹脂と混合して固化し，成型試料に調製する．液体の合成樹脂の場合には，適量の触媒や活性剤を用いる．所定の大きさの角形や円筒形に成型する．スクリュープレスなどを用いて加圧した場合，合成樹脂に対する石炭粒子の比率を高めることができる．粉末の合成樹脂を用いて成型する場合には，100～120℃程度の低温加熱で加圧することによって，シリンダ内部で所定の大きさに成型する．

成型した試料片は，研削に際してまず，粗い研削板上で試料の角を削り取る．研削は，検鏡用の面までの粗研削から平滑面が得られるまで＃800から＃4000の研磨粉や研磨紙を用いて3段階ほどで行う．段階ごとに，粗い研磨粉がつぎの段階に混入しないように，試料表面を注意深く水で洗い流す．ここでは超音波洗浄も有効である．仕上げの研磨は，アルミナと研磨布を使って研磨する．最終研磨の後，研磨布上で水を流しながら，研磨表面の汚れを取り除く．最後に，ろ紙などを使って表

面に残る水滴を吸着する。

通常の石炭の研磨は，大概，このように行うことができる。しかし，無煙炭や，あるいはチャーやコークスのように非常に硬い試料の場合には，なんらかの対策が必要となる。これら硬い試料の研磨では，平滑化の段階が重要である。そのため，平滑化の段階を2段階で行うとか，あるいはその段階を通常よりも長時間かけるなどの対策が必要である。逆に，褐炭のように，柔らかく水で膨潤して，研削中に試料の一部が落剥するような場合も困難を伴う。この場合には，液体の合成樹脂を用いる成型の段階で，樹脂の粘性を低くして樹脂と褐炭がよく馴染むように混合する。また，粉末樹脂を用いる成型の場合には，検鏡面の粗研削の段階で，表面に粘性の低い液体樹脂を塗布し，含浸させて強化する。この場合には，減圧条件で含浸させることも有効である。

〔2〕 **マセラル分析（JIS M 8816）** 石炭組織の基本的な最小単位はマセラル（微細組織成分）と呼称されている。JISではマセラルを12種類とし，類似した個々のマセラルをまとめて，ビトリニット，エクジニット，イナーチニットの三つのマセラルグループ（微細組織成分群）に分類されている（第2章2.4節の表2.9参照）[1]。

石炭のマセラル分析には，双眼の反射顕微鏡が適している。25〜50倍の油浸対物レンズと，8〜10倍の接眼レンズを装着してマセラル分析を行う。一方の接眼レンズにはマイクロメータとセンタークロスを備えたアイピースを取り付ける。計数するごとに移動する自動ポイントカウンタの移動スライドを顕微鏡ステージに取り付け，移動スライドに研磨片を固定する。

測定のポイント間隔とライン間隔は，通常0.5 mm程度に設定する。0.5 mm間隔で研磨面が20×20 mmであれば，計測点数は1 500〜1 600点となり，たとえ全面積に占める石炭分が50％程度であったとしても，分析に必要とされる500点は確保できる。

マセラル分析では，移動する視野ごとにセンタークロスに当たったマセラルをカウントするのがルールである。しかしながら，測定者に疑問が生じる場合がある。例えば，センタークロスがちょうど種類の異なるマセラルの境界部に当たった場合や，レリーフの陰の部分に当たった場合，あるいは，きわめて微細な粒子に当たった場合などである。これらのような場合には，その測点は計測せずにスキップして，つぎの計測に移る。また，セミフジニットやフジニット，あるいはスクレロチニットの場合は，あくまで研磨表面に現れた木部や菌類の細胞壁の部分にセンタークロスが当たったときにカウントする。細胞孔や菌類同士の隙間の空隙に当たった場合には無視してスキップする。ビトリニットグループに属するテリニットの場合も，

細胞壁と細胞孔を埋めるマセラルが異なる。テリニットは細胞壁の部分であり，しばしば細胞孔をコリニットが埋めることもある。この場合にも，センタークロスが当たった部分をカウントする。

　自動ポイントカウンタを用いる場合，各種のマセラルボタンあるいはスキップボタンを押すと，同時に研磨面が自動的に移動する。計測ラインの端まで移動し終えたならば，スライドをもとの位置まで戻して，計測ラインを 0.5 mm 移動させて，つぎのラインの計測に移る。分析が終了した後，各種マセラルのカウンタの指示値を読み取る。各マセラル，マセラルグループあるいは鉱物などのポイント数を全ポイント数に対する比率で表示する。このようにして得られる値は体積割合である。マセラル分析も他の分析と同じように，少なくとも 1% 程度の誤差を伴う。したがって，結果は整数値で表示する。

〔3〕　**反射率測定（JIS M 8816）**　　反射率は，油浸条件下で偏光を用い，顕微鏡ステージを 360° 回転して計測する。そのときの最大反射率を記録する。油浸液は，通常 1.515 と高い屈折率をもつオイルが使用される。

　反射率測定には，回転ステージを備えた双眼式反射顕微鏡を用いる。測定は単色光で行うので，測定ビームに波長 546 nm のフィルタを挿入する。また，光路を鏡頭部へ分割するためのプリズムを備えた鏡筒，ならびに測定径を 10 μm 以下にするための絞りが必要となる。顕微鏡の上部にフォトマルチプライアを取り付ける。反射光をフォトマルチプライアに導き，増幅された電流を測定する。屈折率がわかっている標準物質を用いて測定した増幅電流と比較することによって反射率を算出する。

　ランクの高い石炭は顕著な光学的異方性を示す。ポーラライザーを用いて，測定のたびにステージを 360° 回転して最大反射率を記録する。しかし，石炭のランクが低く，異方性が微弱な場合には，最大反射率の代わりに，顕微鏡ステージを回転しないで得られる平均反射率を測定する。この場合は，ポラライザの代わりに熱吸収フィルタを挿入する。

　測定点が研磨面全域に分布するように，メカニカルステージの X 軸間隔と Y 軸間隔を等間隔（約 1 mm）に移動して，100 点で測定を行う。メカニカルステージを移動して，測点絞りがビトリニット上にきたときに，レリーフやスクラッチ，微細な亀裂，微小鉱物などの不均質部分を避けるように位置を微調整して，反射率を測定する。反射率測定時の安定性をチェックするために，測定の最初と最後と中間に，標準片の測定を行い，反射率を算出する。標準片は，反射率が石炭の反射率範囲を網羅する複数の標準片を用いることが望ましい。

付2.2 コークス組織

コークスの研磨試料を反射偏光顕微鏡下に観察すると,等方性コークスや異方性コークスが識別される(**付図5**)。異方性コークスでは,異方性エリアの広がりによって,粗粒,中粒,微粒モザイクに区分される。また,異方性の形状によって,モザイク,流れ構造,針状の組織が観察される。また,コークスの異方性の強さは,偏光下でジプサム検板を挿入することによって判別できる(**付図6**)。顕微鏡のステージを360°回転すると,異方性の強いコークスは色が紫紅色から緑色へと変化する。一方,異方性の弱いコークスは,ステージの回転とともに,黄色から赤色へと変化する。このようなコークスのさまざまな組織形状は,石炭の乾留時における流動性と密接に関係している。コークスの組織形状は,顕微鏡観察によって定性的に判別することができるが,ポイントカウント分析によって,定量的なデータを得ることもできる。

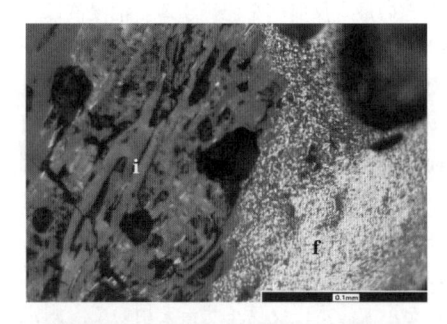

付図5 コークスの組織
油浸,偏光ニコル使用,イナーチニットに由来する等方性組織(**i**)とビトリニットに由来する異方性微粒モザイク組織(**f**)

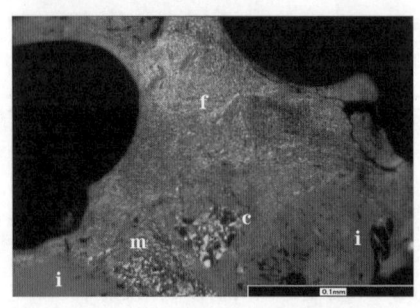

付図6 コークスのモザイク組織
油浸,偏光ニコル,ジプサム検板使用,等方性組織(**i**)と,異方性が強い微粒(**f**),中粒(m),粗粒(**c**)のモザイク組織

付2.3 蛍光顕微鏡による観察

反射型蛍光顕微鏡による観察では,励起光を最大限に反射し,かつ随意に挿入できる4枚の干渉型二色性ミラーを用いる。それぞれ異なる蛍光色用に用いるこれら4枚のミラーのうち,石炭の蛍光観察では,長波長の紫外線に対しては400 nm以下を

反射するタイプが，青色光に対しては495nm以下を反射するタイプが適している。励起光のうち，長波長部分のみが二色性ミラーを通して接眼レンズのほうへ到達する。残りの励起光を吸収するために，二色性ミラーの後方に適当なフィルタを挿入する。紫外線の長波長光は，人の目に傷害を与えるのでフィルタで吸収する。

蛍光顕微鏡では強力な光源が必要となる。定量的な光測定を行う場合には，電圧の安定した，直流型の高圧水銀ランプを取り付ける。白熱光源と蛍光光源とを選択できるミラーシステムを用いる。また，励起フィルタや研磨面にある試料を保護するために，熱吸収フィルタを挿入する。偏光顕微鏡に蛍光観察用の光源やフィルタを取り付ける場合には，偏光板は取り外す。絞りはすべてオープンにする。蛍光観察には乾式レンズと油浸レンズいずれも使用できるが，蛍光像と反射像とを比較する場合には油浸対物レンズを使うほうがよい。

石炭に青色光を当て，照射を持続すると，蛍光強度が上がるという現象がみられる。したがって，観察や写真を撮るときには，しばらく時間を置いてから行う。

付録3 特 殊 試 験

付3.1 燃 焼 性 試 験

石炭の燃焼技術は大型石炭火力発電，一般産業での自家発電，プロセス蒸気製造，セメントキルンや仮焼の熱源，鉄鋼での高炉羽口吹き込みなどとして，工業的に種々のプロセスで利用されている。石炭燃焼に関する種々の基礎データは，① バーナや火炉の設計，② 最適燃料の選定や混炭設計，③ 運転条件の決定などに不可欠である。

ここでは，有用な燃焼基礎データを得るための試験装置や方法について概略を述べる。

〔1〕**燃焼性試験に用いられる装置の概要**　付表1に，燃焼試験によく用いられる装置の名称，試験目的，試験諸元，スケールなどを実機と比較しまとめた。

石炭の投入量が単一粒子から数百 $kg\ h^{-1}$ のベンチスケールに至るまで，種々のスケールの試験装置から得られるデータはさまざまである。しかし，基本的には，① 急速揮発分量，組成および揮発化速度，② 着火温度，粒子温度，ガス温度，③ 燃焼効率と燃焼速度，④ 燃焼排ガス組成，⑤ 灰の付着挙動などのデータを得ることを目

付表1 燃焼試験装置の試験目的と条件

装置	実機 PCB	実機 CFBC	レーザヒータ LH	ワイヤヒータ HWG	熱分解マススペクトル py-MS	熱重量分析 TG/DTG/DTA	管状炉 DTF	乱流炉/小型燃焼炉 TFF/CCTF	小型 CFBC CFBC
粒子履歴	動的	動的	静的	静的	静的	静的	動的	動的	動的
熱供給	自燃火炎	自燃火炎	レーザ	電気加熱	Curie point	電気加熱	電気加熱	自燃火炎	自燃火炎
石炭使用量	10～300 t/h	10～150 t/h	1粒	2～15 mg	25 μg～5 mg	10～20 mg	5～10 g/h	3～300 kg/h	3～100 kg/h
最高温度 [℃]	1 400～1 700	800～1 000	>1 500	1 200 (2 000)	1 100	1 000	1 500	1 400	1 000
昇温速度 [℃ s^{-1}]	10^3～10^6	10^3～10^4	～10^6	1～10^4	10^2～10^4	1.5～5×10^2	10^4～10^5	10^4～10^5	～10^3
石炭粒径 [mm]	<0.1	1～10	～0.2	<0.1	<0.1	～0.6	<0.1	<0.1	1～10
実験時間	—	—	瞬時	1 h以下	1 h以下	2 h以下	1日以下	3日以下	1日程度
市販品	—	—	非市販品	市販品	市販品	市販品	非市販品	非市販品	非市販品
目的	—	1粒子挙動 チャー形成状 (反応速度)	急速揮発分 熱分解ガス性状 熱分解速度	急速揮発分 熱分解速度	バーニングプロファイル (着火温度, 燃切り温度, 揮発化速度, 反応速度)	燃焼速度 急速揮発分 熱分解基礎物性	燃焼効率 NO$_x$, SO$_x$特性 排ガス特性 灰付着性 温度分布 低NO$_x$燃焼	燃焼効率 NO$_x$, SO$_x$特性 排ガス特性 炉内脱硫特性 N$_2$O挙動	

的としている

　レーザヒータ（laser heater）は単一の粒子にレーザを照射し，急速昇温場での揮発化やチャー生成過程の様子が把握できるが，定量的なアプローチが難しい[2]。

　熱分析装置（熱重量分析　TG：thermogravimetry，DTG：derivative thermogravimetry，示差熱分析　DTA：differential thermal analysis）は市販品で燃焼性を簡便に評価できるが，実機燃焼場とは異なるため，熱分析から得られたデータや速度パラメータはあくまで熱分析固有の結果であり，実用データとするには工夫が必要である[3),4)]。

　熱分解・揮発化過程を評価するワイヤメッシュ反応器（wire-mesh reactor）や熱分解-質量分析（pyrolysis-mass spectrometry）は，実機に近い昇温速度で試験可能なため，これらによって得られたデータは実燃焼場での揮発化速度や揮発分組成の解析に適用できる。ただし，実燃焼場に適用するには，粒子温度基準で速度データを解析する必要がある[3),4)]。

　管状炉（drop-tube furnace）は実燃焼場に近い条件を模擬でき，一般に温度制御された層流火炎で相互作用がない希薄燃焼を行わせるため，揮発化速度やチャー燃焼速度などの石炭固有の燃焼基礎パラメータを得るには最も適している[5]。燃焼量が少ないので，環境汚染物質（NO_x，SO_xなど）や灰付着性についてのデータを得るには難点がある。しかし，最近では管状炉を用いて，炉内混焼によるNO_x低減などの報告もある[6]。

　乱流炉（turbulent-flow furnace），ベンチスケール小型燃焼炉（coal combustion test furnace）では外部熱供給なしで石炭自身の燃焼火炎，温度場，流れ場を形成し，燃焼反応が進行するため，管状炉のような速度論的な解析は簡単ではないが，未燃率や環境汚染物資や灰の挙動などの実用的なデータを得るには適している。

　また，流動層燃焼については，小型CFBC装置などが用いられ，未燃率，環境汚染物質（NO_x，SO_xなど）の挙動や炉内脱硫などの実用性能の評価が可能である[7]。

　このような装置のうち，熱分解（HWG，Py-MS）機器や熱重量分析（TG／DTG／DTA）機器は市販品として標準タイプを購入でき，マニュアルも整備されているが，その他は各研究機関のニーズに合わせたスケール・方式・データ採取法となっており，試験として標準化されておらず装置そのものも研究要素が大きいが，これらも広義の意味で燃焼性試験装置として以下に紹介する。

　〔2〕　レーザヒータ（**laser heater**）　　ニードルの先に単一粒子（100～250 μm）を接着し，CO_2レーザを照射する。燃焼は瞬時に完了するが，高速度カメラで撮影することにより，単一粒子の着火からチャーの燃え切りの様子までを視覚的に捉えることができる。この装置は，①レーザ照射装置，②レーザ集光・分光レンズ

群，③試料ステージ，④三次元高速度デジタルカメラ，⑤記録・解析用コンピュータからなり，加圧系での試験も可能である（**付図7**）。

マセラル濃縮した粒子を用いれば，**付図8**に示すようなマセラルごとにチャー形態の比較が可能となる[8]。

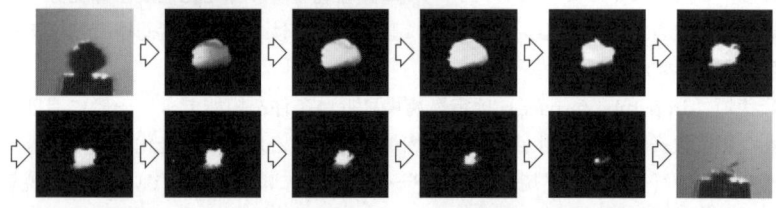

付図7 lasar heater 装置と単一粒子の燃焼挙動（高速度カメラ）

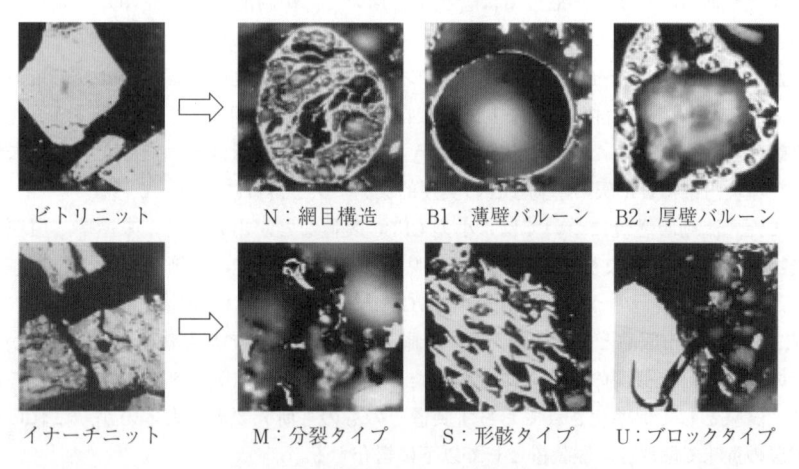

付図8 微粉炭燃焼チャーの形態分類

付図7には空気中での石炭粒子の燃焼挙動の撮影例が示されているが，粒子にレーザが照射されると，粒子内伝熱により粒子の温度が上昇し，粒子全体が加熱され，その後，空気と粒子の反応により粒子がしだいに収縮し，最後には石炭灰のみが残

留する様子がとらえられている．撮像した数百粒の石炭粒子の見掛体積の変化から，定量的な燃焼速度を見積もる手法も検討されている[2]．

〔3〕 **ワイヤヒータ（heated wire grid：HWG）**　石炭粒子（数〜数十 mg）を2枚のステンレスワイヤメッシュで挟み，電極間にセットしてワイヤメッシュを直接加熱することにより急速熱分解を行う．熱分解で生成する揮発分は瞬時に冷却されるため，気相二次反応の影響を最小にすることができる．電力供給量を調整して，1〜10^4℃ s^{-1} の広範囲な昇温速度が実現できる．熱分解ガスはガスバックに全量捕集するか，反応器下流で液体窒素トラップ後に再加熱して，ガスクロマトグラフに導入し分析する[3],[10]．**付図9**にHWGの装置図を示す．

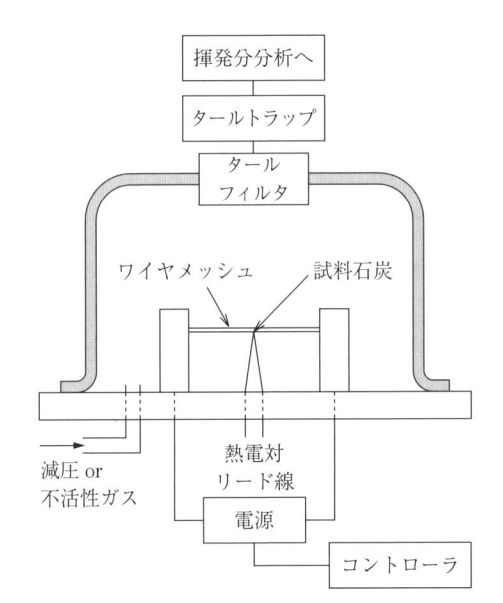

付図9　ワイヤヒータ概念図
（Gibbins 他，1988）

〔4〕 **熱分解-GC/MS（pyrolysis-mass spectrometry Curie point：Py-MS）**
キュリー温度（100〜1 000℃以上）が異なる種々のパイロホイルで石炭粒子（1〜3 mg程度）を包み込み，誘導加熱して強磁性特有のキュリーポイントまで急速加熱することができる．昇温速度は3 000℃ s^{-1} 程度である．パイロホイルのみが加熱され，揮発分が瞬時に冷却されるため，二次気相反応が抑制される．特長としては，パイロホイルを加熱熱源としていることから，どのような環境下でも必ず同一温度条件で熱分解が行え，同一装置においてもまた装置が替わっても再現性が優れている．また熱分解温度の変更が容易で，パイロホイルを二重包みにすることによって，試料の二段階（多段階）加熱が可能である．しかし，熱分解温度の選択が21種類に限

定されており，それ以外の温度を選ぶことができない．反応管内に凝縮したタール以外の揮発分はガスクロマトグラフに導入し，組成分析を行う[3),9)]．**付図10**にPy-MSの装置図を示す．

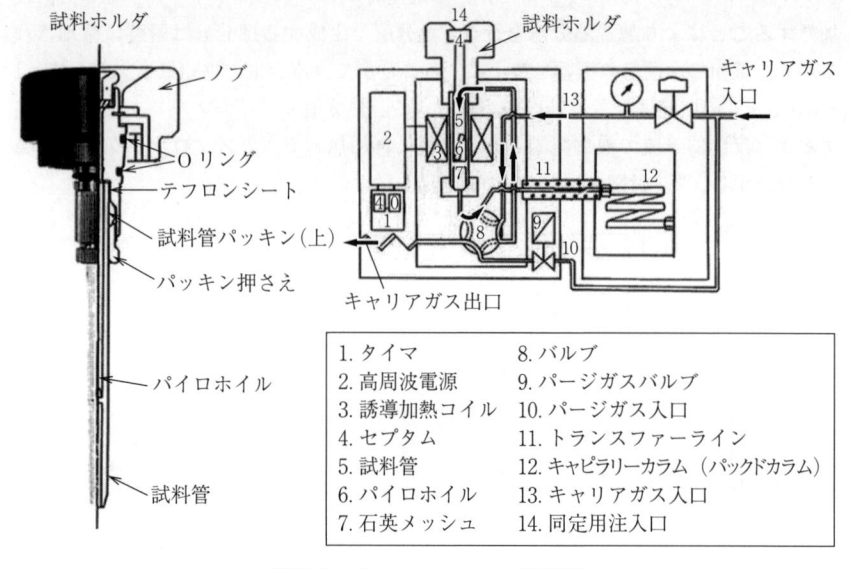

付図10 Curie point Py-MS 装置図

凡例：
1. タイマ　　　　　　8. バルブ
2. 高周波電源　　　　9. パージガスバルブ
3. 誘導加熱コイル　　10. パージガス入口
4. セプタム　　　　　11. トランスファーライン
5. 試料管　　　　　　12. キャピラリーカラム（パックドカラム）
6. パイロホイル　　　13. キャリアガス入口
7. 石英メッシュ　　　14. 固定用注入口

〔5〕 **熱分析（TG，DTG，DTA）**　　石炭の熱分析では60メッシュアンダー100％の石炭10〜200 mgを用い，着火〜燃え切りの重量減少のプロファイルを得る．

熱分析にはTG，DTG，DTAおよび，これらを組み合わせた複合分析がある．**付図11**に示すように，TGは熱重量変化から簡便かつ迅速な工業分析手法としても有効である[11)]．また，DTGの温度と重量減少速度，燃焼プロファイルからは，亜瀝青炭から無煙炭に至る炭種の着火温度，燃え切り温度の明瞭な差が得られている（**付図12**）[12)]．また，**付図13**[13)]にはTGとDTAの測定例を示す．このように熱分析法は比較的簡便に石炭の熱反応挙動を得ることができる．低温かつ昇温速度が小さく化学反応速度が律速となるような条件で反応性を議論するには合理的と考えられるが，高温度かつ急速昇温で反応速度が大きい高温燃焼や高温ガス化に対してはバーニングプロファイルから得られるデータをそのまま適用することは難しい．

実燃焼の温度場に近い管状炉などのプロファイルデータとの関連性がとれるような手法の開発が必要であろう．

〔6〕 **管状炉（DTF）**　　管状炉（drop tube furnace：DTF）は小型の電気加熱式

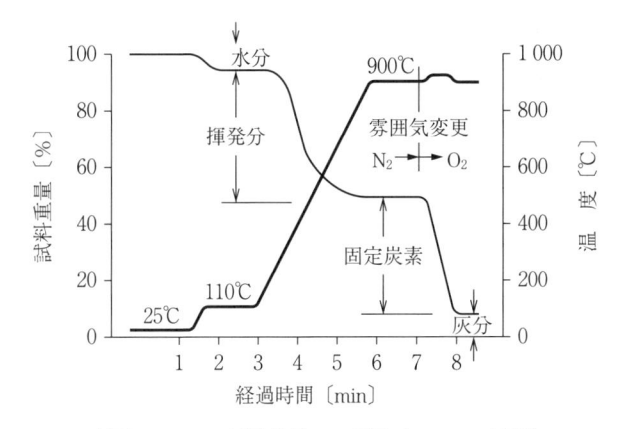

付図 11 TG の工業分析への応用 (Ottaway, 1982)

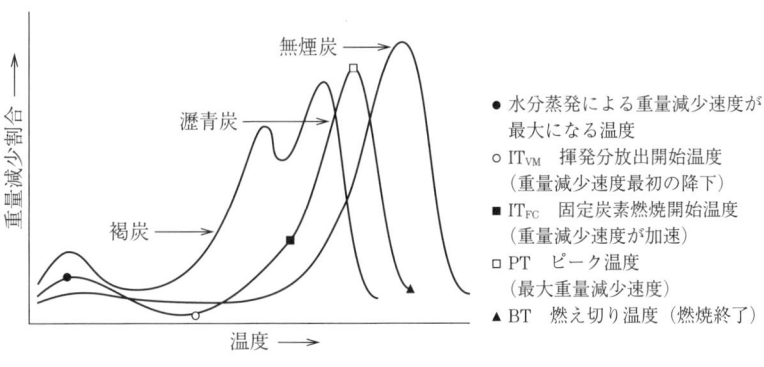

付図 12 DTG による燃焼プロファイル例
(Sanyal and Cumming, 1985)

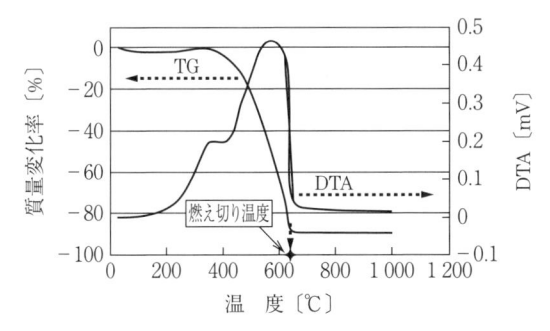

- ● 水分蒸発による重量減少速度が最大になる温度
- ○ IT_{VM} 揮発分放出開始温度（重量減少速度最初の降下）
- ■ IT_{FC} 固定炭素燃焼開始温度（重量減少速度が加速）
- □ PT ピーク温度（最大重量減少速度）
- ▲ BT 燃え切り温度（燃焼終了）

付図 13 瀝青炭の TG, DTA（示差熱重量分析）測定例
（毛利, 2005）

竪型炉で，少量試料（5 g h^{-1}程度，連続式）を用いて急速揮発分量の測定や，燃焼場における酸素濃度・温度・粒径の影響の検討や，チャーの反応速度定数，活性化エネルギーの解析を行い，燃焼シミュレーションのための石炭基礎物性を得ることができる。通常シリコニットなどの外熱ヒータ方式が使用され，最高1 500℃程度までの温度調節が可能である。炉体の高さはおおむね1 300～2 000 mmとコンパクトに設計されている。微粉炭の少量定量供給には装置上工夫が必要であり，振動パーツフィーダなどにより5 g h^{-1}の少量石炭の供給安定性が確保されている[5]。一般には層流場にて火炎は形成させず，燃焼量が小さいので，揮発化からチャー燃焼に至るまではほぼ一定の酸素比条件が保たれる。温度，酸素比，滞留時間，粒径などを変化させ，試験炭固有の燃焼パラメータ（活性化エネルギーや頻度因子）を算定する。算定された燃焼パラメータは燃焼シミュレーションのインプットデータとして利用されている。

付図14に管状炉装置と未燃炭素率データを示す。**付図15**はDTFで求めた急速揮発分量をJIS法と比較したが，急速加熱揮発分はJIS法揮発分の1.3倍程度にも達している。

また**付図16**は瀝青炭の燃焼速度のアレニウスプロットの例である。最近，釜山大学ではDTFを用いて，2炭種の石炭をバーナ同軸上（センタとその周リング部）で

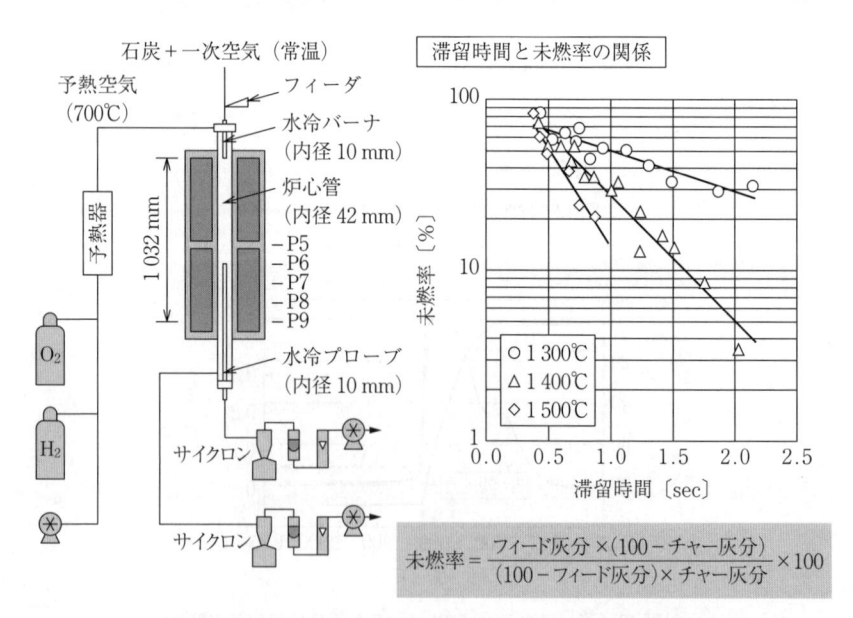

$$未燃率 = \frac{フィード灰分 \times (100 - チャー灰分)}{(100 - フィード灰分) \times チャー灰分} \times 100$$

付図14 管状炉（DTF）装置と豪州炭の滞留時間と未燃炭素率

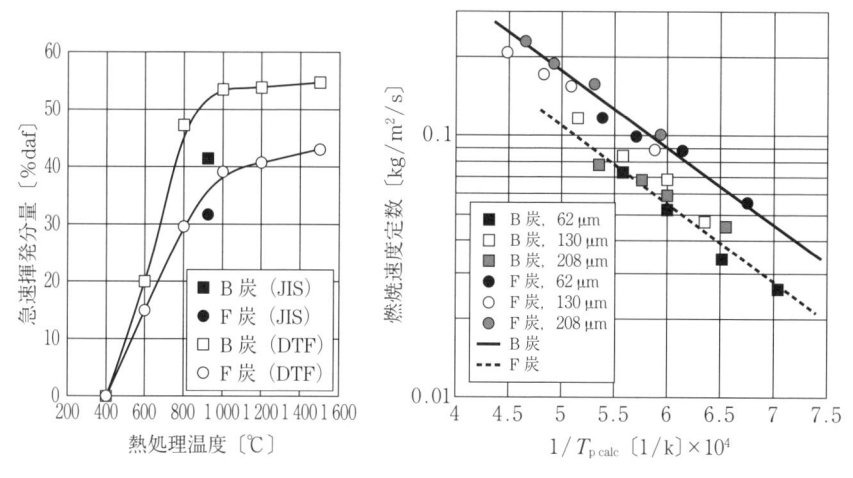

付図15 管状炉による急速揮発分量とJIS法揮発分

付図16 瀝青炭の燃焼速度のアレニウスプロット（粒子温度基準）

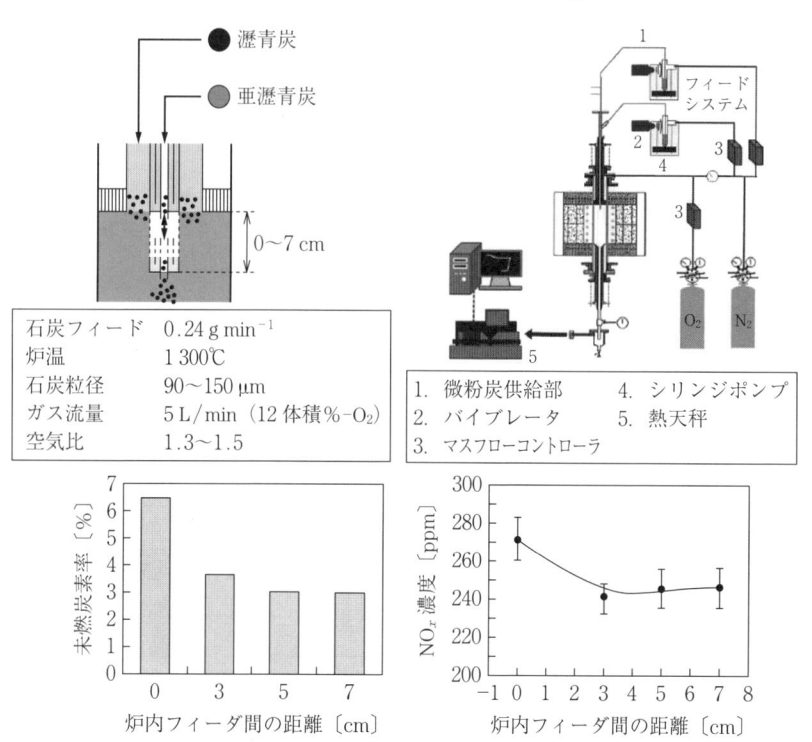

石炭フィード　$0.24\ \text{g min}^{-1}$
炉温　　　　　$1\,300\,℃$
石炭粒径　　　$90 \sim 150\ \mu\text{m}$
ガス流量　　　$5\ \text{L/min}$（12体積%-O_2）
空気比　　　　$1.3 \sim 1.5$

1. 微粉炭供給部　　4. シリンジポンプ
2. バイブレータ　　5. 熱天秤
3. マスフローコントローラ

付図17 管状炉での炉内混炭による未燃分，NO_x排出挙動（釜山大学）

炉内混炭させ，センタ吹き出し位置を上下させた場合の未燃分や NO_x の挙動の研究も行われており，石炭少量供給にもかかわらず DTF 試験でも実用性基礎評価の可能なことを示唆している（付図 17）[6]。

〔7〕 **乱流炉（TFF）**　管状炉では速度論的な燃焼基礎物性が得られたが，乱流炉は石炭の実用燃焼性能を把握するのに適しており，NO_x・SO_x 濃度，灰中未燃分割合，灰付着挙動を検討できる。

例えば，新規炭の燃焼性や最適混炭割合などを検討する場合，実機規模の燃焼トライアルの前に，あらかじめ，小型燃焼装置で微粉炭の未燃分や NO_x 発生性を事前評価する必要がある。このような目的のために，自燃火炎フレームを形成し，かつ二段燃焼法などの低 NO_x 燃焼法が適応できる規模の乱流燃焼炉が有用である。

おおむね微粉炭供給量が 5 kg/h 程度以上であれば実機バーナ 1 本を模擬した旋回強度，バーナ吹き出し速度，一次空気比，トータル空気比，バーナ熱負荷などの燃焼諸元の設定が可能であり，未燃率や低 NO_x 燃焼性の炭種間の相対評価や最適混炭および混炭割合の評価に適用できるものと思われる。**付図 18** に小型乱流炉の装置図を示す。**付図 19** に豪州瀝青炭を二段燃焼（5 条件）した場合の未燃率，NO_x 発生濃度を示す。

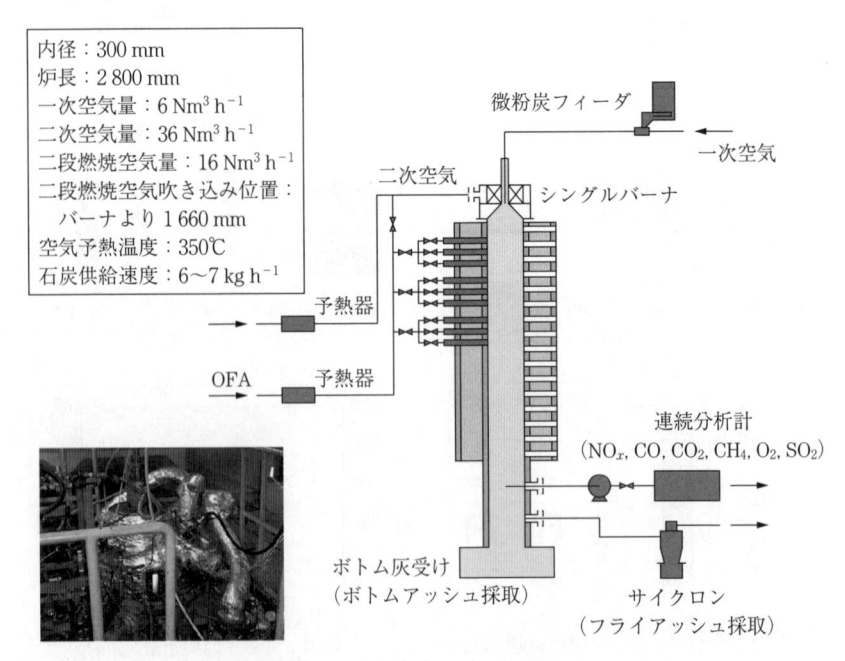

内径：300 mm
炉長：2 800 mm
一次空気量：6 Nm³ h⁻¹
二次空気量：36 Nm³ h⁻¹
二段燃焼空気量：16 Nm³ h⁻¹
二段燃焼空気吹き込み位置：
　　バーナより 1 660 mm
空気予熱温度：350℃
石炭供給速度：6〜7 kg h⁻¹

付図 18　小型乱流炉（TFF）装置図

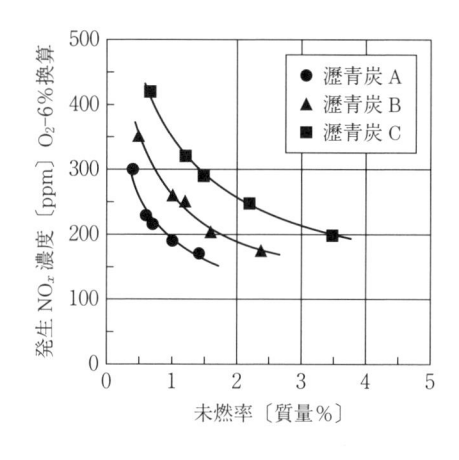

付図19 小型乱流炉での豪州炭のNO$_x$発生濃度と未燃率

このような小型乱流炉を用いたNO$_x$生成特性の検討に関して，石炭中に含まれる窒素の形態の違いがNO$_x$転換率に影響を及ぼし（付図20），窒素の形態から算定されるNO$_x$インデックスを用いれば，NO$_x$の転換率がうまく整理できることが報告されている（付図21）[14]。

〔8〕 ベンチスケール小型燃焼試験炉 (coal combustion test facility：CCTF)

これまでの基礎的燃焼試験装置に比し，電力中央研究所は1本バーナで石炭燃焼

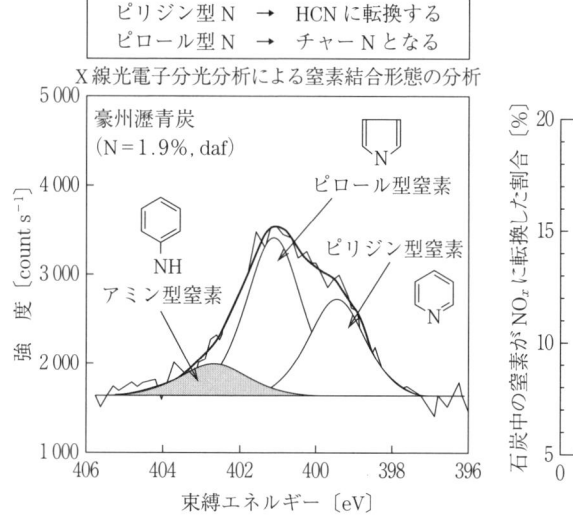

アミン型N → NH$_3$に転換する
ピリジン型N → HCNに転換する
ピロール型N → チャーNとなる

X線光電子分光分析による窒素結合形態の分析

豪州瀝青炭
(N＝1.9%, daf)

OFA$_f$＝9.3

NO$_x$インデックスは形態別窒素割合の関数

付図20 石炭中の窒素形態とそのNO$_x$への転換挙動

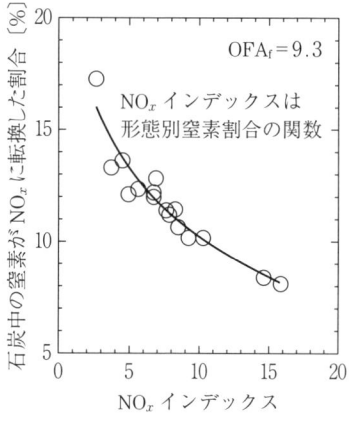

付図21 乱流炉によるNO$_x$インデックスとNO$_x$転換率

量 100 kg h^{-1} の横置型 BEACH 炉^{†1} および 3 本の 100 kg h^{-1} バーナを有する Wall Firing 形式の竪型の MARINE 炉を用いて，石炭燃焼特性実証試験を行っている．特に，MARINE 炉^{†2} では複数火炎が相互に干渉するダイナミックなバーナシステムや粉砕，排ガス処理，集塵装置も装備して，さながら実機石炭火力設備のミニチュア版として実機燃焼パフォーマンスを模擬できるユニークなベンチスケールの燃焼試験炉である（**付図 22**）．

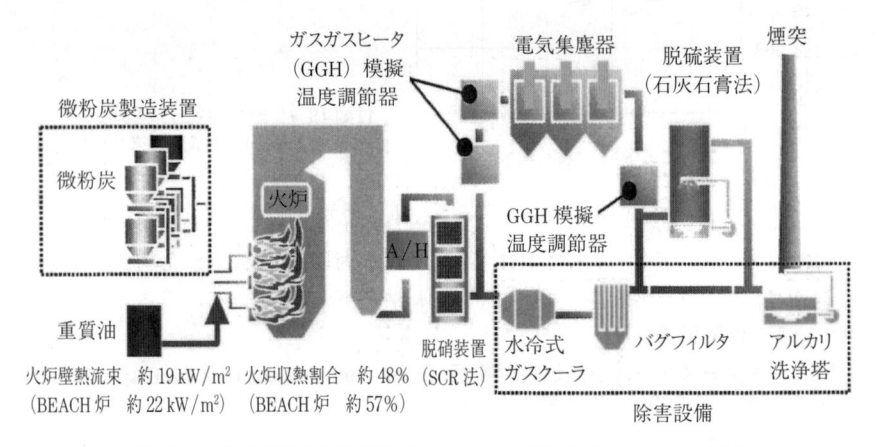

付図 22 燃焼特性実証試験装置（MARINE 炉）とそのシステム構成

最近では，燃料の多様化に向けて，今後いっそうの利用促進が見込まれる亜瀝青の燃焼挙動や，新しい混炭方式である炉内混炭の燃焼特性など，燃焼スケールを活かし，火力ニーズに則した実用研究が行われており興味深い．**付表 2** に MARINE 炉の特徴と機能，**付図 23**，**付図 24** に MARINE 炉および BEACH 炉で得られた最近の研究結果[15)～17)] を紹介する．

〔9〕 **小型 CFBC 試験炉**　小型 CFBC の装置および燃焼諸元などの例を**付図 25** に示す．

小型循環流動層燃焼を用いての石炭・バイオマスの基礎的な燃焼挙動（NO_x，未燃分，SO_x，N_2O）の把握や，炉内脱硫挙動の検討が可能である．流動層燃焼の場合，微粉炭燃焼での NO_x，SO_x の排出特性とは異なることが知られている[7)]．

微粉炭燃焼においては，同じ窒素含有量の石炭の NO_x 発生性は，一般に燃料比の

---

†1　BEACH：<u>B</u>asic <u>E</u>quipment for <u>A</u>dvanced <u>C</u>ombustion Technology using <u>H</u>orizontal Furnace and Single Burner

†2　MARINE：<u>M</u>ulti Fuel and Multi-burner Equipment for <u>A</u>dvanced Combustion <u>R</u>esearch for the Development of <u>I</u>deal <u>NO</u> Pollutant <u>E</u>mission Technology

付表2 MARINE炉の特徴と機能

おもな特徴	機能
実機の燃焼履歴を模擬可能	・上中下の三段バーナ（100 kg h^{-1} CI-α バーナ×3本）を有する竪型炉
石炭，バイオマスおよび廃棄物などが供給でき，複数段のバーナの位置，燃料供給比率，粉砕粒径，混焼条件などを変更することによるバーナシステム全体の技術開発が可能	・バーナごとに2種類の燃料を任意の比率で混焼可（各バーナに微粉ビン2基設置） ・バーナ間隔変更可能（±100 mm），バーナチルト機構あり（±10 deg） ・粉砕粒径調整可能（50%径10～数十 μm） ・火炉内温度・ガス濃度（O_2, CO, CO_2, NO_x, SO_2）分布測定可能 ・ファウリング性・火炉内熱流束の測定可能
実機同様の排煙処理装置を設け，さまざまな温度履歴のもとで燃焼生成物質の詳細な挙動評価が可能	・SCR法による脱硝 ・電気集塵器の荷電方法・操作温度（90～200℃）の変更可 ・石灰-石膏式脱硫 ・各排煙処理装置から灰のサンプリング可能 ・HCl，HFと形態別水銀の連続分析可能
エマルジョン燃料の評価が可能	・液体燃料用バーナ（3本）

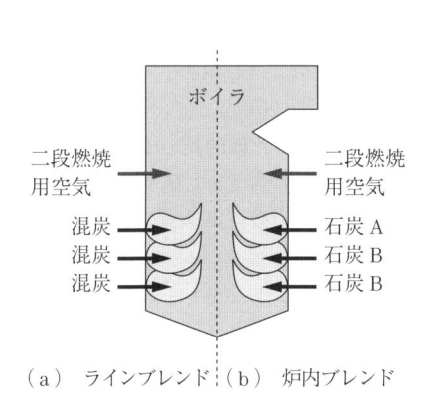

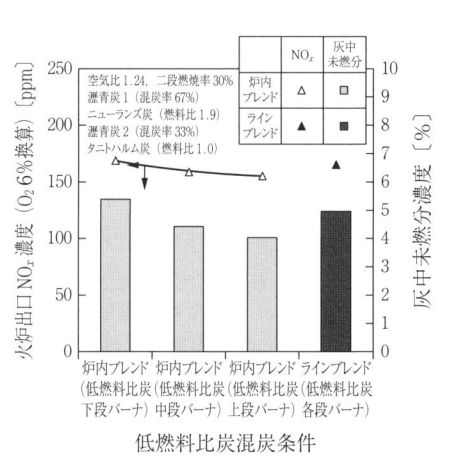

付図23 ブレンド法の違いがNO_x濃度，灰中未燃分割合に及ぼす影響（MARINE炉）

高い石炭ほどNO_x濃度（%転換率）が高いが（または低NO_x燃焼が難しい），流動層燃焼の場合は燃料比の高い石炭ほどNO_x排出濃度（%転換率）は微粉炭燃焼に比べ低くなる傾向にある。微粉炭燃焼が揮発分放出領域の還元雰囲気によるNO_x還元が主体であるのに対し，流動層燃焼ではチャーによるNO_x還元の効果が主体である（**付図26**）。SO_x発生性については，同じ硫黄分濃度の石炭では，微粉炭燃焼の場合

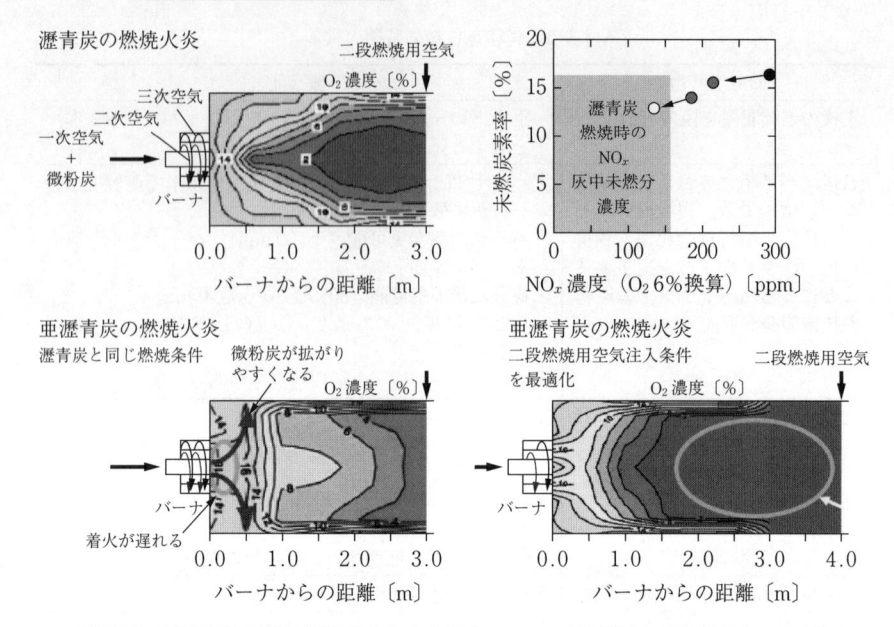

付図24 亜瀝青炭火炎の最適化による未燃分，NO_xの低減効果の検討（BEACH炉）

は，ほぼ100％の転換率でSO_xが発生するが，流動層燃焼では石炭灰中のカルシウム成分が多い石炭ほどSO_x濃度（転換率）が低くなる（付図26）[18]。

800～1 000℃程度の流動層燃焼場では，生成したSO_xは比較的長い滞留時間内でベッドや循環流動媒体としての石炭灰中のカルシウムと固気反応し硫酸カルシウムの形で灰中に取り込まれるが，より高温（1 500℃程度）の微粉炭燃焼の場合は，硫酸カルシウムが生成されたとしても，高温のため，硫酸カルシウムが熱分解しSO_xが再放出される。このため流動層燃焼の場合は炭酸カルシウムなどを混合することにより，炉内での脱硫が可能となる。

付3.2　自然発熱性試験[18]

自然発熱性試験装置の構造を**付図27**示す。-0.25 mmに粉砕した試料を約1 g採取し，石英製の試料セルに充填し，断熱状態に保った自然発熱性試験装置にセットする。試料を窒素100％の不活性ガス気流中で110℃まで昇温させ，装置および試料温度が安定したのち，ガスを窒素から酸素100％に切り替える。その後，断熱状態で180℃まで温度上昇するまでの時間（T_{180}）を測定し，自然発熱性の評価を行う。この方法は，マイルドな酸化による自然発熱の加速試験であるので，一般的に酸化反

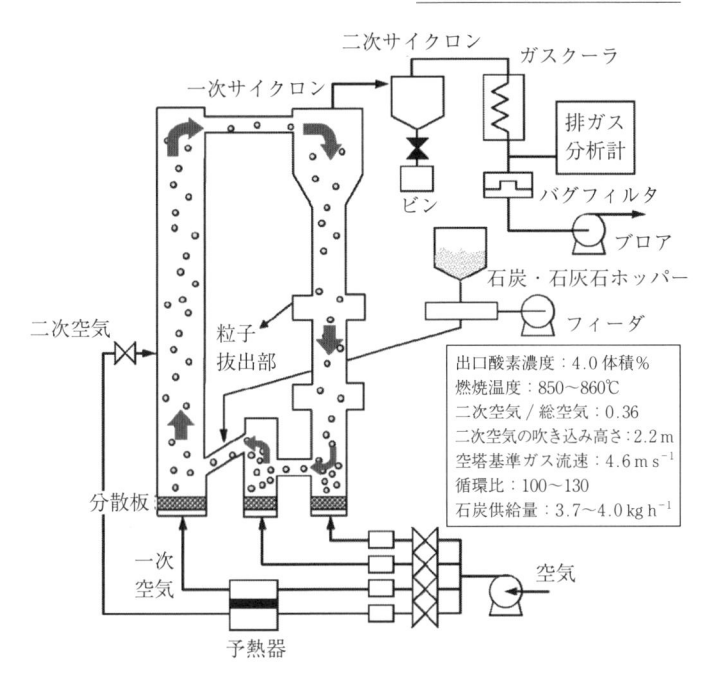

付図25 小型CFBC装置の概略図

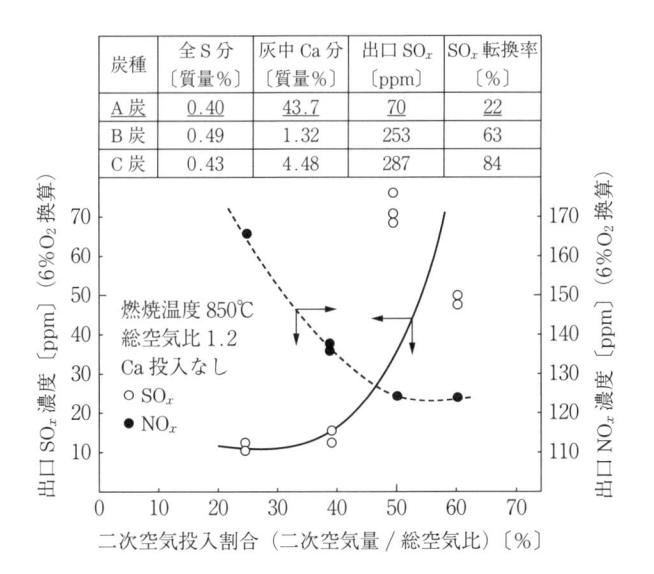

出口酸素濃度：4.0体積%
燃焼温度：850〜860℃
二次空気/総空気：0.36
二次空気の吹き込み高さ：2.2 m
空塔基準ガス流速：4.6 m s^{-1}
循環比：100〜130
石炭供給量：3.7〜4.0 kg h^{-1}

炭種	全S分〔質量%〕	灰中Ca分〔質量%〕	出口SO$_x$〔ppm〕	SO$_x$転換率〔%〕
A炭	0.40	43.7	70	22
B炭	0.49	1.32	253	63
C炭	0.43	4.48	287	84

燃焼温度 850℃
総空気比 1.2
Ca投入なし
○ SO$_x$
● NO$_x$

付図26 小型CFBCによるNO$_x$およびSO$_x$の生成挙動

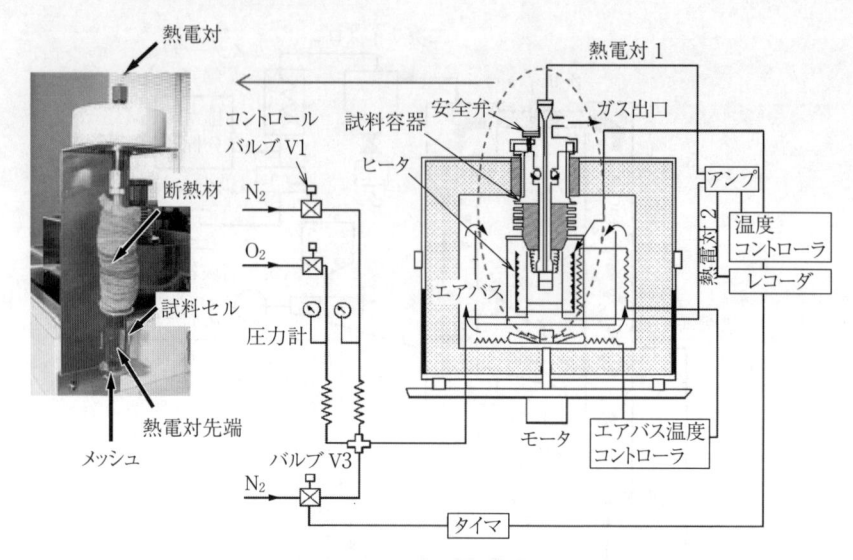

付図27 自然発熱性測定装置図

応性に富む低ランクの石炭ほど自然発熱性が大きいと評価される。**付図28**はインドネシア炭，豪州炭の測定例である。

　石炭の炭質は自然発熱の一つの要因であるが，自然発熱には気象条件や，パイルの積み付け状況，石炭の粒径，通気の状況などの物理的条件のほかに，石炭中のパイライトなども影響することが知られている。したがって，本法だけから実スケールの発熱現象を断じ得ないが，安全サイドの目安として利用されている。

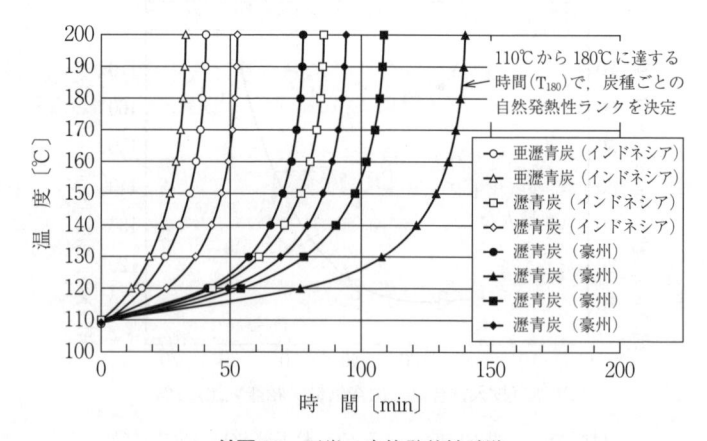

付図28 石炭の自然発熱性試験

引用・参考文献

1) JIS M 8816, 石炭の微細組織成分及び反射率測定方法 (1992)
2) 神原信志, 富永浩章, 原野安土：レーザーヒーターガス化装置による高圧下チャーガス化速度の決定, 第 10 回日本エネルギー学会大会講演要旨集, p.115 〜 118 (2001)
3) Coal Combustion analysis and Testing IEA coal Research (November 1993)
4) 石炭実験・分析ハンドブック 第 1 版, 日本エネルギー学会 (1997)
5) H. Tominaga, T. Yamashita, T. Ando and N. Asahiro：IFRF Combustion Journal, Article Number 200004 (June 2000)
6) Byoung-hwa Lee, Seoung-Ggon Kim and Chung-hwan Jeon：Influence of Coal Blending Method on Unburned Carbon and NO emission in a Drop-Tube Furnace
7) 藤原尚樹, 井口耕二, 遠田幸生, 山田猛雄：石炭の循環流動層燃焼における燃焼効率に対する炭種の影響, 第 28 回燃焼シンポジウム (1990.11)
8) N. Oka, T. Murayama, H. Matsuoka, S. Yamada, T. Yamada, S. Shinozaki, M. Shibaoka and C. G. Thomas：The influence of rank and maceral composition on Ignition and char burnout of pulverized coal, Fuel Processing and Tech., **15**, p.213 〜 224 (Jan 1987)
9) W.-C. Xu and A. Tomita：Fuel, **66**, p.627 (1987)
10) J. Gibbins-Matham and R. Kandiyoti：Energy & Fuels, **2**, p.505 (1988)
11) M. Ottaway：Fuel, **61** (8), p.713 〜 716 (1982)
12) A. Sanyal and J. W. Cumming：Coaltech 85, 5th Int. Conf., London UK, **1**, p.121 〜 152 (1985)
13) 毛利慎也, 茂田潤一, 鈴木孝平：IIC Review, 2005/4, No.33
14) 神原信志, 宝田恭之, 中川紳好, 加藤邦夫：急速熱分解における石炭中窒素の挙動と石炭燃焼における NO_x 生成の関係, 化学工学論文集, **18** (6), p.920 〜 927 (1992)
15) 電力中央研究所報告　石炭燃焼特性実証試験装置の機能と燃焼・排煙処理特性　火力発電　報告書番号 03-018
16) 牧野尚夫：エネルギーベストミックスに向けた石炭火力発電燃料多様化技術の開発, 2010, 電力中央研究所報告
17) 電力中央研究所報告　炉内ブレンドによる灰中未燃分・NO_x 低減技術の開発　火力発電　報告書番号 M07007
18) 出光興産㈱内部技術資料

索引

【あ】

アルカリ金属炭酸塩 294
亜瀝青炭 9
アレニウス型反応モデル 192
アレニウスプロット 163

【い】

易黒鉛化性 250
一次エネルギー 7
易動性水素 113
イナーチニット 58

【え】

液相炭化反応 253
エクジニット 58
エーテル結合 28
エネルギー貯蔵 338
エネルギー密度 308

【お】

重み付き灰色ガスモデル 207
温室効果ガス 34, 349

【か】

化学的相互作用 151
化学反応律速領域 280
架橋 29
核磁気共鳴法 25
確認埋蔵量 9
可採年数 9
可採埋蔵量 8
ガス化剤 270
ガス境膜内拡散律速領域 280
片刃産物 131

褐炭 9
カーボンブラック油 243
環境規制 136
含浸ピッチ 253, 259
間接ガス化 268
間接石炭液化 308
官能基成分 70
官能基の分析法 25
乾留反応熱 228

【き】

気候変動 345
気候変動枠組条約 346
気孔率 233
擬重液 127
機能性炭素材 145
キノリン不溶物 256
キノリン不溶分 245, 259
揮発性有機化合物 343
気泡膜 231
球晶 248
球晶黒鉛 249
キュリーポイント反応器 152
共炭化作用 53
京都議定書 5, 348
京都メカニズム 350
共有結合 29
極性溶剤 98
気流層 180

【く】

空気吹き 268
グラフェン 250
クリンカ 134
クリーンコール 131

【け】

蛍光強度 64
ゲスト-ホストモデル 76
ケロジェン 38
原子力発電 342

【こ】

高圧蒸気機関 21
高温乾留タール 240
公害問題 342
光学顕微鏡 56
光学的異方性組織 53
高濃度石炭・水スラリー燃料 312
高分子量成分 141
高膨張圧炭 233
黒鉛結晶子 252
コークス化性 23
コークス組織 58
コークス炉上部空間 240
固体酸化物型燃料電池 285
固定層 180
固定炭素 43
コーナ燃焼型 183
コールチェーン 124
コールバンド 39
根源植物 15
混合溶剤 101
コンバインドサイクル 285
コンピュータ支援分子設計法 72
コンピュータを用いた流体力学 16

索　引

【さ】

細孔内拡散	194
細孔内拡散律速領域	280
サーマル NO_x	99
残渣	142
三次元の構造概念	73
酸性雨	344
酸素官能基	72
酸素吹き	268

【し】

シェールオイル	7
シェールガス	7
示差走査熱量測定	104
指数型モデル	207
室炉式コークス炉	226
脂肪族成分	70
脂肪族側鎖	29
循環流動床方式	286
蒸発法	131
初期熱分解	150
触媒活性	297
植物進化	37
親水性官能基	107
森林枯渇	17
森林破壊	340

【す】

水蒸気吸着等温線	106
水性ガス	20
水性ガスシフト反応	272
水素化精製	317
水素供与性溶剤	320
水素結合	29
随伴ガス	308
スラッギング	134

【せ】

成型炭配合コークス製造法	235
精炭	131
生物起源説	31
赤外分光法	25
石炭化学	239
石炭化作用	15
石炭ガス化燃料電池複合発電	285
石炭化度	43
石炭石油混合燃料	312
石炭のランク	57
石炭部分水素化熱分解技術	268
セミコークス	233
前面燃焼型	183

【そ】

送電端発電効率	291
ソックスレー抽出	71
ソフトカーボン	261

【た】

大気汚染	343
大気汚染防止法	343
対向燃焼型	183
対流伝熱	198
多環芳香族化合物	16
多層水	106
脱 QI 処理	245
脱アルキル反応	28
単位ユニット	174
単層水	106
炭素転換率	269
炭素六角網面	250
単体分離	125

【ち】

地下ガス化	336
地球温暖化	3
窒素構造	84
チャー転化率	296
チャー燃焼	178
調湿炭装入技術	236
超々臨界圧ボイラ	284
超臨界流体	101
直接数値計算	203

直接石炭液化	308

【て】

低温乾留タール	240
低石炭化度炭	9
低品位炭	54
低分子量成分	141
ディレードコーカー	245
鉄内装コークス	337
テーリング	131

【と】

トランスアルキル化反応	28
トリプル複合発電	292

【な】

生コークス	245
軟化点	259
難黒鉛化性	250
難動性水素	113

【に】

二酸化炭素回収・貯留	289
二次エネルギー	7
二次的の気相熱分解	150
二次分解	240
二段燃焼用空気	184
二段燃焼率	187

【ぬ】

濡れ性	126

【ね】

熱膨張係数	246
粘結材添加法	53
燃料電池	7
燃料比	43

【は】

灰色解析	207
バイオフューエル	308
バイオマス廃棄物	144
煤塵	136

廃　石	131	
灰中未燃分	184	
排熱回収ボイラ	288	
バインダピッチ	253, 259	
発生炉ガス	20	
ハードカーボン	261	
パフィング	259	
針状コークス	245	
バルク水	106	
反応器	154	
反応熱	198	

【ひ】

非極性溶剤	98
微細組織成分	41
非在来原油	308
非蒸発法	131
尾　炭	131
ビチューメン	91
ピッチコークス	244
非定常解析法	204
ビトリニット	58
――の反射率	39
非灰色解析	207
微粉炭塊成化技術	236
微粉炭吹き込み	48
非溶剤静置沈降法	256

【ふ】

ファウリング	134
ファンデルワールス結合	29
風化炭	55
副産物回収型コークス炉	20
輻射伝熱	198
腐植酸	91
浮　選	129
部分酸化	268
部分酸化反応	194
フミン	92

フミン酸	91
フムス炭	92
フュエル NO_x	49
フライアッシュ	134
分子間相互作用	74
粉末X線結晶回折	26
噴流層	180

【へ】

平均分子構造	68
ベストミックス	2, 3

【ほ】

芳香族核	176
芳香族クラスタ	150
――のスタッキング	29
芳香族成分	70
膨潤現象	90

【ま】

マジックソルベント	75
マスキー法	343
マセラル	43

【み】

ミドリング	131

【む】

無触媒ガス化	279

【め】

メゾカーボンマイクロビーズ	261
メゾフェーズ小球体	248
メゾフェーズピッチ	251
メタプラスト	228

【も】

毛細管凝縮水	106

【や】

冶金用コークス	226

【ゆ】

有害重金属元素	136
油　母	38

【よ】

溶解パラメータ	96
容積反応モデル	194
溶融スラグ	272

【ら】

ラージ・エディ・シミュレーション	203
ラジカルフラグメント	161
ランキンサイクル	284
乱流燃焼場	186

【り】

離散要素法	200
粒子状物質	342
流動床ガス化	21
流動接触分解法	22
流動層	180
流動層反応器	154

【れ】

冷ガス効率	269
レイノルズ平均ナヴィエ・ストークス法	203
瀝青質	91
連結気孔	231
連続式成形コークス製造技術	237

【わ】

ワイヤメッシュ反応器	151

索　　　　　引　　387

【A】

advanced ultra-super critical	284
air blown	268
Air Pollution Control Act	343
A-USC	284

【B】

BCL プロセス	312
brown coal liquefaction プロセス	312

【C】

CAA	343
CAMD	72
carbon capture and storage	289
CCS	289
CDM	5
CFD	16
Chemical Percolation Devolatilization Model	192
clean coal technology	16
cleaned coal	131
coal oil mixture	312
coal water mixture	312
coefficient of thermalexpansion	246
COM	312
computer-aided molecular design	72
computerized fluid dynamics	16
Conference of the Parties	349
COP	349
CPD	192
CPR	152
CTE	246
Curie-point reactor	152
CWM	312

【D】

DAEM	192
DAPS	236
DEM	200
Deposit	141
differential scanning calorimetry	104
direct numerical simulation	203
discrete element method	200
Discrete Ordinates 法	206
Discrete Transfer 法	260
Distributed Activation Energy Model	192
DNS	203
DO 法	206
drop-tube reactor	154
dry-cleaned and agglomerated precompaction system	236
DSC	104
DTR	154
DT 法	206

【E】

EAGLE ガス化技術	268
ECOPRO	268
EFR	154
Enhanced Oil Recovery	354
entrained-flow reactor	154
EOR	354

【F】

FBR	154
FC	43
FCC	22
FCP	237
Fischer-Tropsch synthesis	267
FLASHCHAIN	192
flotation	129
fluid catalytic cracking	22
fluidized bed reactor	154
Flux 法	206
formed coke process	237
FT-IR	26
F-T 合成	267

【G】

gas to liquid	308
GTL	308

【H】

heat recovery steam generator	288
HRSG	288
humic acid	91
humin	92

【I】

IGFC	285, 292
indirect gasification	268
integrated coal gasification fuel cell combined cycle	285
IPCC	345
IR	25

【J】

JI	5

【L】

large eddy simulation	203
Leckner 線図	207
LES	203
Lewis 塩基	94
LIB 用負極材	252
Li-ion 電池用負極材	252

【M】

macromolecular phaseand mobile phase	76
magic angle spinning 法	83
Maskie Act	343
MAS 法	83
MCMB	261

MGS		129
middlings		131
MM 相		76
Multi-Gravity Separator		129

【N】

NEDOL プロセス		312
NMR		25
NO_x 生成モデル		209

【O】

oxygen blown		268

【P】

P1 モデル		206
partial oxidation		268
partially stirred reactor モデル		215
particulate matter		342
PaSR モデル		215
PCI		48
PM		342
primary pyrolysis		150

【Q】

QI		245, 256

【R】

RANS 法		203
Residue		142
reynolds-averaged navier-stokes 法		203
RF		161
π-π 相互作用		29

【S】

scalar similarity filtered reaction rate モデル		215
SCOPE21		236
secondary gas-phase pyrolysis		150
Six Flux モデル		206
SOFC		285
solid oxide fuel cell		285
Soluble		141
sp2 炭素		250
SSFRR モデル		215

【T】

Tabulated-Devolatilization-Process モデル		192
tailings		131
TDP モデル		192

【U】

ultra-super critical steam condition		284
Unsteady RANS 法		204
USC		284

【V】

VOC		343
volatile organic compounds		343
volumetric reaction モデル		194
VR モデル		194

【W】

wiremesh reactor		151
WMR		151
WSGG モデル		207

【X】

XPS		27
XRD		26
X 線光電子分光法		27

【記号・数値】

1 相構造モデル		76
2 相構造モデル		76
95％ナフタレン		243

石炭の科学と技術　～未来につなぐエネルギー～
Coal Science and Coal Technology

　　　　　　　　　　　Ⓒ 一般社団法人　日本エネルギー学会 2013

2013 年 11 月 25 日　初版第 1 刷発行

検印省略	編　　者	一般社団法人 日本エネルギー学会
	発 行 者	株式会社　コロナ社
	代 表 者	牛来真也
	印 刷 所	新日本印刷株式会社

112-0011　東京都文京区千石 4-46-10

発行所　株式会社　**コ ロ ナ 社**
CORONA PUBLISHING CO., LTD.
Tokyo Japan
振替 00140-8-14844・電話(03)3941-3131(代)
ホームページ　http://www.coronasha.co.jp

ISBN 978-4-339-06629-6　（柏原）　（製本：牧製本印刷）
Printed in Japan

本書のコピー，スキャン，デジタル化等の無断複製・転載は著作権法上での例外を除き禁じられております。購入者以外の第三者による本書の電子データ化及び電子書籍化は，いかなる場合も認めておりません。

落丁・乱丁本はお取替えいたします

エコトピア科学シリーズ

■名古屋大学エコトピア科学研究所 編　　　　　（各巻A5判）
■編集委員長　高井　治
■編集委員　田原　譲・長崎正雅・楠　美智子・余語利信・内山知実

配本順			頁	本体
1.（1回）	エコトピア科学概論 ― 持続可能な環境調和型社会実現のために ―	田原　譲他著	208	2800円
2.	環境調和型社会のためのエネルギー科学	長崎正雅他著		
3.	環境調和型社会のための環境科学	楠　美智子他著		
4.	環境調和型社会のためのナノ材料科学	余語利信他著		
5.	環境調和型社会のための情報・通信科学	内山知実他著		

シリーズ　21世紀のエネルギー

■日本エネルギー学会編　　　　　（各巻A5判）

			頁	本体
1.	21世紀が危ない ― 環境問題とエネルギー ―	小島紀徳著	144	1700円
2.	エネルギーと国の役割 ― 地球温暖化時代の税制を考える ―	十市・小川 佐川　　　共著	154	1700円
3.	風と太陽と海 ― さわやかな自然エネルギー ―	牛山　泉他著	158	1900円
4.	物質文明を超えて ― 資源・環境革命の21世紀 ―	佐伯康治著	168	2000円
5.	Cの科学と技術 ― 炭素材料の不思議 ―	白石・大谷 京谷・山田　共著	148	1700円
6.	ごみゼロ社会は実現できるか	行本・西 立田　　　共著	142	1700円
7.	太陽の恵みバイオマス ― CO_2を出さないこれからのエネルギー ―	松村幸彦著	156	1800円
8.	石油資源の行方 ― 石油資源はあとどれくらいあるのか ―	JOGMEC調査部編	188	2300円
9.	原子力の過去・現在・未来 ― 原子力の復権はあるか ―	山地憲治著	170	2000円
10.	太陽熱発電・燃料化技術 ― 太陽熱から電力・燃料をつくる ―	吉田・児玉 郷右近　　共著	174	2200円
11.	「エネルギー学」への招待 ― 持続可能な発展に向けて ―	内山洋司編著	近刊	

以下続刊

21世紀の太陽電池技術	荒川裕則著	キャパシタ ― これからの「電池ではない電池」―	直井・石川・白石共著	
マルチガス削減 ― エネルギー起源CO_2以外の温暖化要因を含めた総合対策 ―	黒沢敦志著	バイオマスタウンとバイオマス利用設備100	森塚・山本・吉田共著	
新しいバイオ固形燃料 ― バイオコークス ―	井田民男著			

定価は本体価格+税です。
定価は変更されることがありますのでご了承下さい。

図書目録進呈◆